高等职业教育农业农村部“十三五”规划教材

信息技术

（基础模块）

哈立原　娜仁高娃　主编

中国农业出版社
北京

内容简介

本教材针对 Windows 10 操作系统下的 Office 2016 办公软件，采用基于任务驱动的项目化教学模式，用项目引领教学内容，强调了理论与实践相结合，突出了对学生基本技能、实际操作能力的培养。根据高等职业教育学生的学习特点，在内容的安排上由浅入深，并运用很多学习、生活、工作中的具体案例作为任务，充分体现“做中学，学中做”的教学特色。教材由七个模块构成，分别为信息技术基础知识、Windows 10 操作系统、字处理软件 Word 2016、电子表格处理软件 Excel 2016、演示文稿处理软件 PowerPoint 2016、信息安全、新一代信息技术。

本教材可作为中、高等职业院校信息技术基础课程的教材，也可以作为各类计算机应用基础培训教材，或作为专升本考试信息技术科目的自学用书。

编 写 人 员

主　编　哈立原　　娜仁高娃

副主编　乌兰图雅　萨仁图亚

　　　　　尹　威　　海　棠

编　者　（以姓氏笔画为序）

乌日那　乌兰图雅　尹　威

白凤伟　毕力格　　伊如汗

张　岩　阿木吉拉吐　阿明郭勒

阿荣娜　英　格　　明　月

哈立原　娜仁高娃　晓　宇

海　棠　萨仁图亚

PREFACE 前言

根据《高等职业教育专科信息技术课程标准（2021 年版）》的要求及职业院校信息技术公共基础教学的需要，我们以 Windows 10 操作系统下 Microsoft Office 2016 为主要内容，编写了本教材。本教材力求突出以下几方面特色：

（1）本教材采用项目导向、任务驱动的编写方式。即通过各个具体工作任务把每个知识点融入其中，尽量让学生动手操作，并为每个知识点增加生动具体的案例，达到“做中学，学中做”的目的。

（2）充分体现“以就业为导向、以能力为本位”的高职教育理念。本教材从信息技术基础当前的相关岗位能力需求出发，分析岗位群体所需的知识技能，增加了信息技术职业道德规范，介绍了新一代信息技术，突出了知识的更新迭代，注重学生思维观念、职业素养、实际应用能力的培养。

（3）任务的选取尽量模拟实际工作需要，项目任务题材丰富，实用性、操作性强，能够激发学生的学习兴趣，使学生能够以应用为目的而主动学习。

（4）该教材的教学内容既考虑“泛专业、厚基础”的特点，不区分专业，注重信息技术基础知识和基本原理的讲授和训练，又尽量贴近专业后续课程，在课程体系方面表现为“纵衔接、横组群”，考虑了与计算机专业、非计算机专业后续课程的衔接，且可以与其他一些相关课程组成课程群。

本教材由在教学第一线并具有丰富信息技术基础教学经验的多位教师共同编写。由哈立原、娜仁高娃担任主编，乌兰图雅、萨仁图亚、尹威、海棠任副主编，具体编写分工为：模块一由尹威、乌日那编写，模块二由海棠、毕力格编写，模块三由娜仁高娃、阿荣娜、明月编写，模块四由乌兰图雅、伊如汗编写，模块五由萨仁图亚、张岩编写，模块六由晓宇、英格、阿明郭勒编写，模块七由白凤伟、阿木吉拉吐编写。全书最后由哈立原、娜仁高娃负责统稿。本教材在编写过程中得到了锡林郭勒职业学院领导的支持和帮助，在此一并表示感谢。本教材虽经多次讨论并反复修改，但仍难免存在不当和疏漏之处，敬请广大读者指正。

编　者

2022 年 6 月

CONTENTS 目录

模块三 字处理软件Word 2016

模块四 电子表格处理软件Excel 2016

模块一

信息技术基础知识

计算机是一种能自动、高速、精确地进行信息处理的电子设备，现已在各个领域得到广泛应用，使人们传统的工作、学习、日常生活甚至思维方式都发生了深刻变化。可以说，当今世界是一个丰富多彩的计算机世界。在进入信息社会的今天，学习和应用计算机知识，掌握和使用计算机已成为每个人的迫切需求。

项目一　认识信息世界

任务目标

- 了解信息的定义、特征与传播
- 了解信息技术与新一代信息技术
- 培养信息素养

任　务

查阅信息技术的发展对社会产生影响的相关资料

要求：查阅信息与信息技术的相关资料（网络、书籍），并举例说明信息技术的发展对社会产生了哪些影响。

相关知识点

1. 信息

（1）信息的定义

信息字面的含义是消息、情报和资料。信息具有丰富的内涵和广阔的外延，在不同的领域，信息有不同的含义。信息奠基人香农（Shannon）认为“信息是用来消除随机不确定性的东西”。维纳（N. Wiener）在《控制论》中指出：“信息就是信息，不是物质也不是能量，信息是人们在适应外部世界，并使这种适应反作用于外部世界的过程中，同外部世界进行互相交换的内容和名称。”这两种定义被作为经典性定义加以引用。

（2）信息的性质

理解和掌握信息的性质，便于人们对信息进行管理并利用信息辅助决策。信息的性质主要体现在以下几个方面：

①客观性。信息是客观事物特征的具体反映，一切客观事物都是信息源。客观存在是信息的基本性质，可以说信息无处不在、无时不有。

②时效性。信息有时效性，要及时、充分地发挥信息的作用才有意义。随着时间的推移，信息的效用将会逐渐减少，直至全部消失。

③变换和传递性。信息可以根据需要在不同载体之间变换，也可以利用一定的方式和工具扩散。

④价值性。信息经过相应的加工处理，为人们所采用；或进而加以抽象和概括，形成相应的理论体系和定理，被公认为知识。这些有用的数据和知识是有价值的。

⑤不完全性。由于时间、地域和空间的限制，认识、理解和能力的区别，方式、方法和工具的不同，信息的产生和获得不能反映客观事物对象特征的全部；另外，有时为了主观需要还有可能增加、忽略和改造某些信息。信息的使用者要认识到有可能存在的差异带来的影响。

⑥真伪性。信息有真假之分。信息在传递过程中，有可能失去其本来面目，也不排除有意对信息的改动、增删和歪曲，故意造成信息与原事物的相背和不符。因此，辨别信息的真伪是进行信息处理时所必须面对的。

⑦信息的其他性质还有层次性、存储性和依附性等。

（3）信息的传播

信息的传播包含以下几个方面：

①信源。即信息的发布者。

②信宿。接收并使用信息的人，即信息的接受者。

③媒介。用来记录和保存信息并随后由其重现信息的载体。信息依靠媒介而存在、交流和传播。

④信道。指信息传递的途径和渠道。信道的性质和特点将决定对媒介的选择，例如，以频道为信息传递渠道，其媒介选择只能是电子类的载体。

2. 新一代信息技术

（1）新一代信息技术

新一代信息技术主要指下一代通信网络、物联网、三网融合、新型平板显示技术、高性能集成电路和以云计算为代表的高端软件等。

①下一代通信网络（NGN）。指一个建立在 IP 技术基础上的新型公共电信网络，它能够容纳各种形式的信息，在统一的管理平台下，实现音频、视频、数据信号的传输和管理，提供各种宽带应用和传统电信业务，是一个真正实现宽带窄带一体化、有线无线一体化、有源无源一体化、传输接入一体化的综合业务网络。

②物联网（Internet of Things，IOT）。指通过各种信息传感器、射频识别技术、全球定位系统、红外感应器、激光扫描器等各种装置与技术，实时采集任何需要监控、连接、互动的物体或过程，采集其声、光、热、电、力学、化学、生物、位置等各种需要的

信息，通过各类可能的网络接入，实现物与物、物与人的泛在连接，实现对物品和过程的智能化感知、识别和管理。

③三网融合。指电信网、移动互联网以及广播电视网的融合，此融合并非三网的物联融合，而是应用上的有机融合。

④新型平板显示技术。此技术包含多个方面，不仅仅局限于显示技术本身，同时还包括与显示设备关系密切的其他技术。新型平板显示技术主要包括薄膜晶体管液晶显示技术（TFT－LCD）、等离子体显示技术（PDP）、有机发光电致显示技术（OLED）、场发射显示技术（FED）、激光显示技术（LPD）、电子纸显示技术（E－PAPER）、三维立体显示技术（3D）、低温多晶硅技术（LTPS）以及特种显示技术等。

⑤高性能集成电路（IC）。属于传统电子制造业，市场规模非常庞大，未来增长速度较为平稳且受经济周期影响较大。除了成熟行业的周期性特点，集成电路又具有高新技术产业的特性，即技术不断进步，新产品推出取代老产品等特点。

⑥云计算。指将计算任务分布在由大规模的数据中心或大量的计算机集群构成的资源池上，使各种应用系统能够根据需要获取计算能力、存储空间和各种软件服务，并通过互联网将计算资源免费或按需租用方式提供给使用者。

（2）新一代信息技术典型应用（智慧物流）

分拣机器人（AGV），俗称“小黄人”，主要应用于中小件物流包裹分拣，以及商品订单拣选。这些“小黄人”可以根据地上的二维码标志自动运行，且通过防碰撞标志避免相互碰撞。分拣是快递企业分拣中心最烦琐、工作量最大的操作环节，与传统的半自动化皮带机（流水线）和交叉带自动分拣系统相比，“小黄人”成本相对较低，且能实现各自分工、各行其道，采用了并联而非串联方式，并能在数百台密集的交通网络中井然有序，高度灵活穿行。

所有机器人都能通过主信息系统来接受统一指挥调度，对快递邮件进行精准的分拣。在工作中电量不足的情况下，能够自行回到充电处进行充电，如图1－1、图1－2所示。

图1－1 机器人自动卸货并让路

图1－2 机器人在分拣工作

该机器人具有以下特点：

①自动扫描快递条形码并确认快递目的地。可以通过扫描快递单上方的条形码，并确认该快递要被发往何地。之后将该快递运往指定的投递口，并将快递投递进去进行下一步的分发。

②可以实现自动判断自身电量并自动进行充电。该机器人具有充电5分钟，奔跑4小时的超级快充技术。

③可以实现自动躲避其他机器人并且最高速度可达3米/秒。

在众多的机器人中，它们并非是单线程工作的。大家在一起工作时，难免有走对面的时候。这时候这些机器人就会纷纷让路，让那些身上有东西的机器人先走，之后自己再走，相当“有礼貌”!

④它们需要的占地面积很小，可实现高效率分拣。这些“小黄人”需要的占地面积很小，并且分拣效率非常高，预估可以减少70%的人力。

项目二　计算机基本知识

任务目标

- 了解计算机的发展史
- 了解计算机的分类
- 了解计算机的主要应用领域
- 了解二进制数的表示方法和计算机内部信息的存储方法

任　务

查阅计算机发展史的相关资料

要求：查阅计算机发展史的相关资料（网络、书籍），并举例说明计算机都应用在哪些方面。

相关知识点

1. 计算机的发展史

第一台计算机于1946年2月诞生于美国宾夕法尼亚大学，它的名字叫“ENIAC”，即Electronic Numerical Integrator And Calculator的首字母缩写，是宾夕法尼亚大学莫克利（John Mauchly）教授和他的学生埃克特（J. P. Eckert）博士为军事目的而研制的。它以电子管为主要元件。其内存为磁鼓（存储容量小），外存为磁带，使用机器语言编程，运算速度为每秒5 000次，主要应用为数值计算。ENIAC的问世，标志着电子计算机时代的到来。

（1）冯·诺依曼结构计算机

ENIAC机诞生后，美籍匈牙利数学家冯·诺依曼提出了三点重大的改进理论。

①计算机应采用以二进制形式来表示计算机的指令和程序。

②计算机应将程序和数据存放在存储器中，然后再由计算机来调用存放在存储器中的

程序和数据。

③计算机的结构应由5部分组成，即运算器、控制器、存储器、输入装置和输出装置。该体系结构一直延续至今，所以现在一般计算机被称为冯·诺依曼结构计算机。

（2）计算机的发展阶段

计算机的4个发展阶段，如表1-1所示。

表1-1 计算机的4个发展阶段

阶段	划分年代	采用的元器件	运算速度（每秒指令数）	主要特点	应用领域
第一代计算机	1946—1957年	电子管	几千条	主存储器采用磁鼓，体积庞大、耗电量大、运行速度低、可靠性较差和内存容量小	国防及科学研究工作
第二代计算机	1958—1964年	晶体管	几万至几十万条	主存储器采用磁芯，开始使用高级程序及操作系统，运算速度提高、体积减小	工程设计、数据处理
第三代计算机	1965—1970年	中小规模集成电路	几十万至几百万条	主存储器采用半导体存储器，集成度高、功能增强和价格下降	工业控制、数据处理
第四代计算机	1971年至今	大规模、超大规模集成电路	上千万至万亿条	计算机走向微型化，性能大幅度提高，软件也越来越丰富，为网络化创造了条件。同时计算机逐渐走向人工智能化，并采用了多媒体技术，具有听、说、读、写等功能	工业、生活等各个方面

2. 计算机的分类

我国将计算机分为：巨型机、大型机、中型机、小型机、微型机。第一代、第二代计算机主要是大型机，第三代计算机有大、中、小三类，第四代计算机则包括了所有类别。

（1）巨型机或称超级计算机

采用大规模并行处理的结构，由数以百计、千计、万计的中央处理器共同完成系统软件和应用软件运行任务。它有极强的运算处理能力，速度达到每秒运算数万、数十万亿次以上，大多应用于军事、科研、气象预报、石油勘探、飞机设计模拟、生物信息处理、破解密码等领域。

（2）大/中型机

大/中型计算机指运算速度快、存储容量大、通信联网功能完善、可靠性高、安全性能好、有丰富的系统软件和应用软件的计算机。通常含有几十个甚至更多个CPU，一般用于企事业单位的集中数据处理，如各种服务器。

（3）小型机

小型机是一种供部门使用的计算机，近些年小型机逐步被高性能的服务器所取代，其典型应用是帮助中小企业完成信息处理任务，如库存管理、销售管理、文档管理等。

(4) 个人计算机或称微型机

个人计算机简称PC，它是20世纪80年代初期由于单片微处理器的出现而开发成功的。个人计算机的特点是价格低，使用方便，软件丰富，性能不断提高，适合办公或家庭使用。

3. 计算机的应用领域

(1) 数据处理与信息加工

数据处理是指非科技工程方面的所有计算、管理和任何形式数据资料的处理，包括办公自动化（Office Automation，OA）和管理信息系统（Management Information System，MIS），如企业管理、进销存管理、情报检索、公文函件处理、报表统计、飞机票订票系统等。数据处理与信息加工已深入社会的各个方面，它是计算机特别是微型机的主要应用领域。

(2) 科学计算

科学计算即通常所说的数值计算，是计算机最早且最重要的应用领域，这从最初计算机称“Calculator”中就可以看出。该领域对计算机的要求是速度快、精度高、存储容量大。

在科学研究和工程设计中，对于复杂的数学计算问题，如核反应方程式、卫星轨道、材料的力分析、天气预报等的计算，航天飞机、汽车、桥梁等的设计，使用计算机可以快速、及时、准确地获得计算结果。

(3) 计算机通信

计算机通信是一种以数据通信形式出现，在计算机与计算机之间或计算机与终端设备之间进行信息传递的方式。它是现代计算机技术与通信技术相融合的产物，在军队指挥自动化系统、武器控制系统、信息处理系统、决策分析系统、情报检索系统以及办公自动化系统等领域得到了广泛应用。

(4) 自动控制系统

计算机除了能高速运算外，还具有一定的逻辑判断能力。从20世纪60年代起，人们就在机械电力和石油化工等行业中使用计算机进行自动控制，从而提高了生产的安全性和自动化水平以及产品的质量，降低了成本，缩短了生产周期。

(5) 计算机辅助系统

计算机辅助设计（Computer Aided Design，CAD）是指利用计算机帮助人们进行产品和工程设计，从而提高设计工作的自动化程度。

计算机辅助制造（Computer Aided Manufacturing，CAM）是指人们利用计算机对生产设备进行管理，从各方面来控制生产。CAD和CAM有着密切关系，CAD主要用来设计，CAM则侧重于生产的过程。

计算机辅助教学（Computer Aided Instruction，CAI）主要是利用计算机将教学内容、教学方法以及学生的学习情况准确地存储起来，使学生能够轻轻松松地掌握所需要的知识，从而大大地提高学习质量。

计算机辅助工程（Computer Aided Engineering，CAE）主要指用计算机对工程和产品进行性能与安全可靠性分析，对其未来的工作状态和运行行为进行模拟，及早发现设计缺陷，并证实未来工程、产品功能和性能的可用性和可靠性。

计算机辅助测试（Computer Aided Testing，CAT）指利用计算机协助对学生的学习效果进行测试。

（6）人工智能

人工智能（Artificial Intelligence，AI）的主要目的是用计算机来模拟人的智能，其主要任务是建立智能信息处理理论，进而设计出可以展现某些近似人类智能行为的计算机系统。目前的主要应用方向有：机器人专家系统（Expert System，ES）、模式识别（Pattern Recognition，PR）和智能检索（Intelligent Retrieval，IR）等。

4. 数制与编码

计算机是信息存储和处理的主要工具，任何信息必须转换成二进制形式的数据后，计算机才能进行存储、处理和传输。下面介绍各种数制的表示方法、转换，以及如何在计算机内表示各类信息（字符、文字、图形、图像、声音、视频等），也就是对信息的编码。

（1）进位计数制

①数制概念。将一些数字符号按顺序排列成数位，并遵照某种从低位到高位的进位方式计数来表示数值的方法，称为进位计数制。或者说，数制就是使用若干数码符号和一定的进位规则来表示数值的方法。

常用的计数制有十进制（decimal notation）、二进制（binary notation）、八进制（octal notation）和十六进制（hexadecimal notation）。二进制是计算机内数据的表示方法，十进制是人类最常用的计数法，八进制和十六进制是为了在表示二进制时更简洁方便而采用的两种计数方法。

我们可以从以下几个要素去理解数制的概念：

数码：某种数制包含的数字符号。如十进制中的数码有 0、1、2、3、4、5、6、7、8、9 十个数字符号；二进制数码只有 0 和 1 两个数字符号。

基数：数制中包含的数码个数。所以，十进制数的基数为 10，二进制数的基数为 2。

位权：某种进制的各位数码所代表的数值在数中所处位置，它对应一个常数，该常数称为“位权”。“位权”的大小等于以基数为底，数码所处位置的序号为指数的整数次幂。序号的排列方法是以小数点为基准，整数部分自右向左（自低位向高位）依次为 0，1，2……递增排列；小数部分自左向右依次为−1，−2，−3……递减排列。比如：十进制数中，整数部分位权（从低位到高位）分别为：10^0、10^1、10^2、10^3 等。

运算规则：包括进位规则和借位规则，比如十进制可归纳为“逢十进一”和“借一当十”，二进制可归纳为“逢二进一”和“借一当二”。以此类推，任意 N 进制的运算规则为“逢 N 进一”和“借一当 N”。

常见的几种计数制的特点参照表 1-2。

表 1-2　常用进位计数制的特点比较

进位计数制	二进制	八进制	十进制	十六进制
基本符号	0，1	0～7	0～9	0～9，A，B，C，D，E，F
基数	2	8	10	16
位权	2^n	8^n	10^n	16^n
进位规则	逢二进一	逢八进一	逢十进一	逢十六进一
表示形式	B	O	D	H

依据表 1-2，比如数值（10110111）B，字母 B 代表它是二进制数据，该数各位的位权（从高位到低位）分别为：2^7、2^6、2^5、2^4、2^3、2^2、2^1、2^0。

为什么在计算机中要采用二进制，而不使用人们熟悉的十进制呢？主要原因有以下几点：

a. 技术上容易实现。计算机是由逻辑电路组成的，逻辑电路通常只有两个状态。如电压的高低、开关的接通与断开，两种状态正好可以用“0”和“1”表示。

b. 运算简便。两个二进制数和、积运算组合各有 3 种，运算规则简单，有利于简化计算机内部结构，提高运算速度。

c. 适合逻辑运算。二进制的两个数码“0”和“1”，正好对应逻辑运算中的“真”和“假”。

d. 工作可靠。二进制只有两个数码，在传输和处理过程中不易出错，因而电路更加可靠。

e. 二进制和十进制数容易相互转换。

②数制之间的转换。几种常用的计数制之间相互转换的方法如下：

• 十进制转换成其他进制

十进制数据转换成其他进制的数据，比如二进制、八进制、十六进制等，转换方法大同小异。

十进制的整数转换为二进制的方法概括起来就是“除二取余”。具体是：用要转换的十进制数除以 2，得到一个商和余数，记下余数，然后再用得到的商除以 2，一直除下去，直到商为 0 时结束，这样得到的一系列余数就是二进制数的各位数码。最先得到的余数为二进制数的最低位，最后得到的余数为二进制数的最高位，按这样的次序将余数排列起来就是对应的二进制数。

例如：（25）D ＝（11001）B，字母 D 代表这是十进制数据。

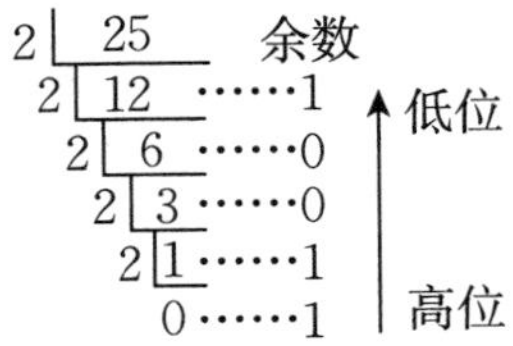

```
2|25      余数
 2|12 ……1   ↑ 低位
  2|6 ……0   |
   2|3 ……0  |
    2|1 ……1 |
      0 ……1 | 高位
```

十进制的小数转换为二进制的方法概括起来就是“乘二取整”。具体是：用要转换的十进制小数乘以 2，得到一个整数部分和小数部分，记下整数部分，然后再用得到的小数乘以 2，一直乘下去，直到小数部分为 0 时结束，这样得到的一系列整数就是二进制数的各位数码，最先得到的整数为二进制数的最高位，最后得到的整数为二进制数的最低位，按这样的次序将整数排列起来，在前面加上 0. 就是对应的二进制数。

例如：(0.125) D = (0.001) B

$$\begin{array}{r l l} & 0.125 & \\ \times & 2 & \text{取整} \\ \hline & 0.250 & \cdots\cdots 0 \quad \text{高位} \\ \times & 2 & \\ \hline & 0.500 & \cdots\cdots 0 \\ \times & 2 & \\ \hline & 1.000 & \cdots\cdots 1 \quad \text{低位} \end{array}$$

同理，十进制转换为八进制就是“除八取余法”和“乘八取整法”，十进制转换成十六进制就是“除十六取余法”和“乘十六取整法”。

例如：(2606) D = (A2E) H

$$\begin{array}{r l} 16 \,|\, 2606 & \text{余数} \\ 16 \,|\, 162 & \cdots\cdots 14 \ \text{E} \quad \text{低位} \\ 16 \,|\, 10 & \cdots\cdots 2 \\ 0 & \cdots\cdots 10 \ \text{A} \quad \text{高位} \end{array}$$

• 其他进制转换成十进制

在介绍数制的概念时，提到过“位权”，即各位数码所代表的数值在数中所处的位置。对于任意一种进制表示的数值，我们都可以利用“按权展开法”将其换一种形式表述。对于任意 n 位整数 m 位小数的 R 进制数（$a_{n-1}\cdots a_2a_1a_0a_{-1}\cdots a_{-m}$，其中 a_n 代表 R 进制中的基本数码符号，我们将 $a_{n-1}\cdots a_2a_1a_0a_{-1}\cdots a_{-m}$ 简写为A），可以写成如下形式：

$$A=a_{n-1}\times R^{n-1}+\cdots+a_2\times R^2+a_1\times R^1+a_0\times R^0+a_{-1}\times R^{-1}+\cdots+a_{-m}\times R^{-m}$$

这个公式即按权展开法，用每一位上的数码乘以该位的位权，然后对这些积求和。

例如：十进制数 456 按权展开后为：$456=4\times10^2+5\times10^1+6\times10^0$。对于按权展开的公式，如果做进一步的运算，即可得到等值的十进制数。

从其他进制的数据转换成十进制数只需使用“按权展开法”先将其展开成公式，然后再做进一步计算即可得到计算结果。

例如：

$(11001.01)B = (1\times2^4+1\times2^3+0\times2^2+0\times2^1+1\times2^0+0\times2^{-1}+1\times2^{-2})D = (25.25)D$

$(1523)O = (1\times8^3+5\times8^2+2\times8^1+3\times8^0)D = (851)D$

$(A3C)H = (10\times16^2+3\times16^1+12\times16^0)D = (2620)D$

• 二进制和八进制相互转换

这两种数值之间相互转换的方法很简单，先看二进制与八进制相互转换，因为 $8=2^3$，一位八进制和三位二进制表示的数据范围相同，两者的对应关系如表 1-3 所示。

表 1-3　八进制和二进制数值对应表

八进制数	二进制数
0	000
1	001

（续）

八进制数	二进制数
2	010
3	011
4	100
5	101
6	110
7	111

二进制转换成八进制的具体方法：首先对二进制数据进行分组，从小数点开始，向左整数部分三位一组，最高位不足三位用 0 补齐，小数点向右也是三位一组，最低位不足三位也用 0 补齐，分组完毕后，参考表 1－3，将每三位二进制转换成一位八进制，然后按顺序排列即可。

例如：

$$1001110111101.0111\text{（B）}=(\underset{1}{\underline{001}}\ \underset{1}{\underline{001}}\ \underset{6}{\underline{110}}\ \underset{7}{\underline{111}}\ \underset{5}{\underline{101}}\cdot\underset{3}{\underline{011}}\ \underset{4}{\underline{100}})\text{（B）}$$

$$=11675.34\text{（O）}$$

八进制转换成二进制的方法：参考表 1－3，将八进制的每一位分成三位，将最高位和最低位的 0 去掉后，按原顺序排列即可。

例如：

$$2735.14\text{（O）}=(\underset{010}{\underline{2}}\ \underset{111}{\underline{7}}\ \underset{011}{\underline{3}}\ \underset{101}{\underline{5}}\cdot\underset{001}{\underline{1}}\ \underset{100}{\underline{4}})\text{（O）}$$

$$=10111011101.0011\text{（B）}$$

• 二进制和十六进制相互转换

二进制和十六进制相互转换的方法与二进制和八进制的转换类似。一位十六进制对应四位二进制，对应关系如表 1－4 所示。

表 1－4　十六进制和二进制数值对应表

十六进制	二进制	十六进制	二进制
0	0000	8	1000
1	0001	9	1001
2	0010	A	1010
3	0011	B	1011
4	0100	C	1100
5	0101	D	1101
6	0110	E	1110
7	0111	F	1111

二进制转换成十六进制的方法：首先对二进制数据进行分组，从小数点开始，向左整数分四位一组，最高位不足四位用 0 补齐，小数点向右也是四位一组，最低位不足四位也用 0 补齐，分组完毕后，参考表 1－4，将每四位二进制转换成一位十六进制，然后按顺

序排列即可。

例如：

$$1001100\ (B) = (\underset{4}{\underline{0100}}\quad \underset{C}{\underline{1100}})\ (B) = 4C\ (H)$$

十六进制转换成二进制的方法：参考表 1－4，将十六进制的每一位分成四位，将最高位和最低位的 0 去掉后，按原顺序排列即可。

例如：

$$2B\ (H) = (\underset{0010}{\underline{2}}\quad \underset{1011}{\underline{B}})\ (H) = 101011\ (B)$$

• 八进制和十六进制相互转换

八进制和十六进制相互转换时，方法很简单，就是借助二进制中转一下。比如，八进制和十六进制的转换，可以先使八进制转换为二进制，再由二进制转换为十六进制。十六进制到八进制的转换，可以先使十六进制转换为二进制，再由二进制转换为八进制。

（2）编码的概念

在计算机内，信息是以二进制的形式进行存储和处理的。上面介绍了数值类信息在计算机内的表示方式，其实信息还包括其他的类型，比如文字、图形、声音、视频等。为了能处理这些非数值信息，需要对它们进行编码。当然，编码在计算机内部也是表现为二进制形式，但对它们的解释和理解是不同的。

①字符编码。目前，在计算机内用得最广泛的字符编码是由美国国家标准局制定的美国标准信息交换码（American Standard Code for Information Interchange，ASCII 码），1967 年这一编码被国际标准化组织（ISO）确定为国际标准字符编码。ASCII 码是对英文字母、数字、标点符号等组成的字符集的一种编码。ASCII 码有 7 位 ASCII 码和 8 位 ASCII 码两种，7 位 ASCII 码被称为标准 ASCII 码，8 位 ASCII 码被称为扩充 ASCII 码。

标准 ASCII 码是使用 7 位二进制数进行编码，可以表示 128（$=2^7$）个不同的字符。由于存储器的基本单位是字节，因此，在计算机内仍以一个字节存放一个 ASCII 编码，将该字节的最高位置为 0，一般用作校验位，用剩余 7 位表示编码。大写英文字母的编码值为 65～90，小写英文字母的编码值为 97～122，数字 0～9 的编码值为 48～57。另外，33 个字符是不可显示的，它们代表控制码，编码值为 0～31 和 127。

②汉字编码。为使计算机可以处理汉字，也需对汉字进行编码。计算机进行汉字处理的过程，实际上是各种汉字编码间的转换过程。

汉字编码要比英文字母复杂很多，如果用一个字节编码的话，最多只能表示 256（$=2^8$）个汉字。为了有效地处理汉字和解决汉字的输入、输出问题，现在有多种汉字编码方案，常见的有汉字信息交换码（国标码）、区位码、汉字内码、汉字输入码、汉字字形码和汉字地址码等。下面分别介绍各种汉字编码。

• 汉字信息交换码（国标码）

汉字信息交换码是用于汉字信息处理系统之间或汉字信息处理系统与通信系统之间信息交换的汉字代码。我国于 1981 年颁布了国家标准的汉字编码集，即《信息交换用汉字编码字符集——基本集》，国家标准代号是“GB 2312－80”，简称交换码或国标码。

国标码的字符集共收录了 7 445 个图形符号和两极常用汉字集。其中有 682 个非汉字图形符和 6 763 个汉字的代码。汉字代码中有一级常用汉字 3 755 个，二级常用汉字 3 008 个。

国标码可以说是扩展了的 ASCII 码。两个字节存储一个国标码。国标码的编码范围为：2121H～7E7E。

• 区位码

区位码也称国标区位码，是国标码的一种变形。它把全部一级、二级汉字和图形符号排列在一个 94 行×94 列的矩阵中，构成一个二维表格。矩阵中的每一行，用区号表示，范围是 1～94。矩阵中的每一列，用位号表示，范围也是 1～94。区位码是汉字的区号与位号的组合（高两位是区号，低两位是位号）。实际上，区位码也是一种汉字输入码，其最大优点是一字一码即无重码，最大缺点是难以记忆。

区位码与国标码的关系为：每个汉字的区号和位号分别加上（20）H 后，所得到的相应二进制代码是该汉字的国标码。即

国标码＝区号＋（20）H　位号＋（20）H

例如：“中”字的输入区位码是：5448。首先分别将其区号、位号转换为十六进制，结果为（3630）H，然后在区号和位号分别加上（20）H，得到的“中”字的国标码为：（3630）H＋（2020）H ＝（5650）H。

• 汉字内码

汉字内码是为在计算机内部对汉字进行处理、存储和传输而编制的汉字编码，应能满足存储、处理和传输的要求。不论用何种输入码，输入的汉字在机器内部都要转换成统一的汉字机内码，然后才能在机器内传输、处理。

目前，对应于国标码，一个汉字的内码也用两个字节存储。因为 ASCII 码是西文的机内码，为了不使汉字内码与 ASCII 码间发生混淆，汉字内码在计算机存储时将国标码两个字节的最高位分别置为 1，即两个字节分别加上（80）H，这样就不会产生此类问题，可以很好地区分汉字和西文字符。也就是国标码与内码之间的关系为：内码＝汉字的国标码＋（8080）H。

例如：汉字“大”的国标码是（3473）H，（3473）H＋（8080）H 将得到它的内码为（B4F3）H。

• 汉字输入码

汉字输入码是指将汉字输入计算机所采用的编码。汉字输入通常也是依靠键盘实现的。现在的计算机键盘不具备直接输入汉字的功能，必须另外设计汉字输入码来实现。当下汉字输入的方案很多，主要分为数字编码、字音编码和字形编码。

• 汉字字形码

汉字字形码是存放汉字字形信息的编码，它与汉字内码一一对应。每个汉字的字形码是预先存放在计算机内的，常称为汉字库。当输出汉字时，计算机根据内码在字库中查到其字形码，得到字形信息，然后就可以显示或打印输出。

汉字库主要分为“点阵”字库和“矢量”字库。目前计算机中用得比较多的是点阵字库。这种字库将一个方块划分成许多小方格，组成一个点阵，每一个小方格就是点阵中的

点，然后给每一个点赋值，取值只有 0 和 1 两个。用来显示汉字字形的点取值都为 1，与汉字字形无关的点取值都为 0，这样每个汉字的字形就可以用一串十六进制数来表示。根据汉字输出的精度要求，有不同的点阵密度，例如 16×16 点阵、24×24 点阵、32×32 点阵、48×48 点阵等。汉字点阵信息占用的存储空间较大，例如一个 16×16 点阵有 256 个点，需要 32（=16×16÷8）个字节来表示。同理，24×24 点阵的汉字输出码，需 72（=24×24÷8）字节存储空间，32×32 点阵的汉字输出码，需 128（=32×32÷8）字节存储空间。

• 汉字地址码

汉字地址码是指汉字库（主要指汉字字形的点阵式字模库）中存储汉字字形信息的逻辑地址码。在汉字库中，字形信息都是按一定顺序（大多数按标准汉字国标码中汉字的排列顺序）连续存放在存储介质中的。所以汉字地址码也大多是连续有序的，而且与汉字机内码间有着简单的对应关系，从而简化汉字内码到汉字地址码的转换。

• 各种汉字编码之间的关系

汉字的输入、输出和处理的过程，实际上是汉字的各种代码之间的转换过程。

汉字通过汉字输入码输入计算机内，然后通过输入字典转换为内码，以内码的形式进行存储和处理。在汉字通信过程中，处理机将汉字内码转换为适合于通信用的交换码，以实现通信处理。在汉字的显示和打印输出过程中，处理机根据汉字机内码计算出地址码，按地址码从字库中取出汉字输出码，实现汉字的显示或打印输出。图 1-3 表示了这些代码在汉字信息处理系统中的地位及它们之间的关系。

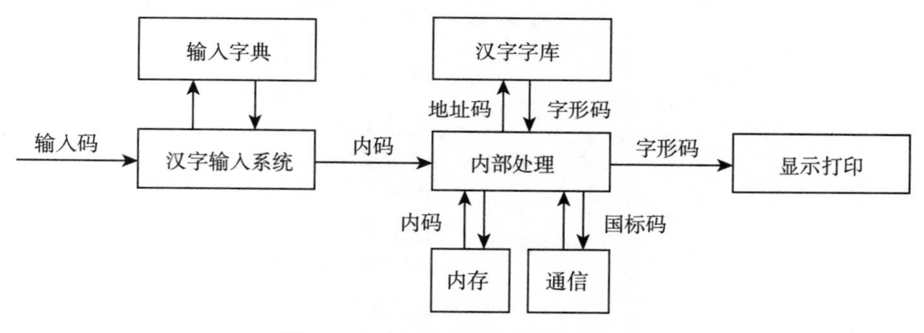

图 1-3 各种汉字编码之间的关系

项目三 微型计算机的安装

任务目标

- 了解计算机的结构
- 熟练掌握计算机的硬件组成
- 熟练掌握计算机的软件组成
- 掌握计算机的配件、品牌
- 理解计算机的性能指标

任 务

组装微型计算机

要求：学习计算机硬件相关知识并完成计算机的拆装。

相关知识点

1. 计算机系统组成

计算机系统包括硬件（hardware）系统和软件（software）系统两大部分。硬件是组成计算机的各种物理设备和总线，也就是我们看得见、摸得着的实际物理设备。硬件系统主要包括主机和外设，软件是在硬件上运行的程序和相关文档。软件系统主要包括系统软件和应用软件。计算机系统的组成如图 1-4 所示。

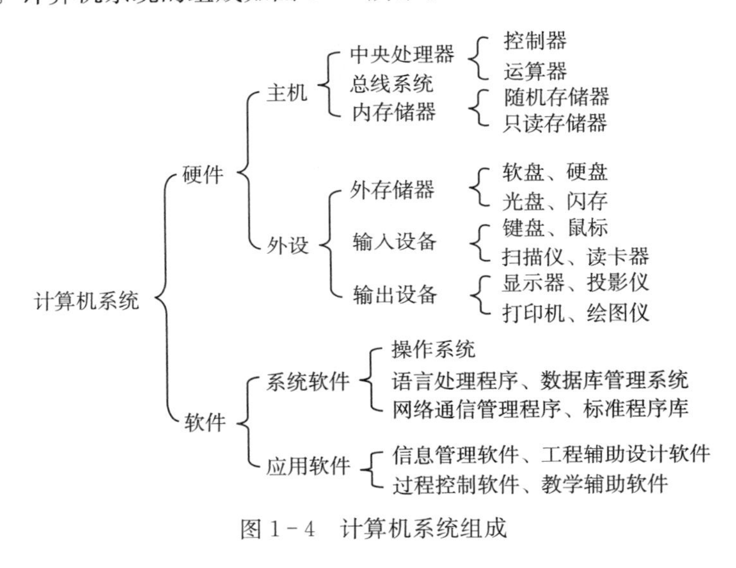

图 1-4 计算机系统组成

2. 计算机硬件系统

计算机硬件系统由五大功能部件组成，即运算器、控制器、存储器、输入设备和输出设备。

计算机工作流程如图 1-5 所示。首先编制程序，操作人员通过输入设备将程序和原始数据送入存储器；运行时，计算机从存储器中取出指令，送到控制器中进行分析、识别；控制器根据指令的含义发出相应的命令，控制存储器和运算器的操作；当运算器任务完成后，就可以根据指令序列将结果通过输出设备输出。另外，操作人员还可以通过控制台启动或停止机器的运行，或对程序的执行进行某种干预。在计算机运行过程中，实际上有两种信息在流动。一种是数据流，包括原始数据和指令，它们在程序运行前已经预先送至内存中，而且都是以二进制形式编码的。在运行程序时，数据被送往运算器参与运算，指令被送往控制器。另一种是控制信号，它是由控制器根据指令的内容发出的，指挥计算机各部件执行指令规定的各种操作或运算，并对执行流程进行控制。这里的指令必须为该计算机能直接理解和执行。

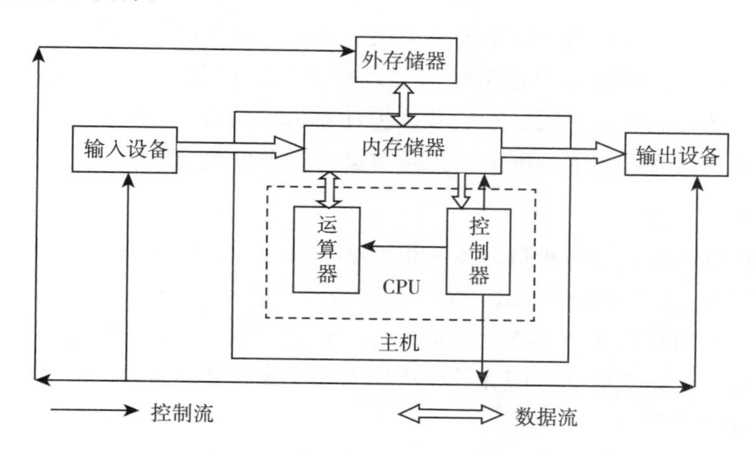

图 1-5 计算机工作流程

(1) 控制器

控制器（Control Unit，CU）是整个计算机系统的指挥中心，负责对指令进行分析，并根据指令的要求，有序地、有目的地向各个部件发出控制信号，使计算机的各部件协调一致地工作。控制器的主要功能是按预定的顺序不断取出指令进行分析，然后根据指令要求向运算器、存储器等各部件发出控制信号，让其完成指令所规定的操作。控制器由指令寄存器（Instruction Register，IR）、译码器、程序计数器（Program Counter，PC）和操作控制器（Operation Controller，OC）等组成。

(2) 运算器

运算器也称为算术逻辑部件（Arithmetical and Logical Unit，ALU），是执行各种运算的装置。运算器的主要功能是对二进制数码进行算术运算或逻辑运算。算术运算是指各种数值运算，比如：加、减、乘、除等运算。逻辑运算是指进行逻辑判断的非数值运算，比如：与、或、非等。运算器主要由算术逻辑单元、累加器和寄存器组成。

(3) 存储器

存储器（memory）是计算机中用来存放程序和数据的，具备存储数据和取出数据的功能。一般存储器可分为内存储器（内存、主存）和外存储器（外存、辅存）两大类。内存是相对存取速度快而容量小的一类存储器，外存则是相对存取速度慢而容量很大的一类存储器。

(4) 输入设备

输入设备是将外部信息（如文字、数字、声音、图像、程序等）转换为数据输入到计算机中进行加工、处理。常见的输入设备有键盘、鼠标、扫描仪等。

(5) 输出设备

把计算机处理的中间结果或最终结果，用人所能识别的形式（如字符、图形、图像、语音等）表示出来。常见的输出设备有显示器、打印机、绘图仪等。

3. 微型计算机硬件系统

从外观上看，微型计算机（以下简称微机）主要由以下部分构成，即：主机（机箱）、显示器、键盘和鼠标。根据用户需求还可以连接其他外部设备，如打印机、扫描仪、音箱、摄像头等。其中主机主要用于安装和保护计算机中的核心硬件，包括中央处理器、主板、内存、硬盘、显卡、声卡、网卡、光盘驱动器以及各类总线等。

（1）主板

主板安装在机箱内，是微机最基本、最重要的部件之一。上面集成了计算机的主要电路系统，一般有 BIOS（Basic Input Output System）芯片、I/O（Input/Output）控制芯片、键盘和面板控制开关接口、指示灯插接件、扩充插槽、主板及插卡的直流电源供电接插件等元件。可以说，主板的类型和档次决定着整个微机系统的类型和档次，其性能影响着整个微机系统的性能。

芯片组：它是主板的核心组成部分，几乎决定了这块主板的功能，进而影响到整个计算机系统性能的发挥。按照在主板上的排列位置的不同，通常分为北桥芯片和南桥芯片，两者共同组成主板的芯片组。北桥芯片主要负责实现与 CPU、内存、AGP 接口之间的数据传输，同时还通过特定的数据通道和南桥芯片相连接。南桥芯片主要负责和 IDE 设备、PCI 设备、声音设备、网络设备以及其他的 I/O 设备的沟通。

CPU 插座：用于安装 CPU 芯片的插座。

内存插槽：指主板上用来插暂存硬件内存条的插槽。主板所支持的内存种类和容量都由内存插槽来决定。

扩展插槽：它是主板上用于固定扩展卡并将其连接到系统总线上的插槽，它是一种添加或增强计算机特性及功能的方法。扩展插槽的种类和数量的多少是决定一块主板好坏的重要指标。

接口：有硬盘接口、COM 接口（串口）、PS/2 接口、USB 接口、LPT 接口（并口）、MIDI 接口等。

BIOS 和 CMOS：BIOS 是微机的基本输入输出系统，其内容集成在主板上的一个 ROM 芯片上，主要保存着有关微机系统最重要的基本输入输出程序，系统信息设置、开机上电自检程序和系统启动自检程序等；CMOS 是主板上的一块可读写的 RAM 芯片。由系统通过一块纽扣电池供电，因此无论是在关机状态还是遇到系统断电情况，CMOS 信息都不会丢失。它是 BIOS 设定系统参数的存放场所，又是 BIOS 设定系统参数的结果。用户可以通过 BIOS 设置程序对 CMOS 参数进行设置。

（2）中央处理器

中央处理器（Central Processing Unit，CPU）是计算机的核心部件，由运算器、控制器以及一些寄存器、高速缓存及实现它们之间联系的数据、控制及状态的总线构成，如图 1－6 所示。其功能主要是解释计算机指令以及处理计算机软件中的数据。

CPU 的性能好坏直接关系到微机的性能，衡量 CPU 的性能主要从以下几方面考虑：

①主频（时钟频率）。指 CPU 每秒钟发出的脉冲数，单位为 MHz（兆赫兹）或 GHz（吉赫兹）。用来表示 CPU 的运算、处理数据的速度。CPU 的主频＝外频×倍频系数。其中外频是总线时钟频率或说是主板时钟频率，决定主板的运行速度。而倍频系数则是指 CPU 主频与外频相差的倍数。一般说来，一个时钟周期完成的指令数是固定的。主频和实际的运算速度存在一定的关系，CPU 的运算速度还要看 CPU 的总线等各方面的性能指标。

图 1-6　中央处理器（CPU）

②字长。位是计算机处理的二进制数的基本单位，1 个“0”或者“1”代表 1 位。字长是指 CPU 在单位时间内能一次处理的二进制数的位数。字长越长，计算机处理数据的速度越快，精度越高。比如：现在的主流计算机一般能够直接处理 64 位的二进制数，也就是 64 位的计算机。64 位可以表示的数据是 2^{64}，大于这个数计算机就会把它分成 2 段或更多的段来处理。

③缓存。指在 CPU 内设置的可用以进行高速数据交换的存储器。由于实际工作时，短时间内 CPU 往往需要重复读取同样的数据块，因此，计算机把最常用的数据从硬盘调入缓存，这样可以减少计算机访问硬盘的次数，从而提升计算机处理速度。数据处理完成后，再将数据送回到硬盘等存储器中永久存储。较大的缓存容量可以有效地提升 CPU 内部读取数据的命中率，不用再到内存或者硬盘中寻找，因此提高了系统性能。缓存的结构和大小对 CPU 的运行速度影响非常大，但从 CPU 芯片面积和成本的因素考虑，缓存容量一般都很小。根据缓存的处理速度可分为 L1 Cache（一级缓存）、L2 Cache（二级缓存）及 L3 Cache（三级缓存）。

（3）存储器

存储器由一些能表示二进制数 0 和 1 的物理器件组成，这种器件称为记忆元件或记忆单元。每个记忆单元可以存储一位二进制代码信息。为了区分存储体内不同的存储单元，每个存储单元都有一个编号，称为存储单元的地址。

存储器中能够存放的最大数据信息称为存储器容量。存储容量的最小单位为位（bit，简写 b），基本单位为字节（Byte，简写 B）。1 个字节由 8 位二进制数组成，即 1Byte＝8bit。存放一个 ASCII 码需要 1 个字节，存放一个汉字需要 2 个字节。常用的存储单位还有 KB（千字节）、MB（兆字节）、GB（吉字节）和 TB（太字节）等，它们之间的关系为：

1KB＝1024B　1MB＝1024KB　1GB＝1024MB　1TB＝1024GB

微机存储器可分为主存储器（内存）和辅助存储器（外存）。内存指主板上的存储部件，用来存放当前正在执行的数据和程序，但仅用于暂时存放程序和数据，关闭电源或断电，数据会丢失。外存通常是磁性介质或光盘等，能长期保存信息。

①内存。内存的作用是用于暂时存放 CPU 中的运算数据，以及与硬盘等外部存储器交换的数据。内存可直接与 CPU 交换信息，其质量好坏与容量大小会影响计算机的运行速度。

内存按存取方式分为随机存储器和只读存储器。

• 随机存储器（Random Access Memory，RAM）：信息既可以读取，也可以写入。当计算机电源关闭时，存在其中的数据就会丢失。随机存储器按其结构又可分为静态随机存储器（Static RAM，SRAM）和动态随机存储器（Dynamic RAM，DRAM）。SRAM 比 DRAM 速度快，价格高，体积大。内存条就是将 RAM 集成块集中在一起的电路板，插在主板上的内存插槽上，如图 1-7 所示。市场上常见的内存条为 DDR2 和 DDR3 等类型产品，品牌比较著名的有现代和金士顿。

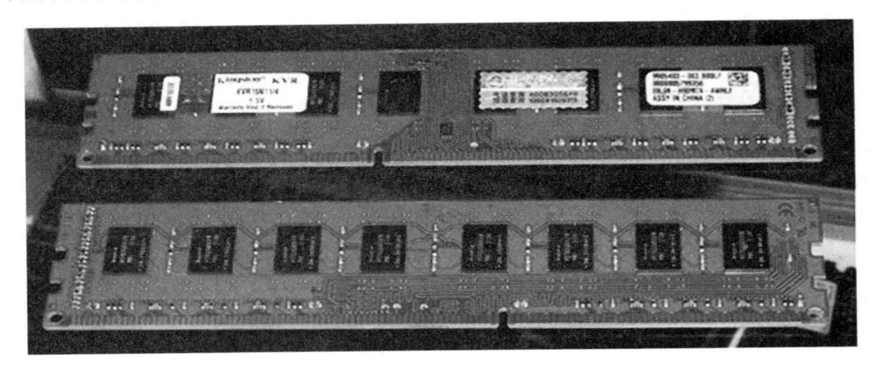

图 1-7　内存条

• 只读存储器（Read Only Memory，ROM）：信息只能读出，一般不能写入，即使计算机断电，数据也不会丢失。ROM 中的信息是在制造 ROM 时被存入并永久保存。一般用于存放基本程序和数据，如 BIOS 等。

②外存。外存储器简称外存，是指除计算机内存及 CPU 缓存以外的储存器，此类储存器一般断电后仍然能保存数据，常见的外存储器有硬盘、光盘和可移动存储器（如 U 盘等）如图 1-8 至图 1-11 所示。

图 1-8　机械硬盘

图 1-9　固态硬盘

图 1-10　光　盘

图 1-11　U 盘

a. 硬盘存储器：由硬盘片、硬盘驱动器和适配卡组成。用于存储数据、程序以及数据的交换与暂存。市场上常见的品牌有希捷、西部数据、三星等。硬盘的主要性能参数有容量、转速、缓存、平均访问时间、传输速率、接口类型。

• 容量：作为计算机系统的数据存储器，容量是硬盘最主要的参数，以 GB 为单位。硬盘的存储容量计算公式为：存储容量=柱面数×磁头数×扇区数×每扇区字节数（512 字节）。

• 转速：指硬盘内电机主轴的旋转速度，也就是硬盘盘片在 1 分钟内所能完成的最大转数。是标志硬盘档次的重要参数之一，也是决定硬盘内部传输速率的关键因素。硬盘的转速越快，硬盘寻找文件的速度也就越快，相对的硬盘的传输速度也就得到了提高。普通硬盘的转速一般有 5 400 转/分、7 200 转/分等。

• 平均访问时间（average access time）：指磁头从起始位置到达目标磁道位置，并且从目标磁道上找到要读写的数据扇区所需的时间。平均访问时间体现了硬盘的读写速度，它包括硬盘的寻道时间和等待时间。

• 传输速率（data transfer rate）：指硬盘读写数据的速度，单位为兆字节每秒（MB/s）。

• 缓存：它是硬盘控制器上的一块内存芯片，具有极快的存取速度，是硬盘内部存储和外界接口之间的缓冲器。它能将硬盘工作时的一些数据暂时保存，以供读取和再读取。由于硬盘的内部数据传输速度和外界界面传输速度不同，缓存在其中起到一个缓冲的作用。缓存的大小与速度是直接关系到硬盘的传输速度的重要因素，能够大幅度地提高硬盘整体性能。

• 接口类型：有 IDE、SATA、SCSI 和光纤通道等。IDE 和 SATA 接口硬盘主要用于家用产品。

b. 光盘存储器：由光盘驱动器和光盘组成。按用途可分为只读型光盘和可擦写光盘。

• 只读型光盘：包括 CD-ROM、DVD-ROM 和一次性写入光盘 CD-R、DVD-R。CD-ROM、DVD-ROM 是厂家预先写入数据，用户不能修改，主要用于存储文献和不需要修改的信息。一次性写入光盘 CD-R、DVD-R 可以由用户写入信息，写一次后将永久保存，不可修改。

• 可擦写光盘（CD-RW）：可反复擦写。

c. 移动存储器：目前常用的移动存储器有移动硬盘和闪存。

• 移动硬盘：多采用 USB、IEEE 1394 等接口，便于插拔，具有便携性。

• U 盘（也称 USB 盘或闪存）：使用 USB 接口，读取速度比较快，是一种即插即用的装置。

③内存与外存的区别。内存运行速度快，外存运行速度慢。外存里的数据必须先调入内存才能运行（所谓打开文件）。内存只能暂时保存（RAM 部分）数据，关机或断电后其中的数据自动消失。外存可长期、永久性的保存数据（所谓保存文件就是将内存中的数据保存到了外存中）。内存储器的存储容量小，外存储器的容量大。

（4）总线

总线是微机各部件之间的通信线，是模块间传输信息的公共通道，通过它实现计算机各部件之间的数据、地址和控制信息的传送。

总线的分类：按相对于 CPU 或其他芯片的位置可分为片内总线和片外总线；按传输信息的类型可分为地址总线（Address Bus，AB）、数据总线（Data Bus，DB）和控制总线（Control Bus，CB）；按传送方式可分为并行总线和串行总线；按连接部件的不同可分为内部总线和系统总线。

（5）输入设备

①键盘。键盘是数字和字符的输入装置。按其结构可分为机械式、薄膜式、电容式、无线键盘等。目前常用的键盘有 3 种：标准键盘（有 83 个按键）、增强键盘（有 101 个按键）和微软自然键盘（有 104 个按键）。104 个按键键盘，其按键可分为 4 个区域，即主键盘区、功能键区、编辑键区、数字键区。

②鼠标。鼠标按工作原理的不同可分为机械鼠标和光电鼠标。按接口类型的不同可分为串行鼠标、PS/2 鼠标、USB 鼠标、无线鼠标四种。鼠标的 PS/2 接口为浅绿色。

鼠标的主要功能是进行光标定位或用来完成某种特定的输入。主要技术指标是分辨率，单位为 dpi（指每移动 1 英寸* 能检测出的点数）。分辨率越高，质量就越好。鼠标的基本操作有四种：指向、单击、双击和拖动。

③触控屏。又称为“触控面板”，是一种可接收触头等输入信号的感应式液晶显示装置，当触摸了屏幕上的图形按钮时，屏幕上的触觉反馈系统可根据预先编好的程序驱动各种连接装置，并借由液晶显示画面制造出生动的影音效果。

触控屏作为一种新型的计算机输入设备，是目前最简单、方便、自然的一种人机交互方式。主要应用于公共信息的查询、领导办公、工业控制、军事指挥、电子游戏、点歌点菜和多媒体教学等方面。

④扫描仪。扫描仪可以把图形图像信息输入到计算机中，形成数据文件。扫描仪通常采用 USB 接口，支持热插拔，使用方便。

图 1-12　CRT 显示器

（6）输出设备

①显示器。按照工作原理可将显示器分为阴极射线管（CRT）显示器（图 1-12）、液晶（LCD）显示器（图 1-13）和等离子体（PDP）显示器（图 1-14）。

显示器的主要性能参数有分辨率、屏幕尺寸、点间距、刷新频率等。

图 1-13　LCD 显示器

图 1-14　PDP 显示器

* 英寸为非法定计量单位，1 英寸=2.54 厘米。——编者注

分辨率：显示器显示的字符和图形由一个个小光点组成，这些小光点称为像素。显示器的分辨率是指显示器所能显示的像素点个数，一般用整个屏幕上光栅的列数与行数的乘积来表示。如：1024×768。

屏幕尺寸：显示器的显示区域。一般用屏幕区域对角线的长度表示，单位为英寸。

点间距：指屏幕上两个颜色相同的荧光点之间的最短距离。点间距越小，显示出来的图像越细腻。

刷新频率：分为垂直和水平刷新频率。一般提到的显示器刷新频率是指垂直刷新频率，单位为赫兹（Hz）。刷新频率的高低对人的眼睛有很大影响，低于 60 赫兹时，屏幕抖动得很厉害，85 赫兹以上的刷新频率比较安全。

②打印机。打印机是计算机的另一种输出设备，可以把文字或图形在纸上输出，供用户阅读和保存。

打印机按工作原理可分为击打式打印机和非击打式打印机两类。打印票据用的针式打印机就属于击打式打印机。而非击打式打印机主要有喷墨打印机和激光打印机。

4. 计算机软件系统

软件，指为方便使用计算机和提高使用效率而组织的程序以及用于开发、使用和维护的有关文档。

计算机软件系统是计算机的重要组成部分，只有硬件的计算机我们称为裸机。安装了软件的计算机才能够供用户使用，完成用户指定的操作。软件系统可分为系统软件和应用软件两大类。计算机系统的层次关系，如图 1－15 所示。

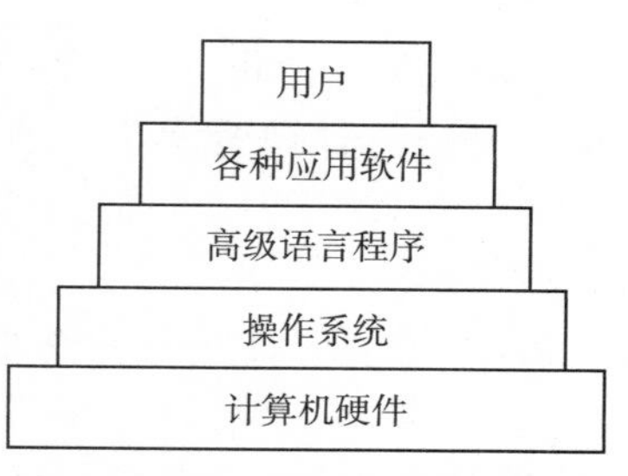

图 1－15　计算机系统层次关系图

（1）系统软件

系统软件是计算机正常工作所必需的最基本的软件，它由一组控制计算机系统并管理其资源的程序组成，是控制和协调计算机及外部设备，支持应用软件开发和运行的系统。主要功能是调度、监控和维护计算机系统，负责管理计算机系统中各种独立的硬件，使得它们可以协调工作。系统软件主要包括以下几种：

①操作系统。操作系统（Operating System，OS）是最基本、最重要的系统软件。直接运行在计算机硬件上，是用户和计算机的接口。常用的操作系统有 Windows 系列、Linux、Unix 等。

②计算机语言处理程序。按照语言处理程序对硬件的依赖程度，通常将其分为机器语言、汇编语言和高级语言。这些语言处理程序除个别常驻在 ROM 中可独立运行外，都必须在操作系统支持下运行。

机器语言：计算机中的数据都是用二进制表示，机器指令也是用一串由 0 和 1 组成的二进制代码表示的。机器语言是直接用机器指令作为语句与计算机交换信息的语言。用机器语言编写的程序，计算机能识别，可直接运行，但程序容易出错。

汇编语言：是由一组与机器语言指令一一对应的符号指令和简单语法组成。用汇编语言编写的程序称为汇编语言源程序。经汇编程序翻译后得到的机器语言程序称为目标程序。

由于计算机只能识别二进制编码的机器语言，因此无法直接执行用汇编语言编写的程序。汇编语言程序要由一种翻译程序将它翻译为机器语言程序，这种翻译程序称为编译程序。

高级语言：由于汇编语言依赖于硬件体系，且难以记忆，于是人们发明了更加易用的高级语言，其语句的表达接近人们常用的自然语言（英语）和数学语言，一条语句不是完成单一的机器指令操作，而是完成多项操作。高级语言分面向过程和面向对象两类。面向过程的高级语言包括：FORTRAN、COBOL、Pascal、C 语言等。面向对象的高级语言包括：VB、C++、Java 等。将源程序翻译成目标程序可使用编译程序或解释程序。

③数据库管理系统。数据库管理系统主要面向解决数据处理的非数值计算问题，对计算机中存放的大量数据进行组织、管理、查询等。

（2）应用软件

应用软件是用户为解决各种实际问题而编制的计算机应用程序及其有关资料。如办公软件、即时通信软件、多媒体软件、分析软件、协作软件、商务软件等。

5. 计算机的主要性能指标

（1）运算速度

运算速度是衡量计算机性能的一项重要指标。通常所说的计算机运算速度（平均运算速度）是指每秒钟所能执行的指令条数，一般用“百万条指令/秒（Million Instruction Per Second，MIPS）来描述。微型计算机一般采用主频来描述运算速度，主频越高，运算速度就越快。

影响计算机运行速度的主要因素有以下几个：

CPU 的主频（时钟频率）：它是计算机内部时钟发生器产生的时钟信号频率，即 CPU 的时钟频率。它在很大程度上决定了计算机的处理速度。

字长：在 CPU 中，作为一个整体加以处理和传送的二进制数据位数，称为该计算机的字长。字长总是 8 的倍数。字长越大，计算机处理数据的速度就越快，处理数据的精度就越高。

（2）存储容量

存储容量是指存储器能够存储数据的总字节数。

内存是 CPU 可以直接访问的存储器，需要执行的程序与数据存放在内存中。内存的存储容量的大小直接反映了计算机即时存储信息的能力。例如，运行 Windows XP 操作系统至少需要 128MB 的内存容量。内存容量越大，系统功能就越强大，能处理的数据就越庞大。

外存的存储容量通常是指硬盘容量（包括内置硬盘和移动硬盘）。外存存储容量越大，可存储的信息就越多，可安装的应用软件就越丰富。

（3）存取速度

存储器完成一次读/写操作所需的时间称为存取时间或访问时间。存储器连续进行读/写操作所允许的最短时间间隔称为存取周期。存取周期越短，则存取速度越快。通常，存取速度的快慢决定了运算速度的快慢。例如，影响硬盘存取速度的因素有平均寻道时间、数据传输率、盘片的旋转速度和缓冲存储器的容量等。

项目四　认识信息技术文化与法律道德

任务目标

- 了解信息技术文化
- 了解信息技术法律道德

任　务

了解信息技术职业道德规范

要求：学习信息技术文化与信息社会责任的相关知识并分组讨论案例内容。

相关知识点

1. 信息技术文化

信息技术文化将一个人经过文化教育后所具有的能力由传统的读、写、算上升到了一个新高度，即除了能读、写、算以外还要具有信息技术运用能力（信息能力），而这种能力可通过信息技术文化的普及得到实现。

这种崭新的文化形态可以体现为：①信息技术理论及其技术对自然科学、社会科学的广泛渗透表现的丰富文化内涵；②计算机的软、硬件设备，作为人类所创造的物质设备丰富了人类文化的物质设备品种；③信息技术应用介入人类社会的方方面面，从而创造和形成的科学思想、科学方法、科学精神、价值标准等成为一种崭新的文化观念。

2. 信息社会责任

信息社会责任是指在信息社会中，个体在文化修养、道德规范和行为自律等方面应尽的责任。具备信息社会责任的学生，在现实世界和虚拟空间中都能遵守相关法律法规，信守信息社会的道德与伦理准则；具备较强的信息安全意识与防护能力，能有效维护信息活动中个人、他人的合法权益和公共信息安全；关注信息技术创新所带来的社会问题，对信息技术创新所产生的新观念和新事物，能从社会发展、职业发展的视角进行理性的判断和负责任的行动。

3. 信息技术法律道德

（1）有关知识产权的

1990 年 9 月我国颁布了《中华人民共和国著作权法》，把计算机软件列为享有著作权保护的作品。1991 年 6 月，颁布了《计算机软件保护条例》，规定计算机软件是个人或者团体的智力产品，同专利、著作一样受法律的保护，任何未经授权的使用、复制都是非法的，按规定要受到法律的制裁。

（2）有关计算机安全的

计算机安全是指计算机信息系统的安全，计算机信息系统是由计算机及其相关的和配套的设备、设施（包括网络）构成的，为维护计算机系统的安全，防止病毒的入侵，我们应该注意一些基本问题。

破坏计算机信息系统罪，是指违反国家规定，对计算机信息系统功能或计算机信息系统中存储、处理或者传输的数据和应用程序进行破坏，或者故意制作、传播计算机病毒等破坏性程序，影响计算机系统正常运行，后果严重的行为（法律依据为《中华人民共和国刑法》第二百八十六条）。

（3）有关网络行为规范

《中华人民共和国网络安全法》是为了保障网络安全，维护网络空间主权和国家安全、社会公共利益，保护公民、法人和其他组织的合法权益，促进经济社会信息化健康发展而制定的法律。该法由全国人民代表大会常务委员会于 2016 年 11 月 7 日表决通过，自 2017 年 6 月 1 日起施行。

我国公安部公布的《计算机信息网络国际联网安全保护管理办法》中规定任何单位和个人不得利用国际互联网制作、复制、查阅和传播一些不利于国家和个人的违法的信息。

案例分析

帮助信息网络犯罪活动罪

某高校一个寝室的 4 名学生，为贪图小利竟然帮诈骗分子办理银行卡洗钱，其中，洗钱金额最高的胡某卡内流水总额高达 300 多万元，2021 年 8 月 17 日，据当地公安局消息，胡某等 4 人已因涉帮助信息网络犯罪活动罪，均被公安机关予以刑事拘留。

警方查明，他们都是通过一份在网络上找的“兼职”，成为了帮助网络诈骗分子“洗钱”的帮凶。胡某等人在网络结识网络诈骗洗钱“下家”之后，通过对接转账具体细节、金额、账号等，帮助对方用自己的银行卡操作资金转账。其间，每笔账对方按“千分之五”计算提成，胡某等人存在侥幸心理，觉得自己只是提供银行卡，没有参与实际转账操作，便不涉嫌违法。实际上，他们已涉嫌触犯了帮助信息网络犯罪活动罪，他们因为自己的无知和贪念而毁了前程，非常可惜。如今等待他们的是法律的制裁。

什么是帮助信息网络犯罪活动罪？

《刑法》第二百八十七条规定：帮助信息网络犯罪活动罪，针对明知他人利用信息网络实施犯罪，为其犯罪提供互联网接入、服务器托管、网络存储、通信传输等技术支持，或者提供广告推广、支付结算等帮助的行为独立入罪。

买卖银行卡有何危害？

（1）个人信息的泄露

不法分子通过网站、聊天软件等渠道发布高价收购银行卡的消息，诱导持卡人出售自己弃用的银行卡，并且要求登记个人信息。如果因为贪图小便宜出售自己名下的银行卡，不法分子会利用你的个人信息向你身边的好友实施诈骗。

（2）为不法分子提供便利

银行卡的出售为洗钱、行贿受贿、偷税漏税等非法活动提供了机会。不法分子将得来的财产迅速转移到买来的多个银行卡中，加大了警方侦破、追赃的难度。一经发现持卡人涉嫌出售银行卡为不法分子提供便利，将承担连带法律责任。

（3）面临个人财产司法冻结

不法分子利用买来的银行卡进行犯罪活动，最终将会追溯到核心账户，按照中国人民银行《关于加强支付结算管理防范电信网络新型违法犯罪有关事项通知》，如果你名下有一张银行卡账户涉嫌电信诈骗，那么以你个人名义办理的所有银行卡账户将会被冻结。并且这会严重影响个人信用，而个人信用的好坏直接影响授信额度、贷款的难易程度。征信不良期间将对你生活各个方面造成影响，比如求职、贷款买房、申请银行卡等都将面临很多限制。

特别提醒

要妥善保管好自己的身份证、银行卡、网银U盾等账户存款工具，保护好登录账号和密码等个人信息，不要出租、出借、出售个人银行卡、身份证和网银U盾等账户存取工具。侥幸心理不可有，法律红线不要碰，别为蝇头小利毁了大好前程。

模块二

Windows 10操作系统

操作系统是计算机软件系统中最主要、最基本的系统软件，直接控制和管理计算机软件和硬件资源。用户通过操作系统使用计算机中的各种资源。操作系统是其他应用软件的使用基础。

项目一　认识 Windows 10 操作系统

任务目标

- 了解操作系统
- 熟练掌握 Windows 10 的安装与基本操作

任务一

上网查找操作系统的相关资料

要求：

1. 了解个人计算机操作系统。
2. 与同学交流自己所了解的操作系统。

任务二

操作系统 Windows 10 的安装

要求：

1. 安装 Windows 10 操作系统。
2. 安装完成后更改系统时间并打开网络连接。

相关知识点

1. 操作系统和 Windows 10 的安装

(1) 操作系统

操作系统（Operating System，OS）是管理和控制计算机硬件和软件资源的计算机程序。直接运行在“裸机”上的最基本的系统软件，任何其他软件都必须在操作系统的支持下才能运行。操作系统是用户和计算机的接口，同时也是计算机硬件和其他软件的接口。

操作系统的功能包括：管理计算机系统的硬件、软件及数据资源，控制程序运行，改善人机界面，为其他应用软件提供支持等，使计算机系统所有资源得到最大限度的发挥。

操作系统的位置如图 2-1 所示。

常用的操作系统有 Windows、Unix、Linux、MS-DOS 等。

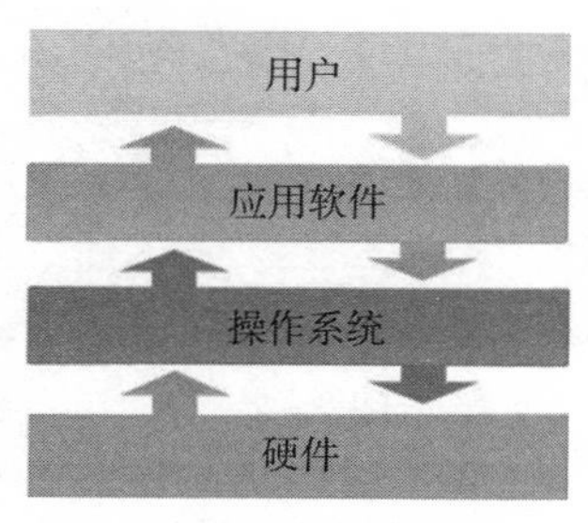

图 2-1 操作系统的位置

微软公司 Windows 操作系统有：Windows XP、Windows Vista、Windows 7、Windows 8、Windows 10、Windows 11 等。

其中，Windows 10 操作系统是微软公司 2015 年 7 月 29 日发布的新一代操作系统。经过几年市场“磨炼”趋于稳定成熟，目前已成为主流的操作系统。

Windows 10 操作系统有家庭普通版、家庭高级版、专业版和旗舰版四种，这些版本与之前广受好评的 Windows 7 系统相比其新特性表现如下：

①兼容全平台。Windows 10 的最大特点是支持全平台模式，笔记本、台式机、平板计算机、手机等设备可以同步运行。

②更高安全性能。Windows 7 系统 2020 年 1 月已全面停止技术支持，Windows 10 可以提供更高级别的安全保障，并新增了面部、虹魔、指纹识别解锁等全新功能。

③搜索栏/Cortana。Windows 7 的搜索栏由来已久，尤其经过 Vista 改良后，变得更加实用。Windows 10 将搜索栏升级为 Cortana，一个最明显变化就是开始支持语音搜索。如可以直接对着麦克风说“打开计算器”，几秒钟后计算器便出现在眼前。

④虚拟桌面、多显示器。为了满足用户对多桌面的需求，Windows 10 增强了多显示器使用体验，同时还增加了一项虚拟桌面（task view）功能。其中多显示器可以提供与主显示器相一致的样式布局，独立的任务栏、独立的屏幕区域，功能上较 Windows 7 更完善。

（2）Windows 10 操作系统的安装

安装 Windows 操作系统的方法很多，可以使用安装介质（U 盘或 DVD）安装 Windows 的新副本、执行全新安装或重新安装 Windows。安装之前要进入 BIOS 界面设置安装介质引导，以用光盘安装为例，介绍全新 Windows 10 安装的具体方法。

设置光驱为第一引导设备：启动计算机，按 Delete 键（不同品牌进入 BIOS 程序键都有所不同）进入 BIOS 程序窗口，如图 2-2 所示，将 CD-ROM（光驱引导）设置为第一启动设备（U 盘安装请设置“Removable Devices”为第一启动设备）。然后将Windows 10安装光盘放入计算机光驱，按 F10 键保存设置内容，并退出 BIOS 界面重启计算机，如图 2-3 所示。

①计算机重启后光盘的安装程序会自动检测硬件环境，加载系统文件和驱动程序后进入 Windows 10 安装界面，如图 2-4 所示，选择安装的语言，单击“下一步”按钮。

②出现如图 2-5 所示界面，单击“现在安装”按钮。注：若单击“修复计算机”链接可对已安装的 Windows 10 系统进行修复操作。

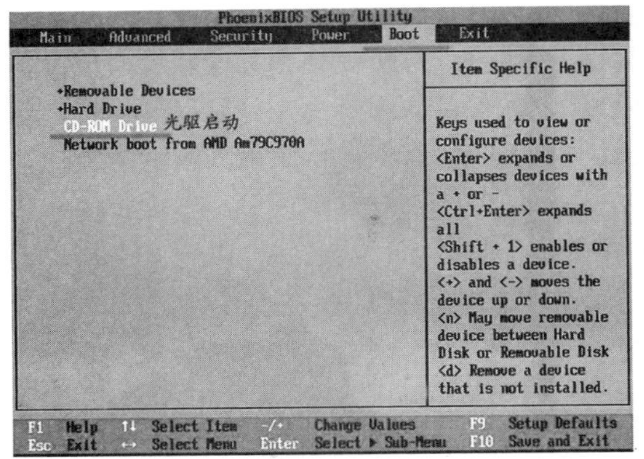

图 2-2　设置第一引导设备

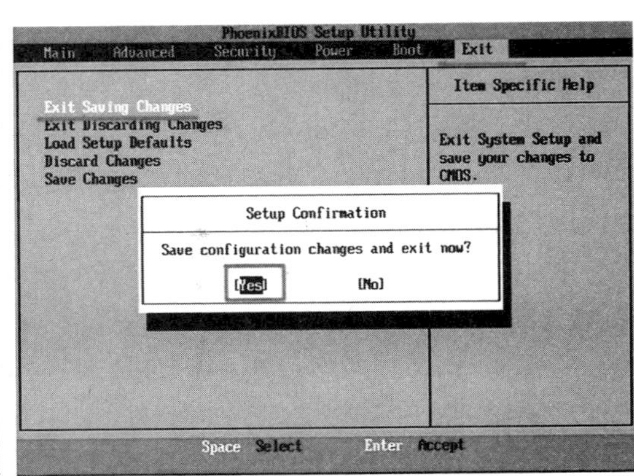

图 2-3　退出设置引导界面

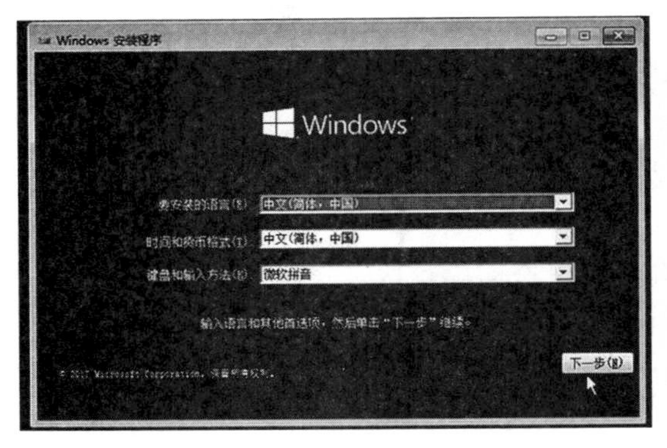

图 2-4　安装 Windows 10 界面

图 2-5　启动光盘进入安装界面

③全新安装 Windows 10 系统会看到此界面，“键入你的 Windows 产品密钥”对话框，将产品正确的密钥输入文本框内，单击“下一步”按钮，如图 2-6 所示。

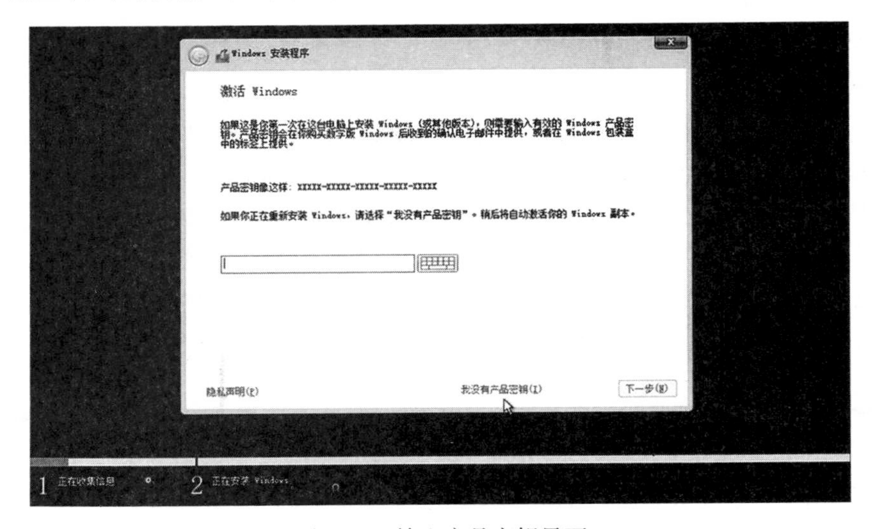

图 2-6　输入产品密钥界面

④在弹出的“请阅读许可条款”对话框中选中“我接受许可条款”如图 2－7 所示复选框，单击“下一步”按钮继续安装步骤。

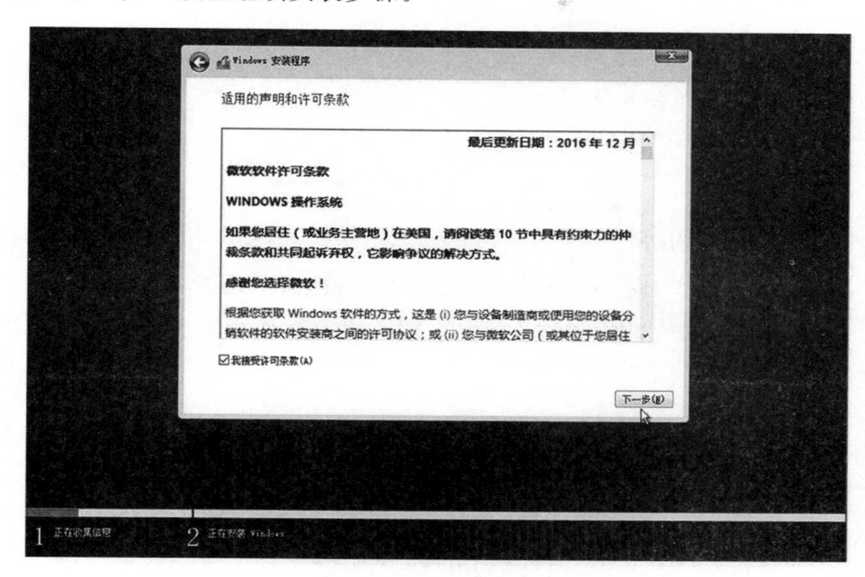

图 2－7　阅读协议界面

⑤在安装全新的 Windows 10 系统时，在弹出的“您想进行何种类型的安装”选项时选择“自定义（高级）”选项，如图 2－8 所示。注：若选择“升级”选项则进入升级安装 Windows 10 界面。

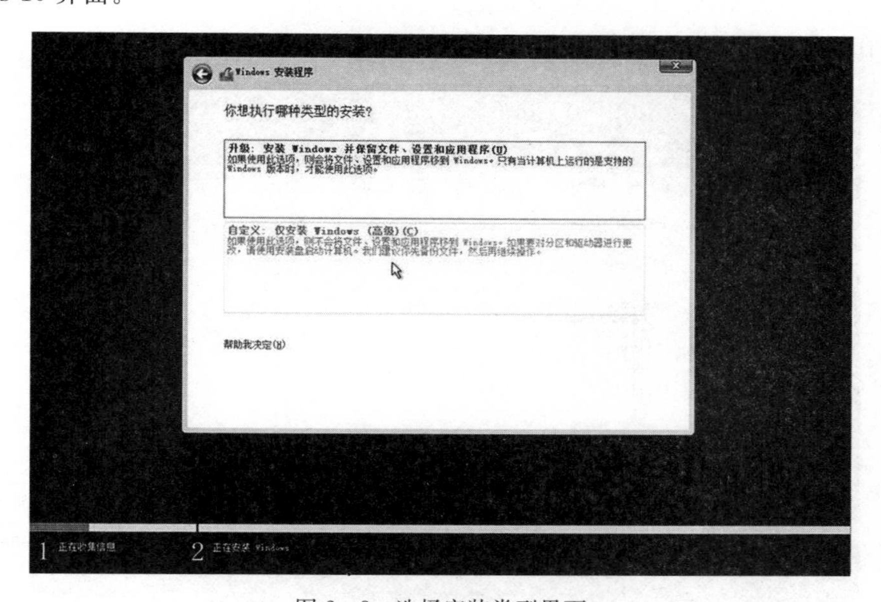

图 2－8　选择安装类型界面

⑥在弹出的“您想将 Windows 安装在哪里”对话框中选择磁盘分区，此时要考虑安装系统的容量问题，一般从列表中选取拥有足够可用空间且为 NTFS 格式的分区即可，

并在这里选择“硬盘 0 分区 1”选项，单击“下一步”按钮继续安装，如图 2－9 所示。注：选择分区时如果不是 NTFS 格式，可以单击“格式化”按钮完成分区格式化操作。

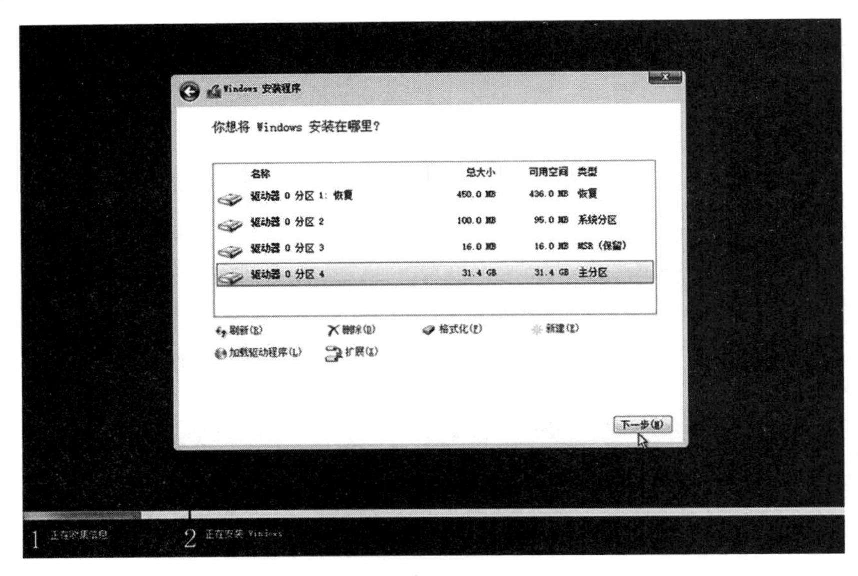

图 2－9　磁盘分区界面

⑦在安装程序的过程中会收集安装所需的信息，系统会自动完成文件的复制、展开与安装，根据计算机自身的情况一般需要几分钟时间（直到界面出现“完成安装”字样前方对勾），如图 2－10 所示。注：在系统安装过程中计算机会出现重启或者屏幕闪烁，这是安装程序在检测硬件环境或者加载功能，属正常现象，不必担心。

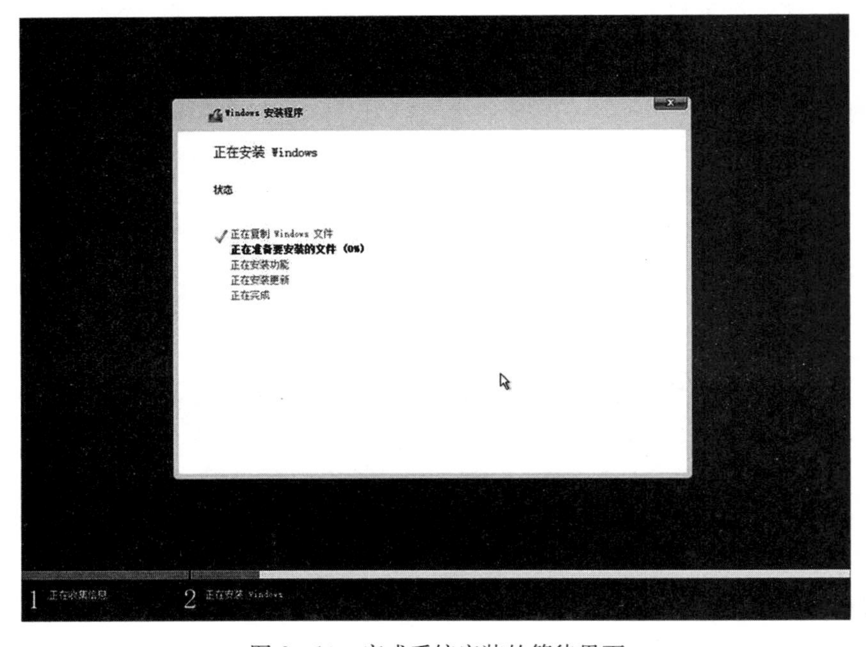

图 2－10　完成系统安装的等待界面

⑧安装完成重启之后，界面进入系统初始化设置界面，已经预装系统的新计算机第一次开机一般都可以看到此界面。“让我们先从区域设置开始”，选择“中国”，单击“是”，如图 2-11 所示。

⑨弹出“这种键盘布局合适吗?”选择您需要的输入法设置后单击“是”，如图 2-12 所示。

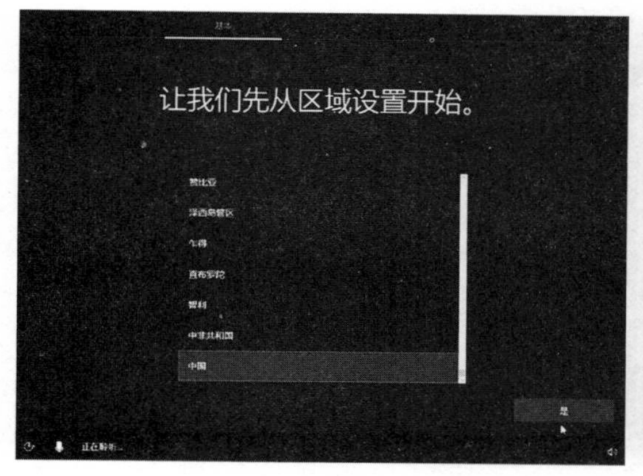

图 2-11　系统初始化设置界面

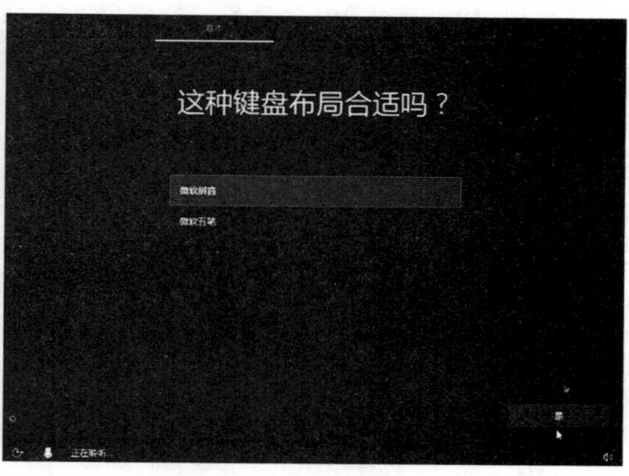

图 2-12　设置输入法界面

⑩“是否想要添加第二种键盘布局?”根据自己需要单击“添加布局”或“跳过”，如图 2-13 所示。

⑪在弹出的“让我们为你连接到网络”对话框中可选择网络连接，也可单击“我没有 Internet 连接”，后续进入桌面后连接，如图 2-14 所示。

图 2-13　设置键盘布局界面

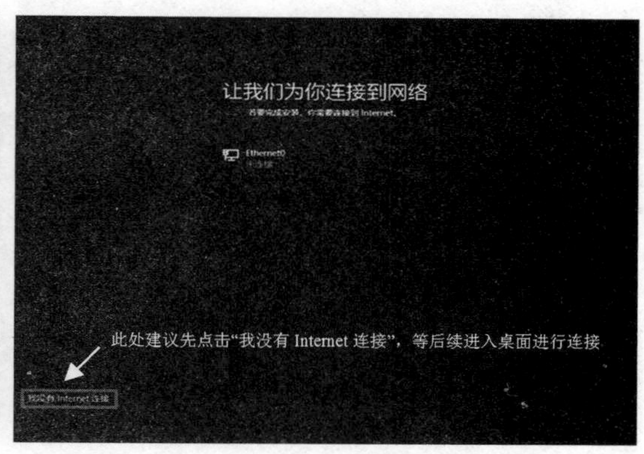

图 2-14　选择网络连接界面

⑫进入账户设置阶段，“希望以何种方式进行设置?”一般个人选择“针对个人使用进行设置”单击“下一步”按钮，如图 2-15 所示。

⑬如果当前已经拥有微软账户，请输入自己的微软账户名称，单击“下一步”按钮。如果您希望使用本地账户登录，请单击“脱机账户”，如图 2-16 所示。

⑭“谁将会使用这台计算机?”请输入本地账户（脱机账户）名称，单击“下一步”按钮，如图 2-17 所示。

⑮“创建容易记住的密码”界面输入本地账户密码后单击“下一步”按钮，如图 2－18 所示。随后会弹出“确认你的密码”和“添加密码提示”界面，如图 2－19 所示，设置相应内容并单击“下一步”按钮即可完成账户设置。

⑯弹出“是否让 Cortana 作为你的个人助理?”界面，根据你的实际需求选择“否”或“是”选项，如图 2－20 所示。设置完随后弹出的隐私设置，如图 2－21 所示，我们就可以看到 Windows 10 桌面了，如图 2－22 所示。

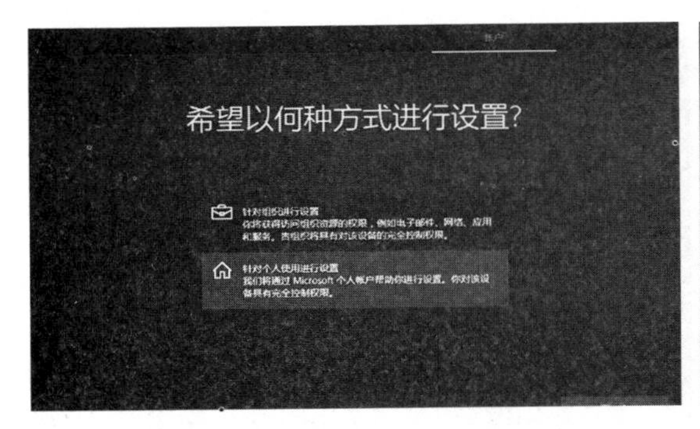

图 2－15　选择组织或个人账户界面

图 2－16　登录账户界面

图 2－17　创建本地账户

图 2－18　创建账户密码

图 2－19　确认密码

图 2－20　Cortana 服务

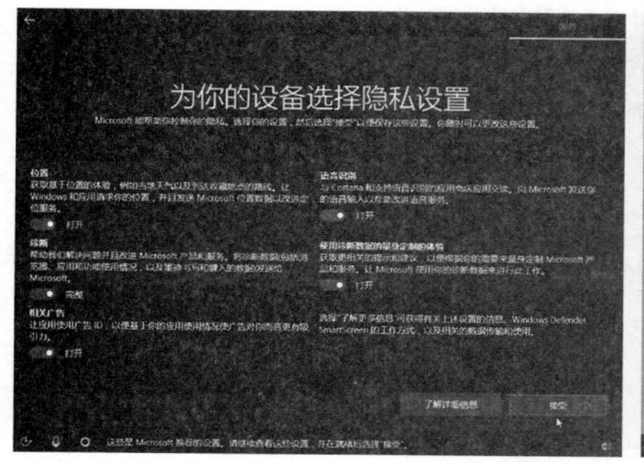

图 2-21 隐私设置

图 2-22 Windows 10 桌面

进入桌面后，为了今后方便使用，我们需要新建网络连接：

a. 单击“开始”按钮，打开“设置”，在“Windows 设置”界面中，找到“网络和 Internet”，如图 2-23 所示，单击进入“网络和共享中心”，在页面偏下的位置有个“更改网络配置”，选择第一个“设置新的连接或网络”，如图 2-24 所示。

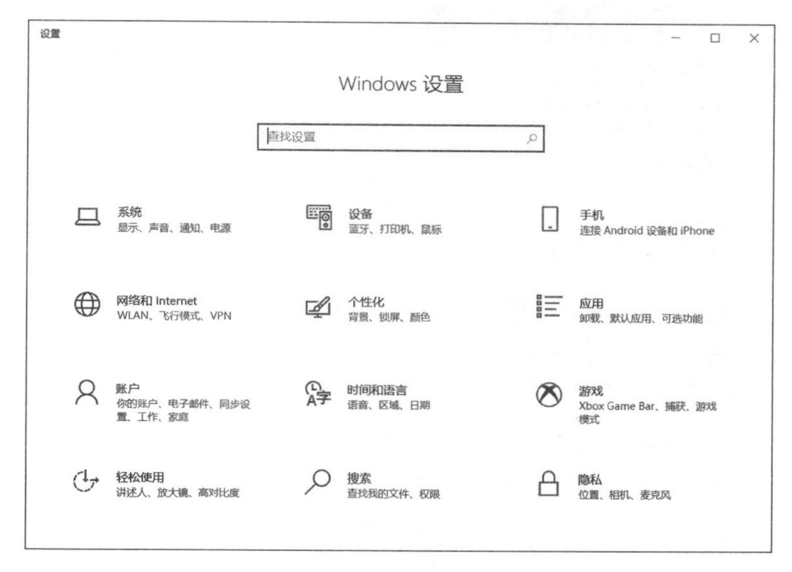

图 2-23 Windows 设置界面

b. 单击进入“选择一个连接选项”窗口，如图 2-25 所示，选择第一个建立宽带连接，然后单击“下一步”按钮，单击后 Windows 10 系统会出现连接方式，根据现有的网络选择，这里我们选择“宽带连接 PPPOE”。

c. 输入用户名和密码，如图 2-26 所示，此用户名为运营商提供的账号密码。有两个选项框，第一个不建议勾选，会导致密码泄露，第二个选项建议勾选，这样就不用重复输入密码。下面是连接的名称，可以自由进行修改。单击“连接”，则宽带设置完成。以后上网只需要单击网络选项卡中的宽带连接，直接连接即可。

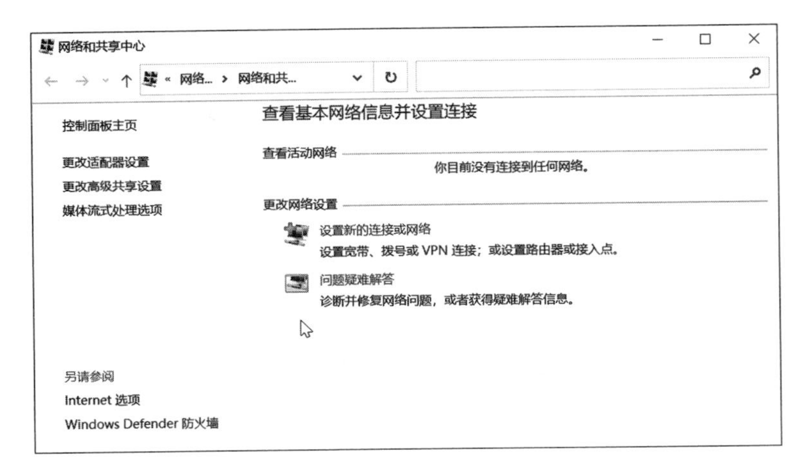

图 2-24　网络和共享中心

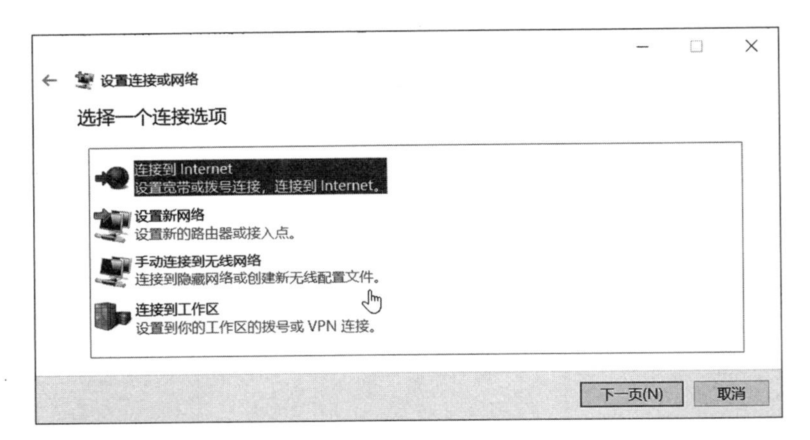

连接到 Internet

键入你的 Internet 服务提供商(ISP)提供的信息

用户名(U): [你的 ISP 给你的名称]

密码(P): [你的 ISP 给你的密码]

显示字符(S)

记住此密码(R)

连接名称(N): 宽带连接

允许其他人使用此连接(A)

这个选项允许可以访问这台计算机的人使用此连接。

我没有 ISP

连接(C)　取消

图 2-26　输入用户名和密码

2. Windows 10 操作系统的运行环境

（1）Windows 10 硬件环境

①处理器。1GHz 或更快处理器。

②内存。1GB（32 位）、2GB（64 位）或更大的内存。

③磁盘空间。16GB 或以上。

④显卡。支持 Direct X9 图形且显存容量为 128MB。

⑤显示器。分辨率在 1024×768 像素或以上。

（2）Windows 10 软件环境

Windows 10 操作系统软件要求硬盘分区必须采用 NTFS 文件格式。

3. Windows 10 操作系统的启动和退出

（1）启动 Windows 10 系统

①确保所有的电源都已连接好，并打开显示器。

②按下计算机主机电源开关后等待系统自动启动，如果安装了多个操作系统，从中选择 Windows 10 系统进入。

③当系统自检完成后按照安装时设置的密码输入登录界面，如果设置了多个用户，选择相应的用户登录，随后可进入桌面。

（2）Windows 10 的退出

①退出 Windows 10 系统前要关闭所有的窗口及正在运行的程序。

②单击“开始”菜单按钮，在弹出的“开始”菜单中选择“关机”按钮。

③等待片刻 Windows 10 操作系统退出，指示灯熄灭后计算机电源自动关闭。

Windows 10 退出设置中包括更改用户、注销、锁定、重新启动、睡眠。

◆更改用户

打开“开始”菜单，单击上方管理员头像按钮，可以进行多用户的选择，按照提示可以切换到其他用户。

◆注销

打开“开始”菜单，单击上方管理员头像按钮，单击“注销”按钮，系统会释放当前系统的全部资源，方便其他用户登录，其中不用担心其他用户关闭计算机而丢失当前用户信息，有助于多个用户同时使用一台计算机。

◆锁定

打开“开始”菜单，单击上方管理员头像按钮，单击“锁定”按钮，系统自动进入锁定状态，这时用户开启的程序依然在运行中，适用于用户有事离开却不想其他人使用此计算机，如图 2-27 所示。

◆重启

打开“开始”菜单，单击“电源”按钮再单击“重启”按钮，系统自动重新启动计算机。

◆睡眠

打开“开始”菜单，单击“电源”按钮再单击“睡眠”按钮，系统进入一种节能状态，可保存所有已打开的文档和程序，希望计算机再次开始工作时可以快速进入离开前的工作状态，如图 2-28 所示。

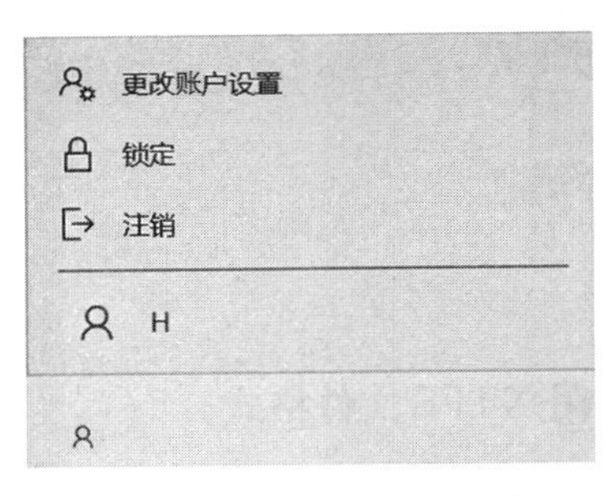

图 2-27　选择连接选项

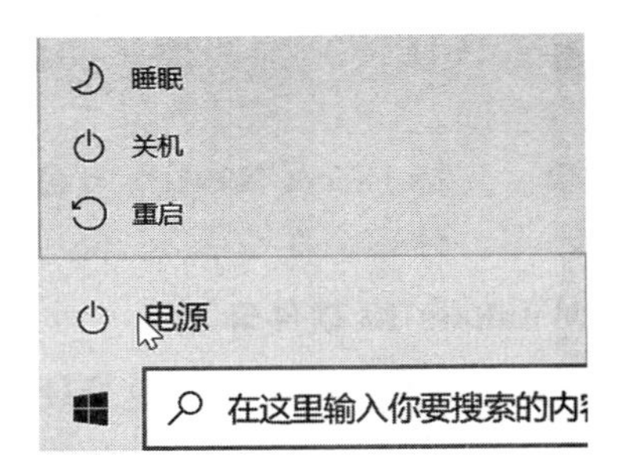

图 2-28　选择连接选项

项目二　配置 Windows 10

任务目标

- 熟练掌握 Windows 10 系统
- 掌握设置 Windows 10 的个性化桌面
- 熟练掌握 Windows 10 桌面结构

任　务

Windows 10 系统与环境的个性化设置

要求：计算机已经安装好 Windows 10 系统后，所有设置均为默认设置，然后按照自己的喜好进行系统与环境的设置，以便今后学习和使用。

（1）显示设置要求。更换桌面主题为“风景”，设置屏幕保护时间为 10 分钟，操作对屏幕保护和分辨率的更改。

Windows 10 桌面如图 2-29 所示，操作步骤如下：

①在桌面空白处右击鼠标，在快捷菜单中选择“个性化”，在弹出的窗口选择主题“风景”，返回桌面后界面背景已经更改。也可以在“设置”中找到“个性化”设置桌面主题。如图 2-30 所示为桌面主题改变后的界面。

②在桌面空白处右击鼠标，在快捷菜单中选择“个性化”，在弹出的窗口中选择“窗口颜色”，选择“暗灰色”完成设置。

③打开“个性化”窗口后选择设置“屏幕保护程序”，从中选择一个屏幕保护显示方式，如“气泡”，并单击“屏幕保护程序”选项，选择“在恢复时显示登录屏幕”复选框设置等待时间为 10 分钟，如图 2-31 所示。

④设置屏幕分辨率，在桌面空白处右击鼠标，在出现的快捷菜单中选择“显示设置”，

图 2-29　桌面的组成

图 2-30　设置“风景”主题桌面效果

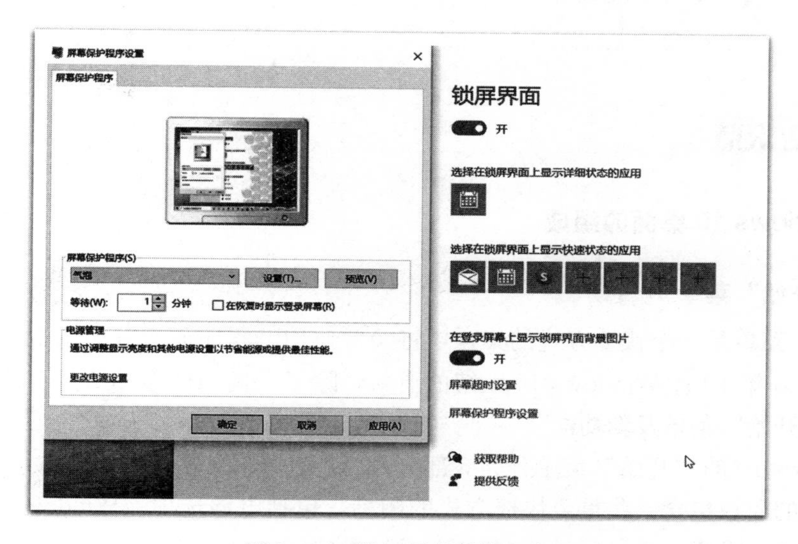

图 2-31　设置屏幕保护程序

根据自己对分辨率的要求进行设置。

（2）设置“时间和日期”。要求设置为当前日期，短日期格式为“yyyy/m/d”，设置货币正数格式为“￥1.1”，具体操作步骤如下：

①打开“开始”菜单，单击“设置”，在窗口中找到“时间和语言”并单击底端“更改数据格式”，弹出如图 2－32 所示窗口。

②选择短日期格式为“yyyy/m/d”，设置当前日期时间，然后单击右下角的“其他设置”，弹出如图 2－33 所示的窗口，选择“货币”选项卡，设置货币正数格式为“￥1.1”。

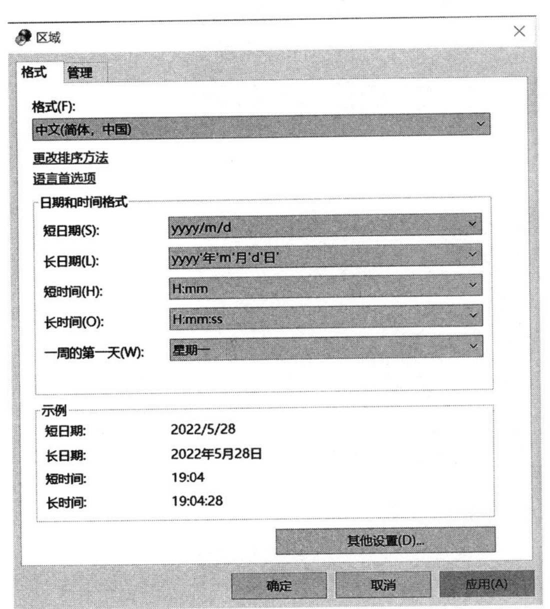

图 2－32　区域窗口

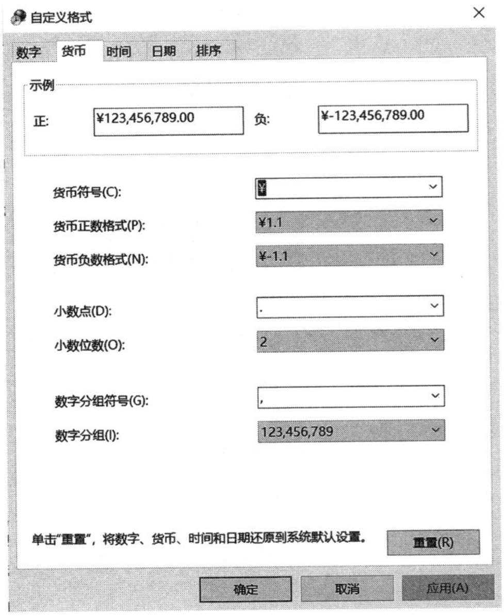

图 2－33　自定义货币格式

相关知识点

1. Windows 10 桌面的组成

（1）“开始”菜单

“开始”菜单是一个快捷方式的集合，将经常使用的程序放于其中，很大程度上简化了操作。2020 年 10 月 Windows 10 系统的更新，除了常规的性能和质量有改进外还带来了全新的“开始”菜单及新功能。

Windows 10 的“开始”菜单分为 3 部分：

最左侧的面板包含一些重要快捷方式的图标，包括电源选项、Windows 10 设置、图片、文档和账户设置。将鼠标悬停在它们上面时将提供更多详细信息。

在 Windows 10“开始”菜单的中间部分列出了所有的应用程序并按字母顺序排列。

最右侧的面板是“开始”菜单中最大的部分，可以将经常使用的软件贴在菜单栏中，是 Windows 10“开始”菜单的磁贴功能区域。这些磁贴可以根据用户的喜好进行定制，如图 2-34 所示。

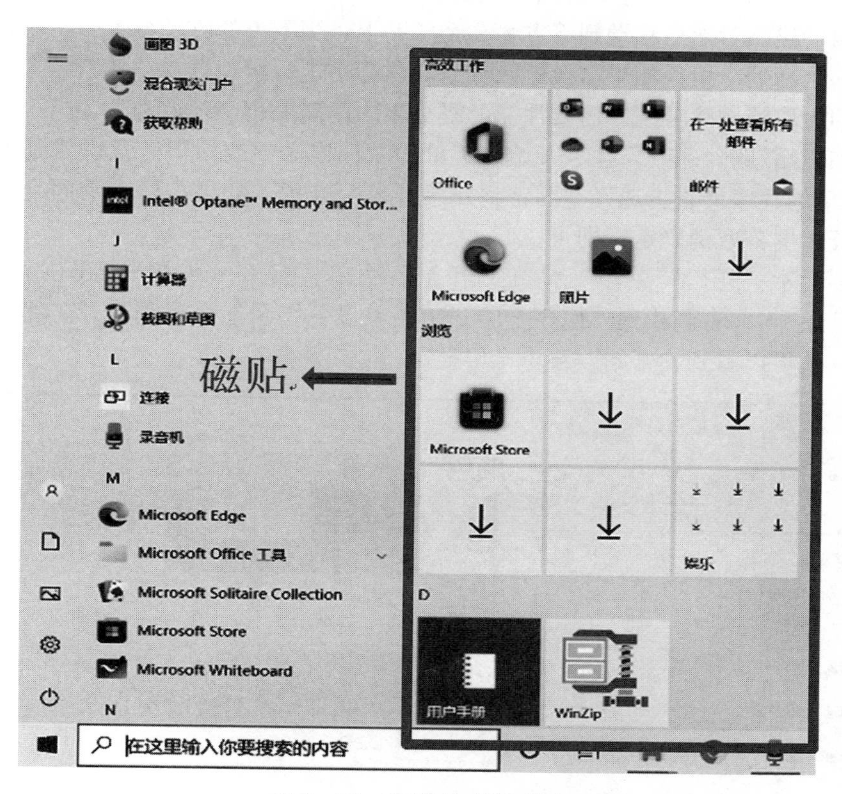

图 2-34 “开始”菜单磁贴

Windows 10 开始菜单全新功能及操作方法：

①“开始”菜单打开方式。Windows 10 系统中的“开始”菜单可以通过单击左下角的“开始”菜单按键打开，还可以使用快捷键“Win”打开。

②“开始”菜单展开位置。开始菜单出现的位置是在计算机的左下角，因为是随着任务栏的变动而改变位置，所以只需要移动任务栏就可以改变“开始”菜单的展开位置。在任务栏空白处右击取消“锁定任务栏”，然后鼠标左键按住任务栏并拖动任务栏至屏幕的四端，可使任务栏及“开始”菜单改变位置。

③“开始”菜单的大小修改。“开始”菜单默认大小只显示最左侧一列按钮、按英文字母排序文件、三排磁贴。全新 Windows 10 系统可以任意调整“开始”菜单大小，将鼠标移动至边缘，出现左右箭头时按住鼠标左键左右、上下拉动即可改变“开始”菜单的大小。

④颜色修改。Windows 10 系统默认使用的颜色主题为蓝色，可以通过“开始”菜单“设置”→“个性化”→“颜色”找到喜欢的颜色进行设置，也可以自定义 Windows 10 操作系统主题颜色，如图 2-35 所示。

⑤调整磁贴位置。打开“开始”菜单，然后鼠标左键长按需要移动位置的磁贴或者磁

贴分组，将其调整到需要的位置即可。

⑥添加/删除分组。Windows 10 系统的“开始”菜单默认只有一个 Office、Word、Excel 等磁贴分组，如何自定义分组？其实和手机创建桌面文件夹一样，鼠标左键长按需要添加分组的磁贴，然后移动到下方另一个磁贴上，当下方的磁贴变大一点时松开鼠标就可以创建一个新的分组。如果需要删除分组，鼠标右击分组，选择“从开始菜单中取消固定分组”即可取消删除分组。需要注意的是分组内的磁贴也会被取消。

⑦添加磁贴/删除磁贴。在“开始”菜单的文件排序中或使用搜索框找到需要固定到“开始”菜单的程序，右击选择“固定到开始屏幕”选项，如果需要取消固定，右击磁贴选择“从开始屏幕取消固定”即可。

⑧全屏显示“开始”菜单。打开“开始”菜单再打开“设置”窗口，单击“个性化”→“开始”，在右侧找到“使用全屏开始菜单设置”功能，将其打开，然后打开“开始”菜单，就可以看到“开始”菜单全屏显示。

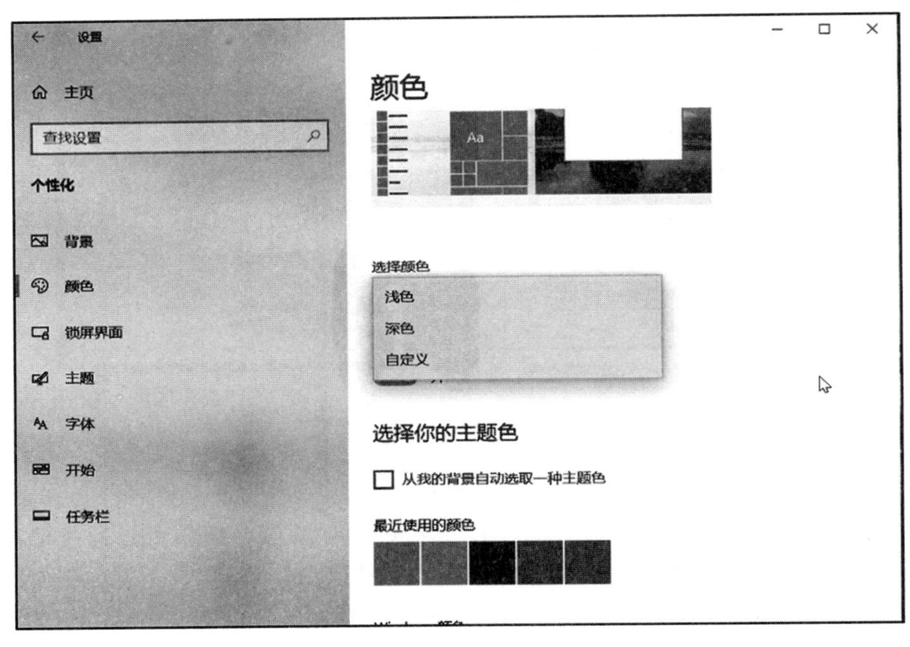

图 2-35　Windows 10 颜色设置

（2）任务栏

任务栏就是“桌面”底部的长条，位于“开始”菜单的右侧。

在 Windows 10 中，任务栏是一个非常重要的工具，是用来管理当前正在运行的应用程序（这些正在运行的程序被称为任务）的程序托盘。Windows 10 是一个多任务操作系统，用户可以同时运行多个应用程序。每一个运行的任务，都会在任务栏上显示相应的应用程序按钮。在任务栏相应按钮上右击鼠标，即可在快捷菜单中选择相应命令进行管理，包括最大化、最小化、还原和关闭等。单击任务栏中的某个应用程序按钮，即可将其转换为当前活动窗口，如图 2-36 所示。

图 2-36　任务栏任务按钮区

（3）快速启动

“快速启动栏”是任务栏的一部分，我们利用“快速启动栏”也可以快速地启动常用程序。Windows 10 默认并没有启用“快速启动栏”，用户需要手动启用“快速启动栏”。在任务栏的空白区域单击鼠标右键，然后在弹出的快捷菜单中将鼠标指向“工具栏”（其中有地址、链接、桌面、新建工具栏四个图标）并单击选项，任务栏右侧即可出现“快速启动栏”，如图 2-37 所示。

（4）系统托盘

系统托盘，也被称为“通知区域”，位于任务栏的最右端。系统托盘也是由图标组成，在任务栏单击鼠标右键打开“任务栏设置”窗口，从中可选择打开或关闭系统图标，如图 2-38 所示。

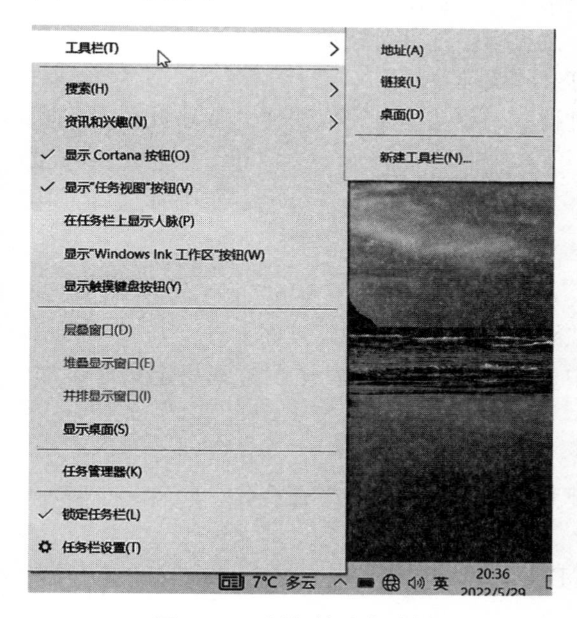

图 2-37　添加快速启动栏

图 2-38　打开或关闭系统图标

时间、日期管理程序图标位于“任务托盘”的最右端，用于显示并设置当前的系统时间、日期等信息。

Windows 10 的一些突发事件，例如安全提示等，此类型图标属于临时性图标，处理完毕之后，这些图标即可消失。

（5）桌面图标

Windows 10 是一个图形化的操作系统，在 Windows 10 环境下，所有的应用程序、文件、文件夹等对象都用图标来表示。图标由图案和名称两部分组成，将鼠标移动到图标上停留片刻后会显示图标所表示的内容或者文件路径。双击这些图标，即可打开并运行相应的应用程序或者文件。

（6）桌面背景

为了满足用户对多桌面的需求，Windows 10 增强了多显示器使用体验，同时还增加了一项虚拟桌面（task view）功能。其中多显示器可以提供与主显示器相一致的样式布局，独立的任务栏、独立的屏幕区域，功能上较 Windows 7 更完善。

2. Windows 10 的基本操作

（1）鼠标的基本操作

鼠标的基本操作主要有以下几种：

• 移动：握住鼠标进行移动。通常情况下，鼠标指针为一个小箭头。

• 指向：移动鼠标，使鼠标指针停留在某一对象上，如指向“计算机”图标。

• 单击：将鼠标指针对准要选取的对象，按鼠标左键，一般功能是选择对象。

• 双击：在一个对象上快速按下鼠标左键两次，一般用于执行程序或打开相应对象。

• 拖动：将鼠标指针移动到某一对象上，按鼠标左键进行拖动。

• 右击：在对象上按鼠标右键，一般可打开“快捷菜单”。

• 滚动：指推动中间的滚轮进行转动的过程，一般功能是完成快捷的翻动页面或在某些图形处理软件中进行图形缩放。

（2）桌面的操作

桌面的基本操作主要有以下几种：

①添加新图标。

• 可以用鼠标将对象从别的地方（如从“开始”菜单）拖动到桌面上。

• 选中程序图标右击鼠标，在快捷菜单中选择“发送到”，发送图标到指定桌面添加新图标。

②删除图标。

• 右击桌面上的图标，然后从弹出的快捷菜单中选择“删除”命令。

• 选中该图标后，按键盘的 Delete 键。

• 选中图标并且同时按键盘的 Shift 键和 Delete 键。

③排列图标。

• 右击桌面的空白处，从弹出的快捷菜单中选择“排列图标”命令。

• 排列图标的排序方式有时间、大小、名称、修改时间四种选项。

④启动程序或窗口。

• 双击桌面上的图标，启动相应的程序或窗口。

• 右击桌面上的图标，在快捷菜单中选择“打开”命令，打开程序。

（3）任务栏及其操作

任务栏的操作主要有以下几种：

①程序窗口缩略图预览。鼠标指针指向任务栏中图标时会以缩略图的方式显示该

窗口。

②将程序锁定/解锁到任务栏。在“开始”菜单中右键单击某程序，在弹出的快捷菜单中选择“锁定到任务栏中”，解锁只要在任务栏中右击该程序选择“将此程序从任务栏中解锁”即可。

③显示程序进度。Windows 10 系统任务栏中的程序图标可以显示程序正在进行的进度，不需要单击图标切换到前台，如：复制文件和下载文件的进度可直观显示。

（4）窗口的组成及其操作

窗口的操作主要有以下几种：

①最大化、最小化窗口。单击标题栏上最大化、最小化按钮或使用标题栏上的控制菜单。

②关闭窗口。

• 单击标题栏上的“关闭”按钮。

• 选择“文件”菜单下的“关闭”命令。

• 选择“控制”菜单下的“关闭”命令。

• 使用快捷键“Alt+F4”。

• 双击“控制”菜单按钮。

③移动窗口。从标题栏拖动或是从控制菜单选择“移动”命令后用鼠标拖动或按方向键移动。

④改变窗口的大小。从窗口的四个边或四个角用鼠标拖动，还可从“控制”菜单中选择“大小”命令后用鼠标或方向键调整大小。

⑤切换窗口。用任务栏上的窗口按钮，单击窗口的任何一个地方来切换，用“Alt+Tab”键可以循环切换。

⑥排列窗口。在任务栏上右击鼠标后，从快捷菜单中选择“层叠窗口”“堆叠显示窗口”“并排显示窗口”命令。

（5）菜单及其操作

菜单可以分为三类：“开始”菜单、下拉菜单、快捷菜单。

①菜单栏的操作。主要有以下几种：

• 打开菜单，用鼠标单击菜单或使用组合键（Alt+菜单名后面的字母）。

• 关闭菜单，在空白处单击。

• 打开快捷菜单：在对象上右击，或按“Shift+F10”组合键。

②有关菜单的约定。

• 正常的菜单项与变灰的菜单项：变灰的说明在当前操作下暂时不可用。

• 带有三角符号的菜单项：表示还有级联菜单。

• 后面带有组合键的菜单项：组合键就是该菜单的快捷操作键。

• 前面带有“√”的菜单项：例如，“工具栏”菜单下的级联菜单，打“√”的说明已打开。

• 后面带有“…”符号的菜单项：表示选择该菜单后打开对话框。

• 前面带有“●”的菜单项：表示在一组命令里只能选择一个而且必须选择一个。

（6）工具栏的操作

工具栏的操作主要有以下几种：

• 打开工具栏
• 移动工具栏
• 添加按钮
• 删除按钮

（7）对话框的操作

对话框的基本操作有以下几种：

• 对话框的关闭
• 对话框的移动

项目三　管理文件和文件夹

任务目标

• 熟悉文件与文件夹的概念
• 掌握 Windows 7 资源管理器的使用
• 掌握文件和文件夹的创建、命名、复制、移动、搜索等操作

任　务

Windows 10 文件资源的管理

要求：

1. 在D盘下创建一个文件夹，用自己的名字命名。

2. 在自己的文件夹下创建一个用自己班级名命名的文件夹。

3. 在自己班级的文件夹下创建两个文本文件 wj1. txt 和 wj2. txt。

4. 把文件 wj1. txt 和 wj2. txt 复制到D盘下，并重命名为“文件1”和“文件2”，扩展名不变。

5. 把D盘下的“文件1”和“文件2”删除。

6. 文件资源管理器的使用。

（1）右击“开始”按钮或“计算机”图标，从快捷菜单中选择“文件资源管理器”，以此来启动“文件资源管理器”和进入“文件资源管理器”窗口。

（2）在E盘下建立一级文件夹 A1，在 A1 下建立文件夹 A2。

（3）在E盘某个文件夹中选择连续的4个文件，复制到文件夹 A1 中，再在文件夹 A1 中选择第1个和第3个文件移到文件夹 A2 中，最后将第1个文件改名为 AAA，并设置它的属性为只读属性。

（4）在E盘下建立一级文件夹 B1，将文件夹 A1 复制到 B1 下。

（5）删除原 A1 文件夹。

（6）关闭“文件资源管理器”。

7. 用搜索命令，查找“wj1. txt”和“wj2. txt”，并把搜索结果的屏幕画面保存在“画图”程序里，文件名为“搜索文件的画面 . jpg”。

相关知识点

1. 文件资源管理器与计算机

在 Windows 10 中对文件和磁盘的管理主要通过“文件资源管理器”与“此电脑”来完成。

（1）文件资源管理器

文件资源管理器是 Windows 10 用来集中管理文件和文件夹的窗口，所有的文件都可以在文件资源管理器中找到。此窗口主要分为左右两部分目录区和文件区。

①打开文件资源管理器。右击“开始”菜单按钮，选择“文件资源管理器”；执行“开始”→“Windows 系统”→“文件资源管理器”命令。

②文件资源管理器操作。在左边的窗格中，若驱动器或文件夹前面有三角符号，表明该驱动器或文件夹有下一级子文件夹，单击三角符号可展开其中包含的子文件夹。当展开后三角符号朝下，表明已展开。再次单击三角符号，可以把展开的文件夹折叠，如图 2 - 39 所示。

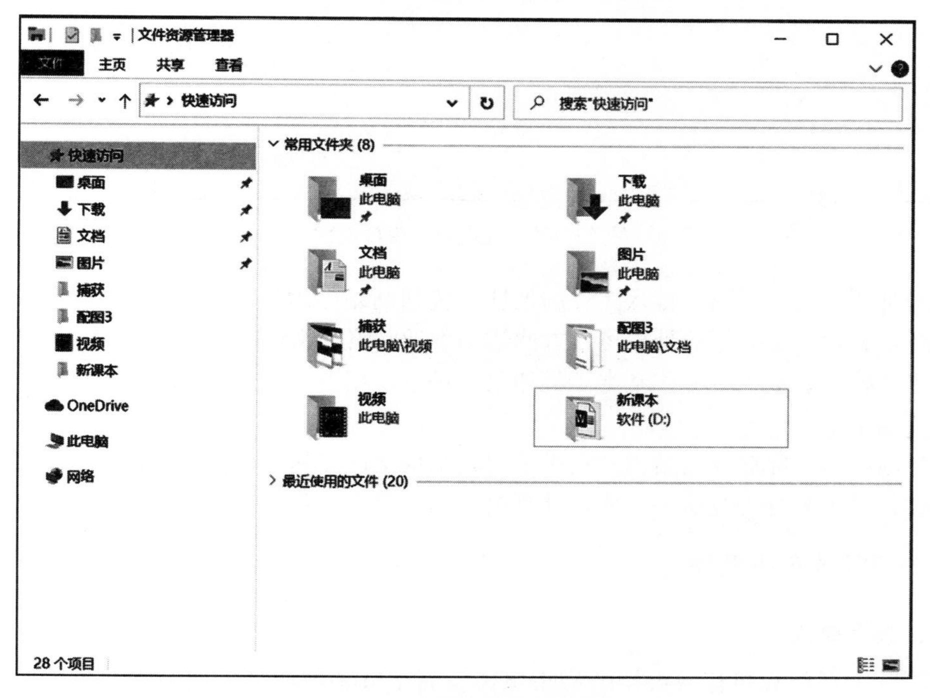

图 2 - 39 文件资源管理器窗口

在文件资源管理器窗口中，若要移动或复制文件或文件夹，先选中移动或复制的对象，右击鼠标，在弹出的快捷菜单中选择“剪切”或“复制”命令。然后单击要移动或复制的目的磁盘、文件夹前的三角符号，打开后单击鼠标右键，在弹出的快捷菜单中选择“粘贴”命令即可。

(2）此电脑

“此电脑”窗口主要由控制按钮、搜索栏、地址栏、菜单栏、工具栏、状态栏、导航窗格等部分组成，如图 2-40 所示。

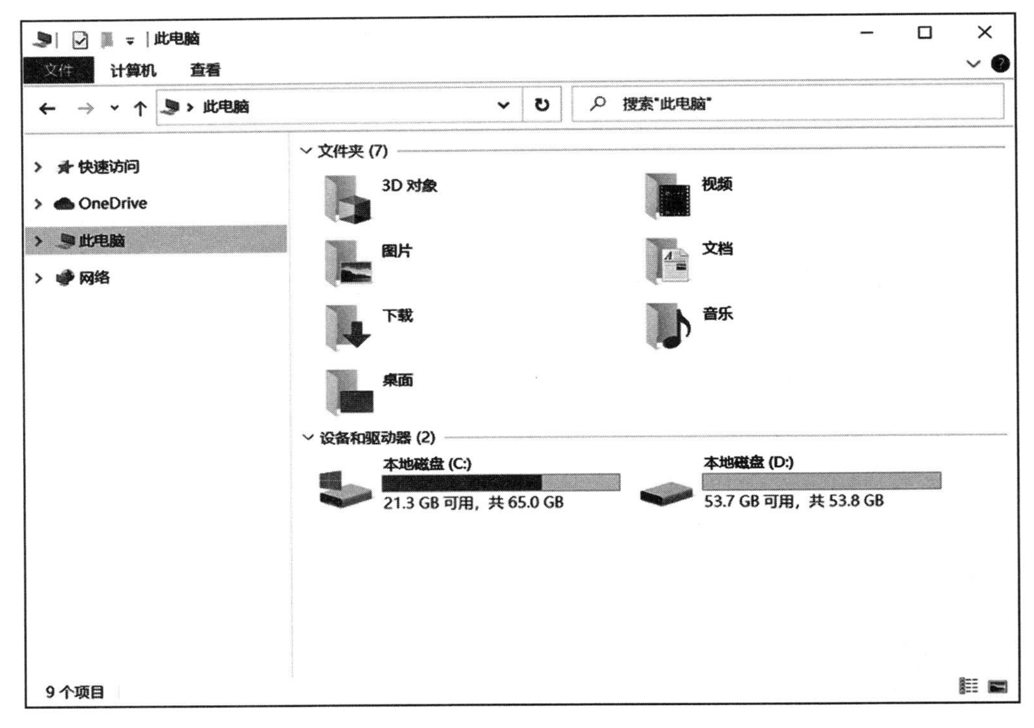

图 2-40 “此电脑”窗口组成

①地址栏。地址栏用于键入文件的地址（包括网站的地址），也可以通过下拉列表框中选择指定的地址。利用地址栏可以方便访问本地网络的文件夹，也可以实现网站浏览。

②工具栏。它提供了一些基本工具和菜单任务，相当于 Windows XP 系统里的菜单栏和工具栏的结合。

③导航窗格。导航窗格给用户提供了树状结构文件夹列表，从而方便用户快速定位所需的目标，其主要分为收藏夹、库、计算机、网络等四大类。

2. 文件及文件夹管理

(1）数据单位

位（bit）是计算机存储数据的最小单位。而字节是数据处理的基本单位，通常一个 ASCII 码占用内存一个字节的容量，一个汉字国标码占用 2 个字节的容量。一个字节等于

8 位，即 1B=8bit。

（2）文件与文件夹

①文件。由一系列数据组成的一个有名称的集合。

②文件的命名。文件由文件名和扩展名两部分组成。文件名最多可以包含 255 个字符（包括空格）。文件名不能包含以下字符：\ /：* ？“＜＞｜。

③文件的类型。表现在文件扩展名上，例如：. bmp . docx . pptx。

④文件的属性。只读、隐藏、存档。

⑤文件夹。用来存放文件的地方。

⑥路径。用于表示文件和文件夹在磁盘中的具体位置。“驱动器名 \ 文件夹名 \ 文件名”“C：\ mydoctments \ 课件 . docx”。

⑦文件及文件夹的树型结构，如图 2-41 所示。

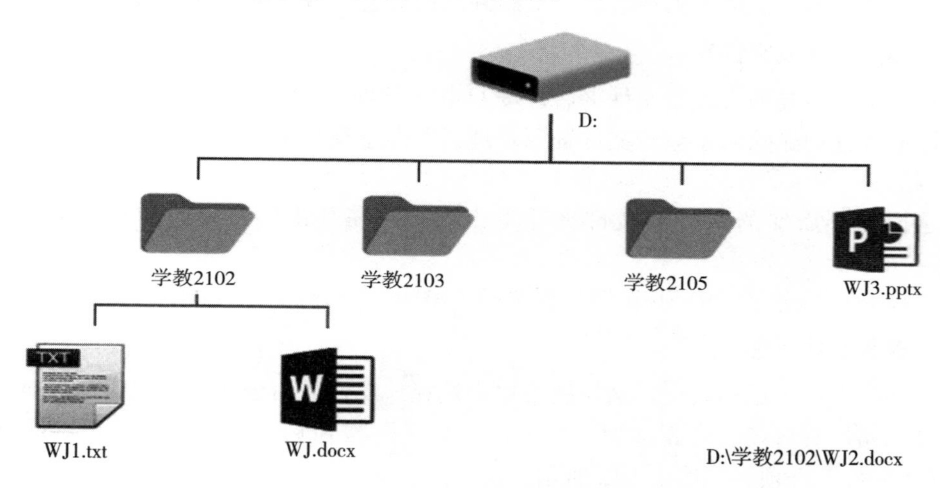

图 2-41 文件及文件夹的树型结构

（3）新建文件和文件夹

打开需要建立文件或文件夹的盘后执行“文件”→“新建”→“文件夹”命令，或在窗口的工作区内单击鼠标右键，在快捷菜单中选择“新建”→“文件夹”命令即可新建一个文件夹，快捷组合键为“Ctrl+N”。

（4）选择文件或文件夹

①选定单个文件或文件夹。单击文件或文件夹的显示图标即可。

②选定多个连续的文件或文件夹。单击要选中的第一个文件或文件夹，再按 Shift 键，然后单击选定的最后一个文件或文件夹，或者用鼠标拖动选择。

③选定多个不连续的文件或文件夹。按 Ctrl 键再依次单击要选定的文件或文件夹。

④选择全部文件或文件夹。用快捷键“Ctrl+A”或选择“编辑”→“全部选定”。

⑤反向选择。选择“编辑”→“反向选择”。

（5）重命名

重命名文件或文件夹即将文件或文件夹重新命名为一个新的名称。操作方法：选择要重命名的文件或文件夹，单击“文件”→“重命名”命令，或单击右键，选择“重命名”命令。当文件或文件夹的名称处于编辑状态时，可以直接键入新的名称完成重命名操作，使用快捷键方法为选择文件或文件夹后按 F2 键。注意重命名前要关闭文件。

（6）移动和复制文件或文件夹

方法一：使用菜单、工具图标或快捷键、“Ctrl＋C”（复制）、“Ctrl＋V”（粘贴）、“Ctrl＋X”（剪切）。

方法二：使用鼠标的拖放功能。

左键拖动：按 Ctrl 键拖动即“复制”操作，按 Shift 键拖动即“移动”操作。

右键拖动：拖动鼠标至出现菜单“复制到当前位置”或“移动到当前位置”。

（7）删除文件或文件夹

①选中不再需要的文件或文件夹后，按 Delete 键即可放入“回收站”中。

②用鼠标拖动删除对象至“文件资源管理器”左边窗格中的“回收站”文件夹中，也可实现删除。

③选择不再需要的文件或文件夹并单击右键，在弹出的快捷菜单中选择“删除”命令。

④选择删除的对象后按 Shift 键，再选择“删除”命令，可实现永久性删除。

（8）查看文件属性

在文件名上单击鼠标右键，从快捷菜单中选择“属性”命令，可出现“高级属性”对话框，显示属性有只读、隐藏选项，单击“高级…”按钮后，“高级属性”对话框中有“可以存档文件”选项，如图 2－42 所示。

（9）搜索文件或文件夹

如果用户忘记了文件或文件夹存放的具体位置或具体名称，可以利用 Windows 10 提供的搜索文件或文件夹功能查找到该文件或文件夹。具体操作如下：

打开“计算机”找到“搜索栏”，打开“搜索栏”窗口，如图 2－43 所示。在此窗口中可以根据文件名、文件中的词或词组、修改时间、大小等信息进行搜索，最常用的是以文件名搜索。例如，在搜索栏里输入“*.docx”表示查找全部 Word 文档。在这里“*”表示任意多个字符，“?”表示任意的一个字符。搜索文件或文件夹时用的“*、?”称为通配符。例如：题目如果要求查找第三个字母为 B 的 PPTX 文件，则应在搜索栏中输入“?? B*.pptx”即可搜索出答案。

（10）自定义文件夹图标

可更改文件夹图标，具体操作方法如下：

鼠标右击文件夹图标，从快捷菜单中选择“属性”命令，然后在窗口中选择“自定义”选项卡，从中单击打开“更改图标”对话框，选择相应的图标单击“确定”按钮即可，如图 2－44 所示。

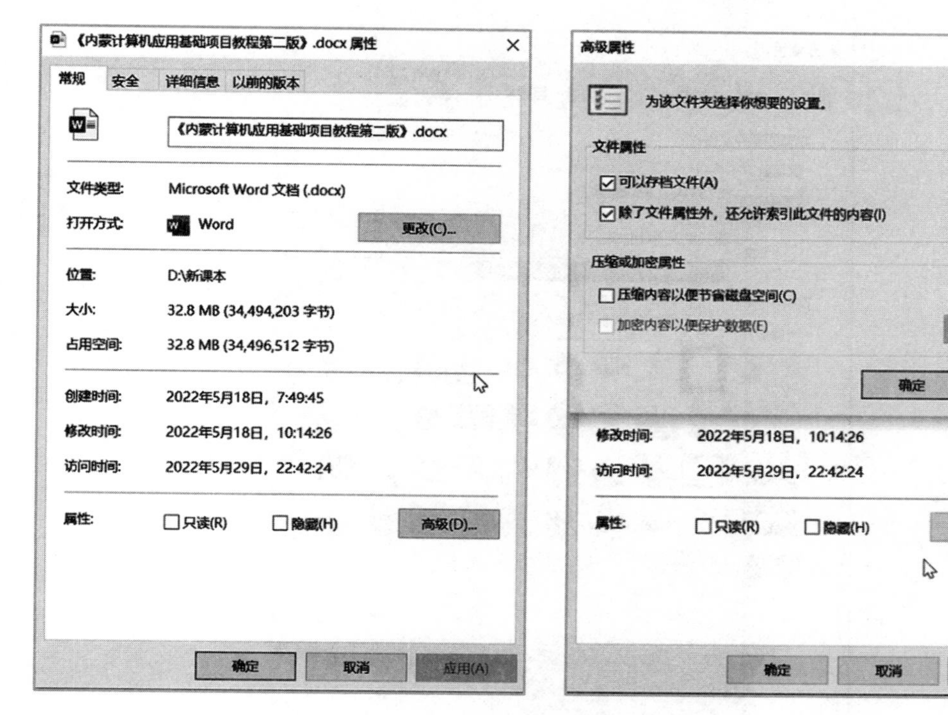

图 2-42 “高级属性”对话框

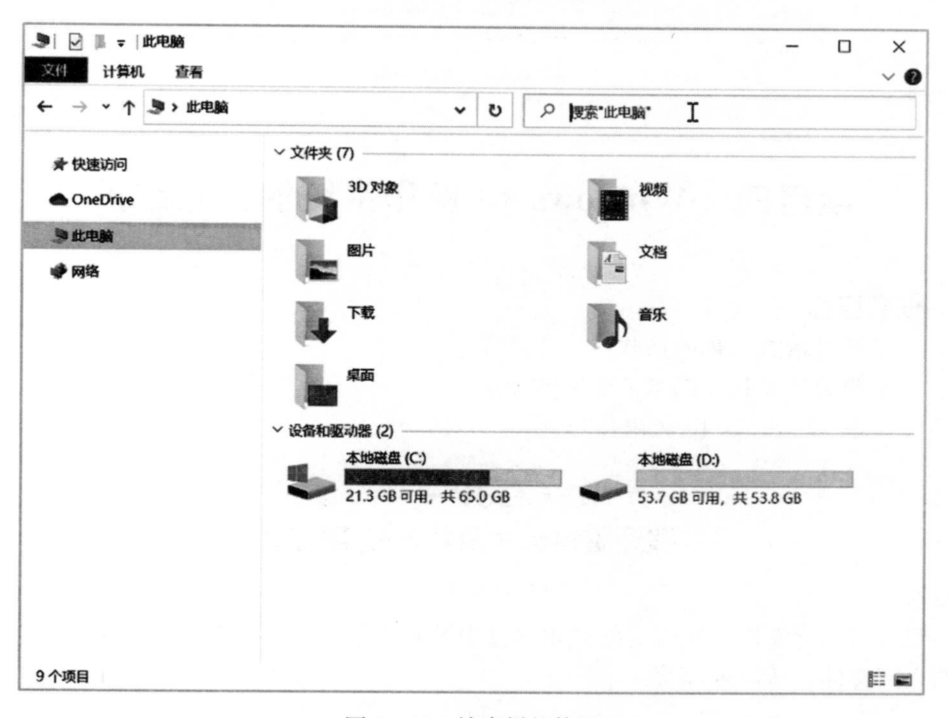

图 2-43 搜索栏的使用

图 2-44　更改图标

项目四　Windows 10 操作系统的日常维护

任务目标

- 了解对磁盘优化的操作
- 掌握为计算机分配不同账户的方法
- 了解 Windows 10 的附件功能

任务一

整理磁盘碎片及管理磁盘空间

要求：

如要做格式化操作，先将要格式化磁盘中的有用信息备份出来，否则此操作将丢失磁盘上的全部文件，所以要谨慎。

任务二

为计算机分配一个管理员和受限制账户

要求：

1. 为计算机分配不同的账户，选择合适的账户类型，以便加强对计算机的管理。如两个用户中，一个负责计算机维护，另一个只是在日常办公使用计算机。

2. 切换使用不同的账户，返回原有账户，并注销一个新建的账户。

任务三

Windows 10 附件的使用

要求：

1. 使用“画图”“记事本”“写字板”程序，各创建一个文件保存到自己的文件夹里。
2. 用“计算器”的科学型模式练习将十进制数字 100 换算成二进制、八进制、十六进制。
3. 上网查阅相关“数制转换”内容。

相关知识点

1. 磁盘管理与维护

磁盘管理是一项使用计算机的常规任务。

（1）清理磁盘碎片

磁盘碎片会使硬盘执行程序的速度降低，所以我们对 Windows 10 系统的日常维护就从磁盘整理开始。

磁盘碎片整理程序可以按照计划自动运行，但也可以动手分析磁盘和驱动器以及对其进行碎片整理。

手动清理磁盘碎片：单击“开始”菜单，打开“Windows 管理工具”下拉菜单，如图 2-45 所示，找到“碎片整理和优化驱动器”命令，弹出“优化驱动器”窗口，如图 2-46 所示。

检查磁盘错误：以下以 D 盘为例介绍检查磁盘错误的方法，首先打开“此电脑”选择 D 盘，单击鼠标右键，在弹出的菜单中选择“属性”，在弹出的“本地磁盘 D 属性”对话框中单击“工具”，弹出菜单如图 2-47 所示，选择“开始检查”按钮，即可检查磁盘错误。

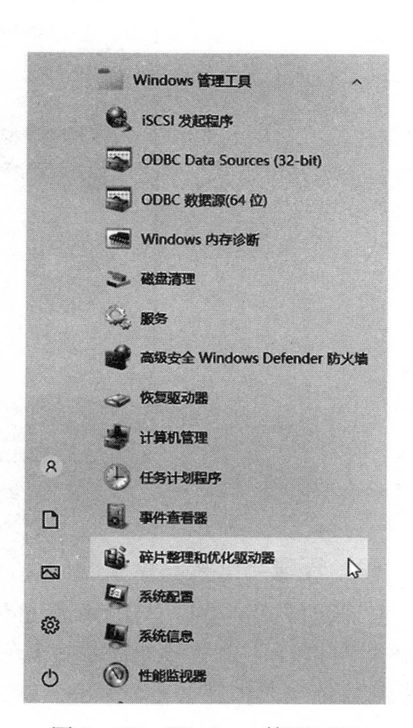

图 2-45 Windows 管理工具

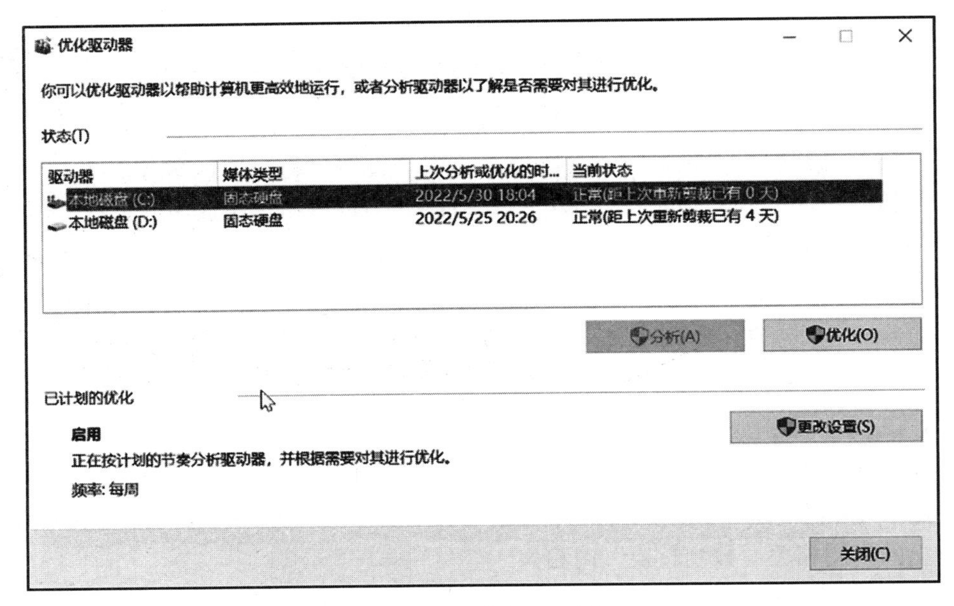

图 2 - 46　优化驱动器

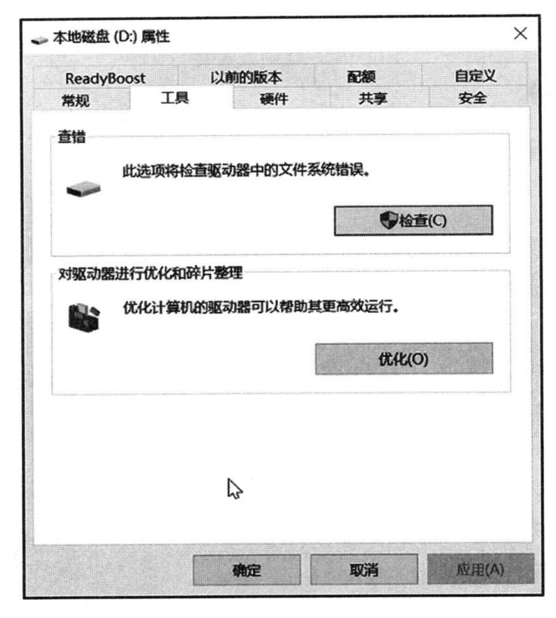

图 2 - 47　检查磁盘错误

(2）管理与查看磁盘空间

①管理磁盘空间。与旧版 Windows 系统相比，Windows 10 的磁盘管理功能有了明显改进，可以让用户直接对磁盘进行分区等操作，右击“计算机”在弹出的快捷菜单中选择“管理”命令，打开“磁盘管理”窗口如图 2 - 48 所示，在窗口中间显示了当前系统中的磁盘分区，并且可以查看磁盘分区所使用的文件系统、当前状态和容量等相关信息，在

“计算机管理”窗口中，选择需要格式化的驱动器图标，执行菜单命令“文件”，然后选择“格式化”，打开“格式化”窗口，分别在“容量”“文件系统”“分配单元大小”下拉菜单中进行相应的选择，然后单击“开始”按钮，即可对磁盘进行格式化操作，如图 2-49 所示。

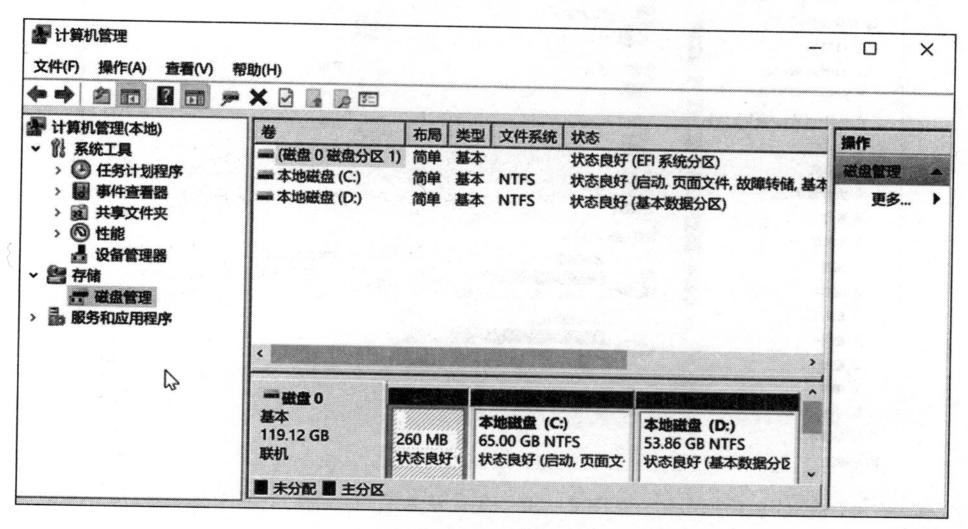

图 2-48 计算机管理窗口

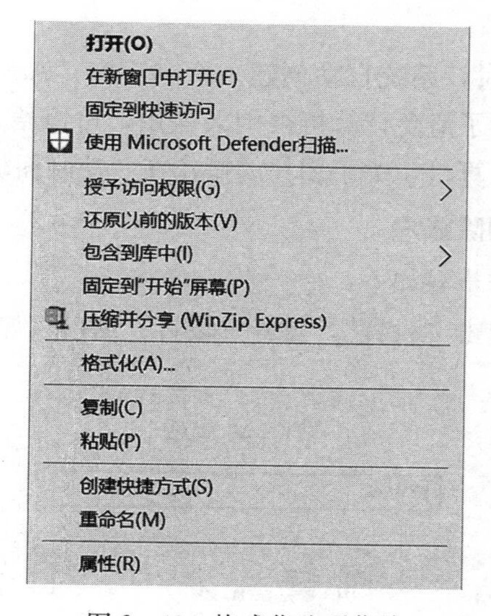

图 2-49 格式化选项菜单

注：Windows 系列操作系统支持 3 种文件系统即 FAT 16、FAT 32、NTFS，而软盘只能选择 FAT 16 文件系统。如果选择“快速格式化”，则只删除磁盘中的文件但不会扫描损坏扇区，所以如果磁盘有损坏扇区，用这种方法检查不出来。

②查看磁盘空间。双击“计算机”，打开计算机窗口如图 2-50 所示，可以查看各个磁盘空间情况，有存储空间大小和所剩空间大小。

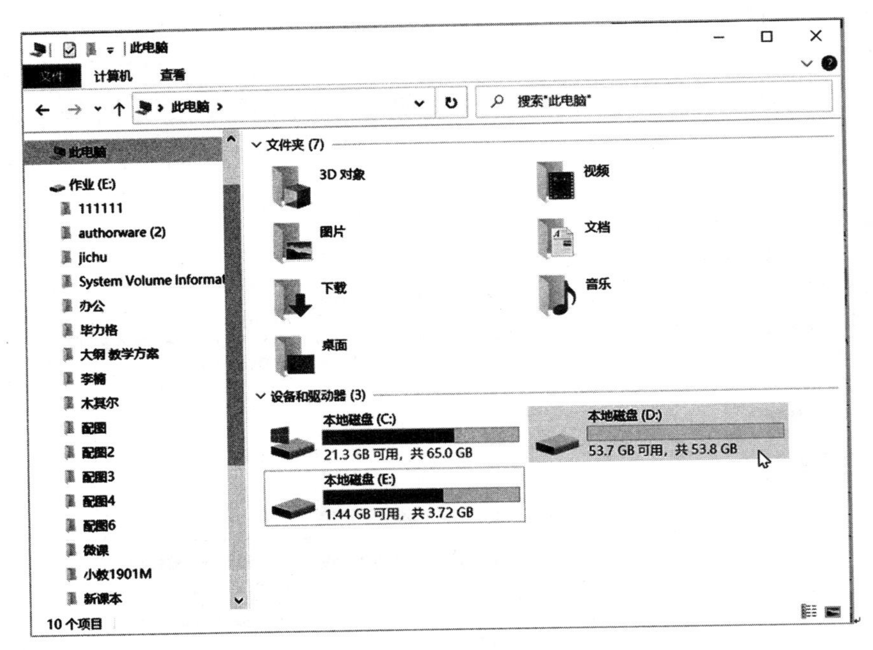

图 2-50　查看磁盘空间

2. 用户账户管理

在安装 Windows 系统时，系统自动创建一个名字为"Administrator"的账户，这是计算机的最高权限账户，为了避免计算机被别人盗用，可以给计算机设置账户登录密码，不知道密码的人不能启动计算机，关于用户的操作在"控制面板"窗口中。

(1) 增加用户账户、删除账户

创建用户账户具体操作步骤如下：

①打开"开始"菜单单击"设置"，打开"设置"窗口，如图 2-51 所示。

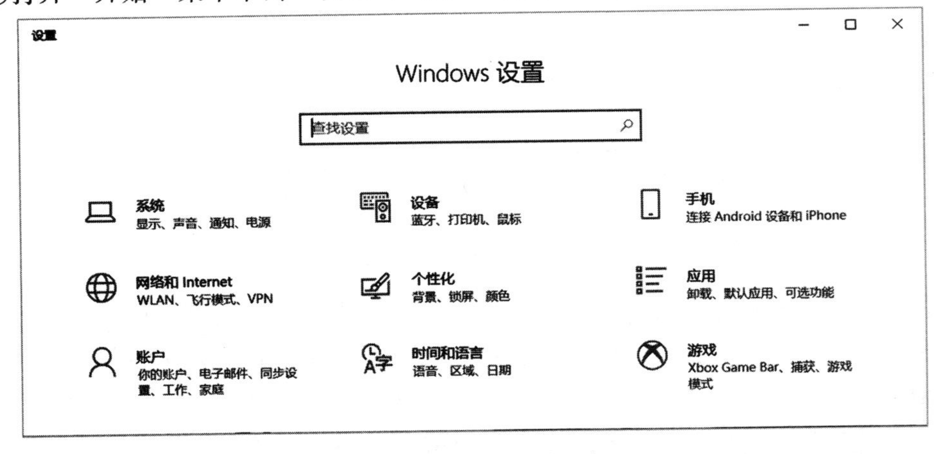

图 2-51　Windows 设置窗口

②打开“账户”，选择“家庭和其他用户”窗口，如图 2－52 所示。

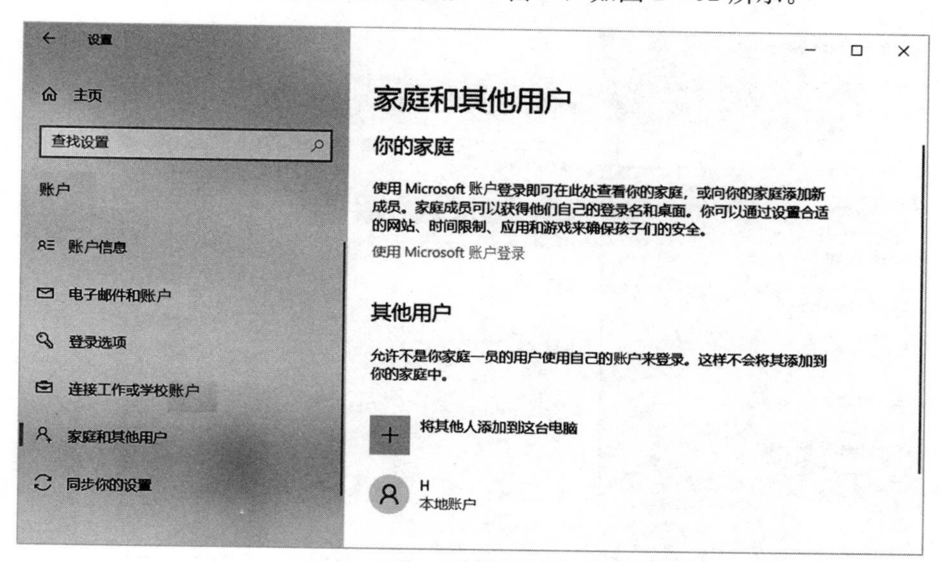

图 2－52　家庭和其他用户窗口

③单击“将其他人添加到这台电脑”前面加号“＋”，弹出窗口中输入新账户名、密码并输入密码提示及答案，如图 2－53 所示。

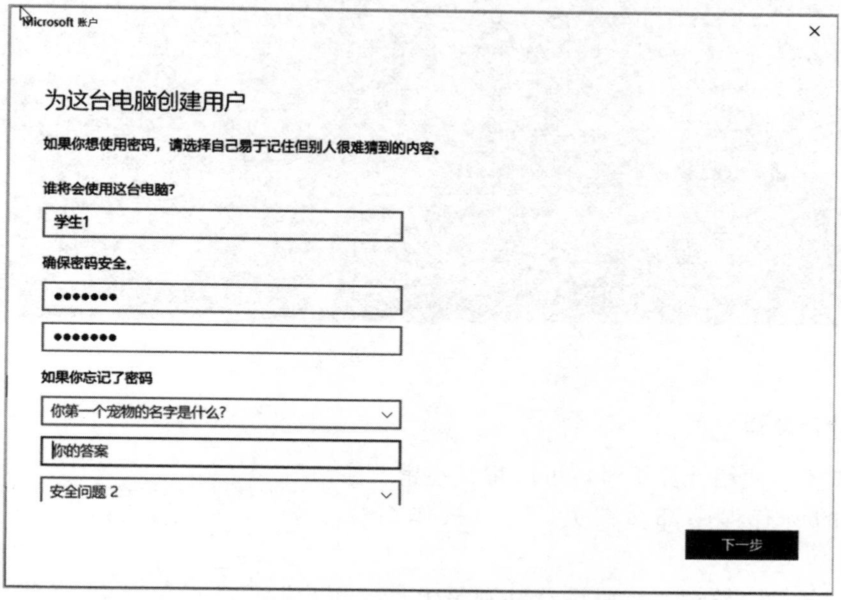

Microsoft 账户
为这台电脑创建用户
如果你想使用密码，请选择自己易于记住但别人很难猜到的内容。
谁将会使用这台电脑？
学生1
确保密码安全。
•••••••
•••••••
如果你忘记了密码
你第一个宠物的名字是什么？
你的答案
安全问题 2
下一步

图 2－53　创建用户窗口

④单击“下一步”按钮，则新账户创建完成，那么再开机启动和锁屏时即能看到新账户了。

⑤创建完新账户后，可在“家庭和其他用户”选项中更改或删除此账户，如图 2－54

所示。账户类型分为标准用户类型和管理员账户类型，如图 2－55 所示。

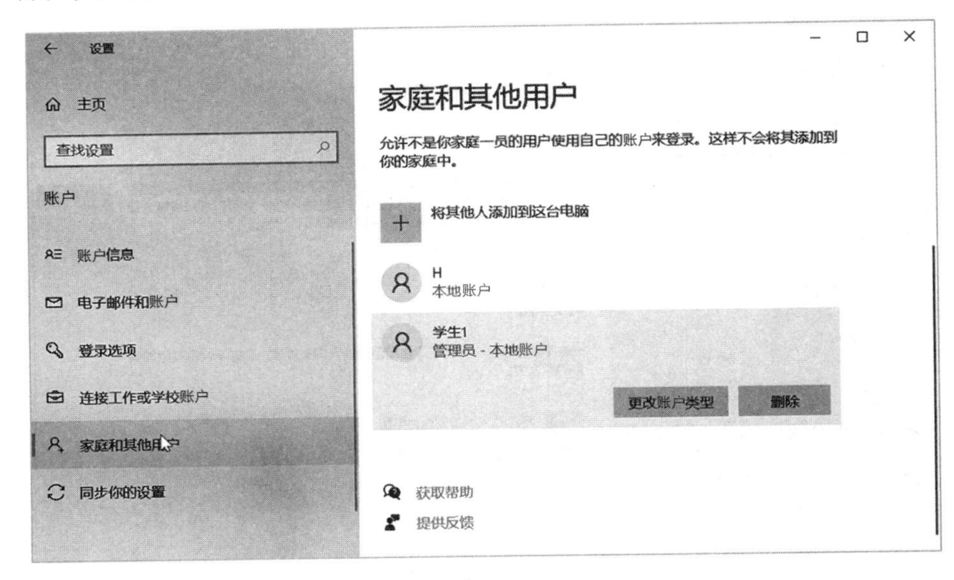

图 2－54 更改账户类型或删除账户选项

图 2－55 账户类型

(2) 注销账户

当用户不再使用计算机时，可以将其注销。注销后正在使用的所有程序都会被关闭，但操作系统不会关闭。

单击“开始”按钮，将鼠标移动到最上端“用户”头像按钮上单击，在弹出的子菜单中单击“注销”命令，即可注销用户，如图 2－56 所示。

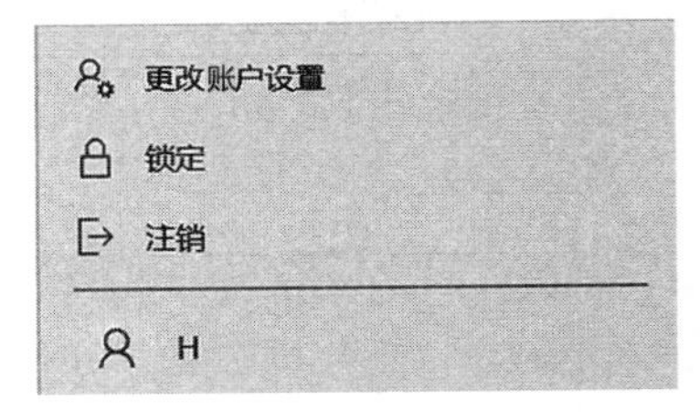

图 2－56 注销账户

(3) 快速切换用户

快速切换是 Windows 10 中一种便捷的功能，该功能可以无须关闭程序和正在编辑的文件就可以直接切换到其他账户并使用其他账户。

单击“开始”按钮，将鼠标移动到最上端“用户”头像按钮上单击，在弹出的子菜单中单击其他用户图标，即可切换用户。

3. Windows 10 附件的使用

Windows 10 提供了一些常用的应用程序，如“画图”“写字板”“记事本”“截图工具”等，在这里对其中的几个典型的应用程序做简要的介绍。

（1）画图

“画图”是 Windows 系统中自带的图形制作和编辑软件，用它可以创建黑白或彩色的图形，并可将这些图形保存为位图（.bmp）文件。

启动画图程序：“开始”→“所有程序”→“附件”→“画图”，即可启动“画图”程序，如图 2-57 所示。

图 2-57　画图程序窗口

（2）写字板

“写字板”是 Windows 附件的一个常用应用程序，是一个文字处理软件，用于文档的编辑，具有 Word 的基本功能，可以包括复杂的格式和图形并嵌入连接和对象，可将“写字板”文件保存为文本文件、多信息文本文件、MS-DOS 文本文件等格式。当用于其他程序时，这些格式可以向用户提供更大的灵活性，应将使用多种语言的文档保存为多信息文本文件（.rtf）。“写字板”窗口如图 2-58 所示。

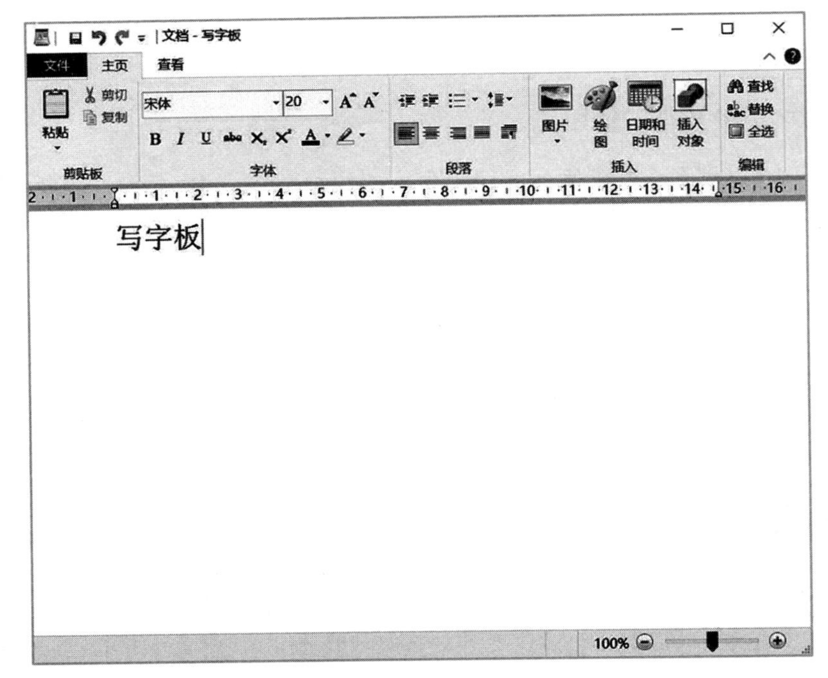

图 2-58　写字板程序界面

（3）记事本

“记事本”是一个用来创建简单文档的基本文本编辑器。“记事本”常用来查看或编辑文本（.txt）文件，“记事本”也是创建网页的简单工具，还可以将“记事本”文件保存为 Unicode、ANSI、UTF-8 或高位在前的 Unicode 格式。当使用不同字符集的文档时，这些格式可以提供更大的灵活性，如图 2-59 所示。

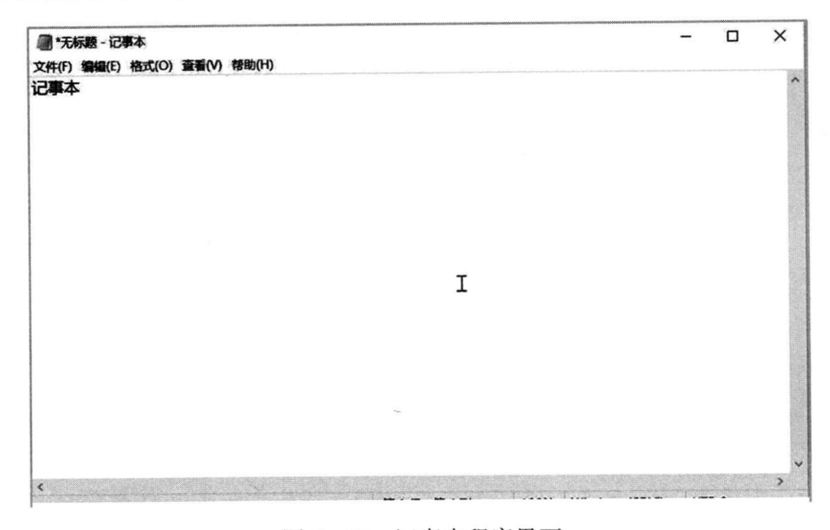

图 2-59　记事本程序界面

(4) 截图工具

屏幕截图工具是 Windows 提供的一个附件工具，我们在日常工作中经常用到截图工具，Windows 系统自带的截图工具使用非常便捷，如图 2-60 所示。打开截图工具即可在当前屏幕截取任意想要截取的部分。

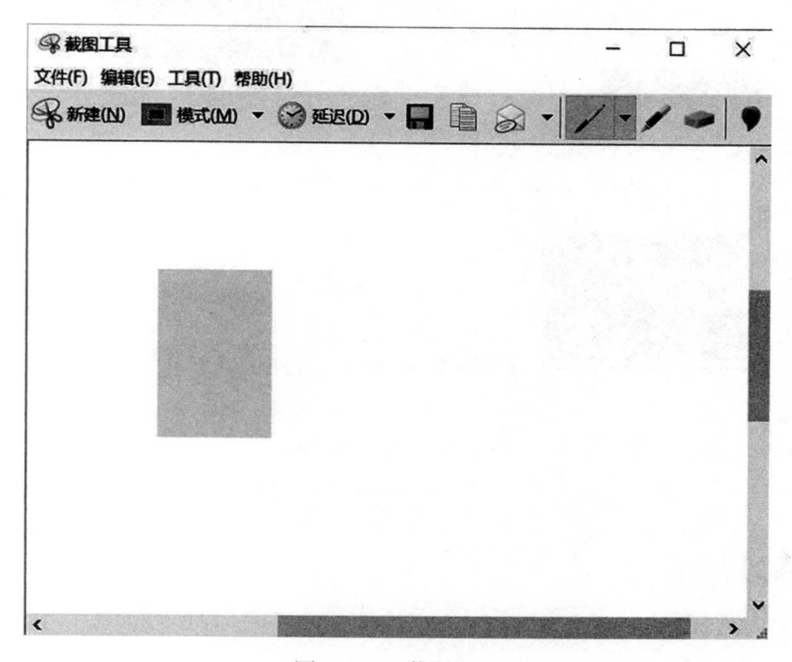

图 2-60 截图工具

4. Windows 10 系统其他自带工具

Windows 10 系统中除了上面所介绍的附件工具之外，“开始”菜单的左侧列表中还可以找到计算器、视频编辑器、录音机、录屏、画图 3D、虚拟桌面等很多非常实用的工具，下面简单介绍计算器和视频编辑器两款工具软件。

(1) 计算器

“计算器”是 Windows 系统自带的简易计算器。它可以用于基本的算术运算，还具有科学、绘图、程序员、日期计算等功能，如图 2-61 所示。

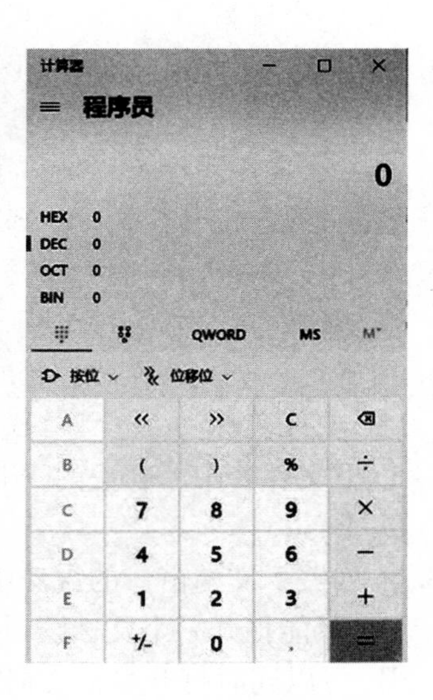

图 2-61 计算器窗口

(2) 视频编辑器

Windows 10 系统内置有一款自带的非常强大的视频剪辑处理软件，视频编辑器 Video Maker。其功能齐全，具有剪辑、滤镜、3D 效果、视缩放等功能，可以满足我们日常的需求，如图 2-62 所示。

图 2 - 62　视频编辑器

拓展练习

一、选择题

1. Windows 10 是一种（　　）。

   A. 字处理软件　　B. 操作系统　　C. 工具软件　　D. 图形软件

2. Windows 10 的“桌面”指的是（　　）。

   A. 整个屏幕　　B. 活动窗口　　C. 某个窗口　　D. 全部窗口

3. 用 Windows 10 自带的画图程序建立的文件，其默认扩展名是（　　）。

   A. . xls　　B. . doc　　C. . txt　　D. . bmp

4. 当一个应用程序窗口被最小化后，该应用程序将（　　）。

   A. 继续在前台执行　　B. 被暂停执行　　C. 被终止执行　　D. 被转入后台执行

5. 不能在 Windows 或 DOS 操作系统下直接执行的程序文件的扩展名是（　　）。

   A. . exe　　B. . com　　C. . docx　　D. . bat

6. 可确定一个文件存放位置的是（　　）。

   A. 文件名称　　B. 文件属性　　C. 文件大小　　D. 文件路径

7. 以下文件名中，合法的 Windows 文件名是（　　）。

   A. Basic. *　　B. Basic. 1. bas　　C. Basic＜1＞. bas　　D. Basic“1”. bas

8. 下列关于文档窗口的说法中正确的是（　　）。

   A. 只能打开一个文档窗口

   B. 可以同时打开多个文档窗口，但在屏幕上只能见到一个文档窗口

   C. 可以同时打开多个文档窗口，但其中只有一个是活动窗口

D. 可以同时打开多个文档窗口，被打开的窗口都是活动窗口

9. 下列操作中能在各种中文输入法之间切换的是（　　）。

A. Alt+F　　B. Ctrl+空格键　　C. Ctrl+Shift　　D. Shift+空格键

10. Windows 中，要改变屏幕保护程序的设置，应首先双击控制面板中的（　　）。

A. “多媒体”图标　　B. “显示”图标　　C. “系统”图标　　D. “键盘”图标

11. 将文件或文件夹不经过“回收站”，直接从计算机中删除（永久性删除）的快捷键是（　　）。

A. Delete　　B. Shift+Delete　　C. Ctrl+Delete　　D. Ctrl+X

12. 系统启动后，操作系统常驻（　　）。

A. 内存　　B. 硬盘　　C. 软盘　　D. 光盘

13. 在 Windows 中将当前窗口存入剪贴板的方法是（　　）。

A. Ctrl+Print Screen　　B. Print Screen

C. Shift+Print Screen　　D. Alt+Print Screen

14. 在 Windows 中用键盘进行菜单操作时，可以同时按（　　）键和菜单项中带下划线的字母键来选择某个菜单项。

A. Ctrl　　B. Shift　　C. Alt　　D. Ctrl+Alt

15. 进行中英文方式切换的快捷键是（　　）。

A. Ctrl+Space　　B. Shift+Space　　C. Shift+Alt　　D. Ctrl+Alt

16. 在 Windows 中，下列有关任务栏的描述中正确的是（　　）。

A. 任务栏的位置不可以改变

B. 任务栏的大小不可以改变

C. 任务栏不可以自动隐藏

D. 单击任务栏的“任务按钮”可以激活它所代表的应用程序

17. 在“计算机”底部设有状态栏，那么要增加状态栏的操作是（　　）。

A. 单击“文件”菜单中的“状态栏”命令

B. 单击“查看”菜单中的“状态栏”命令

C. 单击“工具”菜单中的“状态栏”命令

D. 单击“编辑”菜单中的“状态栏”命令

18. 计算机在工作状态下想重新启动，可采用热启动，即同时按下（　　）键。

A. Ctrl+Shift+Delete　　B. Ctrl+Alt+Delete

C. Ctrl+Break　　D. Ctrl+Alt+Break

19. 在 Windows 10 操作系统中，将打开窗口拖动到屏幕顶端，窗口会（　　）。

A. 关闭　　B. 消失　　C. 最大化　　D. 最小化

20. 在 Windows 10 操作系统中，显示桌面的快捷键是（　　）。

A. Win+D　　B. Win+P　　C. Win+Tab　　D. Alt+Tab

二、填空题

1. 在 Windows 10 中，为了弹出“显示属性”对话框，应用鼠标右键单击桌面空白处，然后在弹出的快捷菜单中选择________命令。

2. 为了显示文件或文件夹的详细资料，应使用菜单栏上的________菜单。
3. 用户刚输入的信息在保存以前，被存放在________中，为防止其断电后丢失，应在关机前将信息保存到________中。
4. 在 Windows 10 中，按 Alt 键再按________键，可以在不同窗口之间切换。
5. 要排列桌面上的图标对象则用鼠标右键单击桌面，再在弹出的快捷菜单中选择________命令。
6. 为了使具有隐藏属性的文件或文件夹不显示出来，应进行的操作是选择________菜单中的“文件夹选项”。
7. 在 Windows 10 中卸载应用程序的途径有________卸载或使用________中的“添加或删除程序”来删除程序。
8. 在 Windows 10 的“回收站”窗口中，要想恢复选定的文件或文件夹，可以使用“文件”菜单中的________命令。
9. “剪切”“复制”“粘贴”“全选”操作的快捷键分别是________、________、________和________。
10. 当任务栏上显示的是对话框以外的所有窗口时，按________键可以在包括对话框在内的所有窗口之间切换。
11. 在“鼠标属性”对话框的“移动”选项卡中，可以调整鼠标指针的________，并确定是否显示________。
12. 在 Windows 中，按________键，然后按键盘中的向上或向下移动键，可选定一组连续的文件。
13. 在 Windows 中，如果要选取多个不连续文件，可以按________键后，再单击相应文件。
14. 在 Windows 10 中，为了添加某个中文输入法，应选择控制面板窗口中的________选项。
15. 在 Windows 10 中，为了在系统启动成功后自动执行某个程序，应将该程序文件添加到________文件夹中。
16. 使用 Windows 10 的“写字板”创建文档时，若用户没有指定该文档的存放位置，则系统将该文档默认存放在________文件夹中。
17. 对文件进行重命名的快捷键是________。
18. 要安装 Windows 10，系统磁盘分区必须为________格式。
19. 在安装 Windows 10 的最低配置中，硬盘的基本要求是________ GB 以上可用空间。
20. 使用________可以清除磁盘中的临时文件等，释放磁盘空间。

三、操作题

1. 使用“运行”窗口打开“记事本”程序。
2. 在桌面上创建一个名为“Windows”的文件夹。然后查找 C 盘中，以 A 开头文件名长度为 4 个字母的所有文件或文件夹，并“保存搜索”到“Windows”文件夹中。
3. 在以上建立的“Windows”文件夹中，建立名为“bus”的文本文件和名为“stack”的 bmp 图像文件，并且为“bus”文件建立一个快捷方式图标，并将建立的该文件快捷方式图标移动到桌面上。

4. 挑选一张计算机中自己喜欢的图片，作为桌面背景。
5. 抓取屏幕，保存在以上建立的“Windows”文件夹中，命名为“屏幕.bmp”，并把“属性”设置为隐藏。
6. 以详细信息的方式显示你的文件夹下的文件与文件夹。
7. 在开始菜单中添加你的文件夹的快捷方式。
8. 在桌面上创建一个你的文件夹的快捷方式。
9. 将桌面上的图标以修改时间的顺序排序。
10. 清理、整理C盘。
11. 在D盘根目录上建立考试文件夹，名称为：班级＋学号＋姓名。
   并建立以下目录：

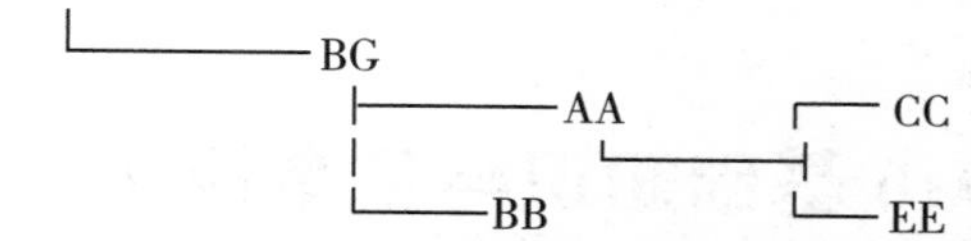

12. 把C：\盘下以read开头的所有文件，复制到AA文件夹下。
13. 将BG文件夹重命名为“文件操作”。
14. 把C：\盘下扩展名为.txt的所有文件，复制到CC文件夹下。
15. 把BG文件夹重命名为“文件操作”。
16. 设置桌面墙纸为“飞翔”，图片显示方式为“平铺”，复制当前桌面窗口。
17. 查找将C盘下所有B开头，扩展名为.bmp的文件，复制到AA文件夹中。
18. 隐藏AA文件夹下的文件（不含文件夹）。

四、判断题

1. 正版Windows 10操作系统不需要激活即可使用。（ ）
2. 在Windows 10中默认库被删除后可以通过恢复默认库进行恢复。（ ）
3. 在Windows 10中默认库被删除了就无法恢复。（ ）
4. 正版Windows 10操作系统不需要安装安全防护软件。（ ）
5. 任何一台计算机都可以安装Windows 10操作系统。（ ）
6. 安装安全防护软件有助于保护计算机不受病毒侵害。（ ）
7. 在Windows中，可以对磁盘文件按名称、类型、文件大小排列。（ ）

五、简答题

1. 清理磁盘和整理磁盘有什么作用？
2. 回收站有何作用？回收站的相关操作有哪些？
3. 剪贴板有什么作用？剪贴板上的内容能长期保存吗？

模块三
字处理软件Word 2016

Word 2016 是 Microsoft 公司推出的当今最流行、功能最强大的一款文字处理软件，是 Office 2016 组件之一。它主要用于文字处理，不仅能够制作常用的文本、信函、备忘录，还专门定制了许多应用模板，如各种公文模板、书稿模板、档案模板等，使文字处理工作变得非常方便。此外，它还可以处理表格与图片，具有“所见即所得”的排版功能。Word 2016 不仅功能强大，而且简单易学，是目前比较流行的文字处理软件。

项目一 Word 2016 基础知识与基本操作

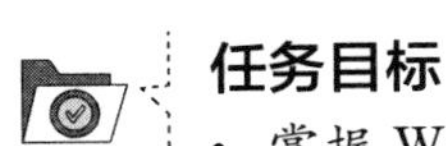

任务目标

- 掌握 Word 2016 的启动和退出
- 掌握 Word 2016 的界面组成
- 了解 Word 2016 的各种视图方式
- 掌握文档的建立、打开、保存与关闭
- 掌握文本输入与修改、编辑
- 培养爱护家园、保护环境的意识

通过撰写通知、证明可学习 Word 2016 文档的基本操作，即创建文档、保存文档、打开文档；并认识 Word 2016 的工作界面，还能感受各种视图方式下不同的视觉效果。通过任务三的完成能够掌握文档的基本编辑方法，即查找与替换、插入符号等操作。

任务一
撰写通知

要求：创建如【样文 1】所示的文档，并以“通知 .docx”为文件名保存在自己的文件夹下。

任务二
撰写证明

要求：创建如【样文 2】所示的文档，并以“证明 .docx”为文件名保存在自己的文件夹下。

任务三 文本录入与编辑

要求：

1. 录入【样文 3】所示内容，以“Word 录入”命名保存在自己的文件夹里。
2. 将文档中的“公里”二字替换为红色的“千米”。

【样文 1】

通　知

2022 年下半年的全国计算机等级考试（一级 B）现在开始报名，报名地点在信息技术工程系办公室（8＃310）电话 8288888，报名时间截止到 11 月 10 日，望同学们按时报名。

信息技术工程系
2022 年 10 月 11 日

【样文 2】

证　明

学生娜日，女（身份证号：159728××××003X，学号为 933338721）在锡林郭勒职业学院信息技术工程系 2022 级软件技术班学习，2025 年 7 月毕业。

特 此 证 明
锡林郭勒职业学院信息技术工程系
2022 年 9 月 12 日

【样文 3】

可爱的家乡

内蒙古自治区地域辽阔，地跨“三北”（中国东北、西北、华北）地区，东起东经 126°29′，西至东经 97°10′，东西直线距离 400 多公里。内蒙古东都与黑龙江、吉林、辽宁三省毗邻，南部、西南部与河北、山西、陕西、宁夏四省份接壤，西部与甘肃省相连，北部与蒙古国为邻，东北部与俄罗斯交界。土地总面积为 118.3 万平方公里，占全国总面积的 12.3%。内蒙古现有耕地 549 万公顷，人均占有耕地 0.24 公顷，是全国人均耕地的 3 倍。内蒙古天然草场辽阔而宽广，总面积位居全国五大草原之首，是我国重要的畜牧业生产基地。内蒙古现有呼伦贝尔、锡林郭勒、科尔沁、乌兰察布、鄂尔多斯和乌拉特 6 个著名大草原。内蒙古森林总面积约 1 406.6 万公顷，占全国森林总面积的 11%，居全国第二位，是国家重要的森林基地之一。

相关知识点

1. Word 2016 的启动

方法 1：单击“开始”→“Microsoft Office Word 2016”命令。

方法 2：在桌面上创建 Word 2016 的快捷方式，双击快捷图标。

方法 3：双击要打开的 Word 文档，在打开该文档的同时启动 Word。

2. Word 2016 的退出

方法 1：单击标题栏右侧的“关闭”按钮。

方法 2：单击标题栏左侧的 Word 应用程序图标，在打开的菜单中，执行“关闭”命令。

方法 3：单击标题栏左上角，选择“关闭”按钮。

方法 4：执行“文件”→“退出”命令。

方法 5：按组合键“Alt+F4”退出。

3. Word 2016 的工作界面

Word 2016 窗口包括标题栏、选项卡、功能区、快速访问工具栏、文档编辑区、状态栏等多个部分，详细情况如图 3-1 所示。

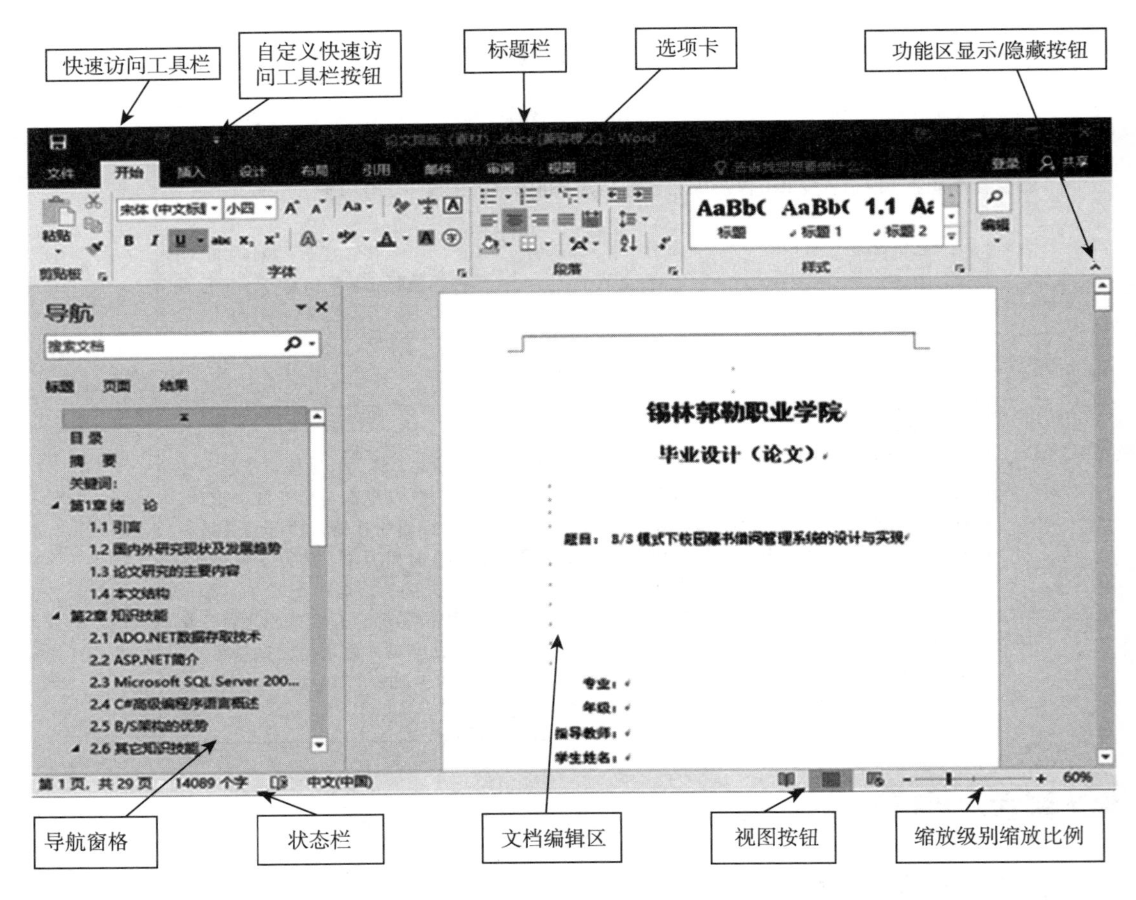

图 3-1 Word 2016 工作界面

(1) 标题栏

标题栏显示当前正在编辑文档的文件名和应用程序名，位于窗口的最上端，包含快速访问工具栏、自定义快速访问工具栏按钮、4 个窗口控制按钮（“最小化”按钮、“功能区显示/隐藏选项”按钮、“最大化/还原”按钮和“关闭”按钮）。

①快速访问工具栏。可以实现常用操作工具的快速选择和操作，如保存、撤销、重做、打开、快速打印等。

②自定义快速访问工具栏按钮。系统默认的情况下快速访问工具栏中只有保存、撤销和重做按钮，用户可以通过该按钮进行添加或删除其他按钮，单击该按钮可弹出如图 3－2 所示的快捷菜单，还可以选中“在功能区下方显示”来改变快速访问工具栏的显示位置。

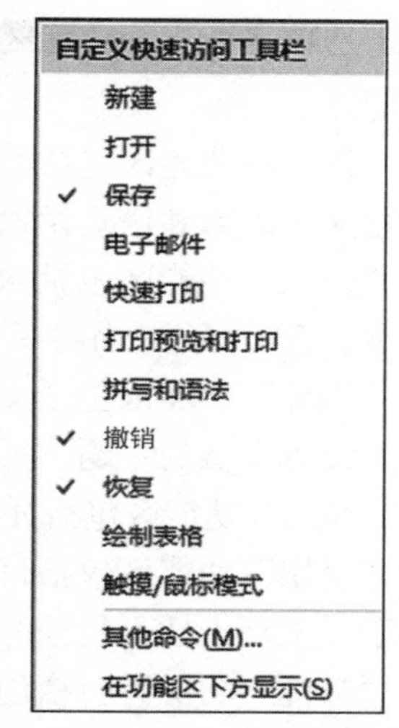

图 3－2 自定义快速访问工具栏

③“最小化”按钮、“最大化/还原”按钮和“关闭”按钮。“最小化”按钮将文档窗口缩小成任务栏上的一个任务按钮；“最大化”按钮可使文档窗口最大化成整个屏幕的状态；当“最大化”按钮变成“还原”按钮时，单击“还原”按钮，最大化的文档窗口还原成原来所显示的窗口大小；单击“功能区显示/隐藏选项”按钮可自动隐藏功能区、显示选项卡；单击“关闭”按钮，可退出 Word 2016 应用程序。

(2) 选项卡

Word 2016 的选项卡类似于菜单栏，单击某个选项卡时可以切换到对应的功能区面板，其中“文件”选项卡除外。选项卡分为主选项卡和工具选项卡。默认情况下，Word 2016 界面提供的主选项卡依次为文件、开始、插入、设计、布局、引用等，如图 3－3 所示。当文档中有图表、艺术字、图片等其他对象被选中时，在原有的选项卡的右侧会出现相应的工具选项卡。例如选中某个图片后，会出现“图片工具”选项卡，如图 3－3 所示。

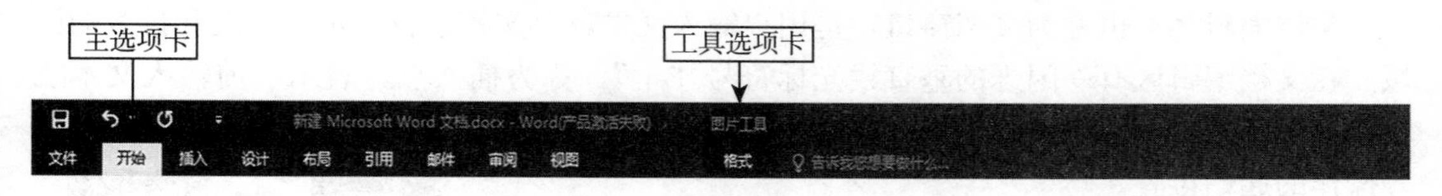

图 3－3 主选项卡和工具选项卡

(3) 功能区

选择一个选项卡会打开相应的功能区面板，每个功能区根据功能的不同又分为若干个功能组。鼠标指向功能区的图标按钮时，系统会自动在光标下方显示对应按钮的名字和操作。命令按钮右下角有“ ”按钮的话，单击它可打开下设的对话框或任务窗格。单击段落组右下方的“ ”按钮可弹出“段落”对话框。

单击选项卡右方的功能区显示/隐藏按钮“ ”，可将功能区最小化，再次单击可恢复功能区。

①“开始”功能区包括剪贴板、字体、段落、样式和编辑 5 组，该功能区主要用于对文档进行文字编辑和格式设置，是用户最常用的功能区。

②“插入”功能区包括页面、表格、插图、加载项、媒体、链接、批注、页眉和页脚、文本、符号等组，用于在文档中插入各种元素。

③“设计”功能区包括文档格式、页面背景等组。页面设置、稿纸、段落、排列等组，用于设置文档的主题、页面背景。

④“布局”功能区包括页面设置、稿纸、段落、排列等组，用于设置文档的页面格式。

⑤“引用”功能区包括目录、脚注、信息检索、引文与书目、题注、索引、引文目录组，用于在文档中插入目录等高级功能。

⑥“邮件”功能区包括创建、开始邮件合并、编写和插入域、预览结果、完成等组，该功能区的功能比较专一，用于在文档中进行邮件合并等操作。

⑦“审阅”功能区包括校对、辅助功能、语言、中文简繁转换、批注、修订、更改、比较、保护、墨迹、OneNote 等组，主要用于长篇文档的校对和修订等操作，适用于多人协作处理长篇文档。

⑧“视图”功能区包括文档视图、页面移动、显示、缩放、窗口、宏组，主要用于设置操作窗口的视图类型。

（4）标尺

Word 2016 提供了水平标尺和垂直标尺。用标尺可以查看正文的高度和宽度，能方便地设置页边距、制表位、段落缩进等格式，还可以利用标尺对文档边界进行调整。单击标尺按钮可显示或隐藏标尺。

注意：水平标尺可以在页面视图和 Web 版式视图下看到，而垂直标尺只能在页面视图下可以看到。

（5）文档编辑区

文档编辑区，也称为文档窗口，是用户输入文本，对文档进行编辑、修改和排版的区域。在文档编辑区有一闪烁的垂直线光标符号“｜”，称为插入点，表示当前输入文本或对象出现的位置，是各种编辑修改命令生效的位置，同时也是确定拼写、语法检查、查找等操作的起始位置。

（6）导航窗格

选中“视图”选项卡中的“导航窗格”命令，就会显示导航窗格，如图 3－4 所示，导航窗格上方是搜索框，用于搜索当前打开文档中的内容；单击搜索框下方的按钮“标题”可浏览文档的标题、“页面”可浏览文档中的页面、“结果”可浏览文档中当前搜索的结果。在导航窗格中单击标题

图 3－4　显示导航窗格

或页面缩略图可以快速定位到文档中的相应位置。

（7）状态栏

状态栏位于 Word 窗口的底部，显示了当前页码/总页数、文档字数、当前工作状态、改写/插入状态，包括修订、录制、扩展等信息。单击页码按钮可以打开“查找和替换”对话框的“定位”选项卡，可以快速跳转到指定的目标；单击字数可打开“统计字数”对话框显示文档的字数信息；单击缩放级别或缩放滑块可打开“显示比例”对话框，可以对文档的显示比例进行设置。

（8）视图及视图切换按钮

Word 2016 提供了多种文档显示方式，包括页面视图、阅读视图、Web 版式视图、大纲视图、草稿视图等。通过视图切换按钮可以改变当前文档的显示方式。各个视图的切换可以使用“视图”选项卡或者直接单击文档状态栏右边视图按钮来实现。

①页面视图，具有“所见即所得”的显示效果，也就是说，显示的效果与打印的效果完全相同。在这种视图下，可以进行正常的编辑，查看文档外观，还可以对格式以及版面进行修改，适用于浏览整个文档的总体效果，这是最常用的视图方式。

②阅读视图下把整篇文档分屏显示，没有页的概念，不显示页眉和页脚，便于文档阅读。

③Web 版式视图可以创建能在屏幕上显示的 Web 页面或文档。这一视图将显示文档在 Web 浏览器中的外观。例如，文档将显示为一个不带分页符的长页，并且文本和表格将自动换行以适应窗口的大小。

④大纲视图主要用于显示长文档的结构，能让文档层次结构清晰明了。在这种视图下，用户可以只显示文档的标题，而把标题下的文本暂时“折叠”起来，以便审阅和修改文章的大纲结构，重新安排文章的章节次序。当需要调整时，可以将标题直接拖动到新的位置，该标题下的所有子标题和从属正文也将自动随之移动、复制和重新组织文本。此视图下不显示页眉、页脚、页边距、图片、背景等信息。

⑤草稿视图适用于快速输入文本、图形及表格并进行简单的排放，不能显示页眉、页脚、页码，也不能编辑这些内容，不能显示图文的内容及分栏效果。当文档内容多于一页时自动加虚线表示分页线。

（9）缩放级别缩放比例

在 Word 2016 窗口中查看文档时，可以放大或缩小显示的比例。使用缩放级别缩放比例按钮上的滑动块可以直接调整文档的显示比例（图 3－5），或单击“视图”选项卡里的显示比例功能也可以调整文档显示比例（图 3－6）。

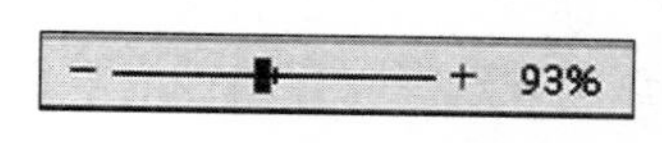

图 3－5 显示比例调整滑动块

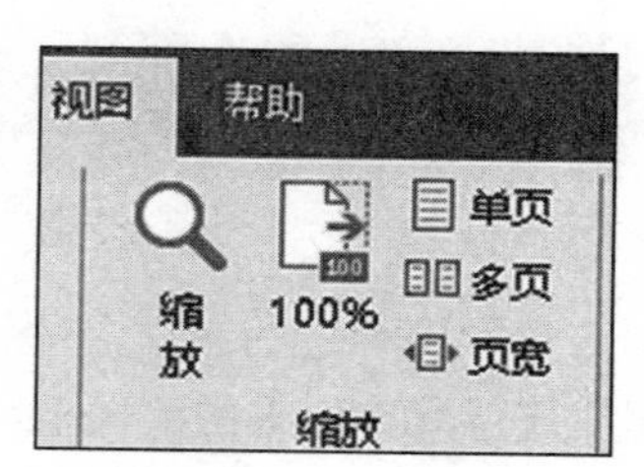

图 3－6 显示比例功能

（10）快捷菜单

右键单击选中的元素，可以打开此元素对应的快捷菜单，该菜单下有上下两个方框，上面框中列出的是可对选中对象进行操作，下面方框显示的是该对象的属性，使用快捷菜单可对选中的元素快速进行操作和设置。

4. 新建空白文档

方法1：启动 Word 2016 后自动新建空白文档，文档自动命名为“文档1”，扩展名为“.docx”，直到文档存盘时由用户确定具体的文件名。

方法2：直接单击快速访问工具栏中的新建按钮（用户先加入此按钮），则创建一个空白文档。

方法3：启动 Word 2016 后单击“文件”→“新建”命令，选择“空白文档”或其中的模板即可新建一个空白文档或具有所选模板格式的文档。

方法4：利用快捷键“Ctrl+N”新建文档。

5. 保存文档

文档建立或修改后，在退出 Word 之前将它作为磁盘文件保存起来，以便下次使用。

（1）第一次保存文档时，“保存”和“另存为”命令是一样的，都打开“另存为”对话框，用户可以选择保存位置、录入文件名及选择保存类型，如图3-7所示。

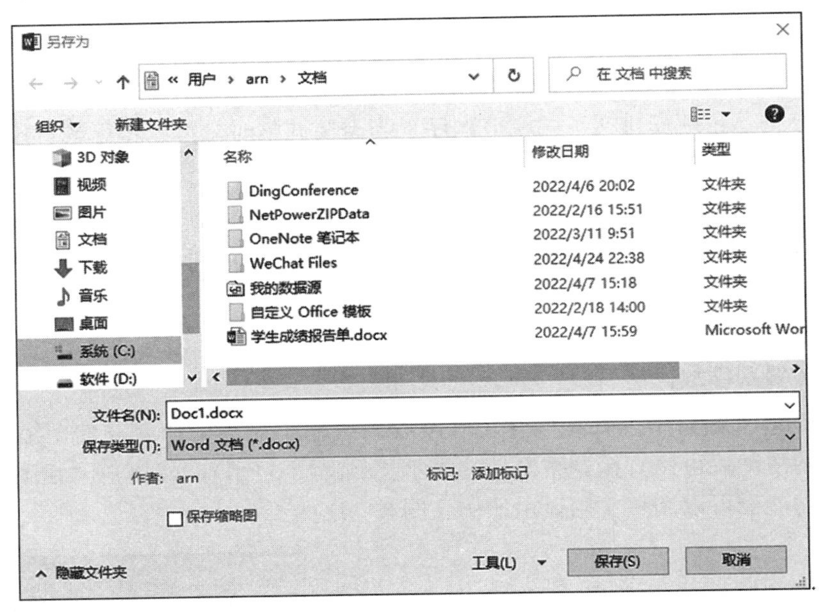

图3-7 “另存为”对话框

（2）对于已经保存过的文件，“保存”和“另存为”命令有不同的含义。“保存”则用原来的文件名直接保存在原来的路径上，“另存为”则可以另外选择保存路径或重新命名文档。

（3）设置自动保存方法，单击“文件”→“选项”命令，打开“Word 选项”窗口，在窗口左侧单击“保存”，在窗口右侧“保存文档”区域可以设置自动保存时间间隔和保存位置等，如图 3-8 所示。

（4）保存命令的快捷键为“Ctrl+S”。

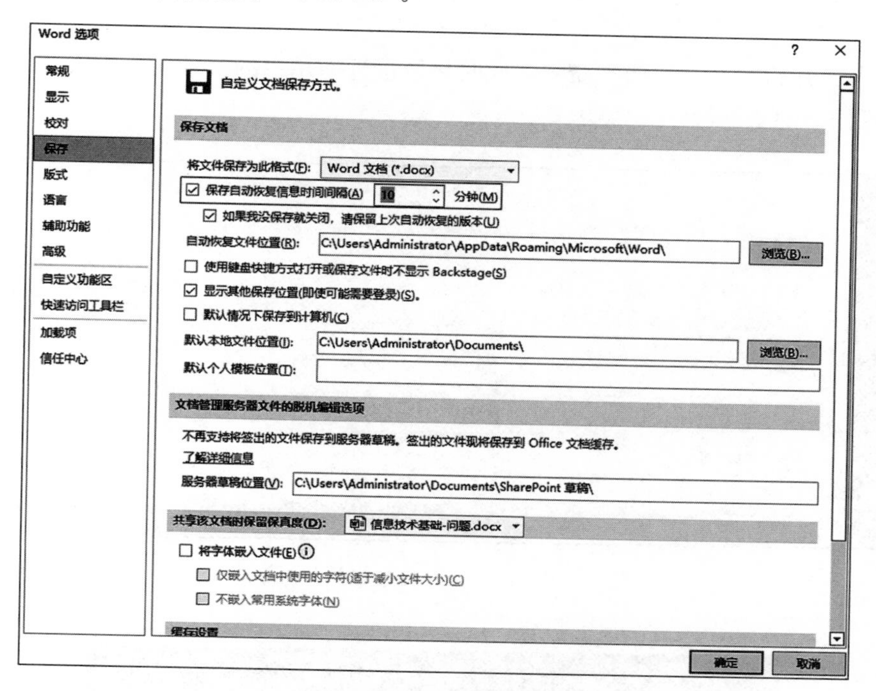

图 3-8 设置自动保存

6. 打开文档

方法 1：启动 Word 后单击“文件”→“打开”，通过“打开”对话框查找要打开的文件并单击“打开”按钮，如图 3-9 所示。

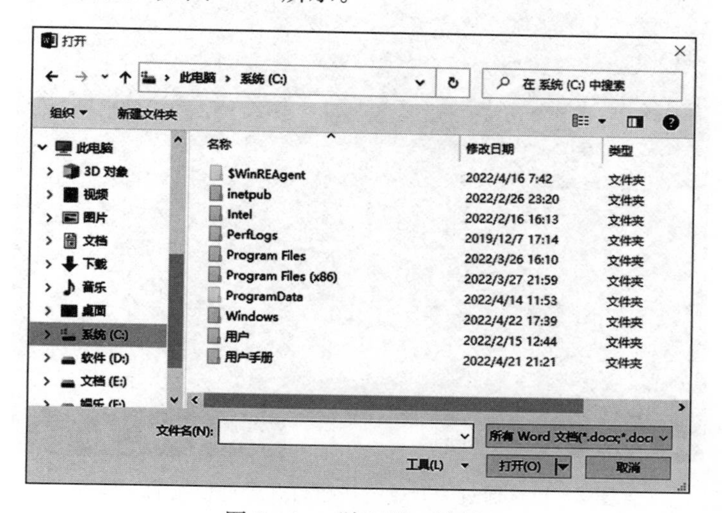

图 3-9 “打开”对话框

方法 2：根据文件路径打开文件所在的文件夹，并双击文档名即可打开。

方法 3：打开最近使用过的文件方法如下。

①在“文件”→“最近所用文件”中查找需要打开的文档名，单击“打开”，如图 3－10 所示。

②单击“开始”→“文档”命令，此时显示最近使用过的文件名，单击文件名可打开文件，如图 3－11 所示。

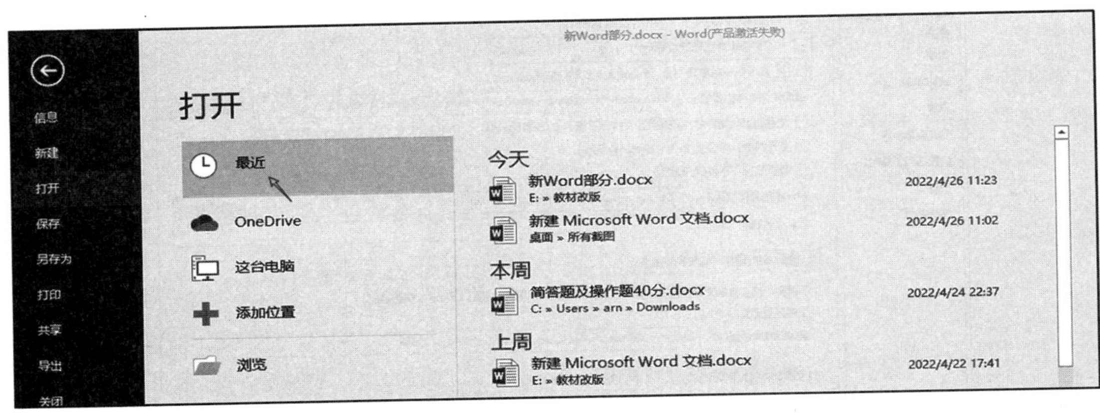

图 3－10　打开最近使用的 Word 文档

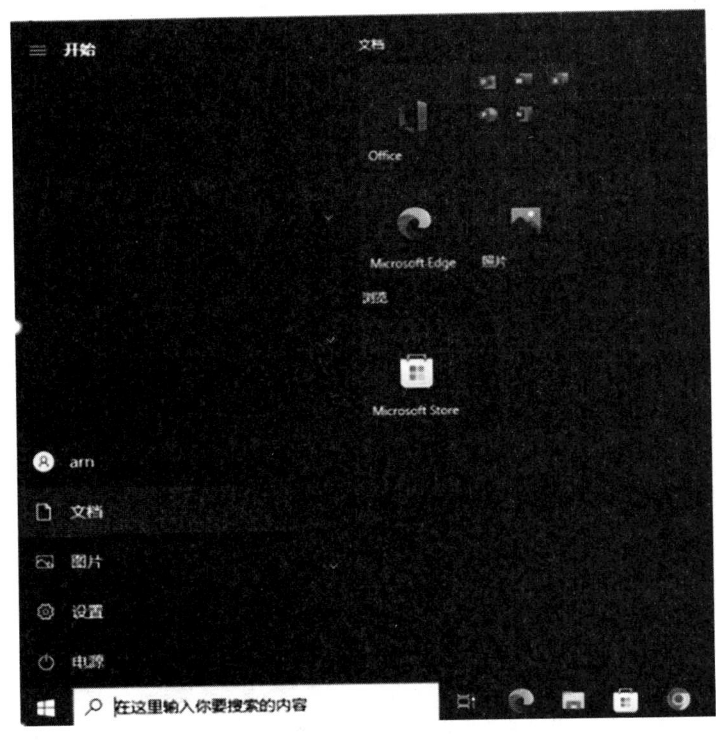

图 3－11　通过“开始”按钮打开最近使用的文件

7. 文档的基本编辑操作

（1）按 Enter 键产生一个段落

由于页面宽度有限，当用户录入文字超过一行后，Word 会自动跳到下一行。录入完一个段落后，可以按 Enter 键开始新一段落的录入。

（2）符号的插入

文档编辑中经常会用到一些键盘上没有的符号，例如，☑☎⊗等，输入这些符号有两种方法：

①选择“插入”→“符号”命令可打开如图 3-12 所示的“符号”对话框，从中选择需要的符号后单击“插入”按钮即可插入符号。

②单击输入法状态栏上的“符号”按钮，右击输入法打开“符号”，如图 3-13 所示，选择相应的符号即可插入符号。

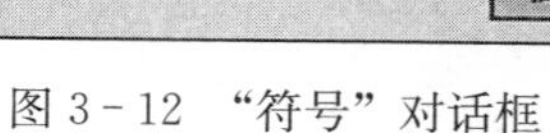
图 3-12 “符号”对话框

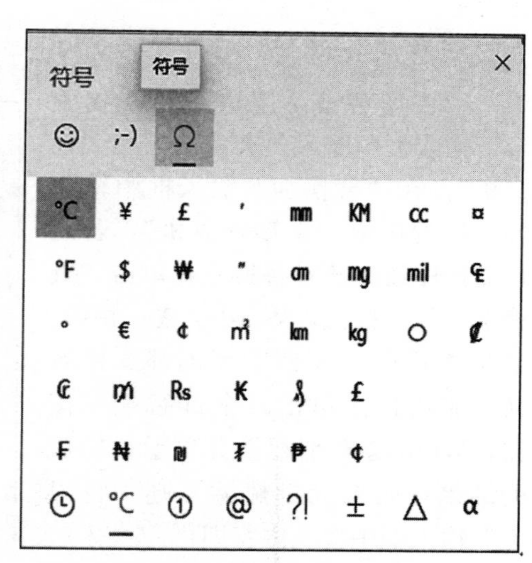

图 3-13 从输入法插入符号

（3）定义符号快捷键

通常情况下，Word 2016 为常用的符号提供了快捷键，用户也可以为自己常用的符号自定义快捷键，具体操作步骤如下：

①在“符号”对话框中选择要为其定义快捷键的符号，如“□”；单击“快捷键”按钮，打开“自定义键盘”对话框，将光标定位到“请按新快捷键”文本框中。

②用户按新的快捷键（如“Ctrl+T”），单击“指定”按钮，然后单击“关闭”按钮就完成了此快捷键的设定。

（4）成批替换、成批删除

文档中经常会出现多处相同的修改，例如，要将文档中所有“计算机”修改成“微型计算机”，或者是将文档中的所有“计算机”三个字删除。Word 允许用户将部分或全文范围内的某个词汇全部修改成另外一个词，当然，也能够找到待修改词汇的每一个位置，由用户一一决定是否需要修改，如图 3－14 所示，使用“开始”→“编辑”→“替换”命令。

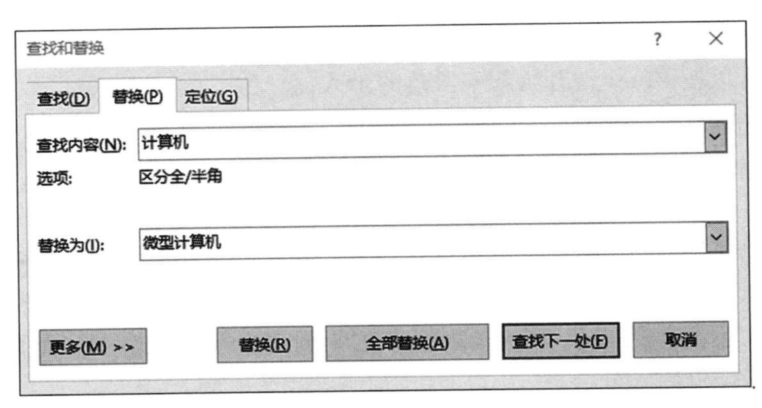

图 3－14 “查找和替换”对话框

①普通替换。用户在“查找内容”输入框中输入要查找的内容“计算机”，在“替换为”输入框中输入要替换的内容“微型计算机”，若用户需按序逐一核对替换，就单击“查找下一处”按钮，Word 会逐一替换。如果用户确定文档中该词都要被替换，那就直接单击“全部替换”按钮，Word 会全部替换并显示替换后的结果。如果成批删除，则“替换为”输入框中输入内容即可。

②高级查找和替换。假设用户要把“计算机”三个字替换成红色的“微型计算机”，则需要设置“替换为”输入框中的“微型计算机”。单击“更多（M）”按钮，打开扩展后的对话框，如图 3－15 所示。选择“微型计算机”后单击“格式”按钮，并选择“字体”命令进行格式设置，如图 3－16 所示。高级查找的过程与高级替换类似，不再赘述。

图 3－15 扩展的“查找和替换”对话框

（5）撤销和恢复

Word 中允许用户撤销当前编辑中的前几步操作，如不小心删除了一段文字或图片等，就可以撤销本次操作而恢复原来的文字或图片。

执行撤销操作后，还允许用户重新加载已经撤销的操作，称为恢复。

撤销和恢复的具体操作方法如下：

①单击快速启动工具栏中的“撤销”按钮和“重做”按钮即可。

②按组合键“Ctrl＋Z”可以撤销一步操作，按组合键“Ctrl＋Y”可以恢复一次撤销操作。

③单击“撤销”按钮右边的下三角按钮，从打开的列表框中一次性选择多步操作进行撤销。

图 3－16 “替换字体”对话框

(6) 插入文件

如果要输入的文本已经在另一个保存的文件中，还可以将该文件内容插入当前文档中。操作步骤如下：

将插入点定位到指定位置后，单击“插入”→“对象”右侧的下拉按钮，在打开的下拉列表中选择“文件中的文字”，如图 3－17 所示，可打开“插入文件”对话框；在此对话框中选择需要插入的文件，即可完成将已存在的文件内容插入当前文档插入点所在位置。

图 3－17 插入文件

(7) 显示/隐藏段落标记

默认状态下系统是显示段落标记的，如果想隐藏段落标记，只需要选择“文件”选项卡中的“选项”命令，打开“Word 选项”对话框；选择“显示”选项卡，取消“段落标记”复选框即可。

项目二 Word 2016 样文排版

任务目标

- 掌握字符格式、段落格式
- 掌握项目符号和编号、边框与底纹、分栏、首字下沉等命令的使用
- 掌握格式刷的使用
- 培养正确的人生观，塑造良好人格

通过格式化“可爱的家乡”文档轻松掌握设置字符格式、段落格式、边框和底纹、分栏格式、首字下沉以及格式刷的使用和设置方法。

任务一

格式化“可爱的家乡”

要求：

1. 标题为黑体、三号字、加粗、蓝色（标准色）并居中显示。

2. 其余 3 个段落为宋体、四号字、首行缩进 2 字符。

3. 第一段落首字下沉 3 行、行距为最小值 12 榜、字体为华文行楷。

4. 第二段落的“内蒙古”三个字加粗、倾斜、红色（标准色）并添加 2.25 磅宽的虚线绿色个性色 6 的文字方框（建议使用格式刷）。

5. 第二段落的“锡林郭勒”为三号字、加粗、文字效果为“发光（蓝色，11pt，个性色 5)”，并将整个段落分为两栏。

6. 将第三段落的“内蒙古”三个字位置提升 6 磅，并标准颜色红色加粗，段落所有文字的距离加宽 1.5 磅、添加标准颜色红色的波浪形下划线并给段落添加“蓝色、个性色 1、淡色 80%”的段落底纹。段前间距设置为 1 行。

7. 文档添加艺术型页面边框，如【样文 4】所示。

可爱的家乡

内蒙古自治区地域辽阔，地跨“三北”（中国东北、西北、华北）地区，东起东经 126°29′，西北东经 97°10′，东西直线距离 400 多千米。内蒙古东部与黑龙江、吉林、辽宁三省毗邻，南部、西南部与河北、山西、陕西、宁夏四省区接壤，西部与甘肃省相连，北部与蒙古国为邻，东北部与俄罗斯交界。土地总面积为 118.3 万平方千米，占全国总面积的 12.3%。

内蒙古现有耕地 549 万公顷，人均占有耕地 0.24 公顷，是全国人均耕地的 3 倍。***内蒙古***天然草场辽阔而宽广，总面积位居全国五大草原之首，是我国重要的畜牧业生产基地。***内蒙古***现有呼伦贝尔、**锡林郭勒**、科尔沁、乌兰察布、鄂尔多斯和乌拉特 6 个著名大草原。

内蒙古森林总面积约 1406.6 万公顷，占全国森林总面积的 11%，居全国第二位，是国家重要的森林基地之一。

任务二
格式化“沙棘树”

要求：对下面的文字进行如下操作并命名为“沙棘树 .docx”，保存在自己的文件夹中。

沙棘树（胡颓子科沙棘属植物）

沙棘是一种胡颓子科、沙棘属落叶性灌木，其特性是耐旱、抗风沙，可以在盐碱化土地上生存，因此被广泛用于水土保持。中国西北部大量种植沙棘，用于沙漠绿化。沙棘果实中维生素C含量高，素有维生素C之王的美称。沙棘是植物和其果实的统称。植物沙棘为胡颓子科沙棘属，是一种落叶性灌木。

沙棘油中含有的大量维生素E、维生素A、黄酮和SOD活性成分能够有效防止自由基的产生，因此沙棘被作为化妆品的一种原料，经过先进工艺提取的化妆品级沙棘油纯度、活性都很高。其高温萃取物——果素，它有着更丰富的营养护肤成分，其中含有多种维生素、脂肪酸、微量元素、维生素E等营养成分，并且高温萃取的沙棘果素中SOD含量每毫升可达到5 623.0个酶单位，它可以阻断因肌肤内物质过氧化产生的自由基，修复受损细胞组织，促进组织再生。

生态绿化价值

❖ **恢复植被**：中国西北地区由于干旱少雨，土地瘠薄，大部分地区直接栽种乔木难于成活或成小老头树，植被恢复难度很大。而沙棘具有耐寒、耐旱、耐瘠薄的特点，因此一般每亩荒地只需栽种120~150棵，4~5年即可郁闭成林。并且沙棘的苗木较小，一般株高在30~50厘米，地径5~8毫米，栽种沙棘的劳动强度不大，一个普通劳力一天可以栽沙棘5~6亩。这对西北地区来讲，能够有效解决地广人少的问题，便于进行大规模种植，快速恢复植被。

❖ **减少泥沙**：黄土高原水土流失最严重的一是沟道，二是陡坡。陡坡由于土地瘠薄，施工困难，是治理水土流失的一个薄弱环节。在一些陡险坡面上，沙棘利用其串根萌蘖的特性，可将这些人不可及的地段绿化。特别是沙棘在沟底成林后，抗冲刷性强，而且它不怕沙埋，根蘖性强，能够阻拦洪水下泄、拦截泥沙，提高沟道侵蚀基准面。恢复生物链：黄土高原大部分地区植被稀少，生态环境极为脆弱。以沙棘为先锋树种，不但能够快速恢复植被，而且能够尽快地恢复生物链。

❖ **园林绿化**：沙棘树是防风固沙、保持水土、改良土壤的优良树种。

1. 设置字体：第 1 行标题为隶书，蓝色（标准色）；第 2 行标题为宋体；正文第 1 段、第 3 段为楷体；第 2 段为隶书。

2. 设置字号：第 1 行标题为三号字；第 2 行标题为五号字；正文第 1 段、第 3 段为五号字；第 2 段为小四号字。

3. 设置字形：第 2 行标题添加红色（标准色）下划线（波浪线）。

4. 设置对齐方式：第 1 行、第 2 行标题为居中。

5. 设置段落缩进：正文第 1 段、第 3 段首行缩进 2 字符；第 2 段左右各缩进 2 字符。

6. 设置行（段）间距：第 2 行标题段后 1 行；正文第 1 段、第 3 段行距 1.3 倍；第 2 段段前、段后各 0.5 行。

7. 正文第 4 段、第 5 段、第 6 段字体为华文楷体、小四号字，行间距为固定值（22 磅），添加项目符号“❖”。

8. 把文档中第 4 段、第 5 段、第 6 段首四个字改为“黑体、二号、加粗、倾斜、红色（标准色）”。

9. 给文档添加艺术型页面边框，如【样文 5】所示。

相关知识点

如何美化文档，使其更为引人注目呢？例如：我们第一次录入的文档，怎样把它格式化呢？如【样文 4】【样文 5】所示。

1. 字符格式、段落格式

(1) 字符格式

① 字体、字形、字号、颜色。Word 2016 中默认的中文字体为宋体，字号为五号，颜色为黑色，字形是常规形。设置字体、字形等操作方法如下：

• 单击“开始”→“字体”功能组中的按钮进行设置。

• 单击右键所选文本，在弹出的快捷菜单中选择相应的工具按钮进行设置。

• 单击“开始”→“字体”功能组右下角按钮，可出现如图 3－18 所示的“字体”对话框，在此对话框中设置字体、字形、字号、字体颜色、下划线、着重号以及字体效果。

②设置字符间距、缩放及位置。操作方法如下：

首先选中要调整的文本，单击“字体”功能组右下角按钮，在出现的“字体”对话框中选择“高级”选项卡可设置文本的缩放、间距（标准、加宽、紧缩）、位置（标准、提升、降低）等，如图 3－19 所示。

③设置文字效果。选中文本，然后单击“字体”功能组中的“字符边框”按钮，给文本添加边框；单击“字符底纹”按钮，给整个文本添加底纹背景；单击“文字效果”下拉按钮可弹出下拉列表，如图 3－20 所示。在列表中提供了一组艺术字选项，下方有“轮廓”“阴影”“映像”“发光”等设置特殊文本效果命令。

还可以单击“字体”对话框中的“文字效果...”按钮（图 3－19），可以打开如图 3－21 所示的“设置文本效果格式”对话框，在其中可以设置文本填充、文本边框、阴影、三维格式等特殊格式。

字体
字体(N) 高级(V)
西文
中文字体(T): 黑体
字形(Y): 常规 倾斜 加粗
字号(S): 10 8 9 10
西文字体(F): (使用中文字体)
复杂文种
字体(T): Times New Roman
字形(N): 常规
字号(Z): 10
所有文字
字体颜色(C): 自动
下划线线型(U): (无)
下划线颜色(I): 自动
着重号(·): (无)
效果
删除线(K)
双删除线(L)
上标(P)
下标(B)
小型大写字母(M)
全部大写字母(A)
隐藏(H)
预览
图3-18 "字体" 对话
这是一种 TrueType 字体，同时适用于屏幕和打印机。
设为默认值(D) 文字效果(E)... 确定 取消

图 3－18 “字体”对话框

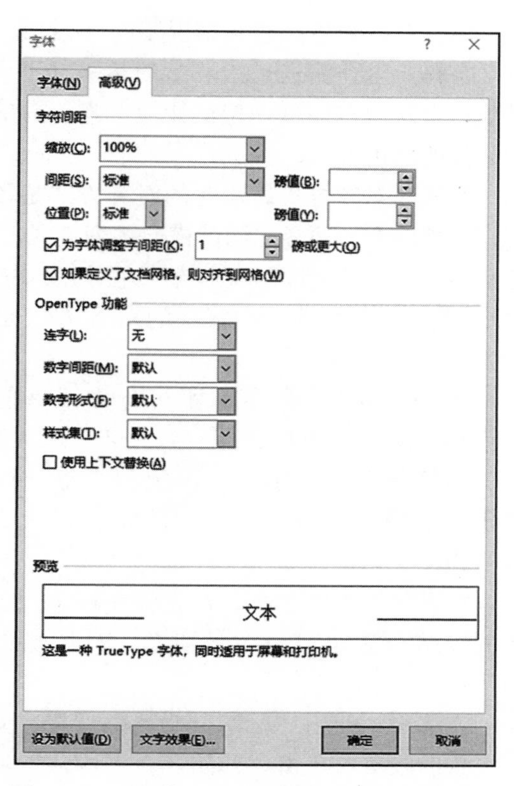

图 3－19 “字体”对话框中的“高级”选项卡

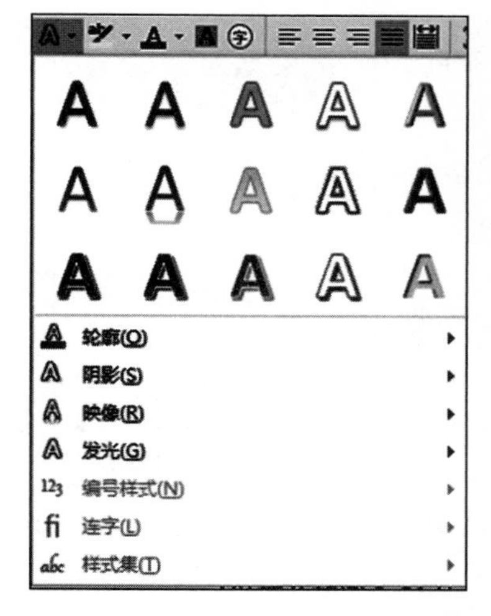

图 3－20 “文字效果”按钮下拉列表

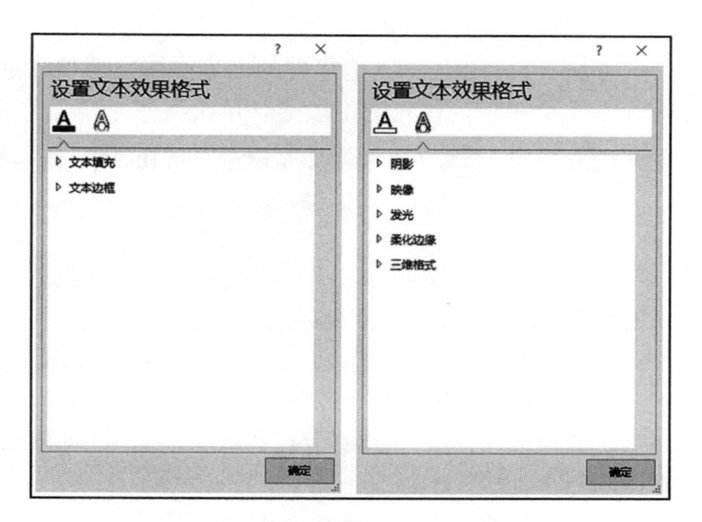

图 3－21 “设置文本效果格式”

(2) 段落格式

段落中常用的格式有段落缩进、段落对齐方式、段落间距等。

①段落缩进。段落的缩进决定了段落与页面边距的距离，缩进有左缩进、右缩进、首

行缩时和悬挂缩进。通常情况下每一段第一行缩进 2 字符；悬挂缩进是指段落的第一行不动，而其他行由左向右缩进一定的距离。左、右缩进属于整段的缩进方式。

②段落对齐方式。段落的对齐方式是段落内容在文档的左右边界之间的横向排列方式。Word 有 5 种对齐方式，即两端对齐、左对齐、右对齐、居中对齐、分散对齐，默认的对齐方式是两端对齐。

③段落间距。段落间距可分为段落前后的间距和行间距（单位行距、1.5 倍行距、2 倍行距、多倍行距、最小值、固定值）等。行间距决定段落中文本行与行之间的距离，默认为单倍行距。

在设置段落格式时，首先将光标定位到要设置的段落或选定要设置的段落，具体操作方法如下：

方法一：使用“段落”对话框设置。先选中要设置的段落，单击“开始”→“段落”功能组右下角按钮，打开“段落”对话框，选择“缩进和间距”选项卡，如图 3－22 所示。

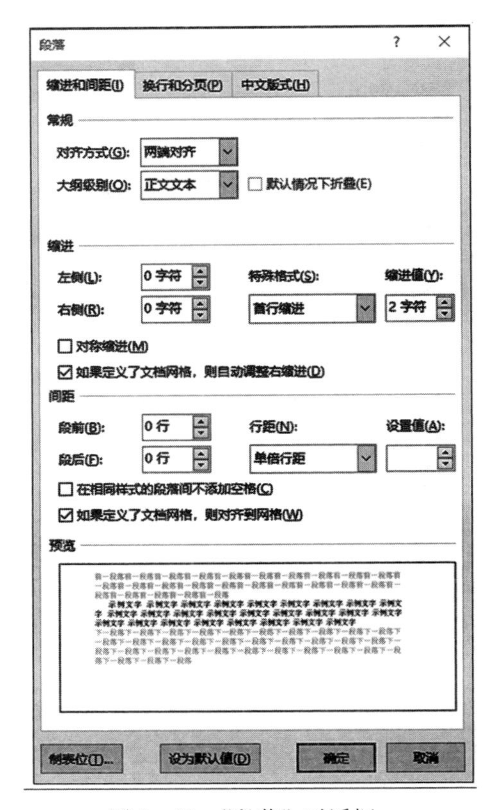

图 3－22 “段落”对话框

方法二：利用段落功能组中的命令按钮来调整段落缩进、对齐方式及间距。首先选中段落，单击段落功能组中的“减少缩进量”按钮（或“增加缩进量”按钮）来调整段落的左边界；单击各种对齐按钮，可调整段落对齐方式。单击“行和段落间距”下拉按钮可打开如图 3－23 所示的下拉列表，可设置行间距或段落间距。

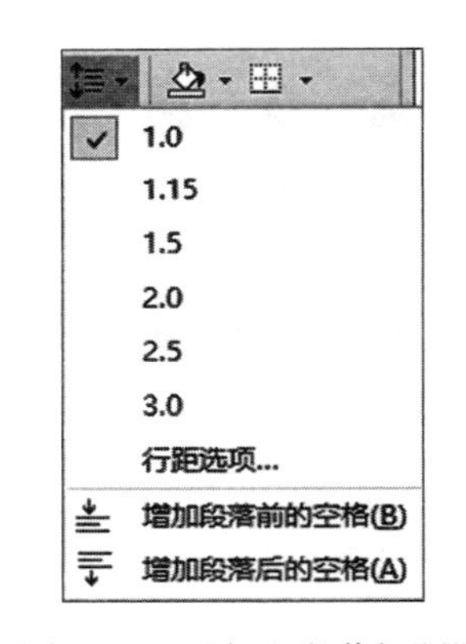

图 3－23 “行和段落间距”下拉列表

设置段落缩进与行间距还可以通过“页面布局”选项卡中“段落”功能组中的命令按钮进行设置。

④“换行和分页”选项卡可以控制段落的换行和分页，如图 3－24 所示。

孤行控制：防止在页面的顶端出现段落的末行，或者是在页面的底端出现段落的首行。

段中不分页：防止在所选的段落中出现分页符。

与下段同页：防止光标所在段落跨页，则在该段落前插入分页符。

取消行号：防止所选段落旁出现行号。

取消断字：用于在所选的段落中取消断字。

⑤“中文版式”选项卡主要是对中文“文字的对齐方式”做特殊处理，该对话框对各项功能叙述清楚，用户只要按需选择就可以了，如图 3-25 所示。

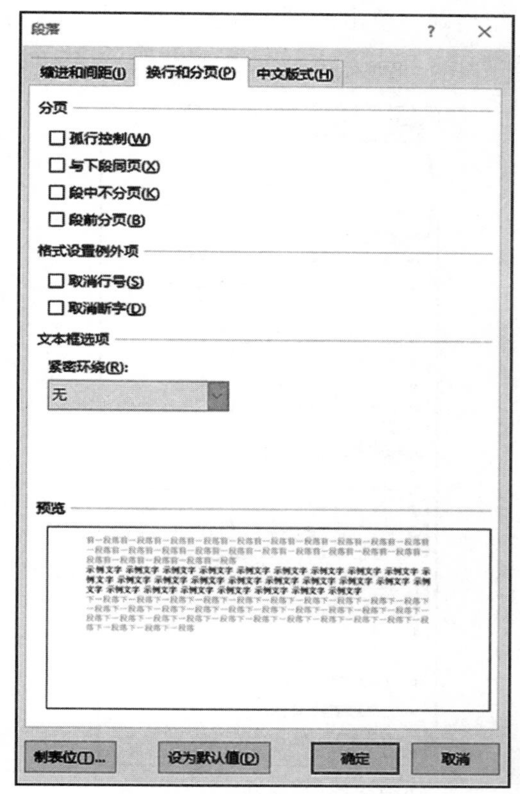

图 3-24 “换行和分页”选项卡

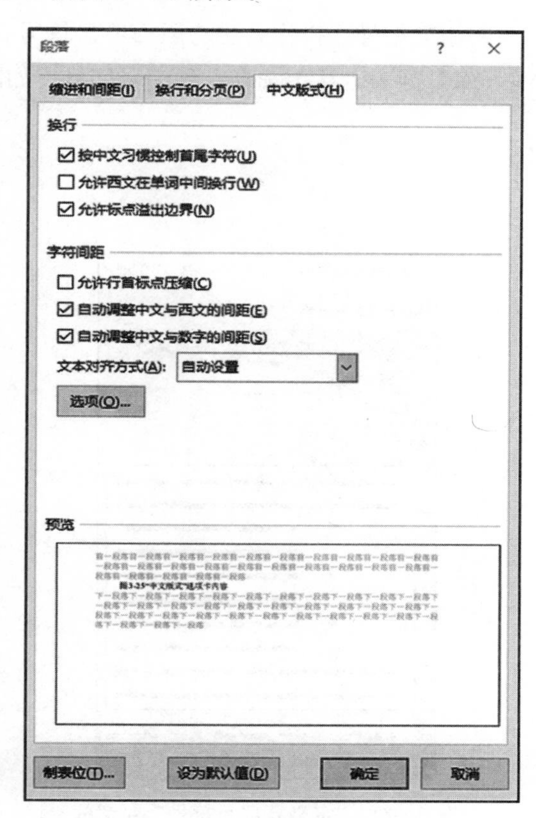

图 3-25 “中文版式”选项卡

2. 项目符号和编号、边框与底纹、分栏、首字下沉

(1) 项目符号和编号

项目符号和编号是显示在段落前的符号。在 Word 文档中添加项目符号和编号，使得文档条理清楚，便于读者阅读和理解，还能引起读者注意。

①添加项目符号。操作方法为：选中需要添加项目符号的段落，单击“开始”选项卡“段落”功能组的“项目符号”下拉按钮，可出现“项目符号库”列表，用户选择一种符号即可，如图 3-26 所示。

②自定义项目符号。对默认的项目符号不满意时，可以自定义符号，操作方法如下：

如图 3-26 所示，单击“定义新项目符号…”按钮后出现“定义新项目符号”对话框，如图 3-27 所示，

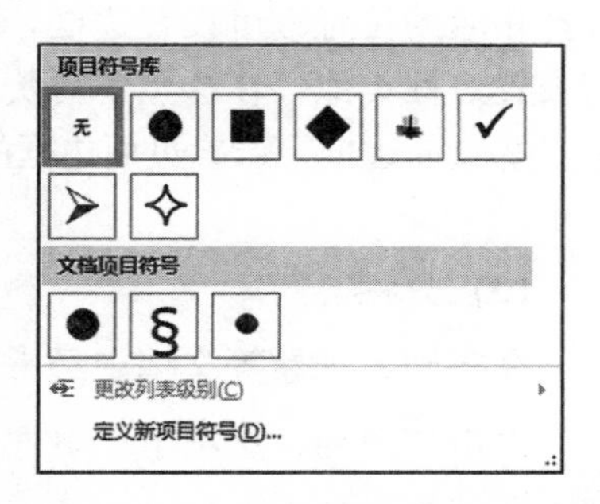

图 3-26 “项目符号库”列表

在此对话框中单击“符号…”按钮打开“符号”对话框，在对话框中选择需要的符号“确定”返回到“定义新项目符号”对话框，单击“确定”按钮即可。利用“图片…”按钮选择图片作为项目符号。通过“字体…”按钮可以设置项目符号的颜色、大小等。

③添加编号。操作方法与添加项目符号操作类同，单击编号下拉按钮，可打开“编号库”列表，从中选择一种编号即可，如图 3-28 所示。

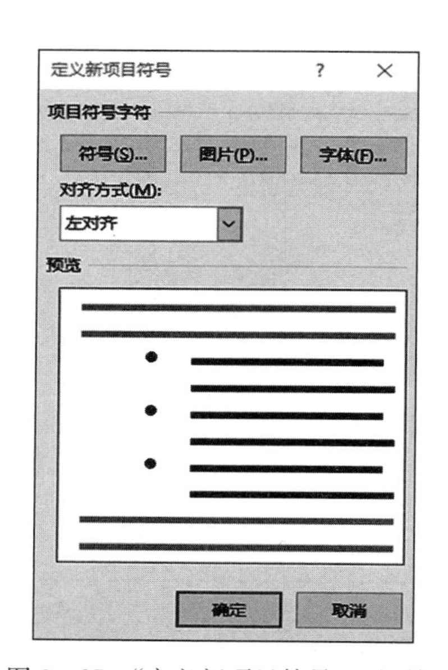

图 3-27 “定义新项目符号”对话框

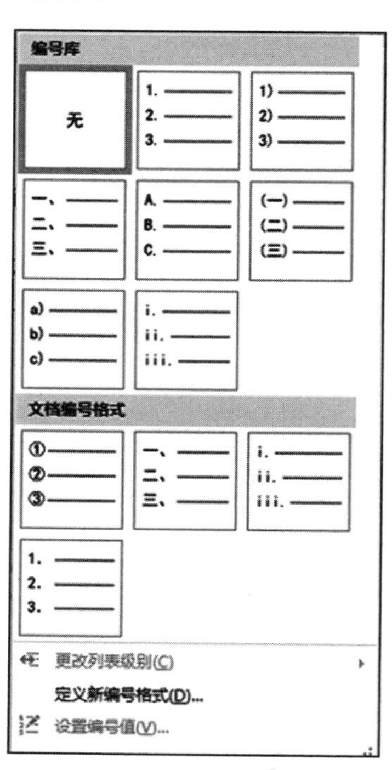

图 3-28 “编号库”列表

(2) 边框和底纹

①边框和底纹都能够进行自定义设置。具体操作方法如下：

首先选中需要添加边框或底纹的文字或段落，单击“开始”→“段落”→“下框线”按钮或右侧的下拉按钮，在弹出的下拉列表中选择“边框和底纹”命令，打开“边框和底纹”对话框，如图 3-29 所示。先选择线型、线的颜色及宽度后在预览区域的图示中选择相应的位置方可设置边框，特别注意的是应用范围（文字或段落）。底纹的设置方法与设置边框类似，在这里不再赘述。

②页面边框。设置页面边框的操作方法与设置边框类似，应用范围有四种，如图 3-30 所示。

(3) 分栏

在报刊、试卷等文档中经常见到文本分栏的格式。具体操作步骤如下：

单击“布局”选项卡“页面设置”功能组中的“分栏”按钮，出现如图 3-31 所示的下拉列表，从中选择“更多分栏…”命令会出现图 3-32 所示的“分栏”对话框。注

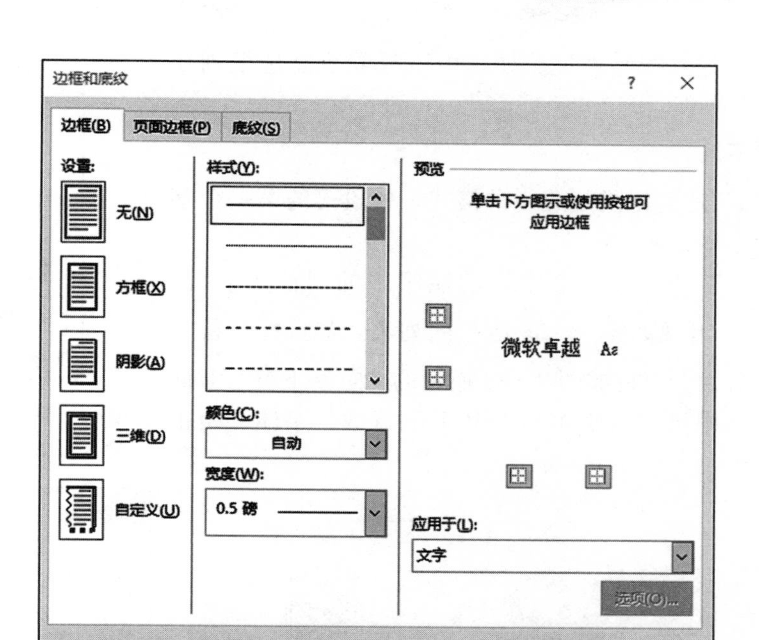

图 3-29 “边框和底纹”对话框

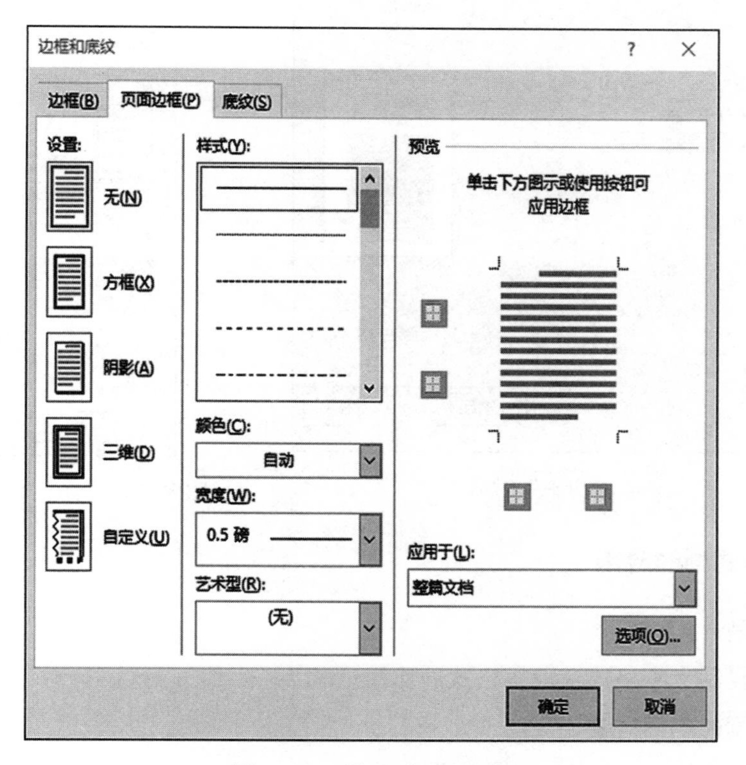

图 3-30 设置“页面边框”

意：栏宽相等和分隔线复选框。如选中了分隔线复选框则在分栏位置上有分隔线。

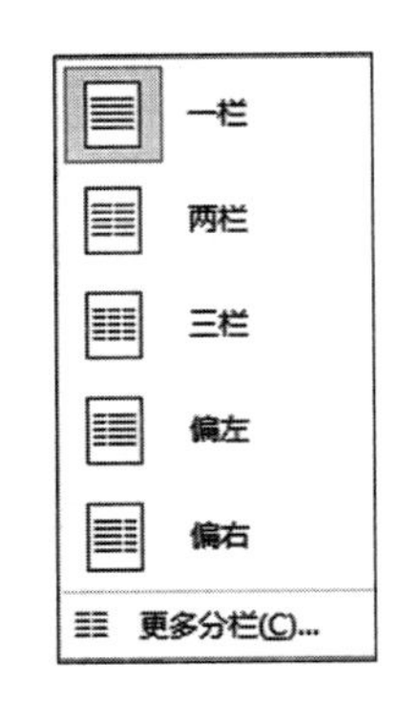

图 3－31 “分栏”列表

（4）首字下沉

“首字下沉”是美化段落的一种格式，使段落的第一个字特别显赫。操作步骤如下：

单击“插入”选项卡“文本”功能组中的“首字下沉”下拉按钮，会出现如图 3－33 所示的列表，如选择“首字下沉选项…”命令会出现如图 3－34 所示的“首字下沉”对话框，在此对话框中可设置下沉位置和下沉行数、字体、距正文的距离等。

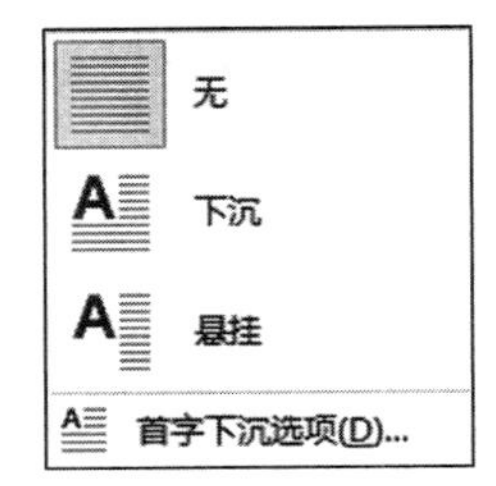

图 3－33 “首字下沉”列表内容

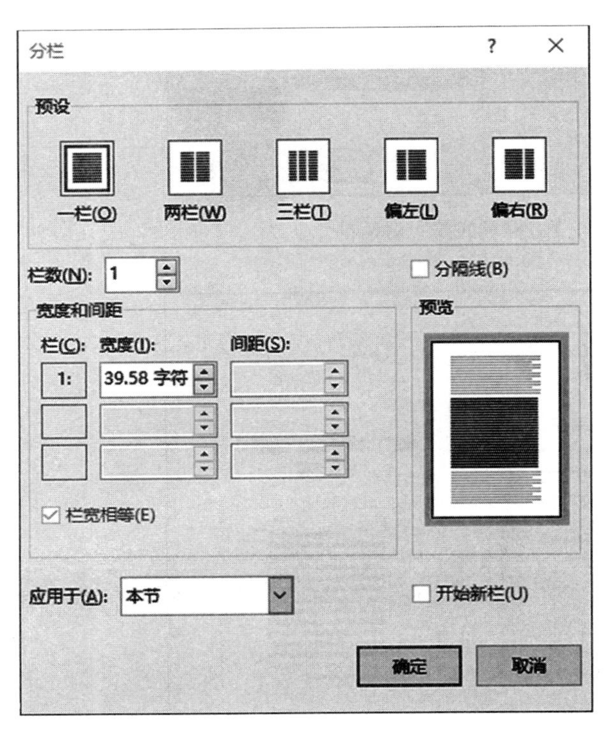

图 3－32 “分栏”对话框

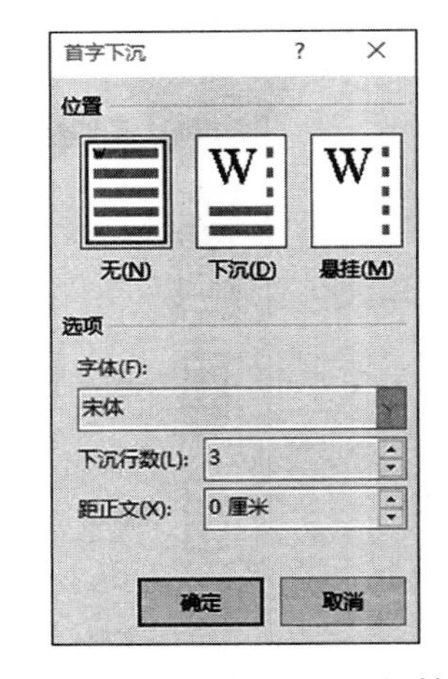

图 3－34 “首字下沉”对话框

3. 掌握格式刷的应用

（1）格式刷

格式刷有复制文本格式或段落格式的作用。

（2）格式刷的应用方法

①单击格式刷按钮只能刷一次。

②双击能使用多次，使用完毕后按 Esc 键或再单击一次格式刷按钮，可以解除格式刷

状态。

③ 使用格式刷的步骤：首先选中带格式的文本或段落，然后单击或双击格式刷，此时鼠标会变成刷子状态 格式刷 ，用刷子状态的鼠标刷一下待格式化的文本或段落，即可完成复制格式操作。

项目三　Word 2016 艺术字、图形操作

任务目标

- 掌握艺术字的插入及格式的设置
- 掌握图形的基本操作
- 培养团队合作精神

通过以下任务的完成，可以掌握艺术字的使用、编辑及格式设置，自选图形的绘制与相关操作。

任务一
绘制“福字”

要求：通过插入自选图形和艺术字，按要求的效果制作，并以“自选图形 .docx”保存在自己的文件夹中。

任务二
绘制基本图形

要求：插入自选图形，为图形添加文字，并对其进行旋转、三维或阴影等效果设置，最终完成如图所示的绘制结果。请注意图形的叠放次序。

相关知识点

排版文档时，可以插入艺术字和图形，从而使文档更加生动形象，艺术字也是图形对象的一种。

1. 艺术字

(1) 插入艺术字

单击“插入”选项卡“文本”功能组中的“艺术字”下拉按钮，可弹出“艺术字”下拉列表，如图 3 - 35 所示，选择一种样式后即可编辑艺术字。

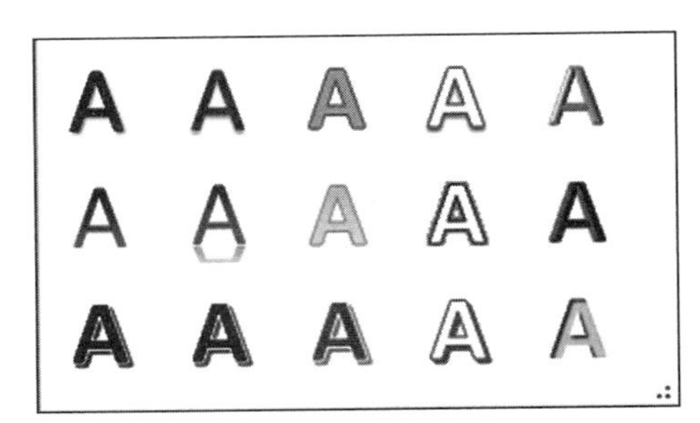

图 3 - 35 “艺术字”下拉列表

(2) 编辑艺术字

Word 2016 中选中某个艺术字的同时在选项卡栏中自动出现“绘图工具”→“格式”选项卡，如图 3 - 36 所示。通过“绘图工具”→“格式”选项卡中的各功能组可以重新编辑艺术字文本，设置艺术字形状样式、艺术字样式、位置、排列、大小等。

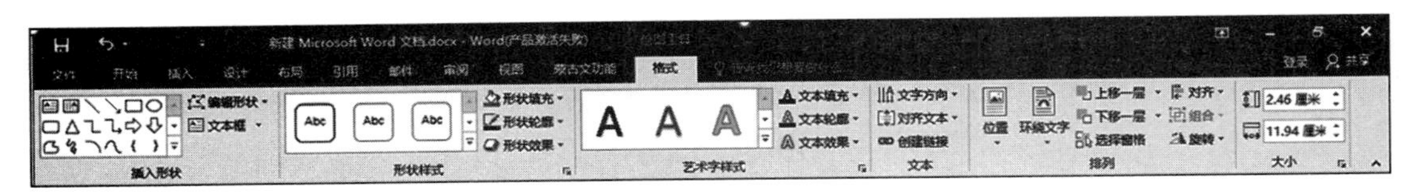

图 3 - 36 “绘图工具”格式选项卡

2. 图形

(1) 绘制图形

绘制图形的操作步骤如下：

单击“插入”选项卡“插图”功能组中的“形状”下拉按钮，出现如图 3 - 37 所示的下拉列表。例如，绘制椭圆，则选择“基本形状”区域中的“椭圆”图形，此时光标变成十字形状，拖动鼠标将会绘制出一个大小合适的“椭圆”。

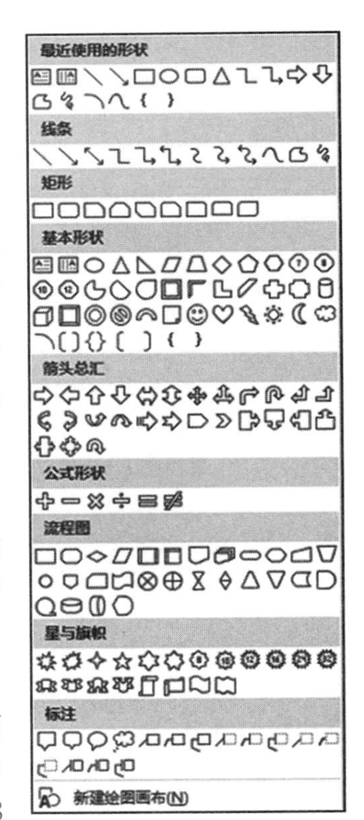

图 3 - 37 “形状”下拉列表

(2) 绘制理想图形

按 Shift 键与“形状”列表上的图形按钮配合使用可绘制水平线、垂直线、特殊角度的斜线、正方形或圆形等各种理想的图形。

(3) 调整图形的排列次序

绘制多个重叠图形时，可以将图形叠放在不同的层面上。操作方法为：右键单击选定对象，从弹出的快捷菜单中选择“置于顶层”或“置于底层”命令进行设置，如图 3 - 38 所示。

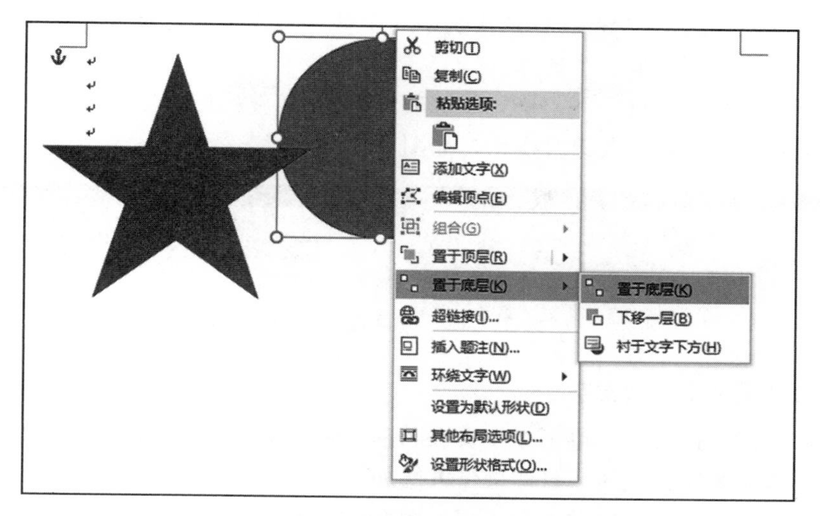

图 3-38　图形对象快捷菜单

(4) 图形格式的设置、图形组合

默认情况下，绘制图形的线条颜色是黑色，填充颜色是白色。为了美化可以对图形的线条及填充颜色进行调整。如奥运五环的填充颜色应设置为无填充颜色，线条颜色分别为蓝、黑、红、绿、黄，并且制作完成每一个“环”以后进行组合，将其组合成为一个整体。具体操作方法如下：

①选择“形状”列表中的“椭圆”图形并按 Shift 键画出圆形。

②选中圆形单击鼠标右键，从弹出的快捷菜单中选择“设置形状格式”命令，则出现如图 3-39 所示对话框，在此对话框中设置填充颜色、线条颜色、线型。

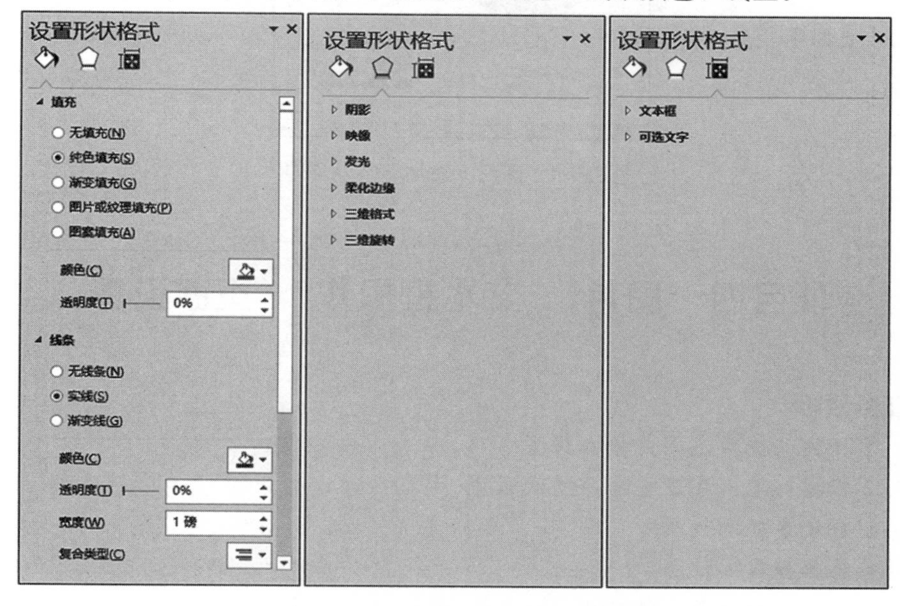

图 3-39　“设置形状格式”对话框

③制作完 5 个环后，按 Shift 键依次选中 5 个环并单击右键，从弹出的快捷菜单中选择“组合”命令将其组合成一个整体。

也可以利用“绘图工具”→“格式”选项卡中的相应按钮来完成图形的排列次序、填充颜色、线条颜色等的调整及组合操作，如图 3-40 所示。

图 3-40 “绘图工具”功能选项卡中的部分按钮

(5) 在自选图形上添加文字

除直线和任意多边形外，也可以在自选图形上添加文字，文字可以随着图形的移动而移动，旋转图形时文字也旋转。具体操作方法如下：

选中画好的图形，单击右键将会出现如图 3-41 所示的快捷菜单，从中选择“添加文字”命令即可在图形上添加文字。图形上方的绿色点是“旋转控制”柄，单击并拖曳“旋转控制”柄即可旋转图形。

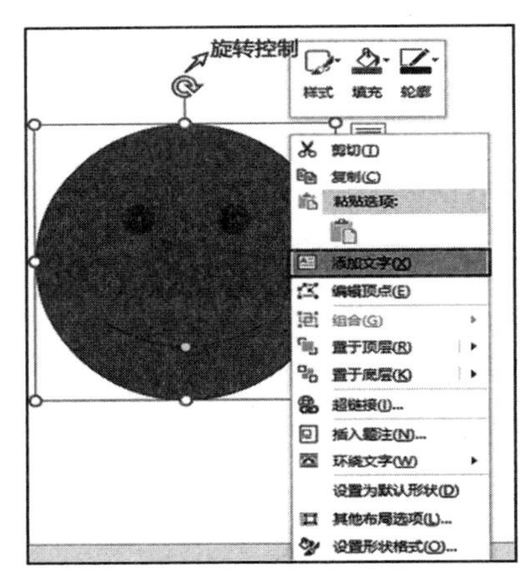

图 3-41 图形上添加文字及旋转

项目四 图片、文本框操作、页面设置

任务目标

- 掌握插入图片及图片格式设置
- 掌握插入艺术字及艺术字格式设置
- 掌握文本框的使用
- 熟练掌握页面设置
- 培养知识产权与法律意识

通过完成以下任务，掌握文本框的插入和页面的设置方法，并巩固文本格式设置、段落格式设置、艺术字的应用、图形的操作等相关知识。

任 务

制作个人名片

要求：

1. 制作一份名片，并以“名片 . docx”为文件名保存在自己的文件夹中。
2. 将纸张设为“高 5cm，宽度为 8cm，上下左右页边距为 0cm”。
3. 名片中的图片由联机图片的“建筑”类别中选择并插入。
4. 人名设置为艺术字。
5. 下面的灰色方框可以用文本框，也可以用自选图形。
6. 灰色方框中的横线利用自选图形进行绘制。

相关知识点

1. 插入图片

Word 中可以插入图片实现图文混排。有联机图片和来自文件的图片，通过插入联机图片可以从网上获取搜索的图片。

（1）插入联机图片

单击“插入”选项卡“插图”功能组中的“联机图片”按钮，打开联机图片窗格，从中搜索“建筑”图片，选择相应图片插入即可，如图 3-42 所示。

（2）插入图片

单击“插入”选项卡“插图”功能组中的“图片”按钮，弹出如图 3-43 所示的“插入图片”对话框，选择图片后单击“插入”按钮即可。

（3）编辑、设置图片格式

选中图片，会弹出“图片工具”→“格式”选项卡，如图 3-44 所示。此选项卡中包含调整、图片样式、排列、大小等四个功能组，调整功能组可以对图形的背景、颜色、大

图 3-42 “联机图片”窗格

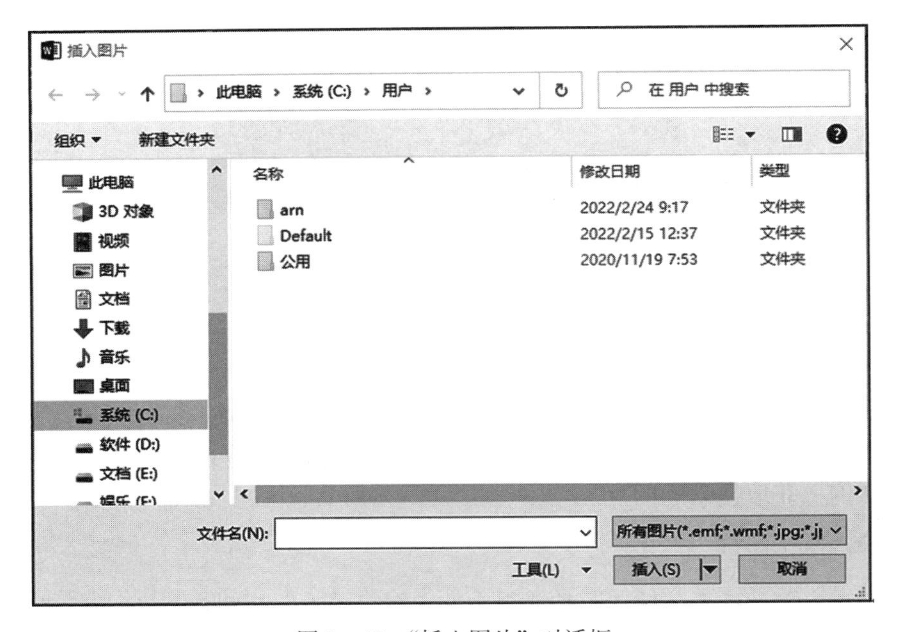

图 3-43 “插入图片”对话框

小等进行设置；图片样式功能组可以对图片边缘及光阴效果进行快速调整；排列功能组则对图片的环绕方式、图片的叠放次序、组合、对齐、旋转等方面进行设置；大小功能组中可以对图片的大小、裁剪等方面进行设置。

2. 文本框

文本框是一种可移动和可调整大小的文字或图形容器。使用文本框可以将文本放置于任意位置，在 Word 排版中经常使用文本框对版面进行布局。根据文本框中的文字排列方

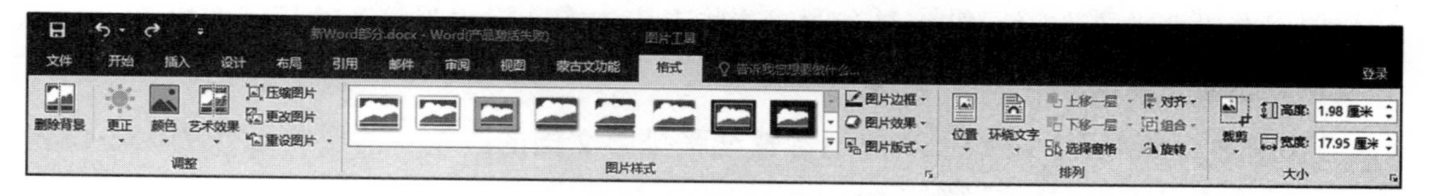

图 3-44 “图片工具”→“格式”选项卡

式，文本框分为横排和竖排两种形式。文本框也是一种图形对象，可调整大小和位置、设置填充颜色和线条颜色、自动换行等，使得文本框里的文字更加突出。

插入文本框操作方法：单击“插入”选项卡“文本”功能组中的“文本框”按钮，可打开内置文本样式和绘制文本框命令，如图 3-45 所示。

在任务一中，下半部分的底纹可通过绘制一个文本框，并选中文本框单击右键，在弹出的快捷菜单中选择“设置形状格式”命令，则出现如图 3-46 所示的对话框，在对话框中选择纯色或渐变等“填充”色，选择线条颜色为“无线条颜色”即可实现图中的效果。

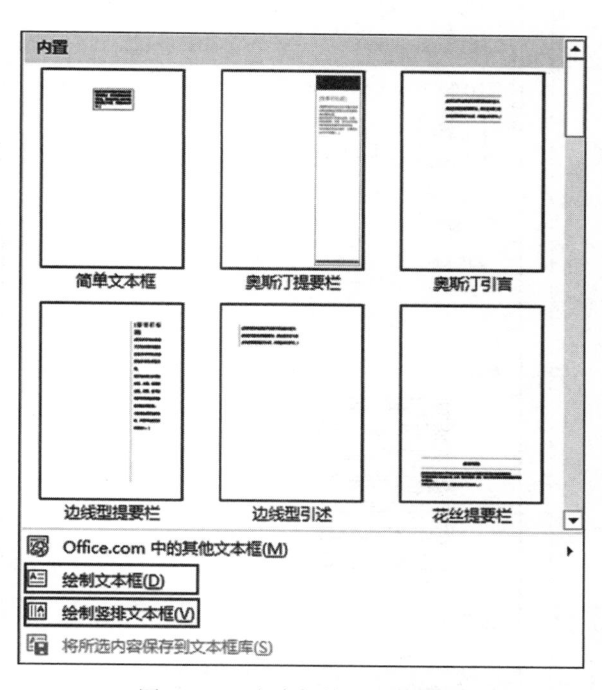

图 3-45 文本框按钮下拉列表

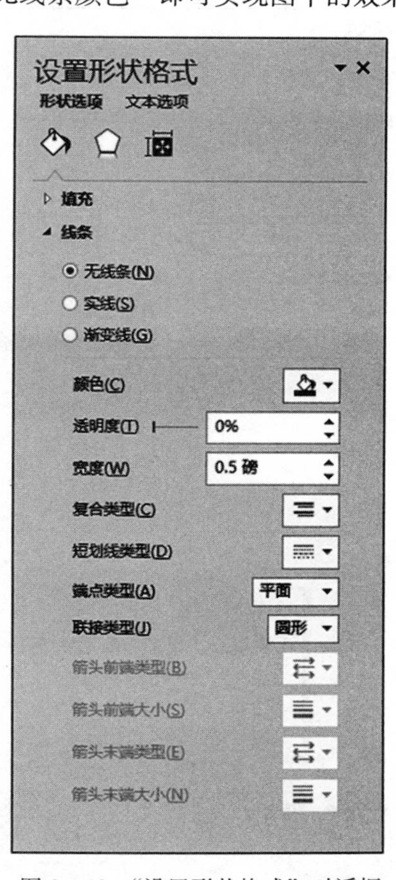

图 3-46 “设置形状格式”对话框

3. 页面设置

编辑好文档，就为打印工作做好了准备。接着进行页面设置，如纸张的选择、页边距的设置以及纸张的方向设置等。只有做好这些工作才能获得美观整齐的打印效果。

(1) 设置纸张类型

Word 默认纸张是 A4 纸。当使用特殊纸张排版文档的时候，需要将纸张的大小设置为“自定义大小…”，具体操作步骤如下：

单击“页面布局”选项卡“页面设置”功能组中的“纸张大小”按钮，将打开下拉列表并选择“其他页面大小…”命令，则出现“页面设置”对话框，如图 3-47 所示。

(2) 设置页边距

页边距是文档中的文本与纸张边缘之间的距离。如果文档需要装订成册，可以设置“装订线位置”。页边距的设置也可以在“页面设置”对话框中选择“页边距”选项卡进行操作，如图 3-48 所示。

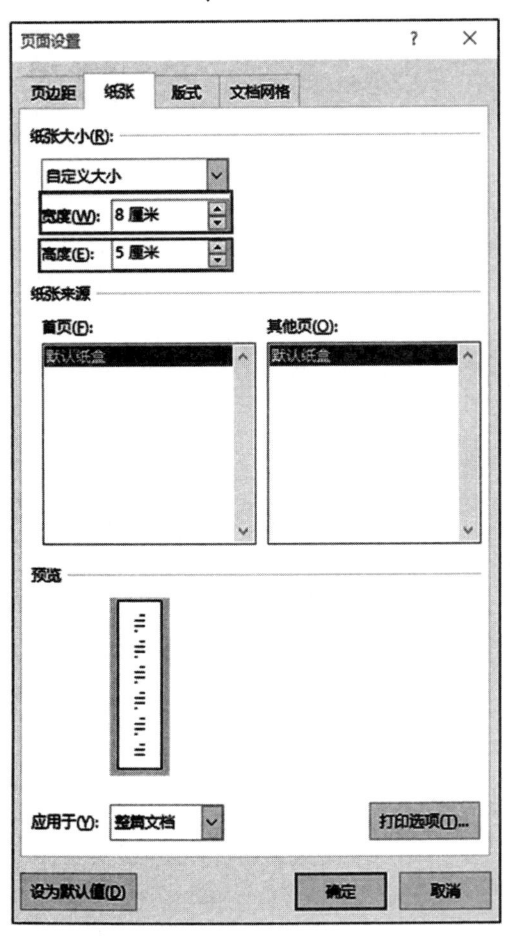

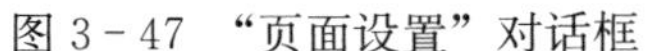
图 3-47 “页面设置”对话框

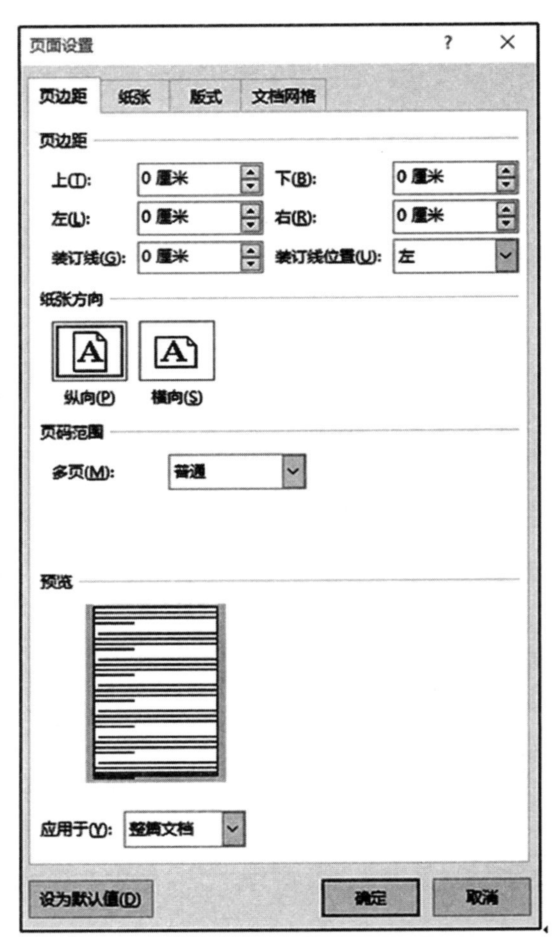

图 3-48 设置“页边距”

项目五　表格操作

任务目标

- 掌握创建表格的方法
- 掌握编辑表格的方法及表格的格式化方法
- 掌握表格属性的设置
- 掌握表格的简单计算及排序
- 掌握表格与文本的相互转换
- 了解背景水印的设置
- 培养良好的审美观

通过任务一的完成可以轻松掌握到表格的创建、编辑、格式化等操作过程，任务二的完成可以了解表格的计算方法，任务三的完成可以提高对表格的综合操作技能。

任务一

制作课程表

要求：

1. 用A4纸制作本班级的课程表（图3-49），纸张方向设置为“横向”。
2. 表格的内边框和外边框线设置为不同线条。
3. 表格单元格内插入图片。
4. 表格背景设置为“文字水印”效果。

学前教育2105班课程表

星期 节次	星期一	星期二	星期三	星期四	星期五	星期六
1、2节	英语	信息技术基础	政治	幼儿教育	信息技术基础	心理学
3、4节	书法	幼儿教育	音乐	书法	舞蹈	体育
	午间休息					
5、6节	心理学	音乐	舞蹈	英语	幼儿教育	
7、8节	自习					

图3-49　课程表样图

任务二

成绩表的计算与排序

要求：

1. 创建本班级的成绩表并计算相关数据。
2. 纸张为 A4，方向为“横向”。
3. 表格中计算“总分”和“平均分”。
4. 按“总分”降序排表格数据，如图 3－50 所示。

学前教育 2105 班成绩表

姓名	信息技术基础	幼儿教育	体育	英语	总分	平均分
张三	96	86	83	99	364	91
高娃	85	95	88	93	361	90
晶晶	93	83	94	87	357	89
明明	79	92	95	86	352	88
文泉	82	90	90	78	340	85

图 3－50　成绩表样表

任务三

创建复杂表格

要求：

1. 创建“内蒙古自治区国家职业资格鉴定申请表”，如图 3－51 所示。

内蒙古自治区国家职业资格鉴定申请表

<table>
<tr><td>姓名</td><td colspan="2"></td><td>性别</td><td colspan="2">□男 □女</td><td rowspan="5">1.5 寸红色背景照片五张</td></tr>
<tr><td>文化程度</td><td colspan="2"></td><td>出生日期</td><td colspan="2"></td></tr>
<tr><td>鉴定工种</td><td colspan="2"></td><td>鉴定等级</td><td colspan="2">□初 □中 □高</td></tr>
<tr><td>身份证号码</td><td colspan="2"></td><td>考生来源</td><td colspan="2"></td></tr>
<tr><td>工作单位</td><td colspan="2"></td><td>联系方式</td><td colspan="2"></td></tr>
<tr><td>原工种</td><td colspan="2"></td><td>原级别</td><td></td><td>原证书编号</td><td></td></tr>
<tr><td>参加工作时间</td><td colspan="2"></td><td>申报工龄</td><td></td><td>出国人员</td><td>是□　否□</td></tr>
<tr><td colspan="7">本人工作简历</td></tr>
<tr><td rowspan="3">培训机构或本单位</td><td colspan="2" rowspan="3">（公章）
年　月　日</td><td rowspan="3">鉴定机构</td><td colspan="2">理论考试得分</td><td></td></tr>
<tr><td colspan="2">技能实操得分</td><td></td></tr>
<tr><td colspan="3">（公章）
年　月　日</td></tr>
<tr><td rowspan="2">鉴定指导中心</td><td colspan="2">证书编号：</td><td rowspan="2">劳动保障行政部门</td><td colspan="3" rowspan="2">（公章）
年　月　日</td></tr>
<tr><td colspan="2">（公章）
年　月　日</td></tr>
</table>

图 3－51　“国家职业资格鉴定申请表”样图

2. 纸张为 A4，方向为“纵向”。

相关知识点

日常生活当中经常用到一些表格，如果表格中没有复杂计算可以在字处理软件中进行编辑，例如：课程表、简历表、简单成绩记录表等。

1. 创建表格

(1) 插入表格

单击“插入”选项卡中的“表格”按钮，会出现如图 3-52 所示的“表格”下拉列表，选择其中“插入表格…”命令，将会显示“插入表格”对话框，如图 3-53 所示，输入列数和行数后单击“确定”按钮即可建立表格。

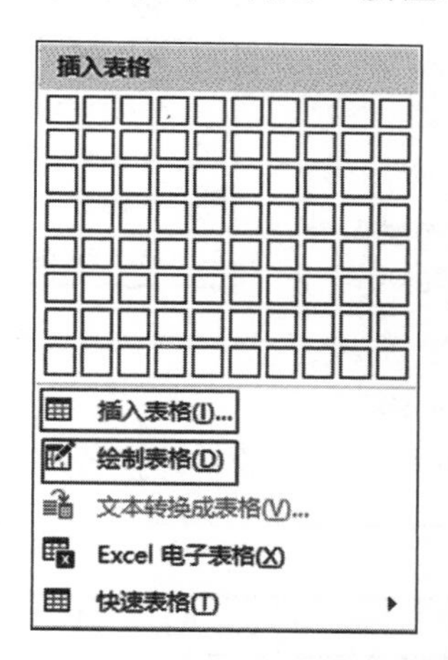

图 3-52 “表格”下拉列表

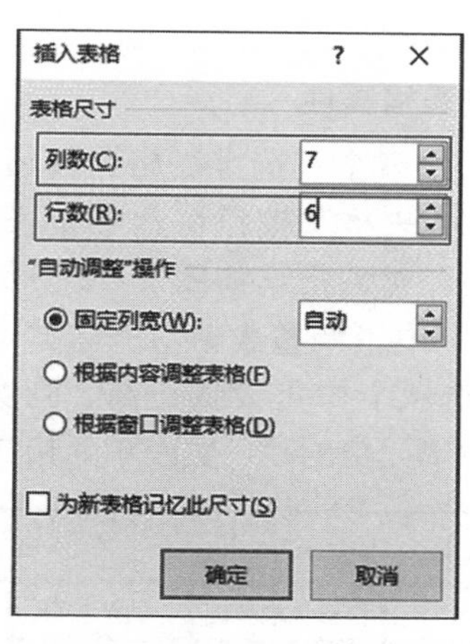

图 3-53 “插入表格”对话框

(2) 绘制表格

如图 3-52 所示的“表格”下拉列表中选择“绘制表格…”命令后插入点变成“笔”的形状，利用此“笔”可以手动绘制表格，也可以用此方法对表格复杂部分进行处理。

在绘制表格或插入表格的同时，选项卡栏里会出现“表格工具”功能选项卡，如图 3-54所示。利用其中的各种功能面板可以对表格样式、边框样式、底纹等进行编辑设置。

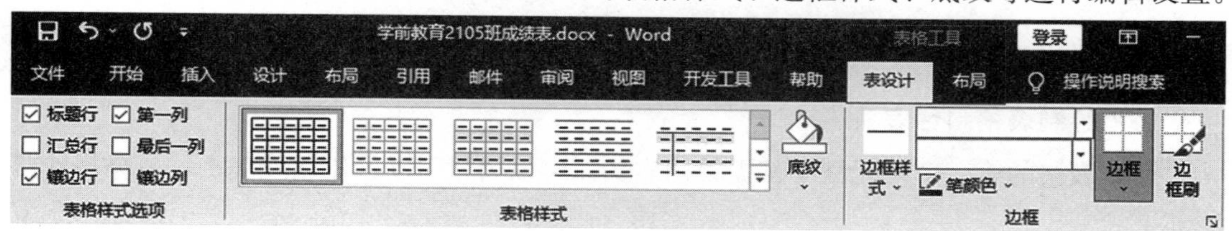

图 3-54 “表格工具”功能选项卡

2. 表格的编辑

(1) 单元格、行、列的插入与删除

表格的基本元素为单元格、行、列。创建表格之后，用户可以对表格进行编辑调整，例如，插入和删除单元格或其行、列等。具体操作方法如下：

选择对象（单元格、行、列等），单击右键打开快捷菜单，通过菜单可以进行插入、删除单元格及其行、列等；还能进行调整行高、列宽等操作，非常方便。

(2) 单元格的合并与拆分

合并单元格是将相邻的两个或两个以上单元格合并为一个单元格，拆分单元格是将一个单元格分成若干个小的单元格。选择的对象不同，快捷菜单内容也有所不同。例如当我们选中两个以上单元格的时候，快捷菜单中的“拆分单元格…”命令变为“合并单元格”命令，如图 3－55 所示。

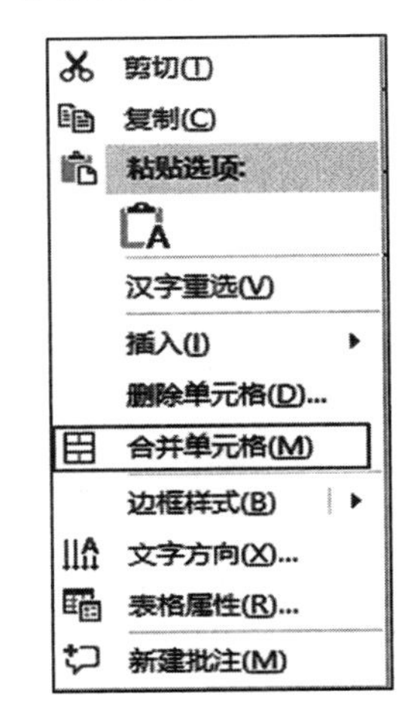

图 3－55 单元格快捷菜单

(3) 设置表格属性

表格左上角有个“选定表格”按钮，如图 3－56 所示，单击“选定表格”按钮可选中整张表。单击右键打开“表格属性”对话框，如图 3－57 所示，此对话框的“表格”选项卡中可调整表格对齐方式、边框和底纹等。“行”“列”选项卡中可设置行高、列宽，在“单元格”选项卡中可对单元格的高、宽及单元格文字的对齐方式、文字的自动换行等进行设置。

姓名	信息技术基础	幼儿教育	体育	英语	总分	平均分
张三	96	86	83	99		
高娃	85	95	88	93		
晶晶	93	83	94	87		
明明	79	92	95	86		
文泉	82	90	90	78		

图 3－56 “选定表格”按钮

(4) 绘制表格斜线表头

很多表格的第一个单元格中都需要用表头。可以通过手动绘制斜线表头，具体操作步骤如下：

①绘制斜线表头。将光标放置在表格第一单元中，单击“插入”选项卡“插图”功能

组中的“形状”按钮；在弹出的下拉列表中选择“直线”命令，在该单元格内绘制斜线并调整直线的方向和粗细（绘图工具选项卡中的“形状轮廓”中可设置直线的形状和粗细，如图 3－58 所示）。

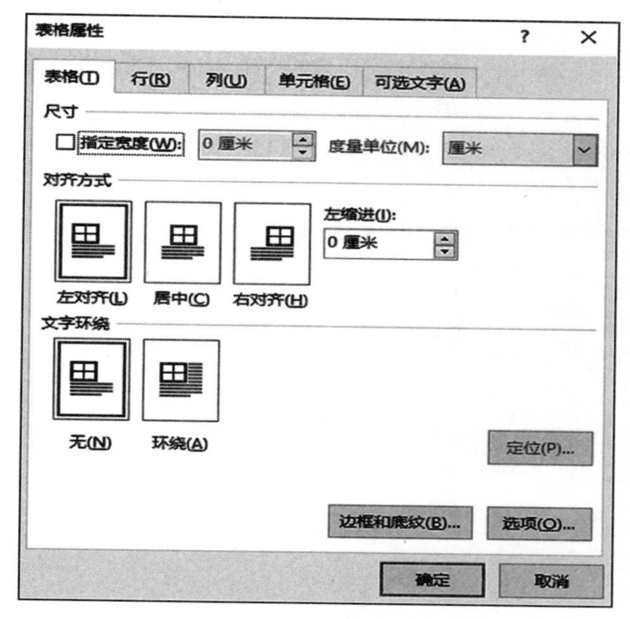

图 3－57 “表格属性”对话框

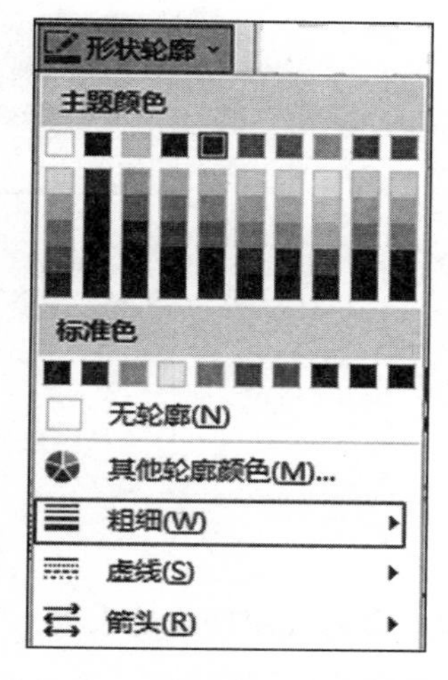

图 3－58 “形状轮廓”下拉列表

②添加文本框。单击“插入”选项卡“文本”功能组中的“文本框”按钮下的小三角，在弹出的菜单中选择“绘制横排文本框”命令，然后绘制 2 个文本框并在文本框中输入文本。

③设置文本框。将文本框边线设置为“无线条”，调整文字及文本框的大小。将文字倾斜放置，以达到最好的视觉效果。

④组合直线和文本框。调整好表格外观后，将绘制的直线和文本框选中，单击右键，在弹出的菜单中选择“组合”命令。

绘制表格的斜线表头还可以利用“边框”下拉列表中的“斜下框线”命令，如图 3－59 所示。

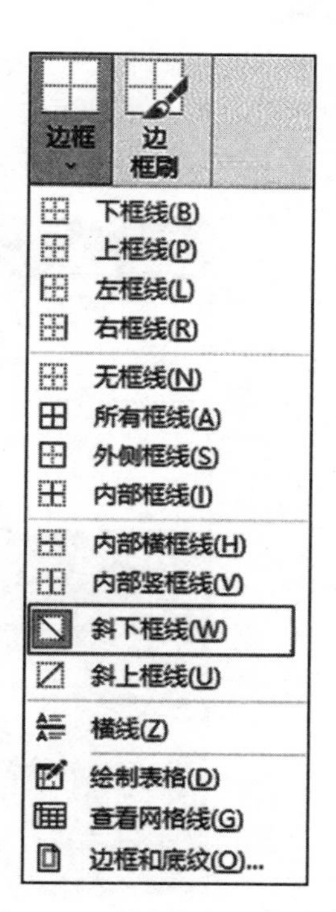

图 3－59 “边框”下拉列表

3. 表格的修饰

（1）背景水印的设置

与文档背景水印的设置一样，单击“设计”选项卡“页面背景”功能组中的“水印”下拉按钮，在下拉列表中选择“自定义水印…”命令，将会打开“水印”对话框，在对话框中进行如图 3-60 所示的设置。生成的“课程表”，如图 3-49 所示。

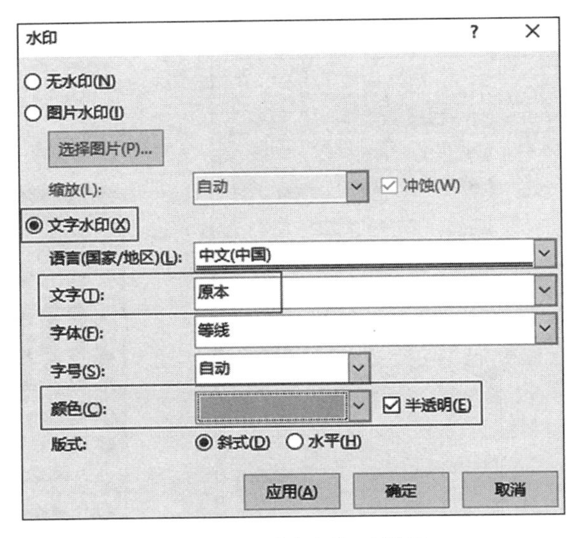

图 3-60 “水印”对话框

(2) 自动套用格式的设置

Word 预定义了许多丰富多彩的表格样式，用户可直接套用，以提高编辑效率。具体操作步骤如下：

选中需要格式化的“表格”后单击“表格工具”→“表设计”选项卡“表格样式”功能组中任意一种样式即可。例如选中“课程表”并单击“表格样式”功能组中的“网格表 5 深色-着色 2”，结果如图 3-61 所示。

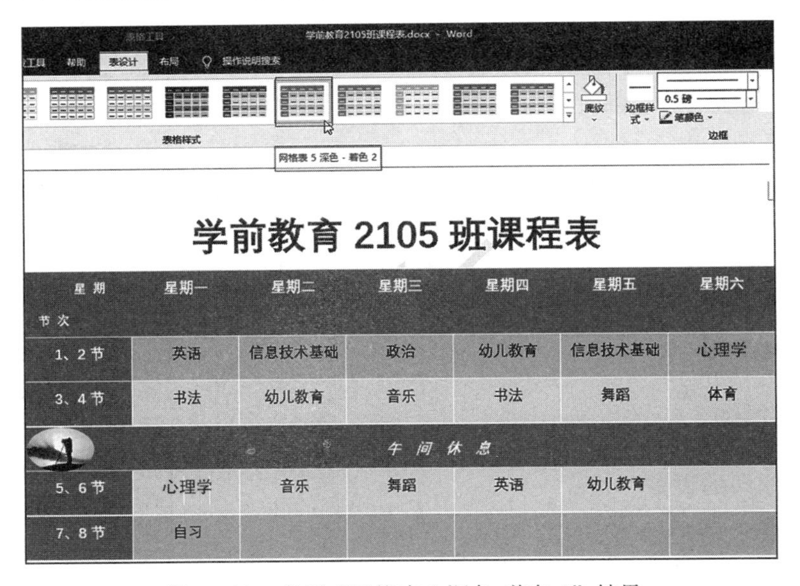

学前教育 2105 班课程表

星期 节次	星期一	星期二	星期三	星期四	星期五	星期六
1、2 节	英语	信息技术基础	政治	幼儿教育	信息技术基础	心理学
3、4 节	书法	幼儿教育	音乐	书法	舞蹈	体育
午 间 休 息						
5、6 节	心理学	音乐	舞蹈	英语	幼儿教育	
7、8 节	自习					

图 3-61 套用“网格表 5 深色-着色 2”结果

4. 表格的简单计算

Word 有基本的数学运算功能，并且还提供了一系列用来计算的常用函数，用户可以使用运算符号和 Word 2016 提供的函数进行各种运算。当表格里有大量的计算时，一般会将表格建立在 Excel 中。

（1）单元格引用

在 Word 2016 的表格中，可以使用单元格的名称来引用单元格，单元格的名称用列号和行号来表示。列号从表格的左侧按字母顺序（A，B，C，D…）开始计数，行号从表格顶部按数字顺序（1，2，3，4…）开始计数。

例如，A3 表示第 3 行第 A 列的单元格；B5 表示第 5 行第 B 列的单元格；A3：B5 表示以 A3 单元格为左上角，以 B5 单元格为右下角构成的一块矩形单元格区域。

（2）表格中数据的计算

在公式中还可以引用 LEFT（左侧）、RIGHT（右侧）、ABOVE（上面）和 BELOW（下面）等参数来指定计算的单元格区域，例如，在图 3－50 中，计算“总分”可以使用“＝SUM（LEFT）”表示对当前单元格左方的数据求和。

例如对图 3－50 成绩表的计算操作步骤如下：

①将光标置于 F2 单元格中，单击“表格工具”→“布局”选项卡“数据”功能组中的“公式”按钮 fx 公式，打开“公式”对话框，如图 3－62 所示，如果单击“粘贴函数”列表框下拉按钮，则会在下拉列表中显示所有可用的函数。

②在“公式”编辑框中，Word 2016 会根据表格中的数据和当前单元格所在的位置自动推荐一个公式，如“＝SUM（ABOVE）”计算当前单元格上方单元格数据之和，成绩表的 G2 单元格中可以输入函数“＝AVERAGE（B2：E2）”，单击“确定”按钮，即可得到“张三”的平均分，在“编号格式”下拉菜单中选择“0”，平均分可以取整数，小数点后不留，如图 3－63 所示。同样依次计算其他人的总分和平均分。

如果以后表格中的数据发生了变动，则可以在计算结果的单元格上单击右键，从弹出的快捷菜单中选择“更新域”来更新计算值。

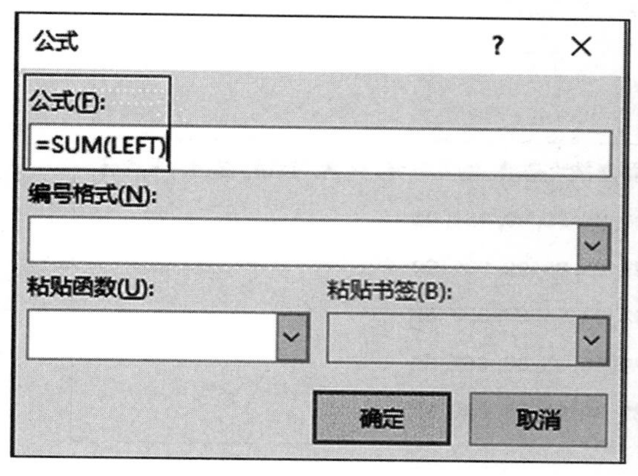

图 3－62 “公式”对话框

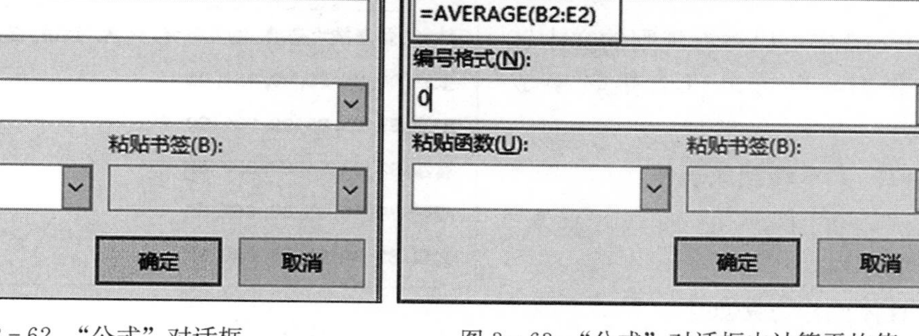

图 3－63 “公式”对话框中计算平均值

5. 排序

可以将表格数据按照某一关键字进行排序，下面以图 3－50 所示的学生成绩表为例，按“总分”从高到低排序，当该列内容有多个相同的值时，则根据另一列（称为次要关键字）排序，以此类推，最多可以选择 3 个关键字进行排序。具体操作步骤如下：

将光标置于“学生成绩表”的“总分”列的某个单元格中，单击“表格工具”→“布局”选项卡“数据”功能组中的“排序”按钮，打开“排序”对话框，如图 3－64 所示，选择“主要关键字”为“总分”，排序“类型”为“数字”，并选择“降序”单选按钮，表示对成绩表按“总分”进行降序排序。选择“有标题行”单选按钮表示标题不参加排序，然后按“确定”按钮即可排序。

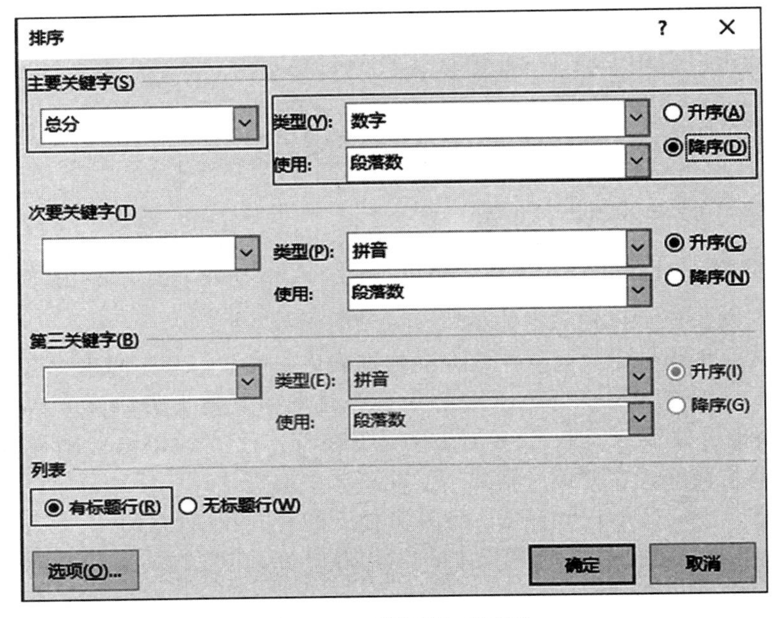

图 3－64 “排序”对话框

6. 表格与文本的相互转换

Word 中可以将有规则的文本转换成表格，也可以将表格转换成文本。

姓名，信息技术基础，幼儿教育，体育，英语，总分，平均分
张三，96，86，83，99，364，91
高娃，85，95，88，93，361，90
晶晶，93，83，94，87，357，89
明明，79，92，95，86，352，88
文泉，82，90，90，78，340，85

图 3－65 “有规则文本”样图

（1）文本转换成表格

例如将图 3－65 所示“文本”转换成表格。

具体操作方法如下：

①选中文本，单击“插入”选

项卡“表格”下拉按钮中的“文本转换成表格…”命令，则会出现如图 3 - 66 所示对话框，对话框中的列数默认为“7”，单击“确定”按钮即可将选定文本转换成表格。

②选中文本，单击“插入”选项卡“表格”下拉按钮中的“插入表格…”命令即可。

（2）表格转换成文本

例如，将图 3 - 50 所示的“学生成绩表”转换成文本的具体操作步骤如下：

首先选中表格，单击“表格工具”→“布局”选项卡“数据”功能组中的“转换为文本”按钮 转换为文本，则会打开“表格转换成文本”对话框，如图 3 - 67 所示，选择“文字分隔符”为 “逗号”，即可产生如图 3 - 65 所示的文本。

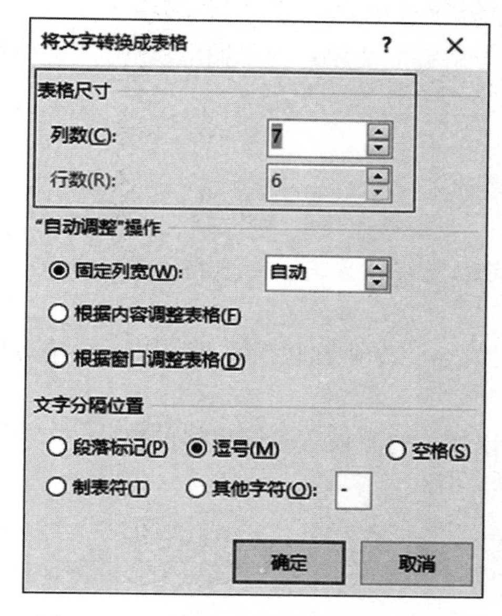

图 3 - 66 “将文字转换成表格”对话框

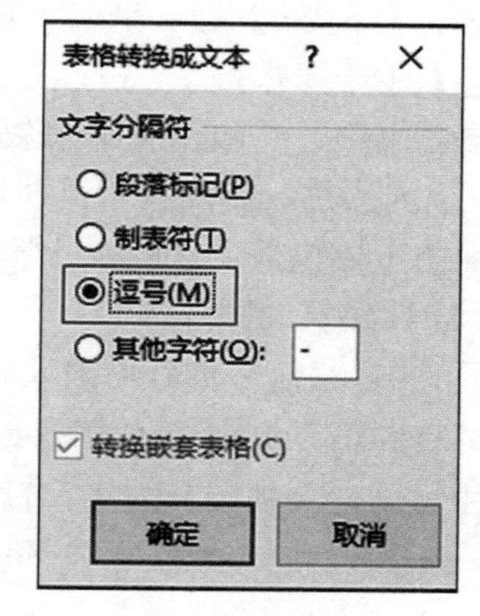

图 3 - 67 “表格转换成文本”对话框

项目六 图文混排

任务目标

- 熟练掌握插入图片、绘制图形及其格式设置
- 熟练掌握插入艺术字及艺术字格式设置
- 熟练掌握文本框的使用方法
- 熟练掌握分栏、首字下沉、项目符号等格式的使用
- 了解脚注/尾注、批注
- 了解超链接及插入超链接
- 掌握分节符、分页符的插入
- 掌握页眉页脚的插入方法

- 掌握打印预览、打印文档
- 培养艰苦奋斗精神

通过完成本任务，轻松掌握 Word 操作技能，并能巩固以前所学的知识点。

任务一

自荐书的制作

自荐书是求职者生活、学习、经历和成绩的概括和集中反映。同学们毕业后也要面临求职的过程。如何写好一份让招聘者立刻明白并且相信自己工作能力的自荐书呢？一般，自荐书应包括三个部分：封面、自荐信和个人简历。

为制作一份精美的自荐书，给别人留下良好的第一印象，同学们应该注意以下问题：

1. 自荐书中应包括哪些内容？

2. 自荐书中如何突出自身特色？

下面按照【样文 6】做一份属于自己的自荐书。

【样文 6】主要操作提示：

1. 在自荐书中，一般用文字来叙述求职者的爱好、兴趣、专业特长等，为了使页面更美观，可插入图片、添加艺术页面边框等。

2. 封面中主要包括：求职者的学校名称、姓名、专业、联系电话、电子邮箱等信息，添加学校标志性建筑的图片等。

3. 封面、“自荐信”页后均插入分节符，以便为每页设置不同风格的格式。

4. 为“自荐信”页添加艺术型页面边框。

5. 打印预览，直到满意为止，打印输出。

任务二

排版电子小报

要求：

按照主要知识点的分析要求，排版【样文 7】所示的电子小报。

【样文 7】主要操作提示：

1. 纸张大小设置为 A4，全文文本字体、字号自行设置，排版成两页。

2. 设置标题文字“无惧风雨砥砺前行”，文本效果为“金色、主题色 4、软棱台”，添加“橙色、个性色 2”，虚线 2.25 磅宽边框。

3. 给正文第一段落第一句话文字添加下划线，添加“绿色、个性 6、淡色 40%”底纹。并添加脚注，内容为“这是习近平总书记在致全国青联十二届全委会和全国学联二十六大的贺信中写到的一句话”。

4. 查找正文中的“路漫漫其修远兮，吾将上下而求索”并添加尾注，内容为“出自屈原《离骚》中的一句，表达了屈原趁天未全黑探路前行的积极求进心态，现在一般引申为：不失时机地去寻求正确方法以解决面临的问题”。

【样文6】

锡林郭勒职业学院

自荐书

姓名：王 美 丽

专业：计 算 机

联系电话：139××××0111

电子邮箱：Lixiang@sina.com

自 荐 信

尊敬的领导：

您好！

当您翻开这一页的时候，您已经为我打开了通往成功的第一扇之门。感谢您能在我即将踏上人生一个崭新征程的时候，给我一次宝贵的机会。

我是王美丽，自小酷爱计算机，基于对信息技术的追求，2019年我考进了我校的计算机信息管理专业，擅长网页设计与制作，于2022年7月毕业。

在大学三年，我一直担任班长、系学生会主席职务，协助班主任管理班级。在学习、工作上的出色表现得到了学校领导、系领导、班主任和同学们的赏识，并光荣加入了中国共产党。大学生活我一直从人格、知识、综合素质等各方面充实、完善自己，把自己培养成"一专多能"的复合型人才，也是我思索人生、超越自我、走向成熟的三年。此外，我还积极参加社会实践。

在素质教育的今天，改革的大潮是一浪高过一浪的。作为新世纪的开拓者，心中只有一个信念，努力与拼搏！我衷心地希望能够给我一次机会，我必将还您一个惊喜！我相信我有能力在贵单位干得出色！相信您的慧眼加上我的实力将为我们带来共同的成功！

祝贵公司宏图更展，领导及同仁事业蒸蒸日上！

再次感谢您看完我的自荐书，诚盼您的佳音！

谢谢！

此致

敬礼

自荐人：王美丽

2022年7月15日

个 人 简 历

<table>
<tr><td>姓名</td><td>王美丽</td><td>性别</td><td>女</td><td>出生年月</td><td>1999.8</td><td rowspan="5">照片</td></tr>
<tr><td>民族</td><td>蒙古族</td><td>籍贯</td><td>内蒙古锡林浩特</td><td>政治面貌</td><td>中共党员</td></tr>
<tr><td>学历</td><td>大专</td><td>专业</td><td>信息管理</td><td>外语水平</td><td>英语四级</td></tr>
<tr><td>通信地址</td><td colspan="3">内蒙古锡林浩特市××××</td><td>邮政编码</td><td>026000</td></tr>
<tr><td>E-mail</td><td colspan="3">Lixiang@sina.com</td><td>联系电话</td><td>139××××0111</td></tr>
<tr><td>教育情况</td><td colspan="6">高中：锡林郭勒盟蒙古族中学
大学：锡林郭勒职业学院</td></tr>
<tr><td>专业课程</td><td colspan="6">网页三剑客
Photoshop
CorelDraw
3ds.max
ASP 动态网页制作，SQL 数据库</td></tr>
<tr><td>获得证书</td><td colspan="6">锡林郭勒盟 Flash 制作第一名
锡林郭勒职业学院校园十佳歌手
"2013 年全区世界技能大赛项目暨服务类职业技能竞赛"网站设计项目竞赛中获优秀奖
2014 年 4 月参加"网编技能水平认证考试"（图片处理、HTML 代码、更新网站、视频处理、专题制作均 80 分以上）
"多媒体作品制作员"（技师、国家二级）</td></tr>
<tr><td>爱好特长</td><td colspan="6">熟悉网站开发环节，有进行网页制作和团队合作的企业锻炼经历
擅长 DIV+CSS 网页制作技巧
熟悉 JavaScript 和 VBScript 网页脚本语言以及 Access 数据库和 SQL Server 2019 数据库
熟练进行计算机操作，以及 Office 办公软件
能够熟练使用各种图片处理软件进行网页图片处理</td></tr>
<tr><td>自我评价</td><td colspan="6">踏实诚信，开朗活泼，积极乐观，有很强的团队意识
吃苦耐劳，有一定的亲和力，勇于挑战自我
我相信只有在工作和生活中才能不断地充实自我，提高自我，完善自我</td></tr>
<tr><td>求职意向</td><td colspan="6">网页设计师</td></tr>
</table>

5. 正文第二段落首字下沉 3 行、字体为华文细黑，一个段落分为两栏，并添加分割线。

6. 第二段落后插入横排文本框：“不忘初心砥砺前行”，设置环绕文字上下型、填充色为预设渐变“中等渐变-个性色 2”、无线条。

7. 在对应的位置插入联机图片，进行适当裁剪后设置“环绕文字”方式为“四周型”，设置图片样式为“中等复杂框架，黑色”。

8. 将标题“无惧风雨砥砺前行”与“教学素材”中的“无惧风雨砥砺前行（超链接）.docx”文档进行链接。

9. 为正文后面的词语“作秀”添加批注，内容为“做秀”。

10. 设置标题“无惧风雨砥砺前行”为艺术字，艺术字式样为第 1 行第 5 列；文字环绕为上下型；文本效果为“V 形，倒”。

11. 插入居中对齐的页眉“Word 2016 排版电子小报”、右对齐页脚“系统日期”。

【样文7】

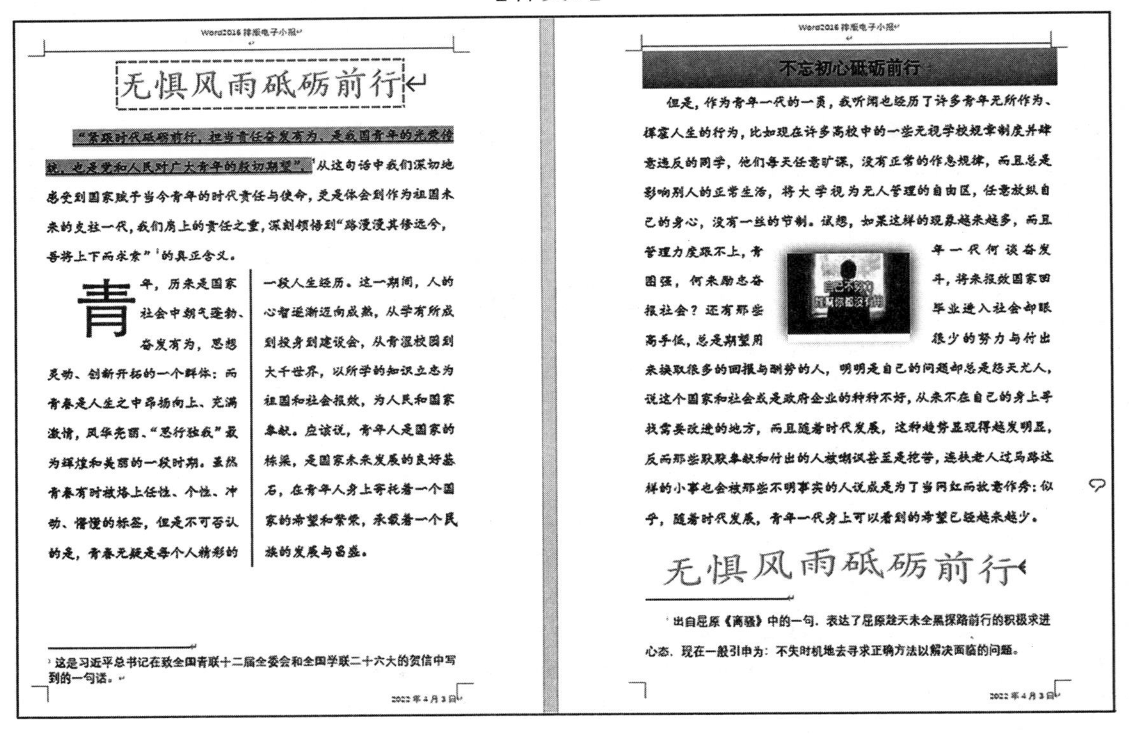

Word2016 排版电子小报

无惧风雨砥砺前行

“赓续时代砥砺前行，担当责任奋发有为，是我国青年的光荣传统，也是党和人民对广大青年的殷切期望”。[1]从这句话中我们深切地感受到国家赋予当今青年的时代责任与使命，更是体会到作为祖国未来的支柱一代，我们肩上的责任之重，深刻领悟到“路漫漫其修远兮，吾将上下而求索”[1]的真正含义。

青年，历来是国家社会中朝气蓬勃、奋发有为，思想灵动、创新开拓的一个群体；而青春是人生之中昂扬向上、充满激情，风华光丽、“恣行独衣”最为辉煌和美丽的一段时期。虽然青春有时被烙上任性、个性、冲动、懵懂的标签，但是不可否认的是，青春无疑是每个人精彩的一段人生经历。这一期间，人的心智逐渐迈向成熟，从学有所成到投身到建设会，从青涩校园到大千世界，以所学的知识立志为祖国和社会报效，为人民和国家奉献。应该说，青年人是国家的栋梁，是国家未来发展的良好基石，在青年人身上寄托着一个国家的希望和繁荣，承载着一个民族的发展与昌盛。

[1] 这是习近平总书记在致全国青联十二届全委会和全国学联二十六大的贺信中写到的一句话。

2022年4月3日

Word2016 排版电子小报

不忘初心砥砺前行

但是，作为青年一代的一员，我听闻也经历了许多青年无所作为、挥霍人生的行为，比如现在许多高校中的一些无视学校规章制度并肆意违反的同学，他们每天任意旷课，没有正常的作息规律，而且总是影响别人的正常生活，将大学视为无人管理的自由区，任意放纵自己的身心，没有一丝的节制。试想，如果这样的现象越来越多，而且管理力度跟不上，青年一代何谈奋发图强，何来励志奋斗，将来报效国家回报社会？还有那些毕业进入社会却眼高手低，总是期望用很少的努力与付出来换取很多的回报与酬劳的人，明明是自己的问题却总是怨天尤人，说这个国家和社会或是政府企业的种种不好，从来不在自己的身上寻找需要改进的地方，而且随着时代发展，这种趋势显现得越发明显，反而那些默默奉献和付出的人被嘲讽甚至是挖苦，连扶老人过马路这样的小事也会被那些不明事实的人说成是为了当网红而故意作秀；似乎，随着时代发展，青年一代身上可以看到的希望已经越来越少。

无惧风雨砥砺前行

[1] 出自屈原《离骚》中的一句，表达了屈原趁天未全黑探路前行的积极求进心态，现在一般引申为：不失时机地去寻求正确方法以解决面临的问题。

2022年4月3日

相关知识点

Word 中可以实现图文混排而生成外观美丽大方的文档，如上述【样文】所示。

1. 分节符、分页符

在编排某些文档时，经常需要为不同部分设置各自不同的格式，如页码的格式和位置，页眉与页脚的文本、位置和格式，页边距、纸型、页面方向、页面的边框等，我们可以通过为不同部分创建一个节，然后用插入分节符的办法来达到目的。节可小至一个段落，大至整篇文档。分节后的文档可以为该节设置不同的文本格式。

（1）插入分节符

插入分节符的具体操作步骤如下：

例如在【样文 6】中，①将光标置于“自荐书”第二页“自荐信”文字所在的行首，在“布局”选项卡中，单击“页面设置”功能组中的“分隔符”下拉按钮，在打开的下拉列表中选择“下一页”分节符，如图 3－68 所示。

②使用相同的方法，在“个人简历”文字所在行的行首插入“下一页”分节符，此时，文档共分为 3 个页面，并为第二页添加艺术型页面边框（注：应用于“本节”）。

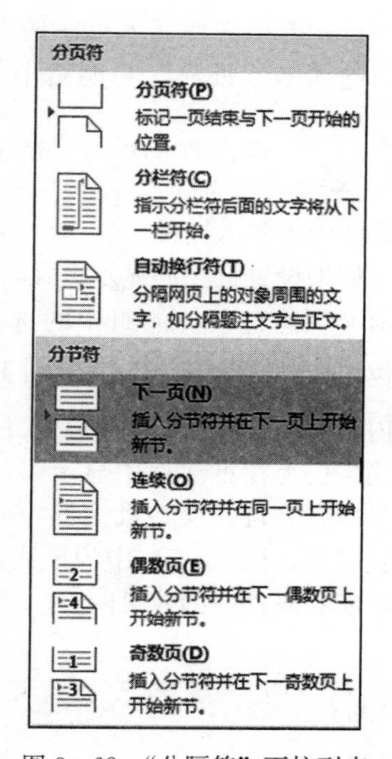

图 3－68 “分隔符”下拉列表

（2）插入分页符

分页符：分页的一种符号，上一页结束以及下一页开始的位置。Word 中录入文本时满一页可“自动”插入一个分页符（软分页符）。还可插入“手动”分页符（硬分页符）在指定位置强制分页。插入分页符的方法如下：

①分页符的快捷插入方式是直接按“Ctrl＋Enter”组合键。

②与插入分节符的方法相同，从图 3－68 所示的“分隔符”下拉列表中选择“分页符”命令。

2. 脚注、尾注、批注

（1）脚注、尾注

脚注和尾注用于文档和书籍中，以显示引用资料的来源或一些说明性和补充性的信息。脚注位于页面的底部，而尾注则位于文档的结尾处。插入脚注和尾注操作步骤如下：

单击“引用”选项卡“脚注”功能组中的“插入脚注”命令（图 3－69），光标自动定位到页面底部，用户输入脚注内容即可；当单击“插入尾注”命令时，光标自动定位到文档结尾处，用户输入尾注内容即可。若想调整脚注、尾注编号格式、标记、起始编号等元素，可以单击“脚注”功能组的下拉按钮（图 3－69），即打开如图 3－70 所示的“脚注和尾注”对话框。

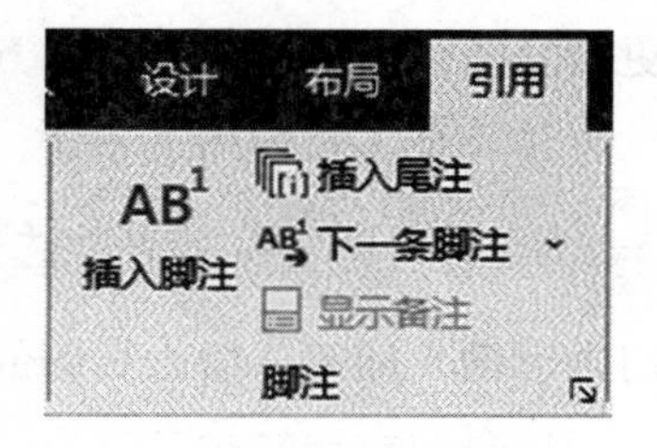

图 3－69 “脚注”功能组

(2) 批注

批注则是一种批评、注释，用以说明、解释、记录与之相关的内容。插入批注操作步骤如下：

首先选择需要插入批注的文本，单击“审阅”选项卡“批注”功能组中的“新建批注”命令，则出现如图 3 - 71 所示的批注框，将批注内容录入即可。

如果设置批注的显示方式，可单击“审阅”选项卡“修订”功能组中的选择“显示标记”下拉按钮，即可打开“批注框”下拉内容，如图 3 - 72 所示。批注、修订的显示方式主要为在批注框中显示修订或以嵌入方式显示所有修订、仅在批注框中显示备注和格式设置三种。【样文 7】中的批注是“以嵌入方式显示所有修订”的效果图。

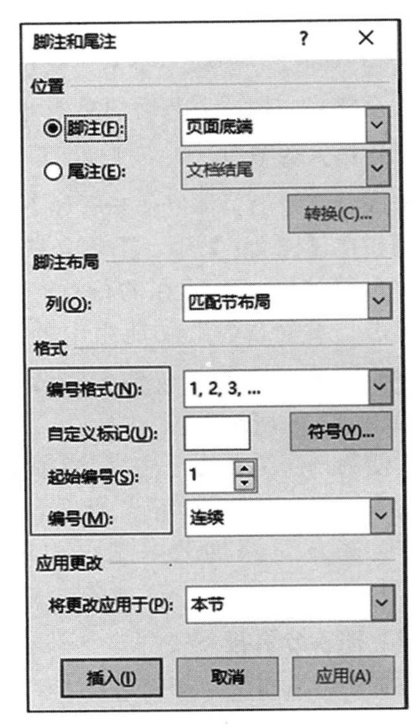

图 3 - 70 “脚注和尾注”对话框

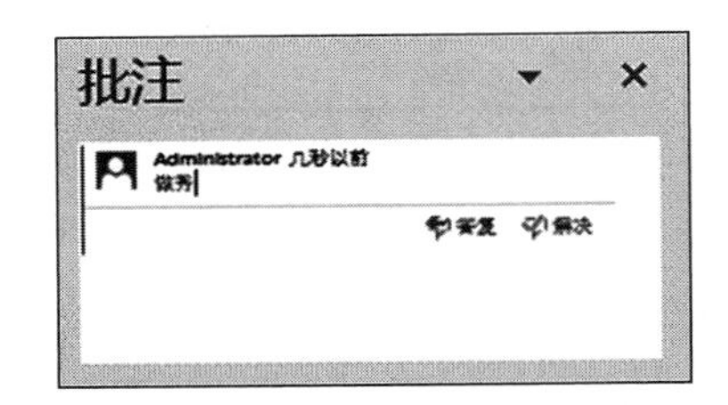

图 3 - 71 “批注”框

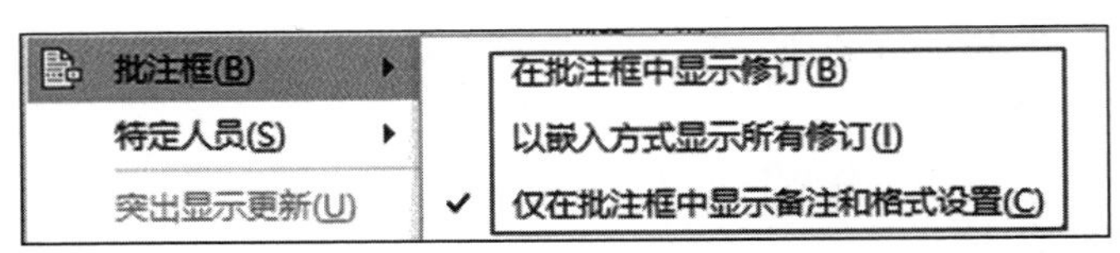

图 3 - 72 “批注框”下拉内容

3. 页眉页脚

(1) 插入页眉页脚

在文档页面插入页眉页脚，用于显示文档的章节名、页码、页数、时间等，使全篇文档更加完整，阅读起来也更加方便。例如在【样文 7】中插入页眉页脚操作步骤如下：

将光标置于文档中，单击“插入”选项卡“页眉页脚”功能组中的“页眉”下拉按钮，在打开的下拉列表中选择任意一种页眉的格式后光标会自动移到输入页眉处，将页眉内容输入即可。插入页脚的方式与插入页眉的方式类似，不再重复。

(2) 设置页眉页脚

在长篇文档的编辑过程中可以将每一个章节的页眉页脚设置成不同内容，这样更加方便阅读。设置不同页眉页脚内容，单击“布局”选项卡“页面设置”功能组中的右下角按钮，打开如图 3－73 所示的“页面设置”对话框，在此对话框中选中“页眉页脚”功能组中的两个复选框。之后与插入分节符相结合，才可在不同的章节中设置不同的页眉页脚。

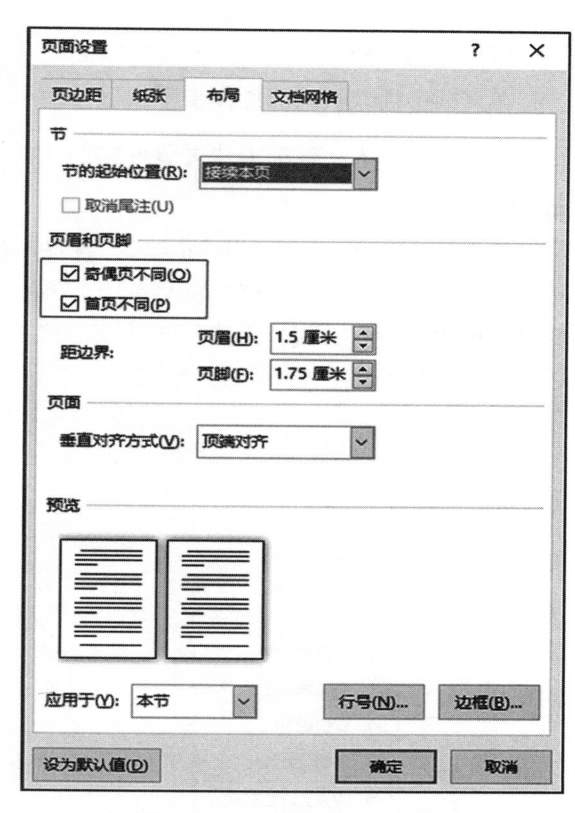

图 3－73 “页面设置”对话框

（3）插入系统日期和时间

如果在文档的结尾或页脚处需要插入系统日期和时间。其操作步骤如下：

在【样文 6】中，① 将光标置于第二页“自荐信”的最后一行，单击“插入”选项卡“文本”功能组中的“日期和时间”按钮 日期和时间 ，打开“日期和时间”对话框。②在打开的“日期和时间”对话框中，选择合适的日期格式，并选中“自动更新”复选框，如图 3－74 所示，单击“确定”按钮，插入当前日期，在今后编辑该文档时会自动更新日期。

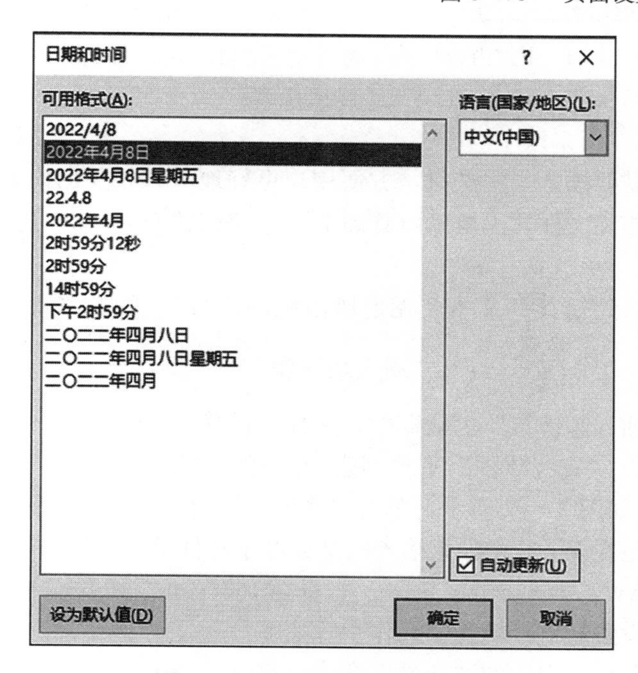

图 3－74 “日期和时间”对话框

(4) 插入页码

在文档中插入页码的操作步骤如下：

①单击“插入”选项卡“页眉页脚”功能组中的“页码”下拉按钮，打开“页码”下拉列表。

②在打开的“页码”下拉列表中，选择一种合适的页码位置下拉命令，即可自动插入页码，如图 3－75 所示。可选择“设置页码格式…”命令，打开“页码格式”对话框，在此对话框中可设置“编号格式”“起始页码”等，如图 3－76 所示。在文档中插入页码之后，在该文档的修改中页码会自动更新。

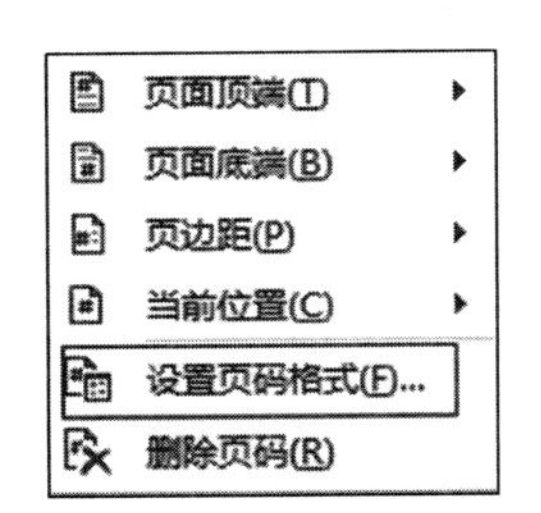

图 3－75 “页码”下拉内容

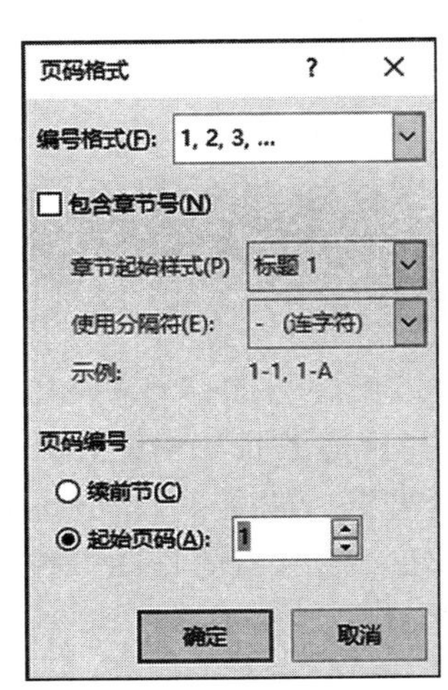

图 3－76 “页码格式”对话框

(5) 插入链接

有时在文档中需要插入一些链接，方便用户更好地了解相关的内容。【样文 7】中的标题与指定位置的相关文件“无惧风雨砥砺前行（超链接）.docx”进行链接。操作步骤如下：

①首先选中插入超链接的文本“无惧风雨砥砺前行”，单击“插入”选项卡“链接”功能组中的“链接”按钮，打开“插入超链接”对话框。

②在打开的“插入超链接”对话框中，选择“链接到:”功能组中的“现有文件或网页（X）”按钮，并从“查找范围”下拉列表中选择需要链接的文件“无惧风雨砥砺前行（超链接）.docx”，如图 3－77 所示，单击“确定”按钮，即可创建超链接。

还有一种情况是在 Word 中如果输入网址或电子邮件地址，软件就会自动把它们设置为超链接，例如：www.163.com；Naren_190@163.com。如我们不想让它们成为超链接，可以关闭自动设置超链接功能。操作步骤如下：

①单击“文件”选项卡中的“选项”命令，打开“Word 选项”对话框，在此对话框中选择“校对”命令，如图 3－78 所示，在右侧列表中单击“自动更正选项…”按钮，打

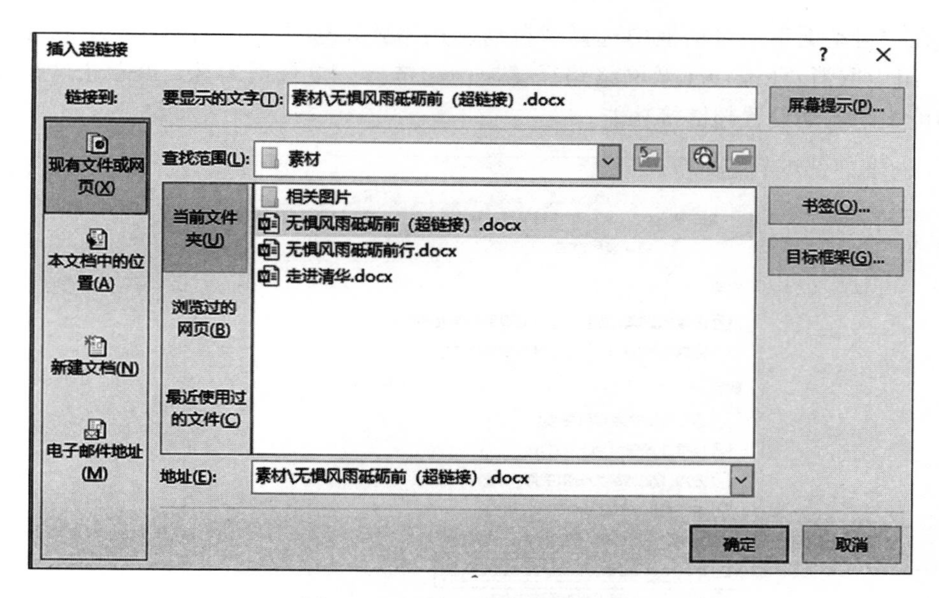

图 3－77 “插入超链接”对话框

开“自动更正”对话框。

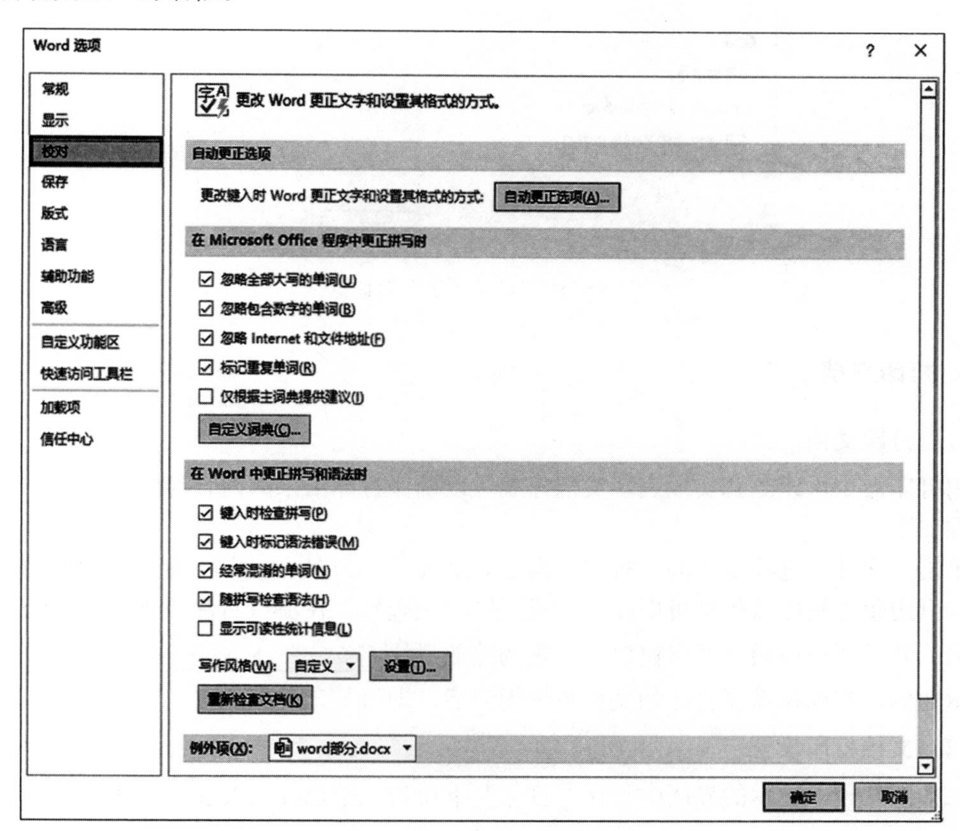

图 3－78 “Word 选项”对话框

②在“自动更正”对话框中选择“自动套用格式”选项卡，如图 3-79 所示，其中“替换”组中取消“Internet 及网络路径替换为超链接”复选框勾选，并单击“确定”按钮，即可关闭自动设置超链接功能。

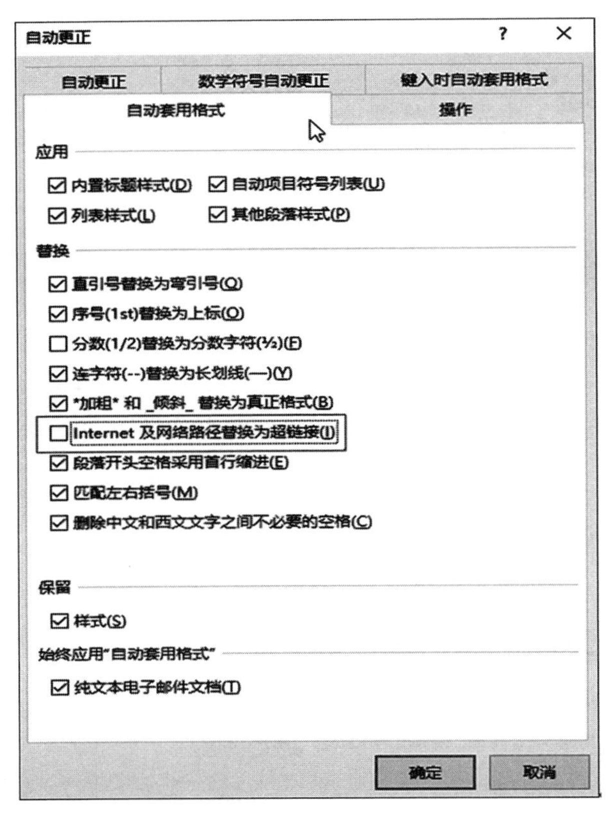

图 3-79 “自动更正”对话框

4. 打印文档

(1) 打印文档

用打印命令可以更真实地表现文档外观，以确保打印出来的内容与所期望的一致。操作步骤如下：

单击“文件”选项卡中的“打印”命令，如图 3-80 所示，用户所设置的纸张大小、方向、页边距等整体效果都可以在“设置”区域里查到，在窗口右侧预览区域可以查看预览效果。并且还可以通过调整窗口右下角的缩放滑块 55% − + 任意缩放页面的显示比例，在确认需要打印的文档正确无误后，即可打印文档。

(2) 文档打印设置

在如图 3-80 所示的界面中，在“打印”下拉列表中选择已安装的打印机，设置合适的打印份数、打印范围等参数后，单击“打印”按钮 打印，开始打印输出。

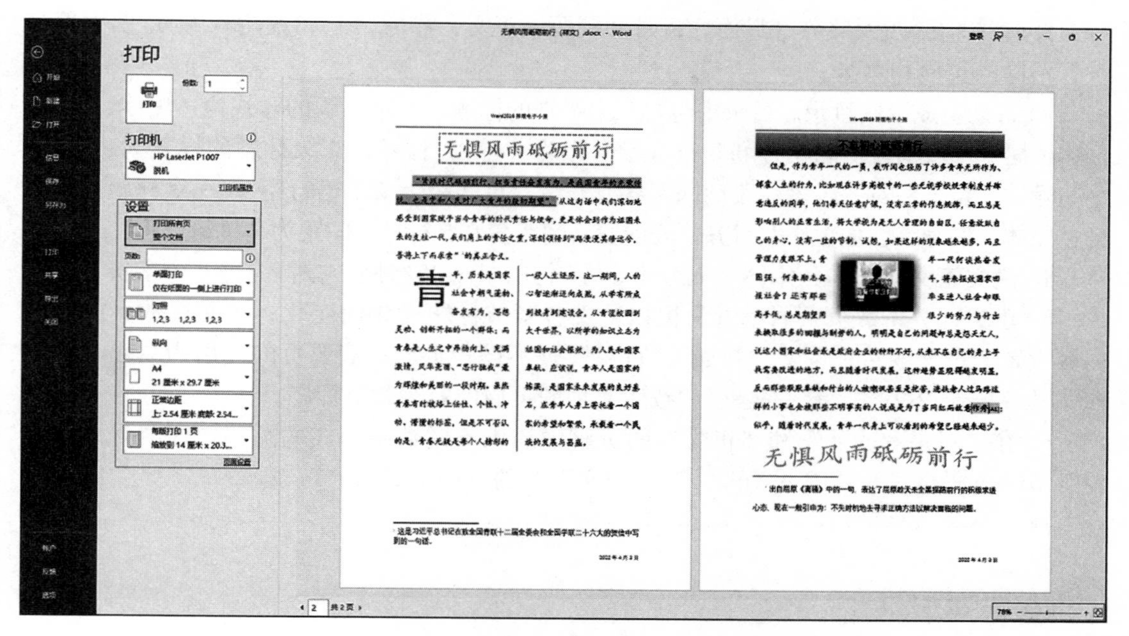

图 3-80 打 印

项目七 毕业论文排版

任务目标

- 掌握样式的应用与创建
- 掌握自动生成目录方法
- 掌握设置不同页眉页脚
- 掌握在页眉和页脚中插入域的方法
- 掌握分节符、分页符的使用
- 掌握批注、修订的使用
- 了解制表位的使用
- 了解手动制作目录方法
- 培养良好信誉与法律意识

毕业论文文档不仅篇幅长，而且格式多，处理起来比普通文档要复杂得多。通过完成本任务，同学们可以顺利排版自己的毕业论文了。

任 务

毕业论文的排版

要求：

1. 设置论文的文档属性。

2. 论文包含四大部分（封面、目录和摘要、正文、参考文献和致谢），为这四大部分设置不同的页眉和页脚。

3. 自动生成论文目录。目录中包含三个级别的标题，一级标题的样式为：黑体、三号、加粗、居中，段前段后间距各 0.5 行、行间距为“单倍行距”；二级标题的样式为：黑体、小三号、加粗、左对齐，段前段后间距各 0.5 行、行间距为“单倍行距”；三级标题的样式为：黑体、四号字、加粗、左对齐，段前段后间距各 0.5 行、行间距为“单倍行距”。

4. 论文正文样式为：宋体、五号字、左对齐、1.5 倍行距、首行缩进 2 个字符。

5. 正文部分奇数页页眉设置为根据论文各章节标题变化而变化；正文偶数页的页眉内容设置为论文题目；论文“封面”“目录”页不设置页眉；摘要页的页眉为“锡林郭勒职业学院毕业论文”；“参考文献”“致谢”页的页眉内容为章节标题。

6. 在“目录和摘要”和“正文”的页脚中插入不同数字格式的页码，即“目录和摘要”节的页码格式为“i，ii，iii...”，“正文”节的页码格式为“1，2，3...”。

相关知识点

1. 设置页面和文档属性

（1）页面设置

首先打开准备好的“论文排版”（素材），并按照排版要求首先设置纸张为 A4，上、下、左、右页边距分别为 2.8 厘米、2.5 厘米、3.0 厘米、2.5 厘米，装订线为 0.5 厘米，装订线位置为“左”，纸张方向为“纵向”，如图 3－81 所示；设置不同的页眉页脚需要在“页面设置”对话框的“布局”选项卡中选中页眉和页脚“奇偶页不同”和“首页不同”复选框，如图 3－82 所示。

（2）设置文档属性

文档属性包含了文档的详细信息（如：标题、作者、主题、类别、关键词、文件长度、创建日期、最后修改日期和统计信息等）。设置文档属性的具体操作步骤如下：

选择“文件”→“信息”命令，单击窗口右侧窗格中的“属性”下拉按钮，在打开的下拉列表中选择“高级属性”选项，打开“属性”对话框，在“摘要”选项卡中进行相关的设置，如图 3－83 所示。

2. 设置标题样式和多级列表

（1）设置标题样式

样式就是被冠以一个名称的一组命令或格式的集合。可以应用于一个段落或者段落中选定的字符，能够批量完成段落或字符的格式设置。在论文排版过程中常常需要使用样式，使论文各级标题、正文、致谢、参考文献等版面格式符合要求，Word 2016 中已内置了一些常用样式，可直接应用这些样式，也可根据排版的格式要求，修改这些样式或新建样式。设置标题样式具体操作步骤如下：

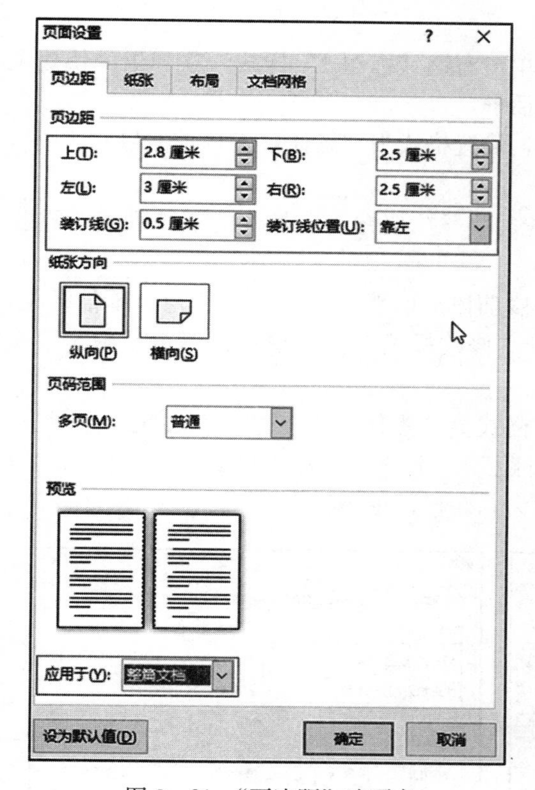

图 3-81 “页边距”选项卡

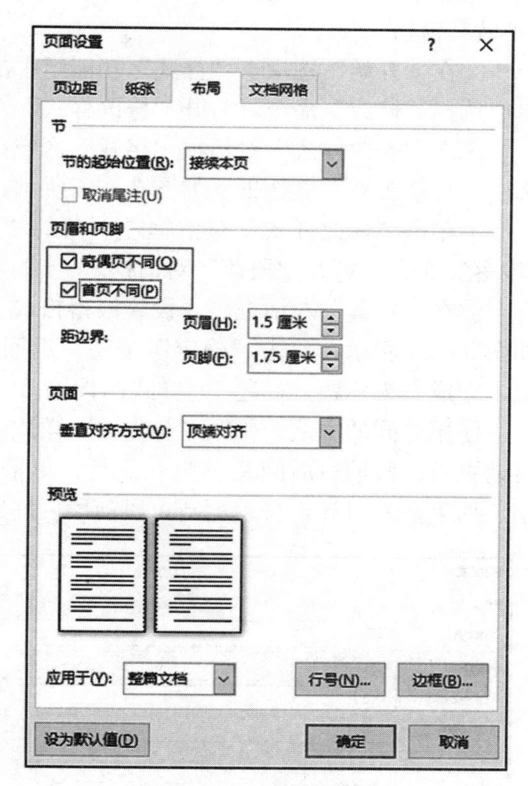

图 3-82 “布局”选项卡

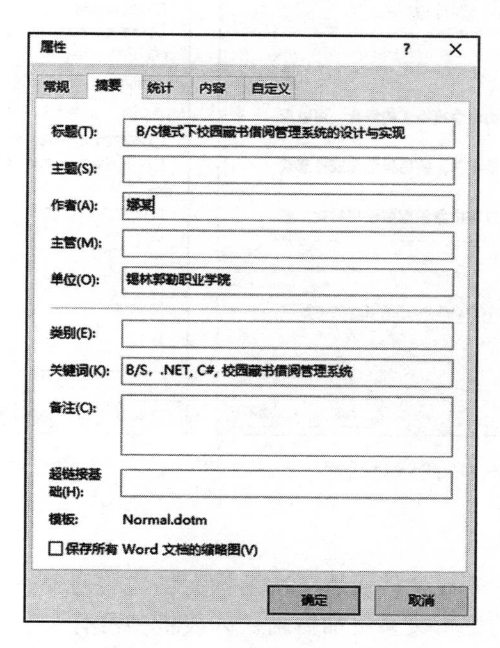

图 3-83 “摘要”选项卡

①选中“视图”选项卡“显示”功能组中的“导航窗格”复选框，在窗口左侧将显示“导航”窗格。

②在“开始”选项卡“样式”功能组中的单击右键“标题 1”样式，在弹出的快捷菜单中选择“修改”命令，打开“修改样式”对话框。

③在“修改样式”对话框“格式”区域中，设置格式为“黑体，三号，加粗，居中”，选中“自动更新”复选框，如图 3-84 所示。

④单击“修改样式”对话框左下角的“格式”下拉按钮，在打开的下拉列表中选择“段落”命令，打开“段落”对话框。

⑤在“段落”对话框中，设置段落格式为段前段后间距为 0.5 行，行距为单倍行距，如图 3-85 所示，单击“确定”按钮，返回到“修改样式”对话框；再单击“确定”按钮，完成一级标题（标题 1）样式的设置。

使用相同的方法，修改“标题 2”样式的格式为“黑体、小三号字、加粗，左对齐，自动更新，段前段后间距各为 0.5 行，单倍行距”，“标题 3”样式格式为“黑体、四号字、加粗，左对齐，自动更新，段前段后间距为 0.5 行，单倍行距。

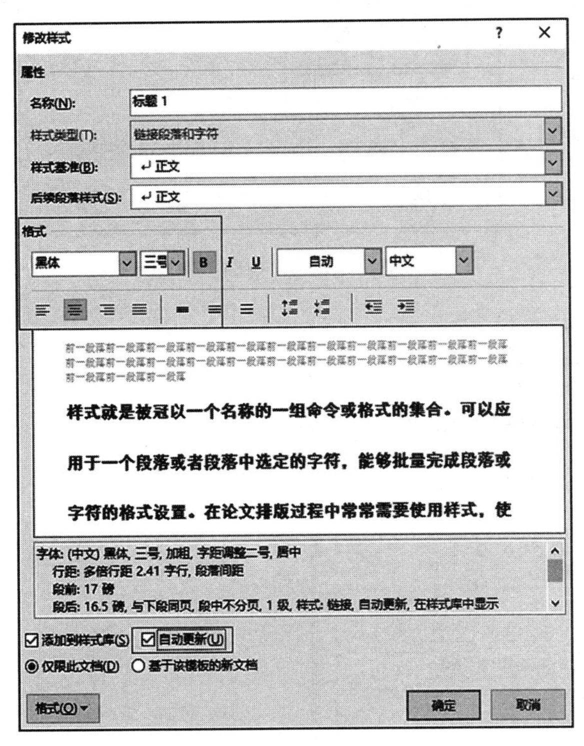

图 3-84 “修改样式”对话框

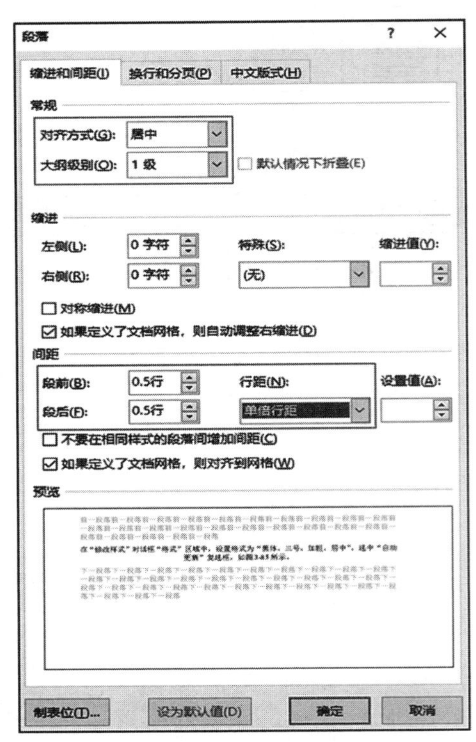

图 3-85 “段落”对话框

（2）设置多级列表

多级列表是用于为列表或文档设置层次结构而创建的列表。创建多级列表可使列表有复杂的结构，并使列表的逻辑关系更加清晰。列表最多可有 9 个级别。创建步骤如下：

①将光标置于“第 1 章 绪论”所在行中，单击“开始”选项卡“段落”功能组中的

"多级列表"下拉按钮，在打开的下拉列表中选择"定义新的多级列表"选项，如图 3－86 所示。

②在打开的"定义新多级列表"对话框中，选择左上角的级别"1"，并在"输入编号的格式"文本框中的"第"和"章"中间输入"一"，构成"第一章"的形式；再单击左下角的"更多"按钮，将"将级别链接到样式"设置为"标题 1"，"编号对齐方式"为"左对齐"，"对齐位置"为"0 厘米"，"文本缩进位置"为"1.75 厘米"，"编号之后"为"空格"，如图 3－87 所示。

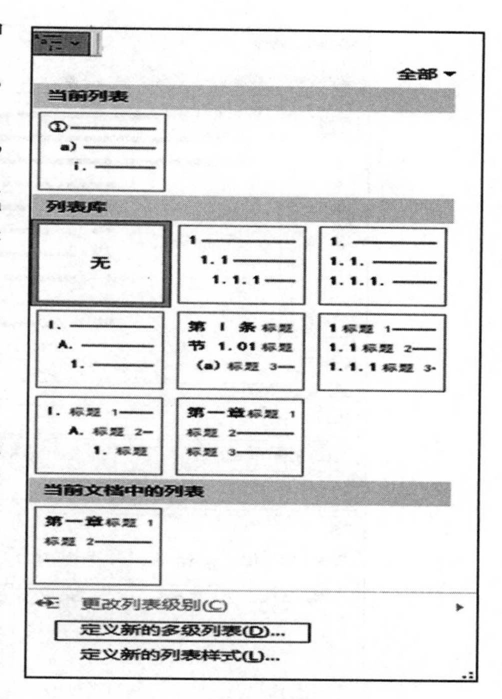

图 3－86 "多级列表"下拉列表

③在图 3－87 所示的界面中，再选择左上角的级别"2"，此时"输入编号的格式"就会默认为"1.1"的形式，"将级别链接到样式"设置为"标题 2"，"对齐位置"为"0 厘米"，"文本缩进位置"为"1.75 厘米"，"编号之后"为"空格"，如图 3－88 所示。

④在图 3－88 所示的界面中，再选择左上角的级别"3"，此时"输入编号的格式"默认为"1.1.1"的形式，"将级别链接到样式"设置为"标题 3"，"对齐位置"为"0 厘米"，"文本缩进位置"为"2.5 厘米"，"编号之后"为"空格"，单击"确定"按钮，完成多级列表的设置，此时"样式"组中的"标题 1""标题 2""标题 3"的样式按钮中出现了多级列表，如图 3－89 所示。

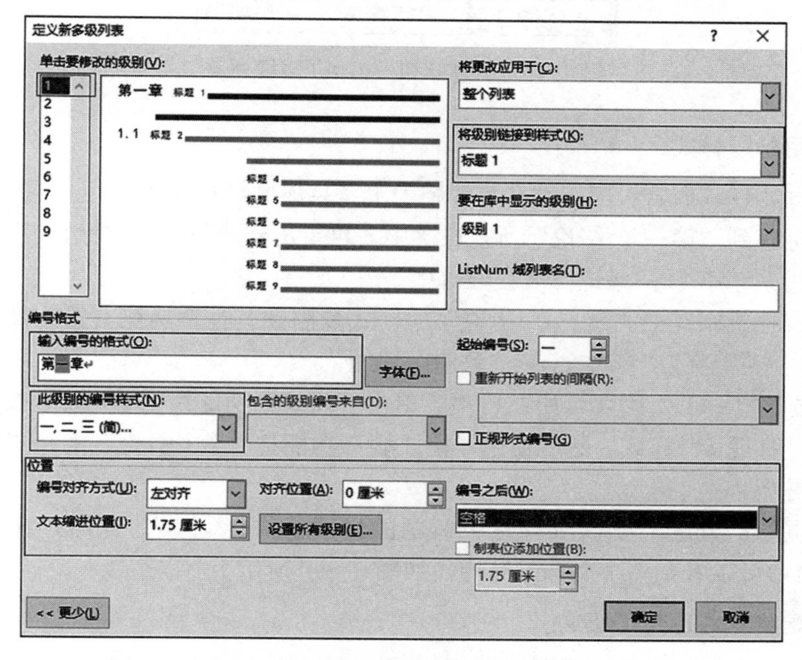

图 3－87 设置级别"1"的格式

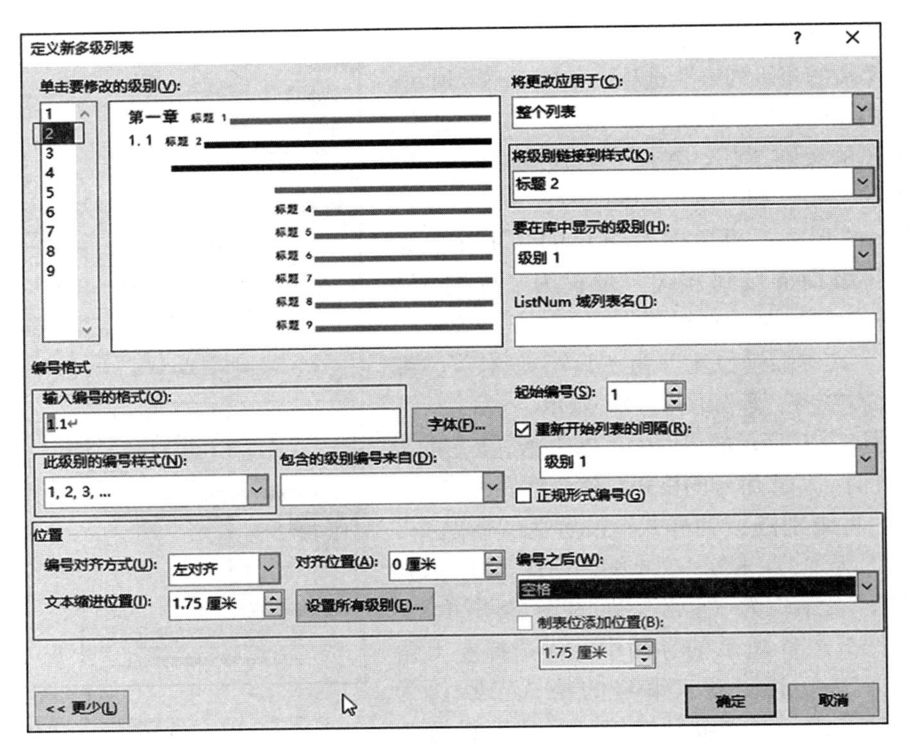

图 3-88 设置级别“2”的格式

图 3-89 样式按钮中出现了多级列表

(3) 应用标题样式

设置好标题样式后就可应用到文章标题中了，具体操作步骤如下：

①将鼠标移到“第一章 绪论”所在段落中，再单击样式组中的“标题1”样式，即可将标题1应用到“第一章 绪论”所在段落中。

②使用“格式刷”把“第一章 绪论”的格式复制到其他章标题（第一章至第七章），以及“摘要”“关键字”“参考文献”“致谢”标题。

③将光标置于“1.1 引言”所在行中，单击“样式”功能组“标题2”按钮，使该二级标题应用“标题2”样式，然后使用“格式刷”功能把“1.1引言”的格式复制到其他所有二级标题中。

④使用同样的方法，设置所有三级标题的样式为“标题3”。此时，在窗口左侧的“导航”窗格中可以看到整个文档的结构，如图3-90所示。

(4) 新建样式并应用于正文

Word中除自带的样式外还可以新建样式，在“毕业论文的排版”任务中新建样式

"正文 01"，格式为"宋体、五号，左对齐、1.5 倍行距、首行缩进 2 个字符，自动更新"，并把它应用于论文的正文中。具体操作步骤如下：

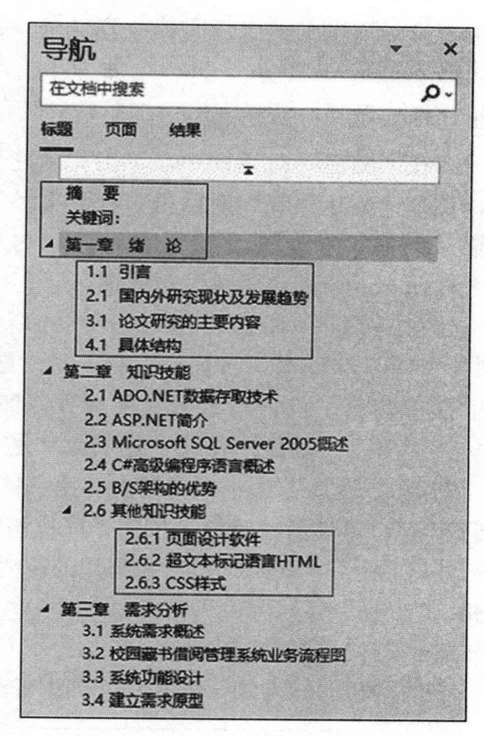

图 3-90 在"导航"窗格中可以看到文档的结构

①将光标置于正文中，单击"开始"选项卡"样式"功能组右下角按钮，打开"样式"任务窗格，如图 3-91 所示。

②单击"样式"任务窗格左下角的"新建样式"按钮，打开"根据格式设置创建新样式"对话框，设置新样式的名称为"正文 01"，按上述要求设置其格式，设置段落格式时单击左下角的"格式"下拉按钮，在打开的下拉列表中选择"段落"命令，具体操作步骤不再赘述，结果如图 3-92 所示。

③单击"确定"按钮，完成样式"正文 01"的新建，新建的样式名"正文 01"会出现在"样式"任务窗格的样式列表中。

④把新建的样式"正文 01"应用于所有正文中，关闭任务窗格。

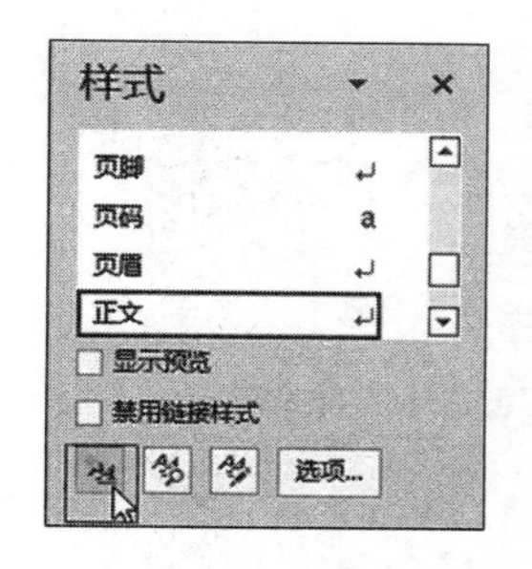

图 3-91 "样式"任务窗格

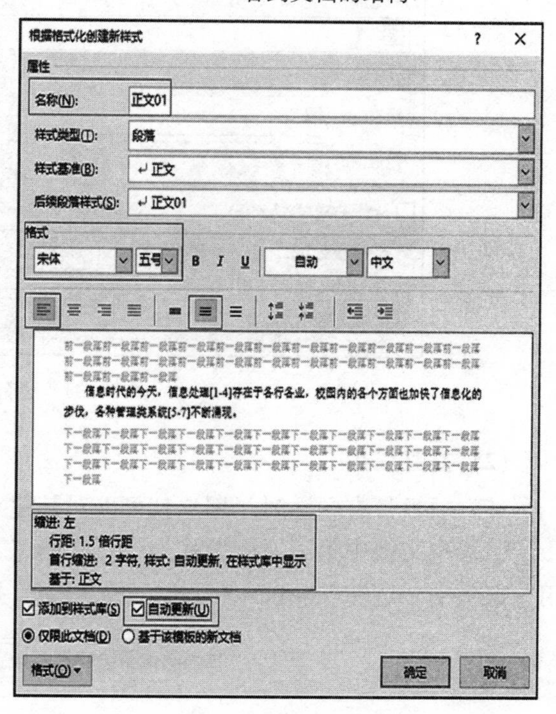

图 3-92 "根据格式设置创建新样式"对话框

3. 添加题注

题注是指给图形、表格、文本或其他项目添加一种带编号的注解，如图 3-91 样式任务窗格。Word 会对文档中的题注进行自动编号，如果移动、添加或删除带题注的某一项目，Word 也会对题注自动调整编号。

(1) 添加题注

添加题注具体操作步骤如下：

①将光标置于第一张图片下方（第一张图片在论文的第二章），单击“引用”选项卡“题注”功能组“插入题注”按钮，打开“题注”对话框。

②在“题注”对话框中，单击“新建标签”按钮，打开“新建标签”对话框，在“标签”文本框中输入文字“图”，如图 3－93 所示，再单击“确定”按钮，返回到“题注”对话框。

图 3－93　新建标签“图”

③在“题注”对话框中，选择刚才新建的标签“图”，再单击“编号”按钮，在打开的“题注编号”对话框中勾选“包含章节号”复选框，如图 3－94 所示，再单击“确定”按钮，返回到“题注”对话框。此时，“题注”文本框中的内容由“图 1”变为“图二-1”，再单击“确定”按钮，完成该图片题注的添加。

④在题注（“图二-1”）和图片的说明文字（“ADO. NET 体系结构”）之间保留一个空格。

⑤将图片和题注居中。

⑥使用相同的方法，依次对文档中的其余图片添加题注，并设置居中。

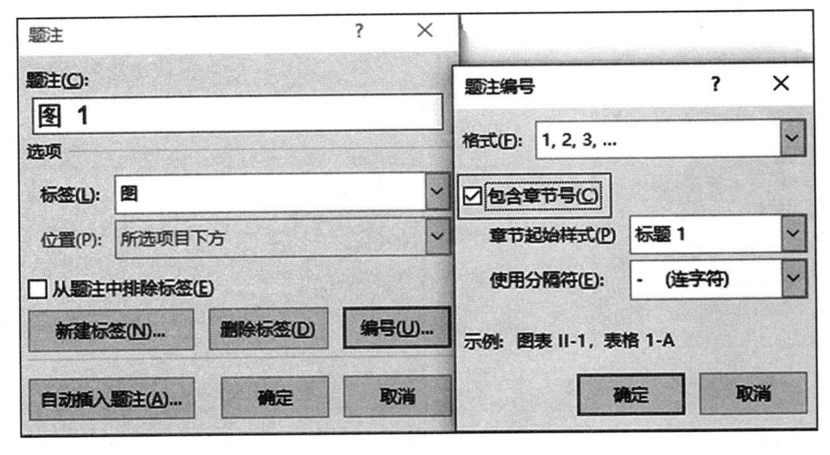

图 3－94　创建题注编号

（2）交叉引用

某一项目带有题注时，用户就可以对其建立交叉引用。具体操作步骤如下：

①选中文档中第一章的图片上一行中的“下图”两个字，如图 3－95 所示，单击“引用”选项卡“题注”功能组中的“交叉引用”按钮，打开“交叉引用”对话框。

图 3－95　选中“下图”两个字

②在“交叉引用”对话框中，选择“引用类型”选项值为“图”，“引用内容”选项值为“仅标签和编号”，在“引用哪一个题注”列表框中选择需要引用的题注（“图二-1 ADO.NET 体系结构”），如图 3-96 所示，然后单击“插入”按钮，再单击“关闭”按钮，完成“下图”两字的交叉引用，如图 3-97 所示，建立交叉引用后的效果。交叉引用是一个链接，能快速访问对应的图。

③ 使用相同的方法，依次对论文中的其余图片上一行中的“下图”两个字进行交叉引用。

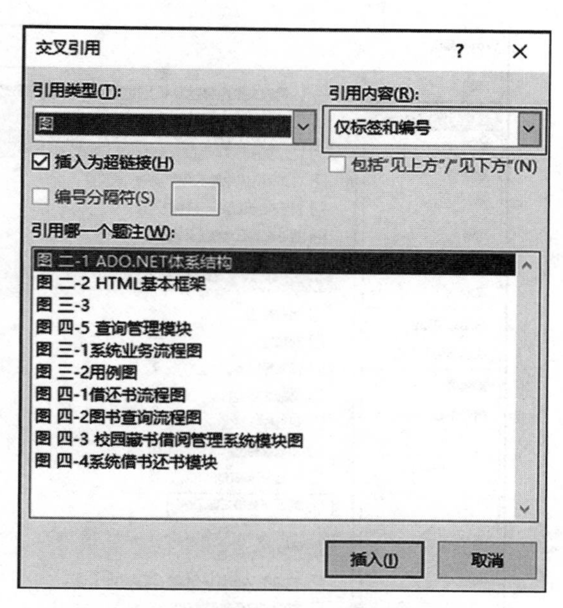

图 3-96 “交叉引用”对话框

图 3-97 建立“交叉引用”效果图

4. 自动生成目录

在论文正文中设置各级标题后，在每章前插入分页符，使得每一章内容另起一页，然后利用 Word 的引用功能为论文提取目录。

（1）插入分页符

文档内容满一页时 Word 会自动分页，如果想强行分页，则插入分页符。插入分页符的具体操作步骤如下：

①将光标置于第一章的标题文字的左侧，单击“插入”选项卡“页面”功能组中的“分页”按钮，即可在第一章前插入“分页符”。

②选择“文件”→“选项”命令，打开“Word 选项”对话框，在左侧窗格中选择“显示”选项，在右侧窗格中选中“显示所有格式标记”复选框，如图 3-98 所示，单击“确定”按钮，即可在文档中显示“分页符”。

③ 使用相同的方法，在其余各章前，以及“摘要”“参考文献”“致谢”前，依次插入“分页符”，使它们另起一页显示。

（2）自动生成目录

具体操作步骤如下：

①将光标置于论文首页，输入“目录”两个字，设置“目录”两字的格式为“黑体，小二号，居中”。

②将光标置于“目录”所在行的下一个空行中，单击“引用”选项卡“目录”功能组中的“目录”下拉按钮，在打开的下拉列表中选择“自定义目录”选项，打开如图 3-99 所示的“目录”对话框。

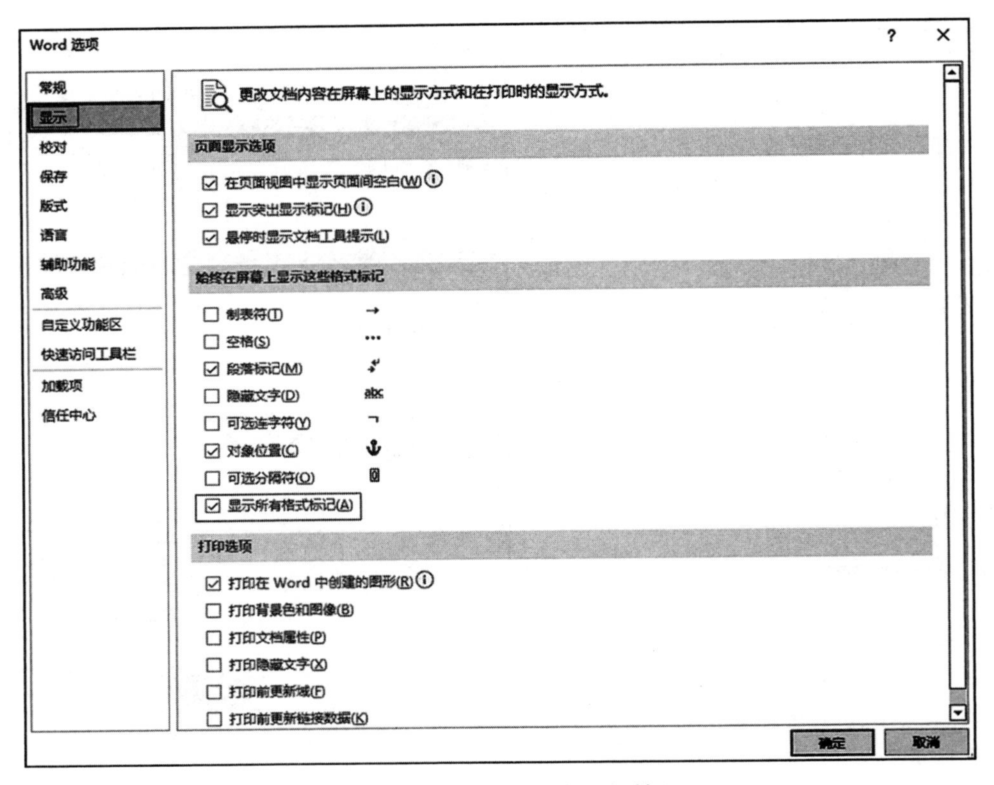

图 3-98 “Word 选项”对话框

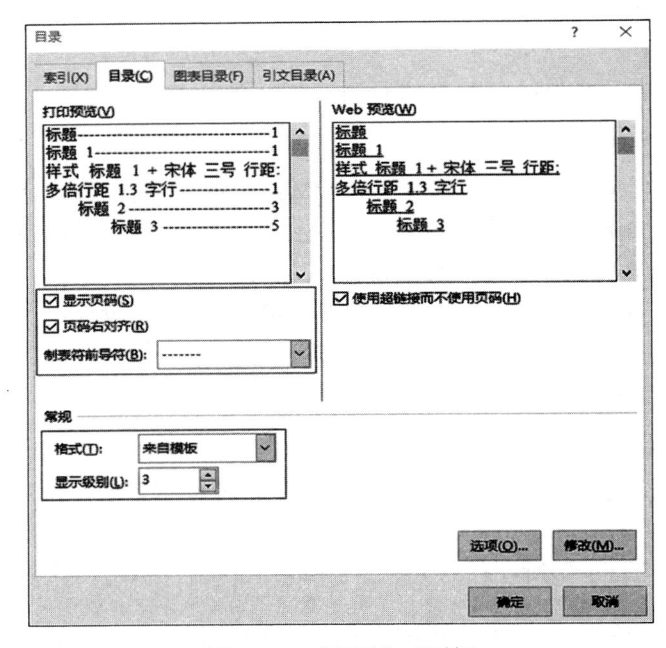

图 3-99 “目录”对话框

③在“目录”对话框中，选中“显示页码”和“页码右对齐”复选框，再选一种“制表符前导符”，选择“显示级别”为3，单击“确定”按钮，生成的论文部分目录如图3-100所示。

目 录

摘　要 ---------- 3
关键词： ---------- 3
第一章 绪论 ---------- 3
1.1 引言 ---------- 3
1.2 国内外研究现状及发展趋势 ---------- 3
1.3 论文研究的主要内容 ---------- 4
1.4 具体结构 ---------- 4
第二章 知识技能 ---------- 5
2.1 ADO.NET 数据存取技术 ---------- 5
2.2 ASP.NET 简介 ---------- 6
2.3 Microsoft SQL Server 2005 概述 ---------- 6
2.4 C#高级编程序语言概述 ---------- 6
2.5 B/S 架构的优势 ---------- 6
2.6 其他知识技能 ---------- 7
2.6.1 页面设计软件 ---------- 7
2.6.2 超文本标记语言 HTML ---------- 7
2.6.3 CSS 样式 ---------- 7
第三章 需求分析 ---------- 7
3.1 系统需求概述 ---------- 7
3.2 校园藏书借阅管理系统业务流程图 ---------- 8
3.3 系统功能设计 ---------- 8
3.4 建立需求原型 ---------- 9
第四章 系统总体设计 ---------- 10

图3-100　论文部分目录

5. 插入分节符

为了在论文的不同部分设置不同的页面格式（如不同的页眉和页脚、不同的页码编号等），在“目录”前插入分节符，使封面成为单独的一节，在“第一章”前插入分节符，使“目录”和“摘要”成为一节，在“参考文献”前插入分节符，使“参考文献”和“致谢”成为一节。这样把整个文档分为4节：封面（第1节）、目录和摘要（第2节）、论文正文（第3节）、参考文献和致谢（第4节）。下面在不同的节中，设置不同的页眉和页脚，具体操作步骤如下：

①将光标置于“目录”的左侧，单击“布局”选项卡“页面设置”功能组中的“分隔符”下拉按钮[分隔符]，在打开的下拉列表中选择“下一页”分节符，如图3-101所示，从而插入“下一页”分节符。

②使用相同的方法，在“第一章”和“参考文献”前依次插入分节符。

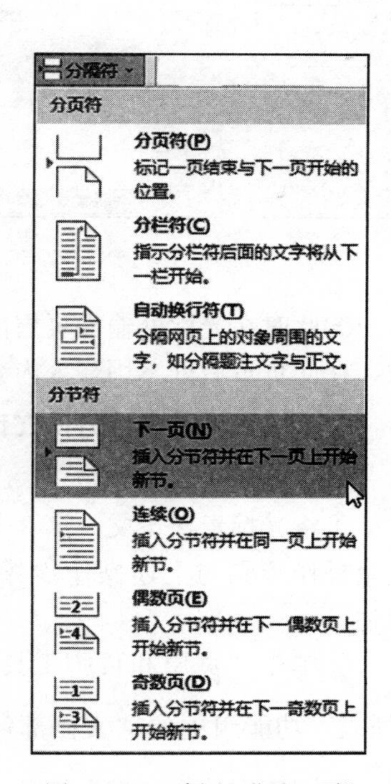

图3-101　插入“下一页”分节符

6. 论文不同部分设置不同的页眉和页脚

现在设置毕业论文的封面、目录不带页眉，摘要的页眉内容为“锡林郭勒职业学院”，论文正文奇数页页眉插入章标题（一级标题内容），在偶数页页眉中插入论文题目，在“第 4 节”的页眉中插入章标题。

（1）插入第 2 节偶数页的页眉

在设置页眉和页脚“首页不同”和“奇偶页不同”的前提下，可以直接插入页眉内容，具体操作步骤如下：

①将光标置于论文第 2 节（摘要）所在页中，单击“插入”选项卡“页眉和页脚”功能组中的“页眉”下拉按钮［页眉］，在打开的下拉列表中选择“编辑页眉”选项，切换到“页眉和页脚”的编辑状态，此时光标位于页眉中。

②单击“页眉和页脚工具”→“设计”选项卡“导航”功能组中的“链接到前一节”按钮，（取消选中状态），如图 3－102 所示，确保论文第 2 节偶数页页眉与论文封面（第 1 节）偶数页页眉的链接断开，链接断开后，页眉右下角的文字“与上一节相同”会消失。

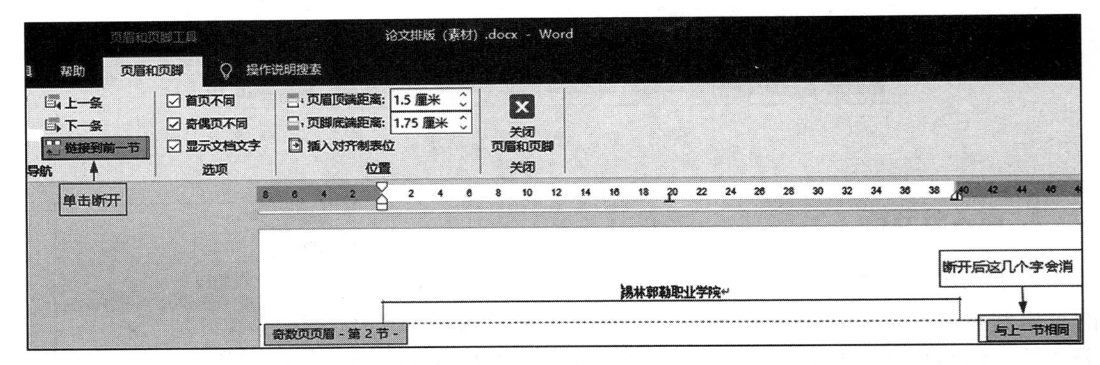

图 3－102　断开链接

③此时在光标处输入页眉内容“锡林郭勒职业学院”即可（第 2 节首页就是“目录”页，在此页页眉处不用输入内容）。

（2）利用插入域的方法在论文正文奇数页的页眉中插入章标题

具体操作步骤如下：

①将光标置于论文（第 3 节）第 1 页（奇数页）中，其余操作步骤与上述操作步骤①、②一样，在这里不再赘述。

②单击“页眉和页脚工具”→“页眉页脚”选项卡“插入”功能组中的“文档部件”下拉按钮［文档部件］，在打开的下拉列表中选择“域”选项，如图 3－103 所示。

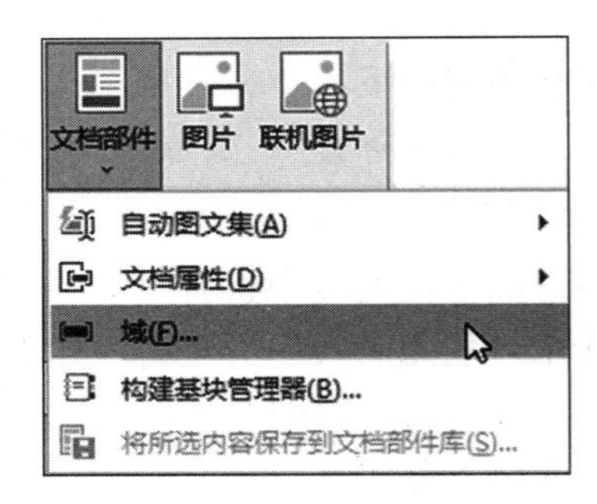

图 3－103　选择“域”选项

③在打开的“域”对话框中，在“类别”下拉框中

选择“链接和引用”选项，在“域名”列表框中选择 StyleRef 选项，在“样式名”列表框中选择“标题 1”选项，选中“插入段落编号”复选框，如图 3-104 所示，单击“确定”按钮，此时在奇数页页眉中插入章标题的编号“第一章”，其后插入一个空格。

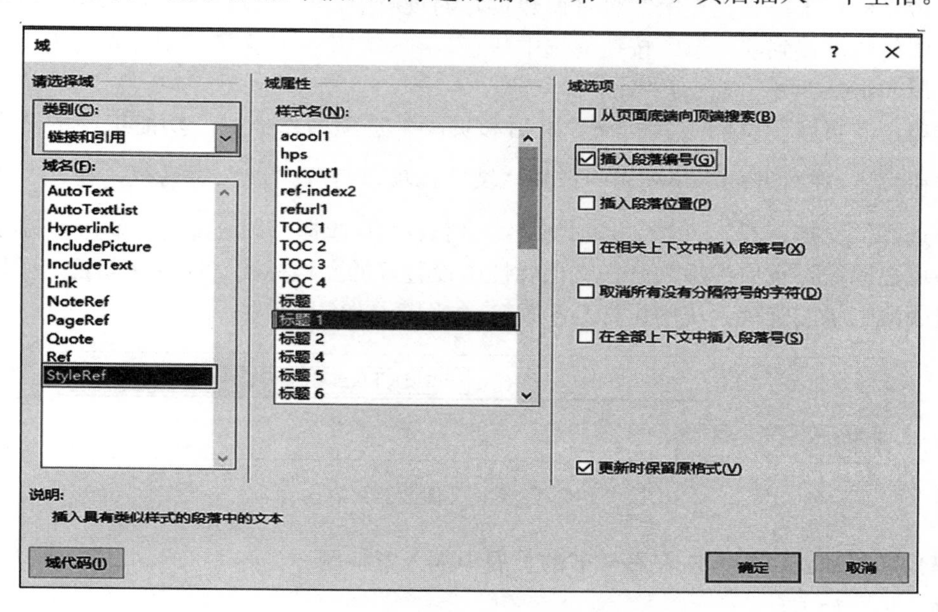

图 3-104 “域”对话框

④使用相同的方法，再插入“域”，在打开的“域”对话框中，进行如图 3-105 所示的设置，单击“确定”按钮，此时在章编号后面插入了章标题“绪论”，而且论文正文的其他章节的奇数页页眉都由本章节的编号及章节标题文字组成。

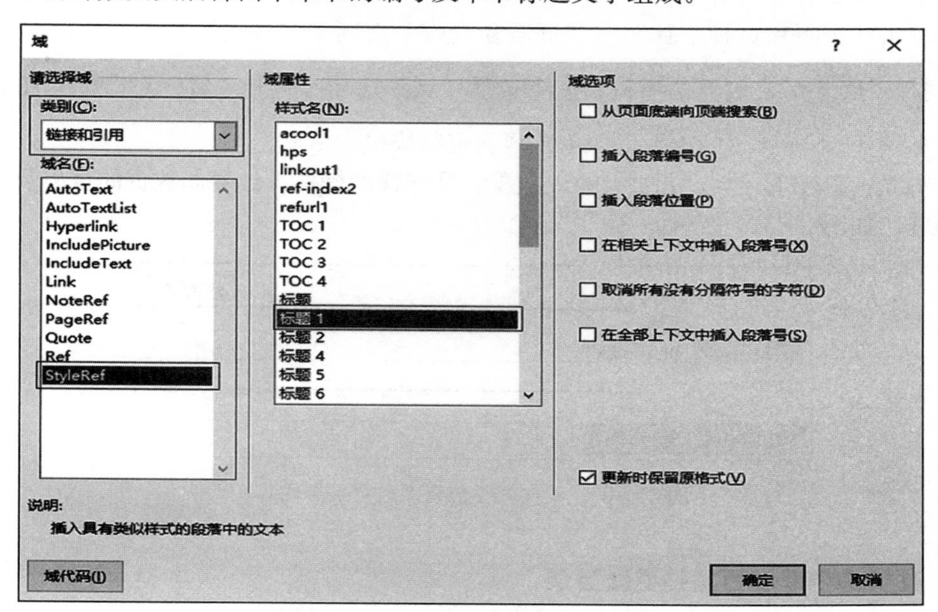

图 3-105 插入“域”

(3) 利用插入域的方法在正文偶数页的页眉中插入论文题目

操作步骤如下：

①将光标置于论文正文第 2 页（偶数页）的页眉中，在“设计”选项卡中，取消“导航”组中的“链接到前一节”按钮的选中状态，确保“论文正文”节偶数页与上一节的偶数页页眉的链接断开。

②单击“页眉和页脚工具”→“页眉和页脚”选项卡“插入”功能组中的“文档部件”按钮，在打开的下拉列表中选择“域”选项，打开“域”对话框，在“类别”下拉框中选择“文档信息”选项，在“域名”列表框中选择 Title 选项，单击“确定”按钮，即可在偶数页页眉中插入已在文档属性中设置好的文档标题（即论文题目）：“B/S 模式下校园藏书借阅管理系统的设计与实现”，如图 3-106 所示。

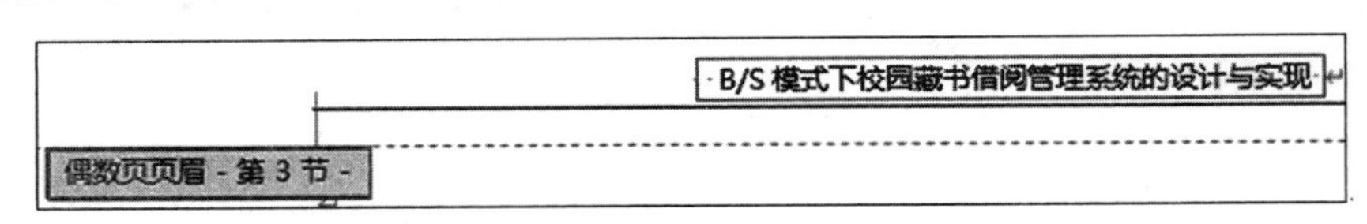

图 3-106　论文正文偶数页页眉内容

(4) 利用插入域的方法在第 4 节的页眉中插入章标题

操作步骤如下：

本节的首页、奇数页及偶数页的页眉内容都设置成章标题内容。

①将光标置于论文第 4 节（参考文献页）的页眉中，在“设计”选项卡中，取消“导航”组中的“链接到前一条页眉”按钮的选中状态，确保“第 4 节”奇数页页眉与“第 3 节”奇数页页眉的链接断开。

②单击“页眉和页脚工具”→“页眉和页脚”选项卡“插入”功能组中的“文档部件”下拉按钮，在打开的下拉列表中选择“域”选项，打开“域”对话框，在对话框中进行如图 3-105 所示的设置，并单击“确定”按钮。

③将光标置于下一页，并进行与以上①、②同样的操作，设置偶数页的页眉及奇数页页眉内容，如图 3-107 所示。

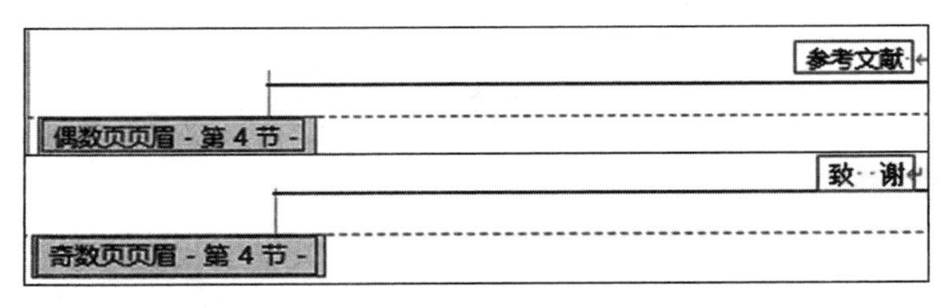

图 3-107　论文第 4 节奇偶数页页眉内容

7. 在页脚中添加页码并更新目录

在不同的节中，可设置不同的页眉和页脚。根据毕业论文排版要求，封面无页码，

“目录和摘要”节的页码格式为“i，ii，iii...”，论文“正文”节的页码格式为“1，2，3...”，页码位于页脚中，并居中显示。具体操作步骤如下：

①将光标置于论文第2节（目录和摘要）第1页的页脚中，在“页眉和页脚”选项卡中，取消“导航”组中的“链接到前一节”按钮的选中状态，确保论文“目录和摘要”节与论文封面的页脚的链接断开，链接断开后，页脚右上角的文字“与上一节相同”会消失。

②单击“页眉和页脚”功能组中的“页码”下拉按钮，在打开的下拉列表中选择“设置页码格式”命令，如图3-108所示，打开“页码格式”对话框，选择编号格式为“i，ii，iii...”，选择“起始页码”单选按钮，并设置起始页码为i，单击“确定”按钮，完成页码格式的设置，如图3-109所示。

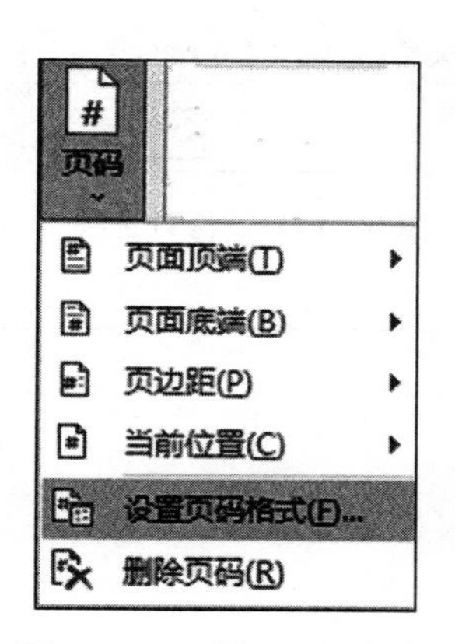

图3-108　设置页码格式

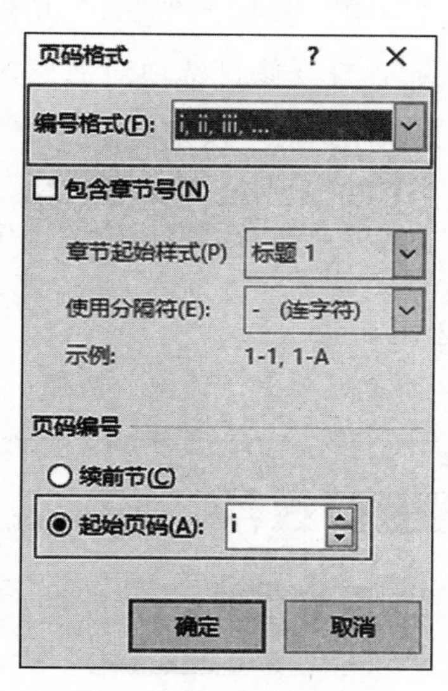

图3-109　“页码格式”对话框

③单击“页眉和页脚”功能组中的“页码”下拉按钮，在打开的下拉列表中选择“当前位置”→“普通数字”选项，即可在页脚中插入页码，最后设置页码居中显示。至此，论文第二节的首页页码已设置完。奇数页的页码设置方法同前面的操作方法一样，在这里不再赘述。

④同论文“目录”和“摘要”节中的页码设置方法一样，将论文“正文”节中的页码格式设置为“1，2，3...”，居中显示。

因为论文中的页码已重新设置，原自动生成的目录内容应该更新。

⑤单击右键“目录”页中的目录内容，在弹出的快捷菜单中选择“更新域”命令，打开“更新目录”对话框，如图3-110所示，根据需要，选择“只更新页码”或“更新整个目录”单选按钮，单击“确定”按钮，即可更新目录内容。

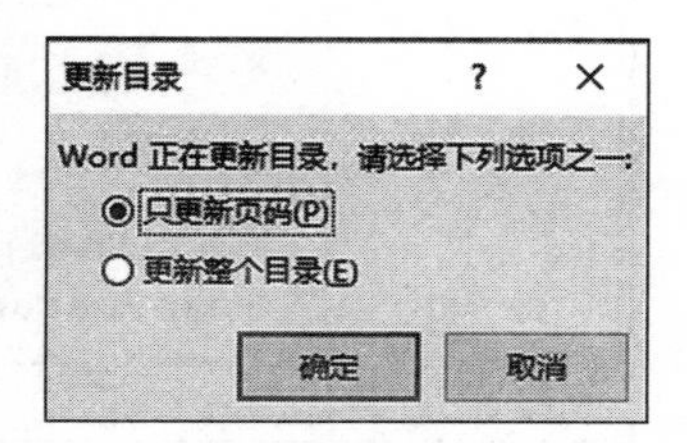

图3-110　“更新目录”对话框

8. 使用批注和修订

毕业论文的排版结束后，通常情况下，把已排版好的论文提交给指导老师审阅，指导老师通过批注和修订的方式对论文提出修改意见后再返回，同学们收到后可以接受或拒绝老师添加的批注和修订。

（1）更改修订者的用户名

Word 可以记录修订者的用户名，我们对论文进行修订或批注之前可以更改修订者的用户名，以便可以知道修订者是谁。具体操作步骤如下：

①单击“审阅”选项卡“修订”功能组右下角的下拉按钮，打开修订选项对话框，在此对话框中选择“更改用户名”按钮，如图 3-111 所示。

②打开“Word 选项”对话框，在左侧窗格中选择“常规”选项，在右侧窗格中的“用户名”文本框中输入修订者的用户名，如“娜老师”，在“编写”文本框中输入用户名的缩写，如“NA”，如图 3-112 所示，单击“确定”按钮。

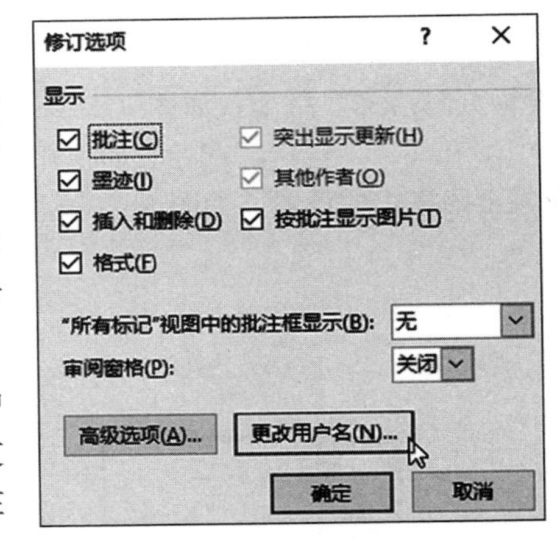

图 3-111 “修订选项”对话框

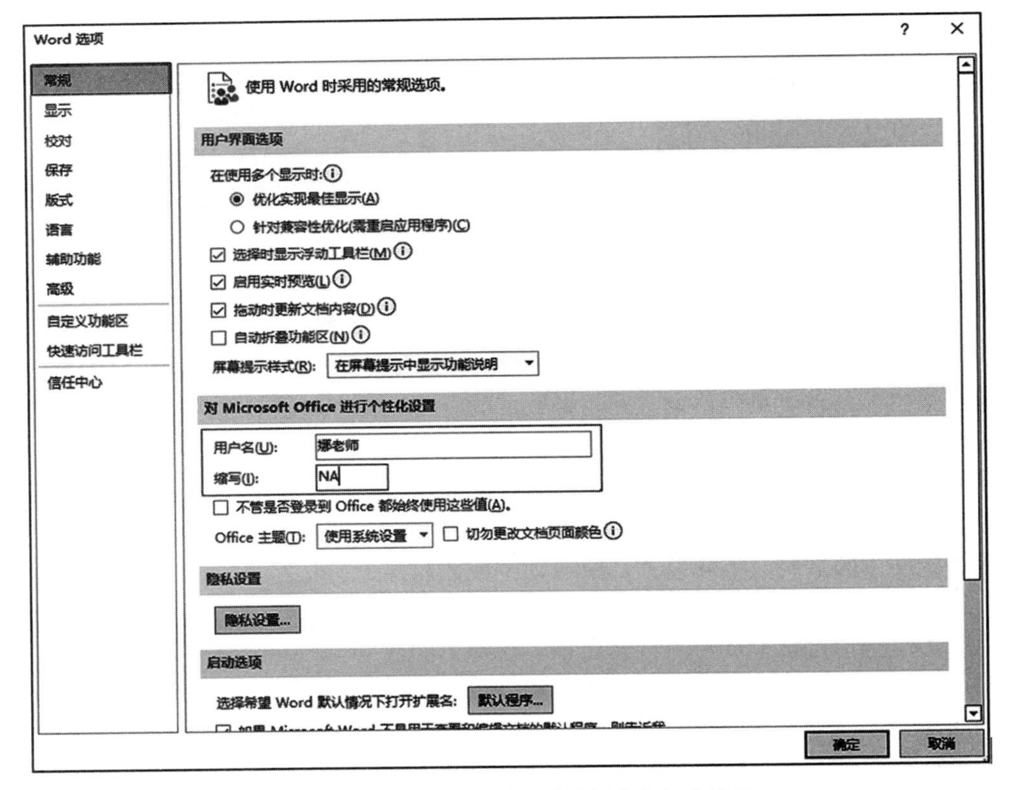

图 3-112 “Word 选项”对话框中个性化设置

（2）使用批注和修订

批注的相关内容在前面“排版电子小报”的【样文7】中已谈过，所以这里不再赘述。使用修订的具体操作步骤如下：

①单击“审阅”选项卡“修订”功能组中的“显示标记”下拉按钮，在打开的下拉列表中选择“批注框”→“在批注框中显示修订”选项，如图3-113所示。

②单击“修订”功能组中的“修订”下拉按钮，在打开的下拉列表中选择“修订”命令，如图3-114所示，此时可以开始修订。

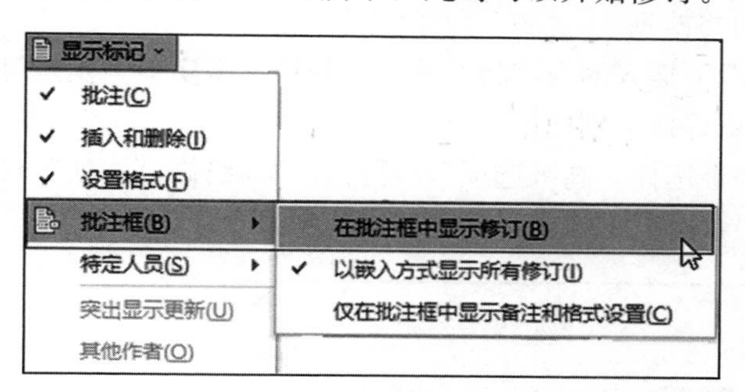

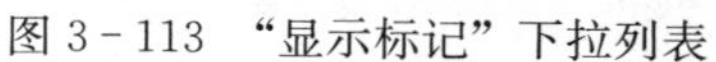
图3-113 “显示标记”下拉列表

图3-114 “修订”下拉列表

③例如在第一章所在页面中，从“1.2 国内外研究现状及发展趋势”当中删除“趋势”两个字，此时在页面的右侧的修订批注框中显示了“删除的内容：趋势”；在1.1最后一个段落后添加文字“很多问题”，此时插入的文字“很多问题”在页面中红色显示，并添加了单下划线，如图3-115所示。

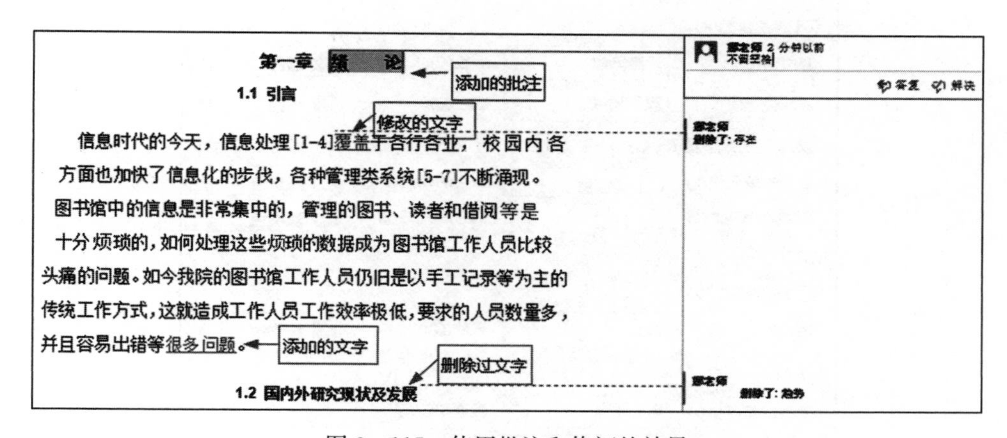

图3-115 使用批注和修订的效果

④使用相同的方法，把1.1引言下一行的“存在”两个字改为“覆盖”两个字，修订结果如图3-115所示。

⑤选中本页面中的标题“绪论”两个字，再单击“批注”功能组中的“新建批注”按钮，在页面右侧的“批注框”中输入批注信息，“不留空格”，批注信息前面会自动加

上批注者的缩写名和批注的符号，如图 3－115 所示。

⑥在图 3－113 所示的界面中，选择其他不同的选项，注意查看文档的显示效果。

⑦单击“修订”功能组中的“审阅窗格”下拉按钮 审阅窗格，在打开的下拉列表中选择“垂直审阅窗格”或“水平审阅窗格”选项，如图 3－116 所示，可在文档窗口中显示“垂直审阅窗格”或“水平审阅窗格”。

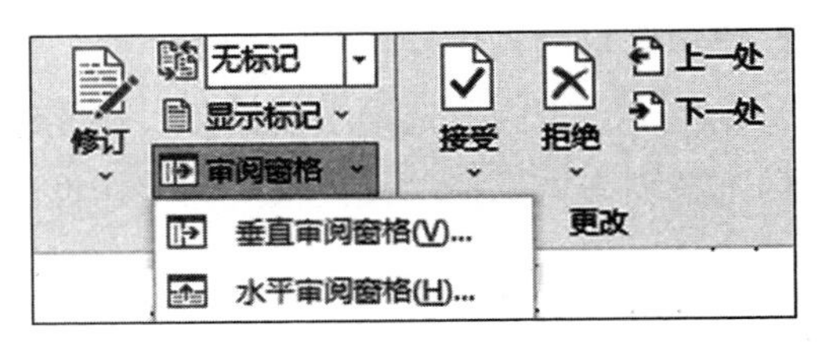

图 3－116 “审阅窗格”下拉列表

当文档处于修订状态时，用户对文档进行修改后将显示标记，但不同类型的修改所显示的标记也不同。例如，在默认情况下插入的内容将会有单下划线。事实上，用户可以自定义修订标记的样式和颜色，以便更好地区别标记。

⑧在图 3－111 所示的界面中，如果选择“高级选项”，可打开“高级修订选项”对话框，如图 3－117 所示，在该对话框中，可自定义修订标记的样式和颜色。

图 3－117 “高级修订选项”对话框

⑨单击“保护”功能组中的“限制编辑”按钮 ，将打开“限制编辑”任务窗格，在该任务窗格中可设置对文档的格式和编辑的各种限制。

（3）接受或拒绝批注和修订

同学根据实际情况，对老师的修订可以接受或拒绝。

批注只是对编辑提出建议，批注本身不是文档的一部分，所以无法接受或拒绝批注本身。接受批注就是不管它，拒绝批注则是删除它。

修订却是文档的一部分，修订是对文档所做的插入或删除等。可以查看插入或删除的内容、修改的作者及修改时间。当接受修订时，它将把修订内容转换为常规文字；当接受删除时，它将从文档中删除；拒绝插入内容即将其删除；拒绝删除内容即保留原始文本；如果接受格式更改，它们就会应用于文本的最终版本；拒绝格式更改，格式将被删除。具体操作步骤如下：

①将光标置于“审阅窗格”中的第1条修订处，单击“更改”功能组中的“接受”图形按钮 （或下拉列表中的“接受并移到下一处”选项），表示接受修订，修订内容会转换为常规文字，接受修订后，在“审阅窗格”中，光标会自动转到下一个修订处。

如果单击“更改”功能组中的“拒绝”图形按钮 （或下拉列表中的“拒绝并移到下一处”选项），表示拒绝修订，保留原始文字。

②使用相同的方法，“接受”或“拒绝”其他修订。

③批注不同于修订，当“接受”或“拒绝”批注时，文档内容本身不会发生变化，“接受”批注就是按照它的提示手工修改内容，不用理会批注，批注本身还可以保留，拒绝批注则是删除批注本身。

项目八 邮件合并

任务目标

- 理解邮件合并的含意
- 掌握邮件合并功能的使用
- 培养信息安全意识

邮件合并属于Word的高级应用。完成本次任务，同学们可以领略到Word软件的强大功能，轻松掌握邮件合并的操作方法。

任 务

批量生成学生成绩通知单

要求：①向每位学生家长发一份学生成绩通知单。②利用已经建立好的成绩表，生成的部分成绩通知单，如图3-118所示。

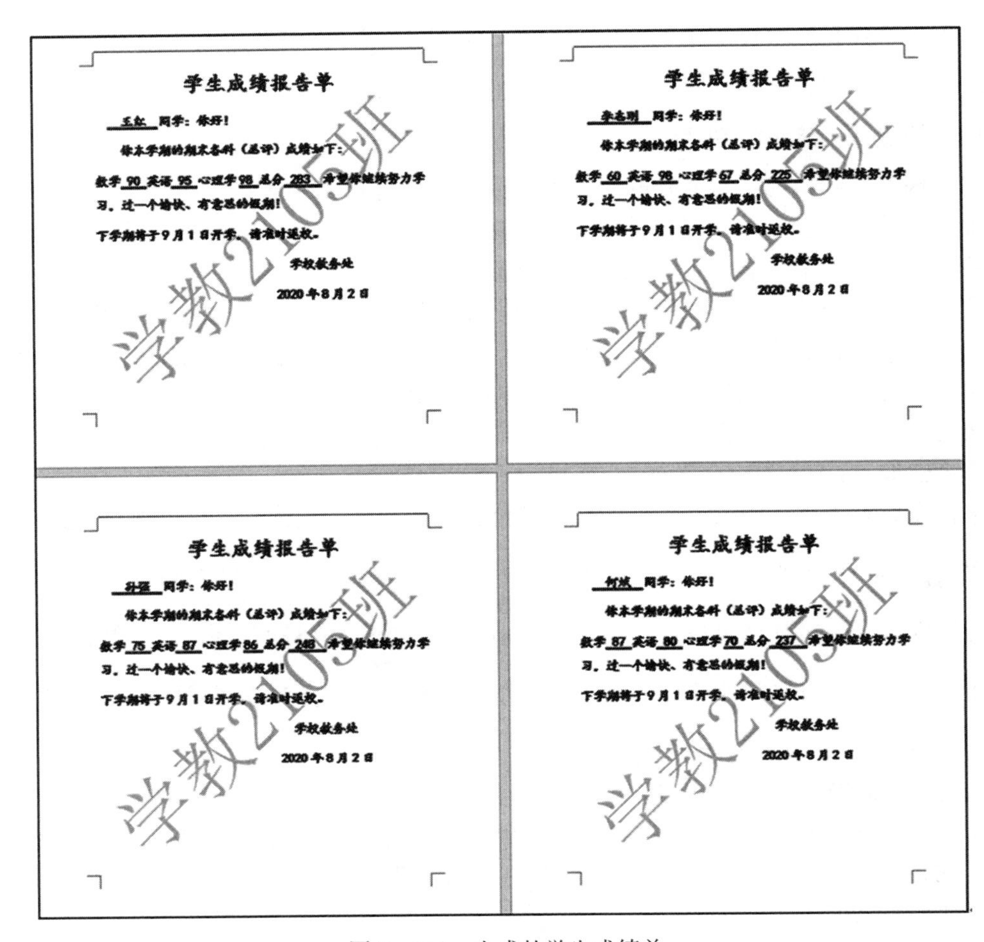

图 3－118　生成的学生成绩单

相关知识点

邮件合并功能是 Word 中一个非常特别的功能，它的用途很广泛。邮件合并就是在主文档的固定内容中，合并与发送信息相关的一组数据源，从而批量生成需要的邮件文档。例如报表、信件或录取通知书等它们都有共有的内容，还包含需要变化的信息，如姓名、地址等；如此情况下我们可以建立一个主文档，包括共有的内容，另建立一个数据源，包括变化的信息，然后利用邮件合并功能，将两者结合起来。这样 Word 便能够从数据源中将相应的信息插入主文档中，最后生成一个大的合并文档。

1. 主文档与数据源

（1）主文档

主文档是 Word 邮件合并中包含公共文本和图形的文档，如图 3－119 所示。

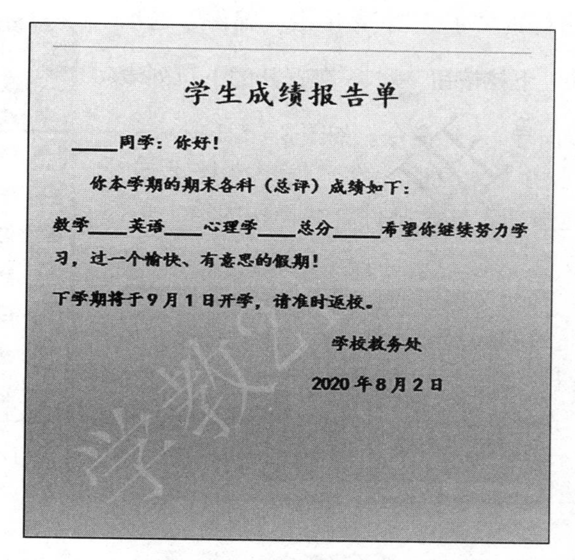

学生成绩报告单

____同学：你好！

你本学期的期末各科（总评）成绩如下：

数学____英语____心理学____总分____希望你继续努力学习，过一个愉快、有意思的假期！

下学期将于9月1日开学，请准时返校。

学校教务处

2020年8月2日

图 3-119 “主文档”样文

（2）数据源

数据源是要合并到主文档的信息文件。例如，成绩通知单中的学生姓名及各科的成绩列表，如图 3-120 所示。

姓名	数学	英语	心理学	总分
王红	90	95	98	283
李志刚	60	98	67	225
孙强	75	87	86	248
何斌	87	80	70	237
刘明静	89	96	99	284
乌云	80	72	80	232

图 3-120 “数据源”样文

2. 批量制作通知单

使用邮件合并功能可以处理信函和信封等与邮件相关的文档，同时还可以轻松地批量制作标签、考试卡、工资条、成绩单等。

下面利用邮件合并功能制作一个学生成绩通知单。

（1）创建主文档

撰写一份学生成绩通知书，并保存。例如：内容如图 3-119 所示。

（2）应用邮件合并功能

具体操作步骤如下：

①首先打开已编辑好的“主文档”，单击“邮件”选项卡中的“开始邮件合并”下拉按钮  ，在打开的下拉列表中选择“邮件合并分步向导...”命令，如图 3－121 所示。

②打开的“邮件合并”对话框，在“选择文档类型”组中选择“信函”单选按钮，这是邮件合并操作的第 1 步，如图 3－122 所示。

③单击“下一步：开始文档”，打开邮件合并操作的第 2 步对话框，在对话框的“选择开始文档”组中选择“使用当前文档”单选按钮，如图 3－123 所示。

④单击“下一步：选择收件人”，打开邮件合并操作的第 3 步对话框，在对话框“选择收件人”组中选择“使用现有列表”单选按钮，并单击“浏览...”命令，如图 3－124 所示。

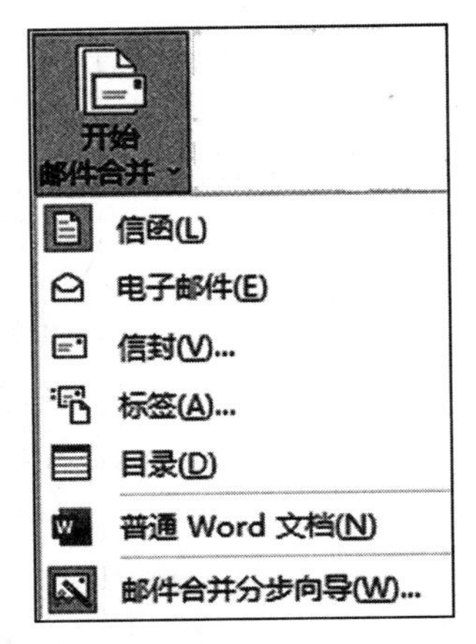

图 3－121 邮件合并分布向导

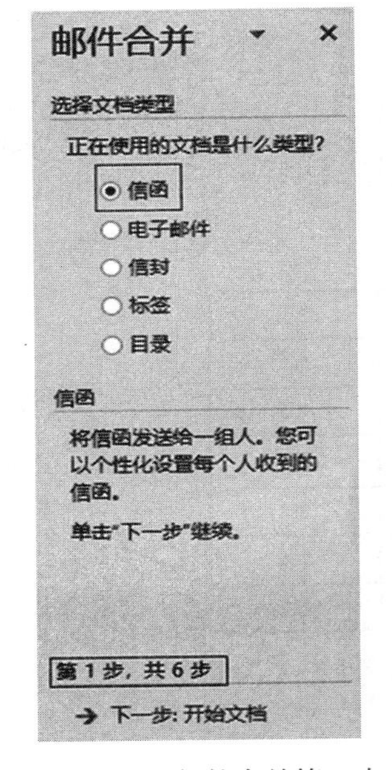

图 3－122 邮件合并第 1 步

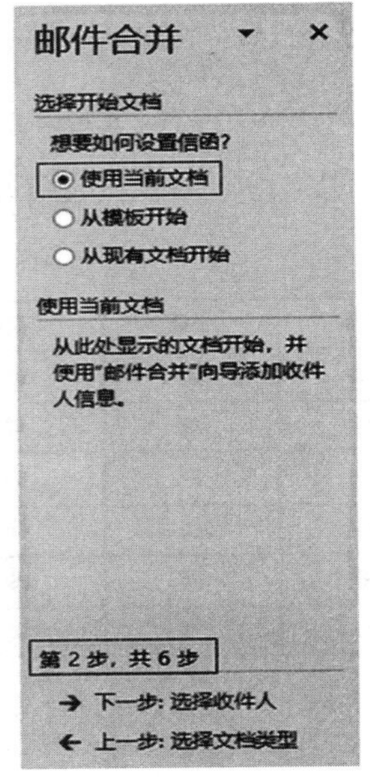

图 3－123 邮件合并第 2 步

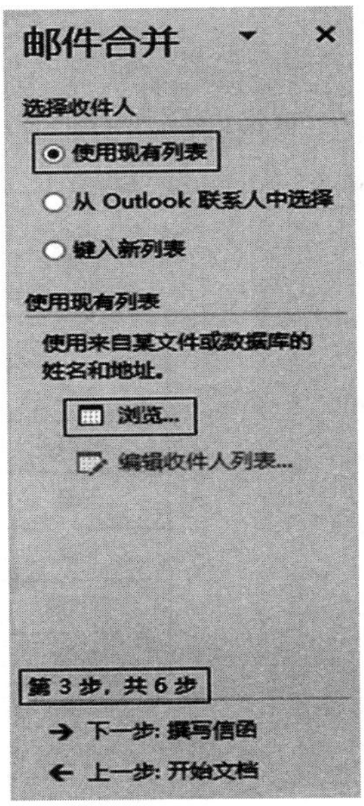

图 3－124 邮件合并第 3 步

⑤单击“浏览...”命令，打开“选取数据源”对话框，在此对话框中查找已经建立好的数据源，并打开。

⑥打开数据源之后出现“邮件合并收件人”对话框，如图 3－125 所示，单击“确定”按钮，回到邮件合并的第 3 步，如图 3－126 所示。

⑦单击“下一步：撰写信函”，打开邮件合并的第 4 步窗格，此时将光标置于主文档的“姓名”后（图 3－127），单击“其他项目...”命令，如图 3－128 所示。

⑧打开“插入合并域”对话框，在此对话框中选取相应的域并插入主文档的相应位置，如图 3－129 所示。

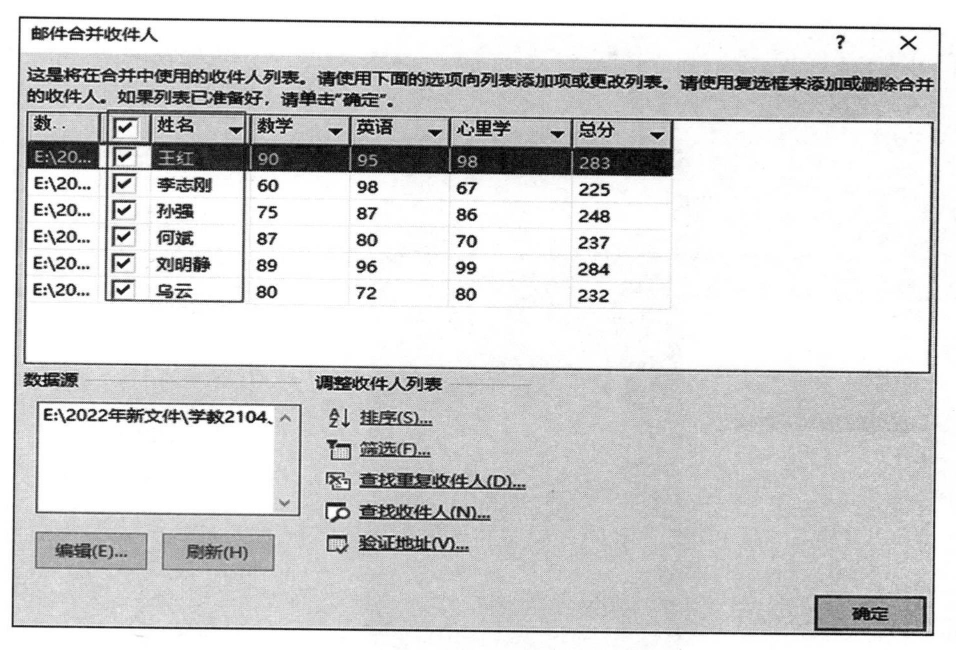

图 3-125 “邮件合并收件人”对话框

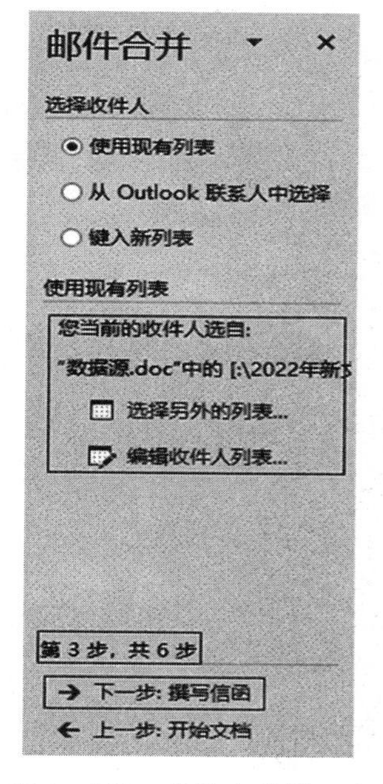

图 3-126 邮件合并第 3 步

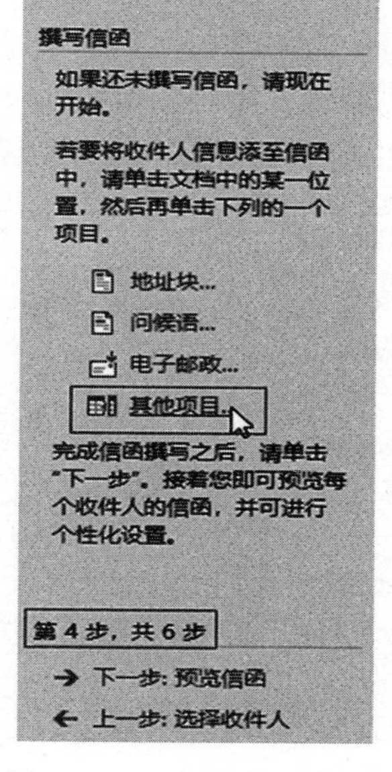

图 3-127 邮件合并第 4 步

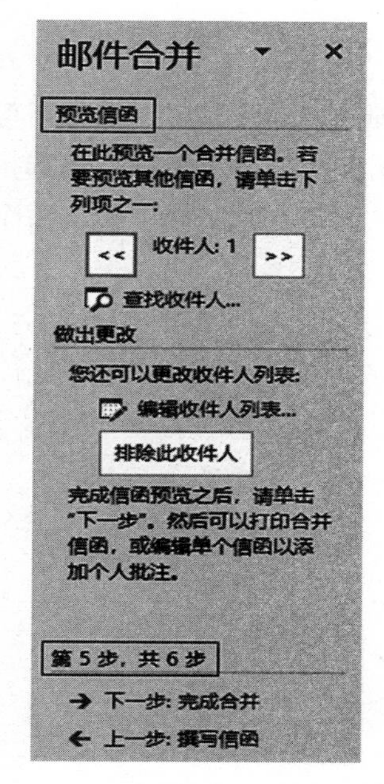

图 3-128 邮件合并第 5 步

⑨回到邮件合并第 4 步，单击“下一步：预览信函”，打开邮件合并的第 5 步窗格，通过向上按钮<<和向下按钮>>可以预览邮件合并结果，如图 3-130 所示。

⑩单击“下一步：完成合并”，打开邮件合并的第 6 步窗格，如图 3-130 所示。单击

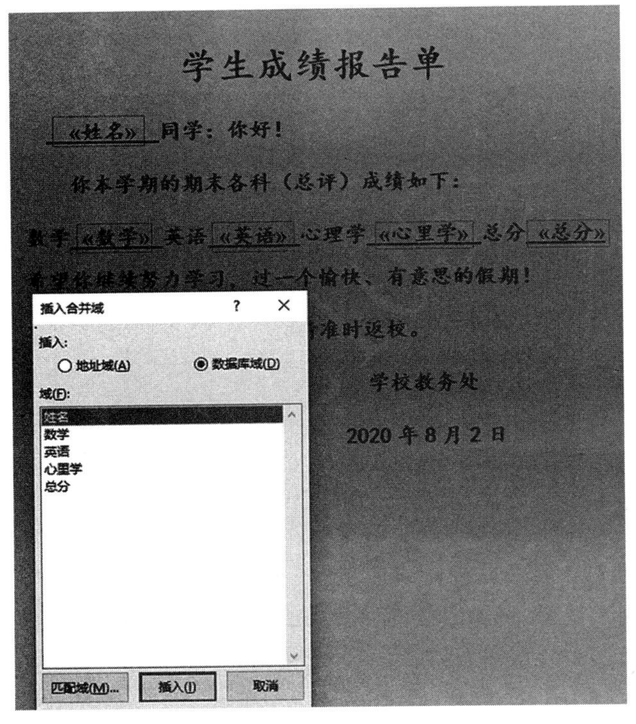

图 3-129　利用“插入合并域”对话框插入域

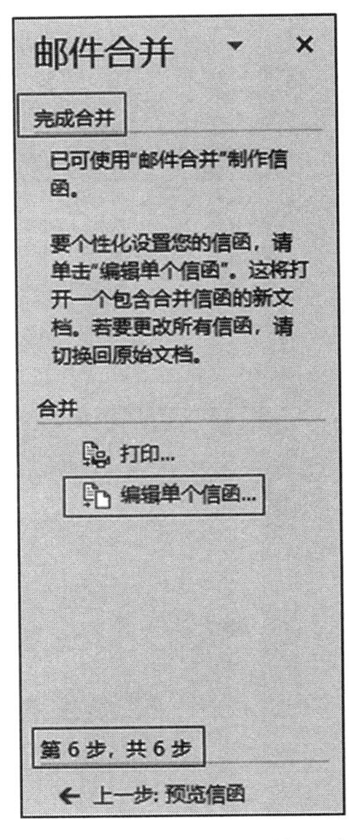

图 3-130　邮件合并第 6 步

“编辑单个信函...”链接后可打开“合并到新文档”对话框，如图 3-131 所示，在此对话框中，选择“全部”单选按钮，单击“确定”按钮即可完成邮件合并，并生成一个新的合并文档，此文档中包含每个学生的姓名及各科成绩等信息，如图 3-118 所示。

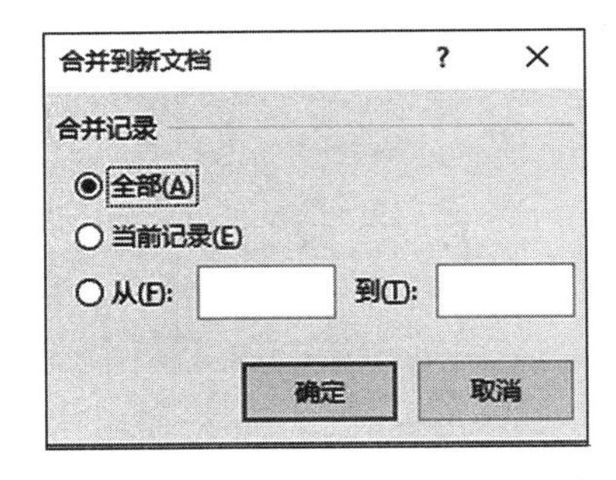

图 3-131　“合并到新文档”对话框

拓展练习

一、选择题

1. Word 2016 文档的默认扩展名为（　　）。

　A. .txt　　B. .exe　　C. .docx　　D. .sys

2. 在 Word 2016 中，系统默认的中文字体是（　　）。
   A. 黑体　　B. 宋体　　C. 仿宋体　　D. 楷体
3. 在 Word 2016 中，系统默认正文的中/英文字体的字号是（　　）。
   A. 三号　　B. 四号　　C. 五号　　D. 六号
4. 在 Word 的“字体”对话框中，不可设定文字的（　　）。
   A. 字间距　　B. 字号　　C. 删除线　　D. 行距
5. 在 Word 的编辑状态下，要设置上标、下标，应使用“开始”选项卡中（　　）功能组的相应工具按钮。
   A. 字体　　B. 段落　　C. 剪贴板　　D. 样式
6. 在 Word 2016 中，切换“插入”和“改写”编辑状态，可以按（　　）。
   A. Enter 键　　B. Insert 键　　C. Delete 键　　D. Backspace 键
7. 现在有一个以文件名 A 保存过的文件，如果我们要把文件 A 再以文件名 B 保存的话，使用（　　）命令。
   A. 保存　　B. 另存为
   C. 另存为 Web 页　　D. 打开
8. 如何选定长方形文字块（　　）。
   A. 按 Shift 键后拖动鼠标，鼠标所标志的长方形区域内的文字将被选择
   B. 按 Alt 键后拖动鼠标，鼠标所标志的长方形区域内的文字将被选择
   C. 按 Ctrl 键后拖动鼠标，鼠标所标志的长方形区域内的文字将被选择
   D. 按“Ctrl+Alt”键后拖动鼠标，鼠标所标志的长方形区域内的文字将被选择
9. 以只读方式打开的 Word 2016 文档，做了某些修改后，要保存时，应使用“文件”选项卡下的（　　）命令。
   A. 保存　　B. 保存并发送　　C. 另存为　　D. 关闭
10. 在 Word 2016 中，要把多处同样的错误一次性更正，正确的方法是（　　）。
    A. 使用“撤销”与“恢复”命令
    B. 使用“开始”选项卡中的“替换”命令
    C. 使用“开始”选项卡中的“查找”命令
    D. 用插入点逐字查找并修改
11. Word 2016 格式化分为（　　）三类。
    A. 字符、段落和句子　　B. 字符、页面和句子
    C. 段落、句子和页面　　D. 字符、段落和页面
12. Word 2016 的“格式刷”用于复制文本或段落的格式，若要将选中的文本或段落格式重复复制多次，应（　　）操作。
    A. 单击格式刷　　B. 双击格式刷　　C. 右击格式刷　　D. 拖动格式刷
13. 将插入点定位于句子“飞流直下三千尺”中的“直”与“下”之间，按一下 Delete 键，则该句子（　　）。
    A. 变为“飞流下三千尺”　　B. 变为“飞流直三千尺”
    C. 整句被删除　　D. 不变

14. Word 2016 中快捷键“Ctrl+A”是（　　）。

A. 撤销上一步操作　　B. 执行复制操作

C. 选择整篇文档　　D. 选择一个段落

15. 在 Word 2016 中，如果要调整文档中的字符间距，可在“开始”选项卡的（　　）功能组中进行操作。

A. 段落　　B. 样式　　C. 字体　　D. 剪贴板

16. 在 Word 2016 中，如果要调整文档中的行间距，可在“开始”选项卡的（　　）功能组中进行操作。

A. 字体　　B. 段落　　C. 剪贴板　　D. 样式

17. 下面关于 Word 2016 文档中“栏”的说法，不正确的是（　　）。

A. 可以对某一段文字进行分栏

B. 执行“布局”选项卡中的“栏”命令，可以实现分栏操作

C. 在“栏”对话框中，可以设置各栏的“宽度”“间距”

D. 只能对整篇文档进行分栏

18. 选定的一段文字执行“剪切”操作，那么可以执行“粘贴”操作的次数是（　　）。

A. 0　　B. 1　　C. 12　　D. 无数次

19. 关于 Word 2016 的“格式刷”工具的说法，不正确的是（　　）。

A. “格式刷”工具可以用来复制文字

B. “格式刷”工具可以用来快速复制文本格式

C. “格式刷”工具可以用来快速复制段落格式

D. 双击“开始”选项卡中的“格式刷”工具按钮，可以多次复制同一个格式

20. 使用 Word 2016 录入文字时，正确的操作是（　　）。

A. 每行文字输入结束后，按 Enter 键进行换行

B. 每段文字输入结束后，按 Enter 键进行换行

C. 每段文字输入结束后，按多次空格键进行换行

D. 整篇文字输入结束后，才能按 Enter 键进行换行

21. 在 Word 文档中绘制一个圆形，在此圆形中添加文字的方法是（　　）。

A. 单击此圆，然后输入文字

B. 双击此圆，然后输入文字

C. 在此圆上单击鼠标右键，在弹出的快捷菜单中选择“添加文字”命令，然后输入文字

D. 不能在圆上添加文字

22. 在 Word 2016 中进行最小化文档窗口操作（　　）。

A. 会将指定文档关闭

B. 会将指定文档从外存读入内存中，并显示出来

C. 文档的窗口和文档都没关闭

D. 会关闭文档及其窗口

23. 在 Word 2016 快速访问工具栏中 ↶ 按钮的功能是（　　）。

A. 撤销上次操作　　B. 加粗

C. 设置下划线　　　　　　　　　D. 改变所选择内容的字体颜色

24. 在使用 Word 2016 进行文字编辑时，下面叙述中（　　）是错误的。
   A. Word 2016 将正在编辑的文档另存为一个纯文本（.txt）文件。
   B. 使用“文件”选项卡中的“打开”命令可以打开一个已存在的 Word 文档。
   C. 打印预览时，打印机必须是已经开启的。
   D. Word 2016 允许同时打开多个文档。

25. 能显示页眉和页脚的视图方式是（　　）。
   A. 草稿视图　　B. 页面视图　　C. 大纲视图　　D. 阅读版式视图

二、填空题

1. 在 Word 2016 中，提供了________、________、________、________、________视图方式。
2. 要在文档中插入艺术字时，操作方法：单击“插入”选项卡“________”功能组中的“艺术字”命令。
3. 在 Word 中，某个命令选项后面有省略号（…），当选择该命令选项后，则会出现________。
4. 若要创建一个自然段可按________键。
5. Word 2016 中默认的文件扩展名是________，模板文件后缀名是________。
6. Word 2016 中段落对齐方式有________、________、________、________和分散对齐 5 种。
7. Word 2016 中段落的缩进方式有________、________、________、________4 种。
8. Word 2016 在________选项卡中可显示最近所用文件名。
9. 在 Word 2016 中编辑文档时，出现在文本下方的蓝色波浪线表示________，红色波浪线表示________。
10. 在 Word 2016 中给选定的文本、段落、表格单元格、文本框添加的背景称为________。

三、判断题（正确的打“√”，错误的打“×”）

1. Word 2016 不能插入剪贴画。（　　）
2. 在 Word 2016 文档中插入艺术字既能设置字体，又能设置字号。（　　）
3. Word 2016 被剪掉的图片可以恢复。（　　）
4. 页边距可以通过标尺设置。（　　）
5. 如果需要对文本进行格式化，则必须先选择被格式化的文本，然后再对其进行操作。（　　）
6. 页眉与页脚一经插入，就不能修改了。（　　）
7. 对当前文档最多可分为三栏。（　　）
8. 使用 Delete 命令删除的图片，可以粘贴回来。（　　）
9. 在 Word 中可以使用在最后一行的行末按下 Tab 键的方式在表格末添加一行。（　　）
10. Word 2016 插入文本框时既能设置字体，又能设置字号。（　　）
11. 拆分表格和拆分单元格实际上操作是一样的。（　　）
12. 在“页面设置”对话框中可以自己定义打印纸张的大小。（　　）
13. 在 Word 2016 中编辑页眉与页脚时，必须关闭页眉页脚之后才能编辑 Word 文本内容。（　　）

14. 在 Word 2016 中可使用将鼠标置于表格最后一行的行末按 Enter 键的方式在表格末再添加一行。 （ ）

15. 在 Word 2016 中可以插入网络图片。 （ ）

四、上机操作

1. Word 综合排版

要求：

①用 A4 纸排版成一页。

②【样文 1】所示，文档中应用了艺术字、自选图形、文本框、联机图片等对象，注意其对象的格式设置。

③按照样文进行字符格式、段落格式的设置。

【样文 1】

理想是伟大的

如果说人的一生是，一个不断追求的过程，那么理想就是一个个驿站的尽头那一片崭新的世界。只有那些不断拼搏、不断奋斗、不断创新的人，才能越过一个个驿站，在无尽的追求中，体会到生命的真谛，实现人生的价值。

理想是伟大的。它充满着神秘而不可思议的力量。它能使人振奋，使人勇敢，使人充满活力与激情。

正值人生

理想是忠诚的伴侣。在追求目标的过程中，理想会始终不渝地陪伴在有志者的左右，让他们不畏冷嘲热讽，不怕埋怨与不解，不惧路途的艰险与遥远。理想还能将旅途中的寂寞与孤独化成一曲催人奋进的歌，将挫折后的伤心与难过化作一股前进的动力。

有理想的人是幸福的，有理想的生活是火热的，朋友，趁我们青春年少，正值人生的黄金时刻（huángjīnshíkè），就让我们载着理想出发，去努力开创自己的一片新天地吧！

2. 排版：电子小报

将【原文】按如下要求排版后命名为“关于微笑的话题”，并保存在自己的文件夹下。

①将标题“关于微笑的话题”改为艺术字，文本效果设置为“波形：下”。

②在第一段落前插入“联机图片”，给第一段落添加边框。

③在第二段落中插入图片，图片上利用竖排文本框输入相应的文字，图片格式自行设置。

④将正文最后段落分两栏。

【原文】

关于微笑的话题

关于微笑的话题，许多名人都曾表达过笑容的“威力”。给我印象最深的一句话就是“当生活像一首歌那样轻快流畅时，笑颜常开乃易事；而在一切事都不妙时仍能微笑的人，才活得有价值。”其实，生活就应该顺境的时候笑由心生，在事情不是那么尽如人意的时候，我们换个角度，微笑着面对，这样才是对待生活的正确态度。

在生活之中，每天早上起来就对着镜子中的自己微笑一下，可以保持一天的好心情。而且，微笑有着神奇的魔力，不仅可以让自己开心起来，还可以让身边的朋友感受到，间接地感染他们，这就是传递正能量的一种表现！

【样文 2】

关于微笑的话题

关于微笑的话题，许多名人都曾表达过笑容的“威力”。给我印象最深的一句话就是“当生活像一首歌那样轻快流畅时，笑颜常开乃易事；而在一切事都不妙时仍能微笑的人，才活得有价值。”其实，生活就应该顺境的时候笑由心生，在事情不是那么尽如人意的时候，我们换个角度，微笑着面对，这样才是对待生活的正确态度。

在生活之中，每天早上起来就对着镜子中的自己微笑一下，可以保持一天的好心情。而且，微笑有着神奇的魔力，不仅可以让自己开心起来，还可以让身边的朋友感受到，间接地感染他们，这就是传递正能量的一种表现！

3. 邮件合并：批量打印奖状

要打印一批奖学金奖状，其内容大同小异，只有姓名、奖励等级、奖金金额不同，需要使用 Word 提供的相关功能自动生成奖状内容。结果分别以“主文档”“数据源”“合并文档”为名保存在自己的文件下。

（内容提示如下）

__________同学：

你在 2021—2022 学年第一学期中成绩优异，表现突出，荣获优秀学业奖学金。

等级______等　　（￥________）　　人民币________整

特颁此状，以资鼓励！

锡林郭勒职业学院

2022 年 3 月 6 日

姓名	等级	金额 1	金额 2
符杰	甲等	600	陆佰圆
左妞	甲等	600	陆佰圆
牟朝霞	甲等	600	陆佰圆
王磊	乙等	400	肆佰圆
刘鑫	乙等	400	肆佰圆
李兰兰	乙等	400	肆佰圆
胡群	丙等	200	贰佰圆
李冬	丙等	200	贰佰圆
姜军	丙等	200	贰佰圆

模块四

电子表格处理软件Excel 2016

Microsoft Excel 2016 电子表格处理软件是 Microsoft Office 2016 中最基本的三大组件之一，具有良好的操作界面，能轻松地完成表格操作；具有强大的数据处理功能，可以同时制作多张表格，还可以对表格中的数据按照一定的规则进行排序、运算等，能有效地提高数据处理的准确性。

项目一　Excel 2016 的基本操作

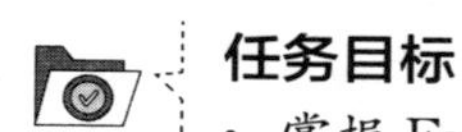

任务目标

- 掌握 Excel 2016 启动、退出、保存等基本操作
- 掌握 Excel 2016 工作簿、工作表和单元格的基本操作
- 掌握 Excel 2016 工作表的编辑方法：数据的输入和编辑修改，数据的移动、复制和选择性粘贴，行、列及单元格的插入

任务一

制作学生成绩表

任务要求：创建一个 Excel 文档，工作簿 1，在工作表 Sheet 1 中输入如图 4-1 所示的数据表，并以文件名“学生成绩表.xlsx”命名保存在 D：盘下自己的文件夹中。

（1）在“赵欣”和“陈丹”之间插入一行，输入“郭涛”，3 门课程的成绩为 89、86、80。

操作提示：用鼠标单击行号 12，选择“陈丹”所在的行，单击右键，从弹出的快捷菜单中单击“插入”命令，就会在选定行的上方插入一个空行，输入“郭涛”的内容。

（2）以填充序列数的方法产生各学生的学号 2021366001、2021366002、…、2021366014。内容参照图 4-2 所示。

操作提示：在 A2 和 A3 单元格中分别输入学号 2021366001 和 2021366002。然后选择这两个单元格，将鼠标移到第二个单元格右下角的填充柄处，按鼠标左键往下拖曳到 A15 单元格，这样等差序列就填充完成了，如图 4-2 所示。

（3）在工作表 Sheet 1 的 B 列前插入 1 列，在单元格 B1 中输入“小组”，在单元格 B2、B6、B10 中分别输入“第一组”“第二组”“第三组”。然后将 B2 单元格数据复制到单元格区域 B3：B5，将单元格 B6 中的数据复制到单元格区域 B7：B10，将单元格 B10 中的数据复制到单元格区域 B11：B15（用鼠标从填充柄上拖动）。

	A	B	C	D	E	F	G	H
1	学号	姓名	高等数学	大学英语	信息技术基础	总分	总评	名次
2		李丽丽	78	80	90			
3		王昊	89	86	80			
4		于海洋	79	75	86			
5		赵洋	90	92	88			
6		高玉明	96	95	97			
7		陈然	69	74	79			
8		孙明	60	68	75			
9		刘鹏飞	78	90	75			
10		宋子杰	87	89	77			
11		赵欣	98	56	68			
12		陈丹	88	89	98			
13		路琪	72	79	80			
14		王悦	95	86	89			
15	最高分							
16	最低分							
17	平均分							
18	参加考试的人数							
19	优秀率							
20	及格率							

图 4－1　学生成绩表

（4）将第一行的行高设置为 20。

操作提示：用鼠标单击行号 1，选择第 1 行，单击右键，从弹出的快捷菜单中选择“行高”，在“行高”对话框中输入“20”，按“确定”按钮。

（5）将“大学英语”和“计算机基础”互换位置。

操作提示：先用鼠标单击 F，选择 F 列，单击右键选择“剪切”，然后用鼠标单击选择 E 列，单击右键从快捷菜单中选择“插入已剪切的单元格”就可以了。

（6）将数据区（C1：G15）转置复制到 Sheet 2 工作表中 A1 起始的区域，形成第 2 个表格，如图 4－3 所示（提示：先复制，再将鼠标定位到要粘贴的位置，单击右键，从快捷菜单中选择“选择性粘贴”，再选择“数值”“转置”）。

	A	B	C
1	学号	姓名	高等数学
2	2021366001	李丽丽	78
3	2021366002	王昊	89
4		于海洋	79
5		赵洋	90
6		高玉明	96
7		陈然	69
8		孙明	60
9		刘鹏飞	78
10		宋子杰	87
11		赵欣	98
12		郭涛	89
13		陈丹	88
14		路琪	72
15		王悦	95

图 4－2　自动填充等差序列

	A	B	C	D	E	F	G	H	I	J	K	L	M	N	O
1	姓名	李丽丽	王昊	于海洋	赵洋	高玉明	陈然	孙明	刘鹏飞	宋子杰	赵欣	郭涛	陈丹	路琪	王悦
2	高等数学	78	89	79	90	96	69	60	78	87	98	89	88	72	95
3	信息技术基础	90	80	86	88	97	79	75	75	77	68	80	98	80	89
4	大学英语	80	86	75	92	95	74	68	90	89	56	86	89	79	86
5	总分														
6															

Sheet1　Sheet2

图 4－3　转置复制

（7）将 Sheet 1 工作表改名为“成绩表”，再将“成绩表”复制一份放置到工作表 Sheet 2 之前，然后将复制的“成绩表（2）”移动到最后一张工作表的后面。

操作提示：用鼠标选择 Sheet 1 工作表的标签，单击右键，从快捷菜单中选择“重命名”命令，输入新名称，按 Enter 键确认。

然后在“成绩表”工作表标签上单击右键，从弹出的快捷菜单中选择“移动或复制”，在“下列选定工作表之前”类别中选择“Sheet 2”工作表，勾选“建立副本”复选框，单击“确定”按钮，如图 4-4 所示。

最后，将鼠标移到“成绩表（2）”标签上，按鼠标左键将其拖曳到 Sheet 2 标签后面即可。

（8）将成绩表中表格列宽设置为“自动调整列宽”。

操作提示：从 A 列选到 I 列，把鼠标置于 I 列和 J 列的分界线上，快速双击即可。

（9）保存“学生成绩表 . xlsx”，完成后效果如图 4-5 所示。

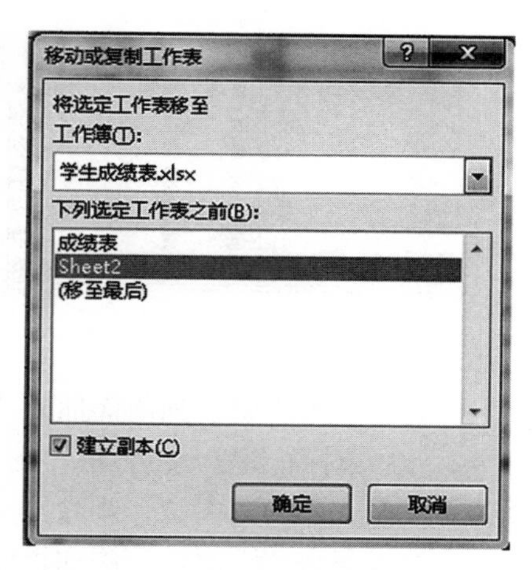

图 4-4 复制工作表

	A	B	C	D	E	F	G	H	I
1	学号	小组	姓名	高等数学	信息技术基础	大学英语	总分	总评	名次
2	2021366001	第一组	李丽丽	78	90	80			
3	2021366002	第一组	王昊	89	80	86			
4	2021366003	第一组	于海洋	79	86	75			
5	2021366004	第一组	赵洋	90	88	92			
6	2021366005	第二组	高玉明	96	97	95			
7	2021366006	第二组	陈然	69	79	74			
8	2021366007	第二组	孙明	60	75	68			
9	2021366008	第二组	刘鹏飞	78	75	90			
10	2021366009	第三组	宋子杰	87	77	89			
11	2021366010	第三组	赵欣	98	68	56			
12	2021366011	第三组	郭涛	89	80	86			
13	2021366012	第三组	陈丹	88	98	89			
14	2021366013	第三组	路琪	72	80	79			
15	2021366014	第三组	王悦	95	89	86			
16	最高分								
17	最低分								
18	平均分								
19	参加考试的人数								
20	优秀率								
21	及格率								
22									

成绩表 Sheet2 成绩表 (2)

图 4-5 “学生成绩表”的最终效果

任务二

制作员工工资表

现有工作簿“员工工资表 . xlsx”，如图 4-6 所示。

要求：

1. 将员工编号列的格式设置成文本，用鼠标拖动填充柄的方法完成编号列的数据录入。

2. 在表格“员工姓名”列后面插入“身份证号”列，将“身份证号”列数字格式设置成文本，输入每个人的身份证号。

	A	B	C	D	E	F	G	H	I	J
1	员工编号	员工姓名	性别	所在部门	基本工资	奖金	住房补助	车费补助	应发工资	实发工资
2		袁振业	男	人事科	966	1000	200	146	2312	
3		石晓珍	女	人事科	1030	2400	155	155	3740	
4		杨圣滔	男	教务科	1094	1200	160	176	2630	
5		杨建兰	女	教务科	1158	4200	205	187	5750	
6		石卫国	女	人事科	1222	800	265	166	2453	
7		石达根	男	人事科	1286	2700	200	146	4332	

图 4－6 员工工资表

3. 在“实发工资”列前面插入“公积金”列。

4. 使用鼠标右键拖动的方法，在“公积金”列填充初始值为 200，步长为 20 的等差序列。

5. 袁振业已调离岗位，删除该员工的所有信息。

6. 给人事科“石晓珍”添加批注，批注的内容为：该同志从教务科借调。

7. 将教务科杨圣滔和杨建兰两个人的数据移动到人事科“石达根”的后面，将“编号”列重新设置。

8. 将“性别”列与“所在部门”列位置互换，工资表设置后如图 4－7 所示。

	A	B	C	D	E	F	G	H	I	J	K	L
1	员工编号	员工姓名	身份证号	所在部门	性别	基本工资	奖金	住房补助	车费补助	应发工资	公积金	实发工资
2	001	石晓珍	153622198607213336	人事科	女	1030	2400	155	155	3740	220	
3	002	石平和	153033199011062131	人事科	女	1222	800	265	166	2453	280	
4	006	石达根	150102198202023322	人事科	男	1286	2700	200	146	4332	300	
5	003	杨圣滔	152102198711202222	教务科	男	1094	1200	160	176	2630	240	
6	004	杨建兰	152321198510053321	教务科	女	1158	4200	205	187	5750	260	

图 4－7 员工工资表设置之后

任务三

制作销售统计表

现有工作簿“销售统计表 . xlsx”，如图 4－8 所示。

	A	B	C	D	E	F
1	银鑫电器总汇2020年部分商品销售统计表					
2	商品名称	第二季	第一季		第三季	第四季
3	电视机	550	450		600	700
4	洗衣机	480	280		400	380
5	空调	420	260		350	450
6	冰箱	360	220		320	420
7	收音机	320	120		300	400
8	录音机	280	150		450	310

图 4－8 销售统计表

要求：

1. 将“冰箱”一行移至“电视机”一行的下方，将“第二季”与“第一季”一列位置互换。

2. 将“D”列（空列）删除。
3. 将 A1：E1 单元格区域合并。
4. 将标题行的行高设置成 24。
5. 为“700”（E3）单元格插入批注“2020 年最高销售量”。
6. 将 Sheet 1 工作表重命名为“银鑫电器商品销售统计表”，效果如图 4-9 所示。

	A	B	C	D	E
1	银鑫电器总汇2020年部分商品销售统计表				
2	商品名称	第一季	第二季	第三季	第四季
3	电视机	450	550	600	700
4	冰箱	220	360	320	420
5	洗衣机	280	480	400	380
6	空调	260	420	350	450
7	收音机	120	320	300	400
8	录音机	150	280	450	310

银鑫电器商品销售统计表 | Sheet2 | Sheet3

图 4-9 销售统计表设置之后的效果

相关知识点

1. Excel 2016 的启动和退出

（1）启动 Excel 2016

与启动 Word 2016 类似，启动 Excel 的方法有以下几种：

①利用“开始”菜单方式。单击任务栏中“开始”按钮，选择菜单中的“所有程序”→“Microsoft Office 2016”→“Microsoft Excel 2016”。这是 Excel 2016 最常规的方法，但并不是最简单、最快捷的方法。

②利用桌面图标方式。双击桌面上的 Microsoft Excel 2016 快捷方式图标来启动 Excel 2016。

③利用现有文档方式。直接双击由 Excel 2016 生成的文件（*.xlsx），在打开文件的同时启动 Excel 2016。

（2）退出 Excel 2016

退出 Excel 2016 程序可以通过多种方式来实现，一般使用以下几种方法：

①执行“文件”→“关闭”命令。

②单击 Excel 窗口标题栏右上角的“关闭”按钮，关闭应用程序。

③使用“Alt+F4”组合键关闭程序。

④双击 Excel 2016 应用程序窗口标题栏最左侧的空白区域，也可以退出程序。

退出时，对于没有保存的文档，系统会给出保存提示，用户根据需要选择“保存”（保存后退出）、“不保存”（不保存退出）、“取消”（不作任何操作，重新返回编辑窗口）。

2. Excel 2016 工作界面

Excel 2016 工作界面主要由标题栏、快速访问工具栏、选项卡、功能区、名称框、编辑栏、工作簿窗口、状态栏等组成，如图 4-10 所示。

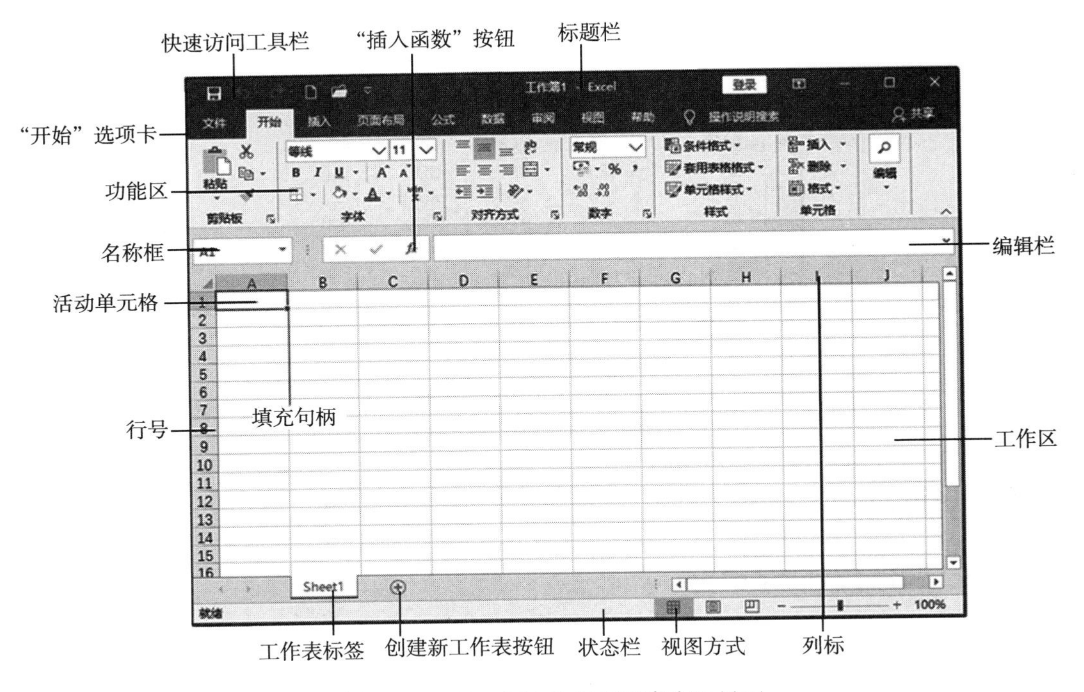

图 4-10　Excel 2016 应用程序窗口界面

◆标题栏：位于窗口上端，由快速访问工具、自定义快速访问工具、Microsoft Excel 程序名称及当前工作簿名称和 3 个控制按钮组成。

◆选项卡：在 Excel 2016 中采用选项卡的形式，其中包括了 Excel 2016 全部的命令，由“文件”“开始”“插入”“页面布局”“公式”“数据”“审阅”“视图”“帮助”“操作说明搜索”组成。每个选项卡中又包含了很多功能组，如“开始”选项卡中包含了“剪贴板”“字体”“对齐方式”“数字”“样式”“单元格”“编辑”等功能组，每一个功能组又包含若干个工具按钮。

◆名称框：显示当前单元格地址，在公式编辑状态下名称框变为函数框。

◆编辑栏：编辑栏中可同步显示当前活动单元格中的具体内容。如果单元格中输入的是公式函数，则单元格显示公式函数的计算结果，但编辑栏中显示的是具体的表达式。有时单元格的内容比较长，无法在单元格中以一行显示，编辑栏中可以看到比较完整的内容。

当把光标定位在编辑栏时，编辑栏前面会显示 3 个按钮，它们的功能分别为：

【取消】按钮 ✕：单击该按钮取消输入的内容。

【输入】按钮 ✓：单击该按钮确认输入的内容。

【插入函数】按钮 fx：单击该按钮执行插入函数的操作。

◆工作表：由 16 384 列和 1 048 576 行组成。工作表中的行从上到下编号，其行号分别为 1、2…1048576，列从左到右编号，其列号分别为 A～Z、AA～AZ…XFA～XFD。行和列交叉的区域称为单元格，单元格是 Excel 2016 工作簿中最小的组成单位。移动鼠标到某单元格单击，则该单元格变成当前单元格，也称为活动单元格。并且单元格框线变成粗线，此时单元格名称显示在名称框中。

◆水平、垂直滚动条：滚动条用来改变工作表的可见区域。

◆状态栏：位于窗口的底部，显示当前命令的执行情况及与其相关的操作信息。

3. 工作簿的基本操作

(1) 新建工作簿

新建工作簿的方法主要有以下 4 种：

①启动 Excel 后，将自动产生一个名称为“工作簿 1”的新工作簿，扩展名为“. xlsx”，直到工作簿保存时由用户确定具体的文件名。

②执行“文件”→“新建”命令，弹出如图 4－11 所示的模板列表。在模板列表中有多种创建工作簿的方式，如空白工作簿、样本模板等方式。任选一种模板，则可创建一个与模板类似的工作簿。

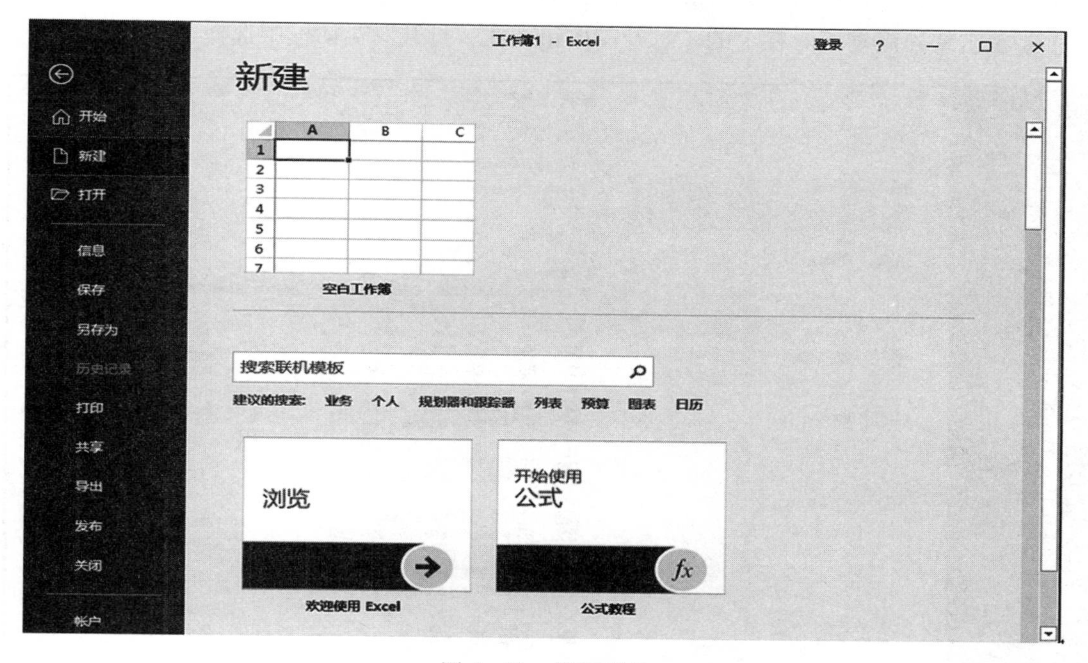

图 4－11 模板列表

③单击标题栏中“快速启动工具栏”上的“新建”按钮，可创建一个空白工作簿。

④按“Ctrl＋N”组合键新建工作簿。

⑤在“计算机”某个文件夹的空白位置单击右键，在弹出的快捷菜单中执行“新建”→“Microsoft Excel 工作表”命令，也可新建一个工作簿。

(2) 保存工作簿

与 Word 2016 相似，Excel 2016 文件的保存方法基本上有以下 4 种：

①单击快速启动工具栏中的“保存”按钮。

②执行“文件”→“保存”命令。

③按“Ctrl+S”组合键保存文件。

④已经存在的文件需要更换名称，或者更改保存位置时，则执行“文件”选项卡中的“另存为”命令，则弹出“另存为”对话框，指定保存的位置并输入新的文件名，然后单击“保存”按钮即可。在“另存为”命令后所做的各种操作都只会对另存后的新文件有效。

(3) 打开工作簿

打开工作簿的方法主要有以下 4 种：

①单击“文件”选项卡“打开”命令中的“浏览”按钮，在“打开”对话框中选择要打开的工作簿。

②按“Ctrl+O”组合键打开工作簿。

③单击“文件”选项卡“打开”命令中的“最近”，将显示最近使用过的工作簿名称，单击工作簿的名称，即可打开对应的文件，如图 4-12 所示。

④单击快速启动工具栏上的“打开”按钮，在“打开”对话框中选择。

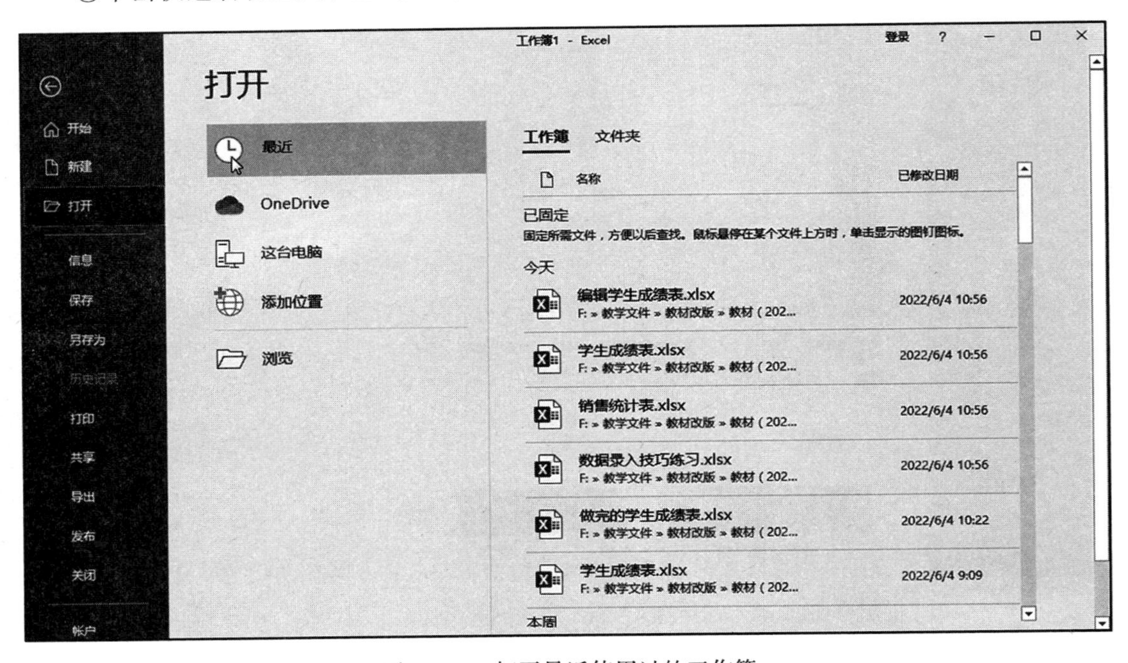

图 4-12 打开最近使用过的工作簿

(4) 关闭工作簿

关闭工作簿的同时退出程序的方法：

①执行“文件”→“关闭”命令。
②单击工作簿窗口标题栏右上角的“关闭”按钮。
③使用“Alt+F4”组合键关闭工作簿。
④双击标题栏上的控制菜单图标。
⑤单击标题栏上的控制菜单图标，在打开的菜单中选择“关闭”命令。
只关闭当前工作簿文件而不退出 Excel 程序的方法：
①单击当前工作簿文件窗口选项卡右侧的“关闭”按钮。
②执行“文件”→“关闭”命令。
③使用“Ctrl+W”组合键关闭当前工作簿。

4. 输入与编辑数据

(1) 输入数据

在 Excel 2016 的工作表中，用户输入数据的基本类型有两种，即常量和公式。常量指的是不以等号开始的单元格数据，包括文本、数据、日期和时间等；而公式则是以等号开始的表达式，一个正确的公式会运算出一个结果，这个结果将显示在公式所在的单元格里。

为单元格输入数据，首先要用鼠标单击或用方向键选定要输入的单元格，使其成为活动单元格，然后用以下两种方法输入数据。

方法 1：在活动单元中直接输入数据，输入好之后按 Enter 键确认（按 Esc 键撤销）。

方法 2：在编辑栏中输入数据，输入好之后按 Enter 键或单击 ✔ 按钮确认（按 Esc 键或单击 ✖ 按钮撤销）。

若要修改某个单元格里已有的数据，有以下两种常用的方法。

方法 1：先用鼠标单击或用方向键使该单元格成为活动单元格，然后再到编辑栏里进行修改。

方法 2：用鼠标双击该单元格，光标会在单元格里闪烁，此时可在该单元格里直接进行修改。

Excel 2016 中输入的常量分为数值、文本、日期和时间 3 种数据类型。以下逐一介绍。

①数值输入。在 Excel 2016 中组成数值数据所允许的字符有：数字 0～9、正负号、圆括号（表示负数）、分数线（除号）、$、%、小数点、E、e。

对于数值型数据输入，有以下几点需要说明：

◆默认情况下，数值类型数据在单元格中靠右对齐。

◆默认的通用数字格式一般采用整数（如 3578）或小数（34.12）。

◆数值的输入与数值的显示未必相同。当输入的数值整数部分长度较长时，Excel 会用科学计数法表示，如 1.2345E+15，单元格宽度不够时，数值型数据自动显示为“＃＃＃＃＃＃”号。

◆输入负数时，既可以用“－”号，也可以用圆括号，如－200 也可以录成（200）。

◆输入分数时，先要输入 0 和空格，然后再输入分数，否则系统将按日期对待。如 1/4，要输成“0 1/4”。

◆若要限定小数点后的位数，可以在该单元格上单击右键，执行“设置单元格格式”命令，在弹出的对话框中选择“数字”选项卡，然后在“分类”列表框里选择“数值”，在窗口右侧设定小数的位数（还可以设定千位分隔符和负数的显示格式），如图 4-13 所示。

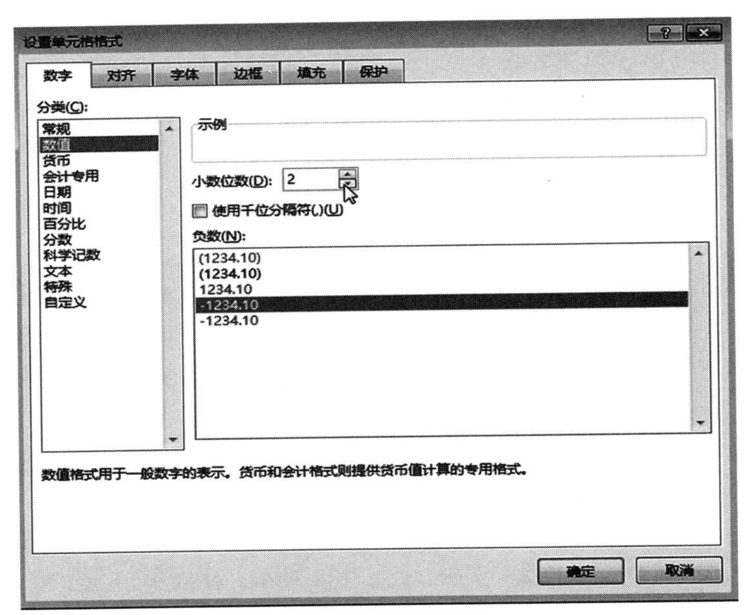

图 4-13 设置数值型数据的小数位

②文本输入。Excel 文本包括汉字、英文字母、数字、空格及其他键盘上能输入的符号。文本数据在单元格中默认左对齐。Excel 会将邮政编码、电话号码、身份证号等数据默认为数字类型，所以会以科学计数法显示，因此，需要手工将它们转变为文本型数据，一般有以下两种方法：

方法 1：在数字序列前加上一个单引号。例如：“’026000”。

方法 2：在该单元格上单击右键，执行“设置单元格格式”命令，然后在弹出的对话框中选择“数字”选项卡，在“分类”列表框里选择“文本”，如图 4-14 所示。

③日期和时间输入。当输入日期时，用“/”或“－”分隔日期的年、月、日。如“2018/1/1”或“2018-1-1”。若要输入当前日期，按组合键“Ctrl＋;”即可。

输入时间时，小时、分钟、秒之间用“:”隔开。若用 12 小时制表示时间，需要在数字后面输入一个空格，后跟一个字母 a 或 p 表示上午或下午。“18：30”，“10：15 a”。如要输入当前时间，按组合键“Ctrl＋Shift＋;”。

如要同时输入日期和时间，需要在日期和时间之间至少留一个空格。

（2）智能填充数据

Excel 能将相邻的单元格按某种规律自动填入数据，称为自动填充，利用这种功能可

设置单元格格式
数字
对齐
字体
边框
填充
保护
分类(C):
常规
数值
货币
会计专用
日期
时间
百分比
分数
科学记数
文本
特殊
自定义
示例
在文本单元格格式中，数字作为文本处理。单元格显示的内容与输入的内容完全一致。
确定
取消

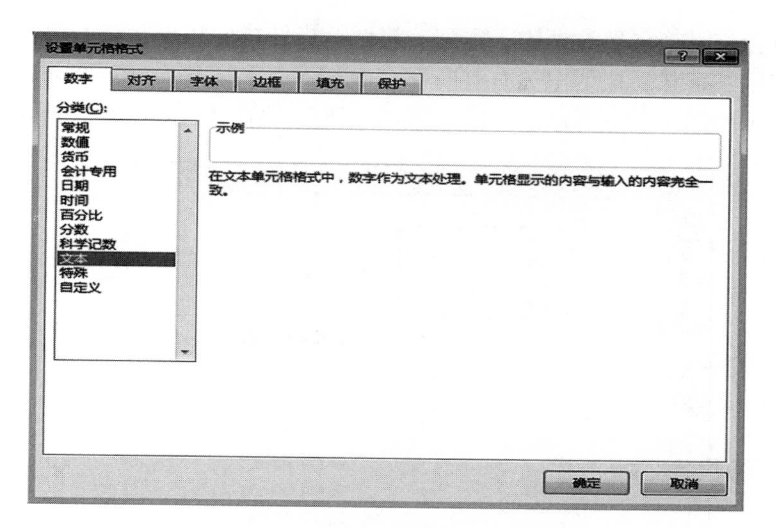

图 4-14　设置数据类型为文本型

实现快速输入。在当前单元格黑框右下角有一个小黑块，称为填充句柄。

选定单元格后，将鼠标移动到当前单元格的填充柄上，鼠标变成细“十”字形，此时为自动填充状态，拖动鼠标，就会在相邻的单元格中填入数据。

自动填充一般可使用鼠标左键拖动填充柄、鼠标右键拖动填充柄和执行“开始”选项卡中的“填充”按钮命令来填充 3 种方法，用户应根据自己的习惯及数据的特点选择填充方法。

①使用鼠标左键拖动填充柄输入序列。如果在第一个单元格输入数据（称为源单元格），将鼠标指针指向源单元格的填充柄，待指针变成黑色实心的“十”字状后按下鼠标左键向下（上、下、左、右）拖动，则指针经过的单元格就会以源单元格中相同的数据或公式进行填充，如图 4-15所示。

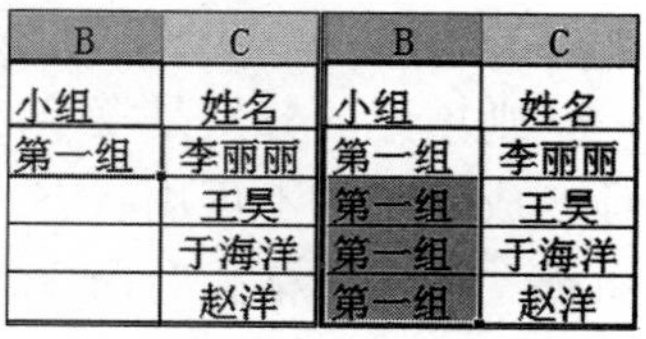

B
C
B
C
小组
姓名
小组
姓名
第一组
李丽丽
第一组
李丽丽
王昊
第一组
王昊
于海洋
第一组
于海洋
赵洋
第一组
赵洋

图 4-15　鼠标左键拖动输入相同数据

如果先在两个单元格中输入有规律的数据，当选定了这两个有规律数据的单元格后，再按鼠标左键进行拖动，则鼠标经过的单元格数据也具有相同的规律，如图 4-16 所示。

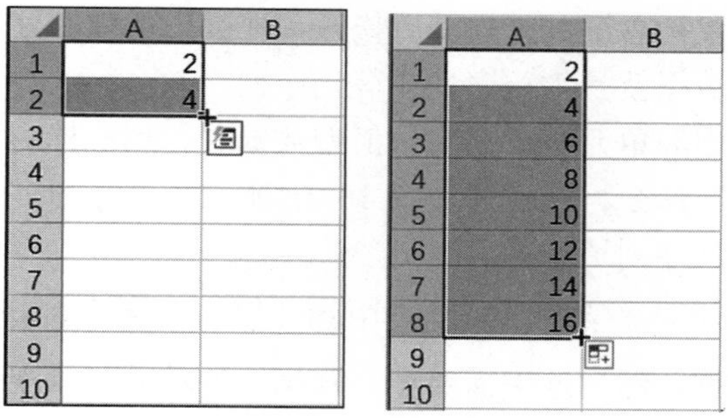

A
B
1
2
2
4
3
4
5
6
7
8
9
10
A
B
1
2
2
4
3
6
4
8
5
10
6
12
7
14
8
16
9
10

图 4-16　鼠标左键拖动输入等差数字序列

②使用鼠标右键拖动填充柄输入序列。将鼠标指针指向源单元格的填充柄，待指针变成黑实心的“十”字状后按下鼠标右键向下（上、下、左、右均可）拖动若干单元格后松开，此时会弹出如图 4－17 所示的快捷菜单，该快捷菜单中其他各项填充方式说明如下：

图 4－17　右键拖动输入序列

◆“复制单元格”命令。直接复制单元格内容，使目的单元格与源单元格内容一致。

◆“填充序列”命令。即按照一定的规律进行填充。如源单元格中是数据 1，则选中此方式后，图 4－16 所示的 B2 和 B3、B4 单元格分别是数据 2、3、4；如源单元格是汉字“一”，则填充的分别是汉字“二”“三”“四”；如源单元格中是无规律的普通文本，则该选项变成灰色的不可用状态。

◆“仅填充格式”命令。此选项的功能类似于 Word 中的格式刷，即被填充的单元格中并不会出现序列数据，而是复制源单元格中的格式到目标单元格。选择“不带格式填充”命令，则目标单元格中仅填充了数据，而不复制源单元格中的格式。

◆“以天数填充”“以月填充”“以年填充”命令。可按日期天数、工作日、月份或年份进行填充。

◆“等差序列”“等比序列”命令。这种填充方式要求首先要选中两个以上的带有规律的数据单元格，再按鼠标右键进行拖动后松开，在弹出的快捷菜单中选择相应命令，则鼠标经过的单元格中的数据就是等差序列或等比序列。

◆“序列”命令。当源单元格数据为数值型数据时，用鼠标右键拖动松开，在弹出的快捷菜单中选择“序列”命令，则打开如图 4－18 所示的“序列”对话框，应用此对话框可以灵活方便地选择多种序列填充方式。

③单击“开始”选项卡“编辑”功能组中的“填充”命令按钮 填充 进行填充。首先在源单元格中输入数据，然后选中需要填充数据段的单元格，单击“开始”选项卡“编辑”功能组中的“填充”命令按钮 填充，打开如图 4－19 所示的菜单，根据目的单元格

相对源单元格的位置选择“向上”“向下”“向左”“向右”填充或单击“序列”命令，打开“序列”对话框，进一步设置。

④自定义序列。Excel 2016 中已经预定义好了一些序列，如“星期日、星期一、星期二……”“甲、乙、丙……”等，在实际应用中有些数据需要自定义为序列，如“教授、副教授、讲师……”。

操作方法如下：

①执行“开始”选项卡“编辑”功能组中的“排序和筛选”命令按钮，在下拉菜单中选择“自定义排序”命令。

②在打开的“排序”对话框中，单击“次序”下方的箭头，从弹出的下拉列表框中选择“自定义序列”，如图 4-20 所示，即可打开“自定义序列”对话框。

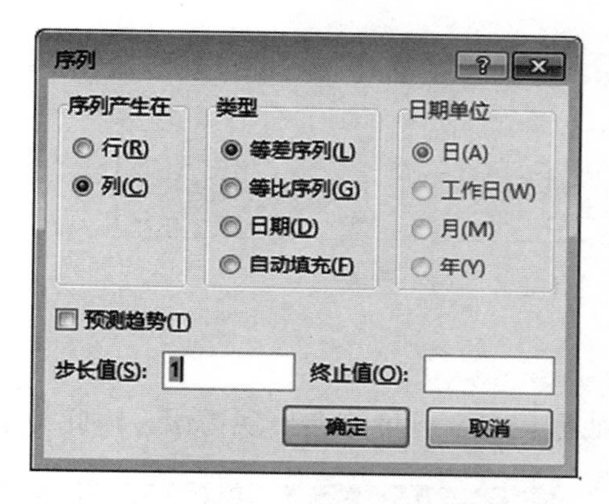

图 4-18 “序列”对话框

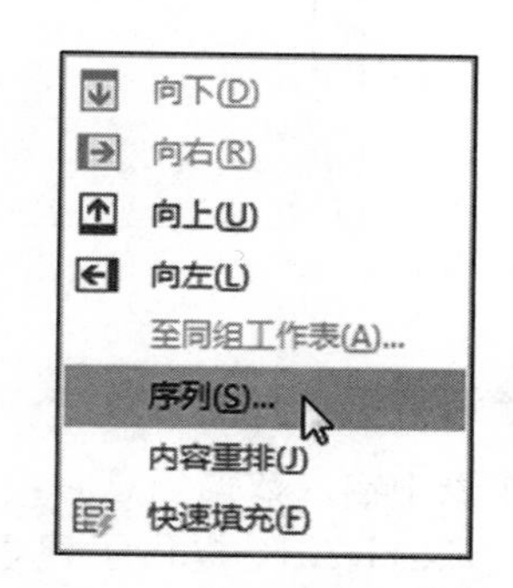

图 4-19 “填充”级联菜单

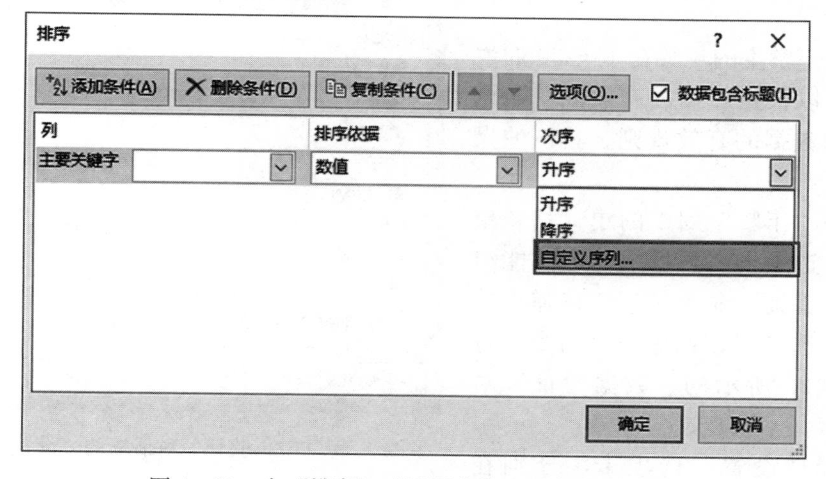

图 4-20 在“排序”对话框中设置“自定义序列”

③在打开的对话框“自定义序列”列表框中选择第一项“新序列”，在“输入序列”列表框中输入新序列（如：教授、副教授、讲师、助讲），然后单击“添加”按钮，将其添加到“自定义序列”列表框中，最后单击“确定”按钮完成操作，如图 4-21 所示。**注意：中间的逗号用英文标点符号。**

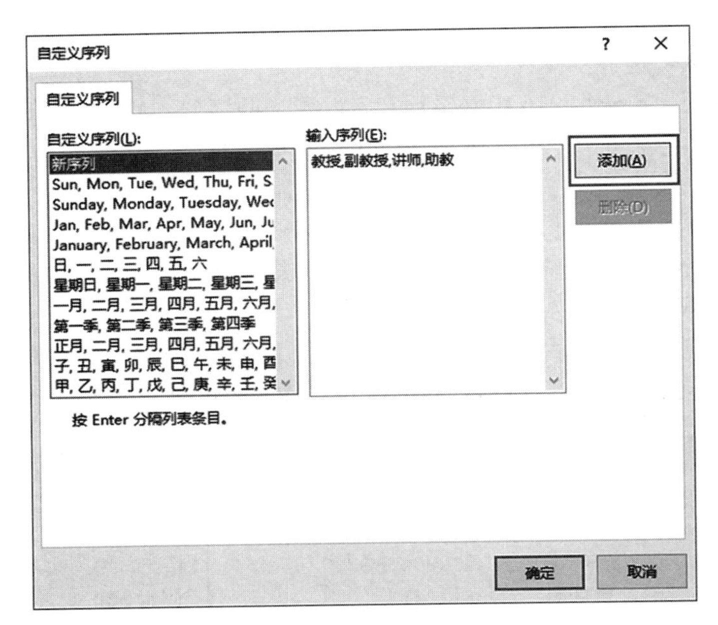

图 4-21　“自定义序列”列表框

(3) 验证数据输入的有效性

向工作表中输入数据信息时，由于数据较多，有可能会出现错误，因此为了保证数据输入无误，Excel 2016 提供了建立验证数据内容的方法，防止输入数据时发生不必要的错误。

假设规定学生的年龄在 18～30 周岁之间，则可以根据“数据有效性”命令来设置该列数据的有效规则。具体的操作步骤如下：

①选中“年龄”列中的单元格，单击“数据”选项卡“数据工具”功能组中的“数据验证”命令按钮，在弹出的下拉列表中选择“数据验证”命令，打开如图 4-22 所示的“数据验证”对话框。

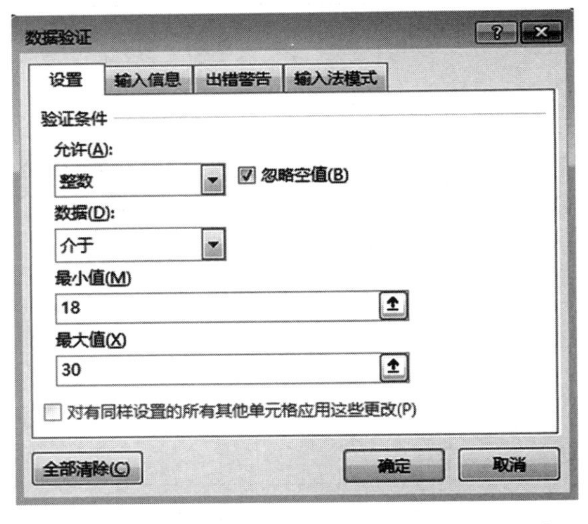

图 4-22　“数据验证”对话框的“设置”选项卡

②选择“设置”选项卡，分别在“允许”和“数据”下拉列表框中选择相应的信息。

③当鼠标指向该列的某个单元格时，如果希望显示提示信息，可选择“输入信息”选项卡，选中“选定单元格时显示输入信息”复选框，在“输入信息”文本框中输入要显示的提示信息，输入完成后出现的效果如图 4-23 所示；如果某个单元格数据输入错误，希

望显示出错信息，可选择“出错警告”选项卡，在“样式”下拉列表框中选择一种错误报警方式，在“错误信息”文本框中输入出错时显示的信息，这样当某个单元格数据输入错误时，将弹出提示框，如图 4-24 所示。

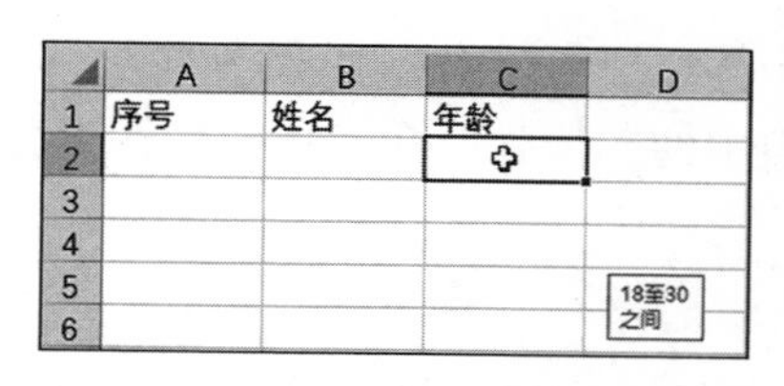

图 4-23　输入数据时显示提示信息

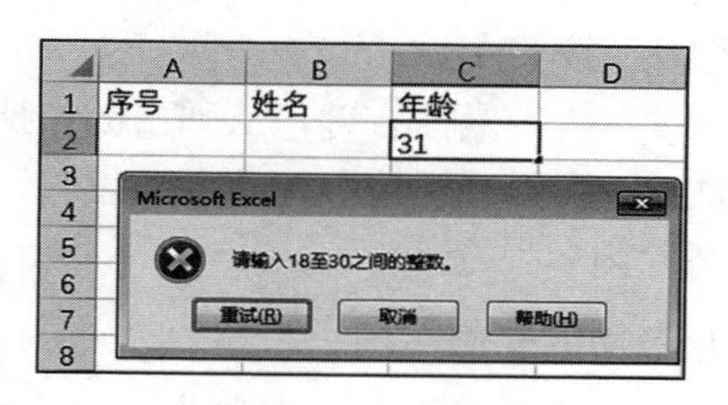

图 4-24　出错警告

5. 编辑工作表

编辑工作表一般指对工作表的数据进行修改、复制、移动、查找与替换等操作。

（1）选定单元格和单元格区域

①单元格的选择。用鼠标单击要选定的单元格，此时该单元格会被加粗的黑线框住，同时被选定的单元格对应的行号和列标颜色会加深。

②选择多个连续的单元格区域。

方法 1：先选择单元格区域左上角的第一个单元格，按鼠标左键拖曳到右下角的最后一个单元格。

方法 2：先用鼠标选择左上角的第一个单元格，然后按 Shift 键单击右下角最后一个单元格。

③选择多个不相邻的单元格区域。先选择一个单元格或单元格区域，再按 Ctrl 键选择不相邻的区域。

④全选。单击“全选”按钮（即行号和列标交叉的空白格）或按“Ctrl+A”组合键。

（2）行列的选择、插入与删除

①选定整行和整列。单击行号和列标即可选择一行或一列。在行号或列标上按鼠标左键拖曳即可选择连续的多行和多列。

②选定多个不连续的行（或列）。单击要选择的第一个行的行号（或列的列标），按 Ctrl 键，再单击其他要选择的行号（或列标）。

③插入行或列。右键单击行号（列标），从弹出的快捷菜单中选择“插入”命令，即可在选定行的上方或选定列的左侧插入新行或新列；或者执行“开始”选项卡“单元格”功能组中的“插入”命令按钮下拉列表中的“插入工作表行”或“插入工作表列”命令。

④删除行或列。先选择要删除的行或列，单击右键，从弹出的快捷菜单中选择“删除”命令；或者执行“开始”选项卡“单元格”功能组中的“删除”命令按钮下拉列表中的“删除工作表行”或“删除工作表列”。

（3）清除数据

当工作表中的数据输入错误或不需要该数据时，可将其清除。清除单元格的内容一般有以下几种方法。选择要清除内容的单元格后：

方法1：按Delete键。

方法2：单击鼠标右键，从弹出的快捷菜单中选择“清除内容”。

方法3：执行“开始”选项卡“编辑”功能组中的“清除”命令按钮，在下拉菜单中选择“清除内容”命令。

（4）移动或复制区域

方法1：使用“开始”选项卡。选定要移动或复制的单元格，单击“开始”选项卡“剪贴板”功能组中的“剪切”或“复制”按钮，此时单元格被一个闪动的虚线包围，然后选择目标单元格，再单击“开始”选项卡“剪贴板”功能组中的“粘贴”按钮完成移动或复制。按Esc键可以取消闪烁的虚线。

方法2：使用快捷键。选定要移动或复制的单元格，然后按“Ctrl＋X”剪切或按“Ctrl＋C”复制，然后选择目标单元格，按“Ctrl＋V”组合键即可粘贴成功。

方法3：使用鼠标拖动。选定要移动或复制的单元格，将鼠标移到单元格的边框上，当鼠标成为“十”字箭头形状时，按鼠标左键将内容拖曳到目标单元格后放开鼠标即可完成移动（如果是复制，拖动的时候按Ctrl键）。

方法4：使用快捷菜单。选定要移动或复制的单元格，单击右键，从弹出的快捷菜单中选择“剪切”或“复制”，然后选择目标单元格，单击右键，从弹出的快捷菜单中选择“粘贴”即可。

（5）插入与编辑批注

对数据进行编辑时，有时需要在数据旁做注释，标注与数据相关的内容，这时可以通过添加“批注”来实现。添加批注的步骤如下：

①添加批注。单击要添加批注的单元格，单击右键，在弹出的快捷菜单中选择执行“插入批注”命令后弹出一个文本框，用户在其中输入注释的文本，输入完毕，单击该文本框外工作表区域即可完成插入。在添加批注后该单元格的右上角会出现一个红色的小三角形，提示该单元格已被添加了批注。

②修改批注。选中要修改批注的单元格，单击右键，在弹出的快捷菜单中选择执行“编辑批注”命令即可。

③删除批注。选中要删除批注的单元格，单击右键，在弹出的快捷菜单中选择“删除批注”命令即可。

用户还可以单击“审阅”选项卡“批注”功能组中的“新建批注”命令按钮添加批注，单击“编辑批注”“显示/隐藏批注”“显示所有批注”“删除”等按钮完成对应的操作。

（6）选择性粘贴

Excel中单元格内容除了有具体数据以外，还包含公式、格式、批注等，有时只需复制其中的具体数据、公式或格式等，可使用“选择性粘贴”命令来操作。操作步骤如下：

①选定需要复制的单元格，单击“开始”选项卡“剪贴板”功能组中的“复制”或“剪切”按钮。

②选定目标单元格，单击右键，从快捷菜单中选择“选择性粘贴”命令，弹出“选择性粘贴”对话框。

③单击“粘贴”类别中相应的选项，如图 4-25 所示，单击“确定”按钮即可。

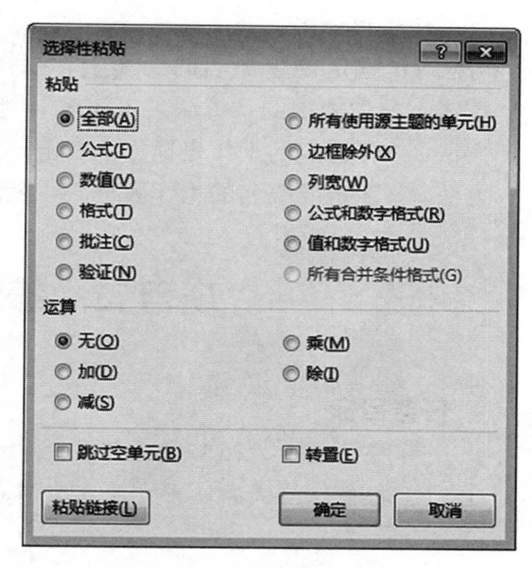

图 4-25 “选择性粘贴”对话框

6. 工作表的基本操作

空白工作簿创建后，默认有 1 个工作表，即 Sheet 1。根据需要可以增加工作表、删除工作表和重命名工作表等。

（1）工作表的选择

①单个工作表的选择。单击工作表标签即可选择工作表。

②多个工作表的选择。

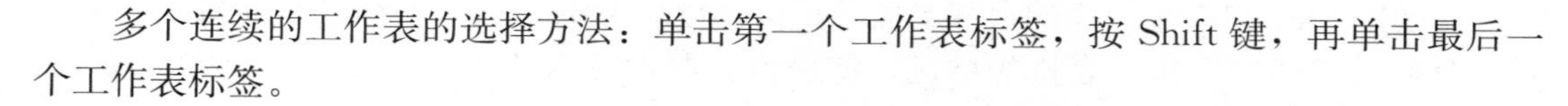

多个连续的工作表的选择方法：单击第一个工作表标签，按 Shift 键，再单击最后一个工作表标签。

多个不连续的工作表的选择方法：单击第一个工作表标签，按 Ctrl 键，然后分别单击其他要选择的工作表标签。

③选择全部工作表的方法。右键单击工作表标签中的任意位置，在弹出的快捷菜单中选择“选定全部工作表”命令。

Excel 中将选定的多个工作表组成一个工作组。当在工作组中某一工作表内输入数据或设置格式的时候，工作组中其他工作表的相同位置也将被置入相同的内容。

如果要取消工作组：只需单击任意一个未选定的工作表标签或者右键单击工作表标签中的任意位置，在弹出的快捷菜单中选择“取消组合工作表”命令即可。

（2）工作表的插入、删除和重命名

①插入工作表。

方法 1：当要在某工作表之前插入一张新工作表时，先选定该工作表，然后执行“开始”选项卡“单元格”功能组中的“插入”命令按钮下拉列表中的“插入工作表”命令。这样就在选定工作表之前插入了一张新工作表。

方法 2：右键单击要插入的工作表标签，从快捷菜单中选择“插入…”命令。

②删除工作表。

方法 1：选定工作表，执行“开始”选项卡“单元格”功能组中的“删除”按钮下拉列表中的“删除工作表”命令。

方法 2：选定工作表后单击右键，从弹出的快捷菜单中选择“删除”命令。

③工作表重命名。

方法 1：选定要重命名的工作表，执行“开始”选项卡“单元格”功能组中的“格式”按钮下拉列表中的“重命名工作表”，删除原来的名字，输入新名称即可。

方法 2：在选定的工作表标签上右击，选择“重命名”。

方法 3：双击要改名的工作表标签，删除原来的名字，输入新名称即可。

项目二　编辑与格式设置

任务目标

- 掌握 Excel 2016 中单元格区域的格式设置
- 掌握条件格式的使用方法及套用表格格式的方法

任务一

学生成绩表的编辑与格式设置

打开“学生成绩表 . xlsx”，另存为“编辑学生成绩表 . xlsx”，保存在 D：\ 盘自己的文件夹中。在“编辑学生成绩表 . xlsx”工作簿的 Sheet 1 工作表中进行以下操作：

1. 在“Sheet 1”工作表的顶部新插入 1 行，行高为 30，输入字符“2021 级信息系 A 班部分科目成绩表”作为表格的标题；将表格标题设置为“蓝色、加粗、楷体、16 号、加双下划线，A1：I1 单元格合并及居中”。

2. 在标题的下面再插入 1 行，行高为 16、在 H2 单元格输入制表日期（Ctrl＋;），并设置为“隶书、倾斜、12 号字、黑色”。

3. 将表格各栏标题（或称字段名）设置为加粗，再将表格内容设置成水平居中、垂直居中。

4. 将各列宽度设置为“自动调整列宽”，再将各栏标题、最高分、最低分、平均分、参加考试的人数、优秀人数等行的底纹设置成“白色，背景 1，深色 15%”。

5. 设置表格（即区域 A3：I23）的边框：外边框为双线，内边框为最细的单线。

6. 计算总分：总分＝高等数学＋大学英语＋信息技术基础；或总分＝SUM（D4：F4）；或单击“开始”选项卡上的“E”按钮，再用公式复制的方法，计算出其他学生的总分。

7. 对学生的“总分”列设置条件格式：当总分＞＝270，字体加粗、用黄色、对角线条纹的图案，如图 4 - 26 所示。

8. 将工作表 Sheet 2 的表格设置成套用表格格式中的“紫色，表样式中等深浅 5”，然后将该表格单元格区域的填充色改为 RGB（204，153，255），字体颜色改为深蓝色。

9. 用条件格式设置各科成绩在 60 分以下的单元格字体设置成红色并添加“白色，背景 1，深色 15%”的底纹，如图 4 - 27 所示。

10. 将文档以“编辑学生成绩表 . xlsx”命名保存在 D：\ 盘自己的文件夹中。

	A	B	C	D	E	F	G	H	I
1	2021级信息系A班部分科目成绩表								
2								2021/7/10	
3	学号	小组	姓名	高等数学	信息技术基础	大学英语	总分	总评	名次
4	2021366001	第一组	李丽丽	78	90	80	248		
5	2021366002	第一组	王昊	89	80	86	255		
6	2021366003	第一组	于海洋	79	86	75	240		
7	2021366004	第一组	赵洋	90	88	92	270		
8	2021366005	第二组	高玉明	96	97	95	288		
9	2021366006	第二组	陈然	69	79	74	222		
10	2021366007	第二组	孙明	60	75	68	203		
11	2021366008	第二组	刘鹏飞	78	75	90	243		
12	2021366009	第三组	宋子杰	87	77	89	253		
13	2021366010	第三组	赵欣	98	68	56	222		
14	2021366011	第三组	郭涛	89	80	86	255		
15	2021366012	第三组	陈丹	88	98	89	275		
16	2021366013	第三组	路琪	72	80	79	231		
17	2021366014	第三组	王悦	95	89	86	270		
18	最高分								
19	最低分								
20	平均分								
21	参加考试的人数								
22	优秀率								
23	及格率								

图 4-26　最终效果

	A	B	C	D	E	F	G	H	I	J	K	L	M	N	O
1	姓名	李丽丽	王昊	于海洋	赵洋	高玉明	陈然	孙明	刘鹏飞	宋子杰	赵欣	郭涛	陈丹	路琪	王悦
2	高等数学	78	89	79	90	96	69	60	78	87	98	89	88	72	95
3	信息技术基础	90	80	86	88	97	79	75	75	77	68	80	98	80	89
4	大学英语	80	86	75	92	95	74	68	90	89	56	86	89	79	86
5	总分														

图 4-27　Sheet 2 表格设置后的最终效果

任务二

员工工资表的编辑与格式设置

现有工作簿“员工工资表 . xlsx”，如图 4-28 所示。

	A	B	C	D	E	F	G	H	I	J	K	L
1	员工编号	员工姓名	性别	所在部门	基本工资	奖金	住房补助	车费补助	应发工资	公积金	税款	实发工资
2	001	袁振业	男	人事科	966	1000	200.6	146	2313	115	52	2146
3	002	石晓珍	女	人事科	1030	2400	155.2	155	3740	135	66	3539
4	003	杨圣滔	男	教务科	1094	1200	160.8	176	2631	145	60	2426
5	004	杨建兰	女	教务科	1158	4200	205.0	187	5750	235	55	5460
6	005	石卫国	女	人事科	1222	800	265.0	166	2453	200	50	2203
7	006	石达根	男	人事科	1286	2700	200.0	146	4332	247	57	4028
8	007	杨宏盛	女	教务科	966	2900	155.0	155	4176	274	52	3850
9	008	杨云帆	男	财务科	1030	2500	160.0	176	3866	301	57	3508
10	009	石平和	女	财务科	1094	3200	205.0	187	4686	328	49	4309
11	010	石晓桃	女	财务科	966	2800	265.0	166	4197	355	51	3791
12	011	符晓	男	从事科	1030	2000	200.0	146	3376	382	51	2943
13	012	朱江	女	教务科	1094	2600	155.0	155	4004	115	49	3840
14	013	周丽萍	女	人事科	1158	2800	160.0	176	4294	135	42	4117
15	014	张耀炜	男	财务科	1222	3000	205.0	187	4614	145	46	4423
16	015	张艳	女	财务科	966	1500	265.0	166	2897	235	46	2616
17	016	符瑞聪	男	教务科	1030	3000	155.0	146	4331	200	60	4071

图 4-28　员工工资表

操作要求：

1. 将“基本工资”列的数据设置为货币样式，小数点位数为 2 位。

2. 将“住房补助”金额用整数显示，不保留小数位。

3. 在工作表最上面插入 2 行。

4. 在第一行第一个单元格中输入标题：工资表（单位：元），设置为黑体，22 号字。

5. 将 A1：L1 单元格区域合并后居中。

6. 将第一行的行高设置为 30。

7. 将表格标题所在的单元格区域添加浅蓝色底纹。

8. 给表格加上蓝色边框，要求“外粗内细”。

9. 将基本工资 1 000 到 2 000 之间的数据用浅红色底纹填充，要求用条件格式设置，设置之后的效果如图 4－29 所示。

工资表（单位：元）

员工编号	员工姓名	性别	所在部门	基本工资	奖金	住房补助	车费补助	应发工资	公积金	税款	实发工资
001	袁振业	男	人事科	¥966.00	1000	201	146	2313	115	52	2146
002	石晓珍	女	人事科	¥1,030.00	2400	155	155	3740	135	66	3539
003	杨圣滔	男	教务科	¥1,094.00	1200	161	176	2631	145	60	2426
004	杨建兰	女	教务科	¥1,158.00	4200	205	187	5750	235	55	5460
005	石卫国	女	人事科	¥1,222.00	800	265	166	2453	200	50	2203
006	石达根	男	人事科	¥1,286.00	2700	200	146	4332	247	57	4028
007	杨宏盛	女	教务科	¥966.00	2900	155	155	4176	274	52	3850
008	杨云帆	男	财务科	¥1,030.00	2500	160	176	3866	301	57	3508
009	石平和	女	财务科	¥1,094.00	3200	205	187	4686	328	49	4309
010	石晓桃	女	财务科	¥966.00	2800	265	166	4197	355	51	3791
011	符晓	男	从事科	¥1,030.00	2000	200	146	3376	382	51	2943
012	朱江	女	教务科	¥1,094.00	2600	155	155	4004	115	49	3840
013	周丽萍	女	人事科	¥1,158.00	2800	160	176	4294	135	42	4117
014	张耀炜	男	财务科	¥1,222.00	3000	205	187	4614	145	46	4423
015	张艳	女	财务科	¥966.00	1500	265	166	2897	235	46	2616
016	符瑞聪	男	教务科	¥1,030.00	3000	155	146	4331	200	60	4071

图 4－29　员工工资表设置后的效果

• 任务三 •

统计表的编辑与格式设置

现有工作簿“统计表.xlsx”，如图 4－30 所示。

要求：

1. 将 A1：H1 单元格合并后居中，将标题设置为黑体、20 磅。

2. 在 A3：A14 单元格区域用等差序列的方式填充序号。

3. 将“出生年月”列的日期设置成“2012 年 3 月 14 日”格式。

4. 将“最终成绩”列的数值保留小数点后 1 位。

5. 在标题行的下面插入一行，在 G2 单元格中输入“制作日期”，在 H2 单元格中插入当前日期。

6. 将 A2：H15 区域字体设置成宋体、字号设置成 14 磅。
7. 将 A3：H15 区域中的数值水平居中、垂直居中。
8. 将 A3：H15 区域设置边框，要求外粗内细。
9. 将 A 列至 H 列设置成“自动调整列宽”。
10. 将第 3 行至第 15 行的行高设置成 60。
11. 将 A3：H3 区域填充成淡蓝色 RGB（R：200，G：235，B：255）。

统计表最终效果如图 4-31 所示。

	A	B	C	D	E	F	G	H
1	面试、笔试成绩统计表							
2	序号	姓名	性别	出生年月	应征部门	面试成绩	笔试成绩	最终成绩
3		李娜	女	1996/7/23	市场部	85	76	79.6
4		王敏	女	1994/4/12	市场部	75	84	80.4
5		代水耘	男	1993/7/10	研发部	86	81	83
6		包鑫	男	1995/12/9	销售部	90	69	77.4
7		白海全	男	1994/1/21	研发部	88	67	75.4
8		李剑	男	1996/1/23	市场部	79	80	79.6
9		海泉	男	1993/12/3	研发部	80	79	79.4
10		冯明	男	1995/10/5	销售部	88	75	80.2
11		高昊	男	1996/8/12	研发部	93	67	77.4
12		康华	男	1993/1/11	市场部	74	77	75.8
13		张娟	女	1996/3/21	销售部	76	68	71.2
14		刘振宇	男	1993/7/29	销售部	97	83	88.6

图 4-30 “统计表”设置之前的效果

	A	B	C	D	E	F	G	H
1	面试、笔试成绩统计表							
2							制表日期	2021/7/14
3	序号	姓名	性别	出生年月	应征部门	面试成绩	笔试成绩	最终成绩
4	1	李娜	女	1996年7月23日	市场部	85	76	79.6
5	2	王敏	女	1994年4月12日	市场部	75	84	80.4
6	3	代水耘	男	1993年7月10日	研发部	86	81	83.0
7	4	包鑫	男	1995年12月9日	销售部	90	69	77.4
8	5	白海全	男	1994年1月21日	研发部	88	67	75.4
9	6	李剑	男	1996年1月23日	市场部	79	80	79.6
10	7	海泉	男	1993年12月3日	研发部	80	79	79.4
11	8	冯明	男	1995年10月5日	销售部	88	75	80.2
12	9	高昊	男	1996年8月12日	研发部	93	67	77.4
13	10	康华	男	1993年1月11日	市场部	74	77	75.8
14	11	张娟	女	1996年3月21日	销售部	76	68	71.2
15	12	刘振宇	男	1993年7月29日	销售部	97	83	88.6

图 4-31 “统计表”最终效果

相关知识点

1. 设置工作表的行高或列宽

（1）精确调整

选定要调整的列，单击“开始”选项卡“单元格”功能组中的“格式”按钮，弹出如图 4-32 所示的级联菜单，选择“列宽”命令，输入宽度，单击“确定”按钮。

行高的设置方法和列宽的设置方法基本相同，区别在选择的对象是行，命令是“行高”。

（2）鼠标调整

如果要更改单个列或多列的宽度，可先选定所有需要更改的列，然后将鼠标指针移到选定列标的右边界，鼠标指针呈形状时左右拖动，即可实现列宽的调整。

行高的调整方法与列宽的调整方法类似。

（3）自动调整

用鼠标双击行号之间的分隔线，Excel 会根据分隔线上行的内容，自动调整该行到最适合的行高；用鼠标双击列标之间的分隔线，Excel 会根据分隔线左列的内容，自动调整该列到最适合的列宽；或者单击“开始”选项卡“单元格”功能组中的“格式”按钮，从弹出的菜单选择“自动调整行高”或“自动调整列宽”。

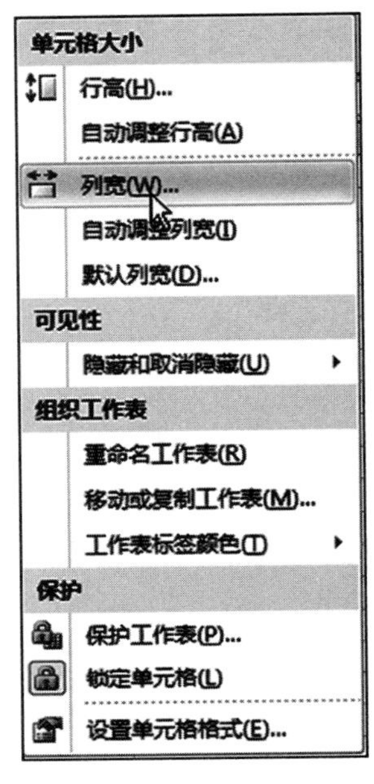

图 4-32 “格式”子菜单

2. 合并单元格

①选定要合并的单元格区域，单击“开始”选项卡“对齐方式”功能组中的“合并后居中”按钮，将所选择的多个单元格合并为一个单元格，文字居中显示。

②选定要合并的单元格区域，单击右键，从弹出的快捷菜单中选择“设置单元格格式”命令，打开“设置单元格格式”对话框，在“对齐”选项卡的“文本控制”选项中选择“合并单元格”复选框，单击“确定”按钮。

3. 数据的对齐方式

默认状态下，单元格输入的数据在水平方向文本型数据自动靠左对齐，数字、日期和时间自动靠右对齐。根据需要可以设置居中等其他对齐方式，有以下两种方法：

①可以利用“开始”选项卡“对齐方式”功能组中的左对齐、居中对齐、右对齐等按钮设置数据的水平对齐方式。

②选定要对齐的单元格或单元格区域，单击“开始”选项卡“单元格”功能组中的

"格式"按钮，在打开的菜单中选择"设置单元格格式…"命令，打开"设置单元格格式"对话框，在"对齐"选项卡中设置数据的水平对齐和垂直对齐方式，也可以设置文字的旋转角度，如图 4-33 所示。

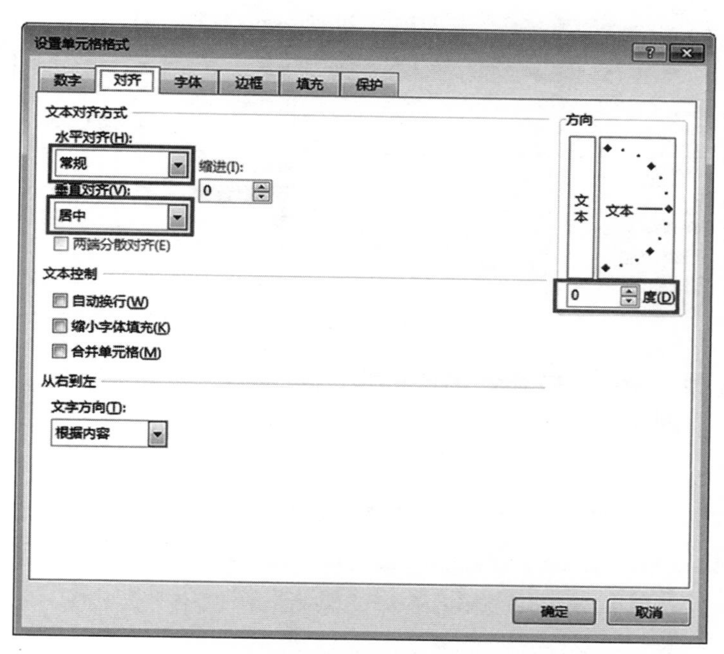

图 4-33 "设置单元格格式"对话框的"对齐"选项卡

4. 字体格式设置

单元格中输入的数据，默认格式为宋体，12 磅。在 Excel 中字体的设置可以有以下两种方法：

①利用"开始"选项卡"字体"功能组中的命令按钮对单元格中的数据进行字体、字号、字形、字体颜色、下划线等格式的设置。

②单击"开始"选项卡"单元格"功能组中的"格式"按钮，在打开的菜单中选择"设置单元格格式…"命令，打开"设置单元格格式"对话框，选择"字体"选项卡，进行字体、字号、字形、字体颜色、下划线、上标、下标的设置，如图 4-34 所示。

5. 设置单元格边框和底纹

给电子表格设置边框和底纹，会使表格变得美观，更具有表现力。一般可以使用以下两种方法设置边框和底纹。

①打开"单元格格式"对话框，选择要添加边框和底纹的单元格区域，单击"开始"选项卡"单元格"功能组中的"格式"按钮，在打开的菜单中选择"设置单元格格式"命令，打开"设置单元格格式"对话框。

单击"边框"选项卡，选择线条样式、线条颜色和边框样式，如图 4-35 所示的操作

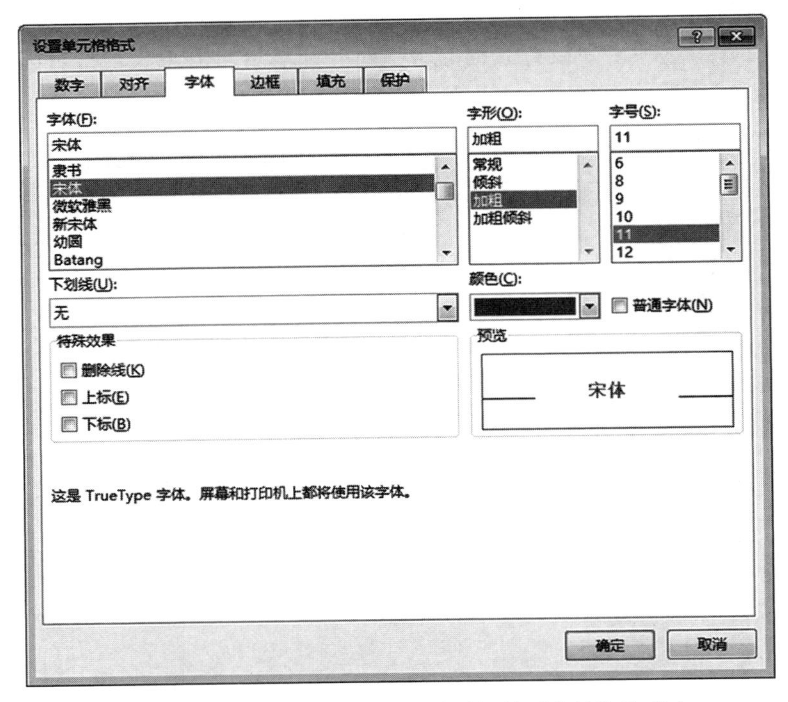

图 4-34 “设置单元格格式”对话框的“字体”选项卡

是为单元格区域添加了蓝色外粗、内细边框线的效果。

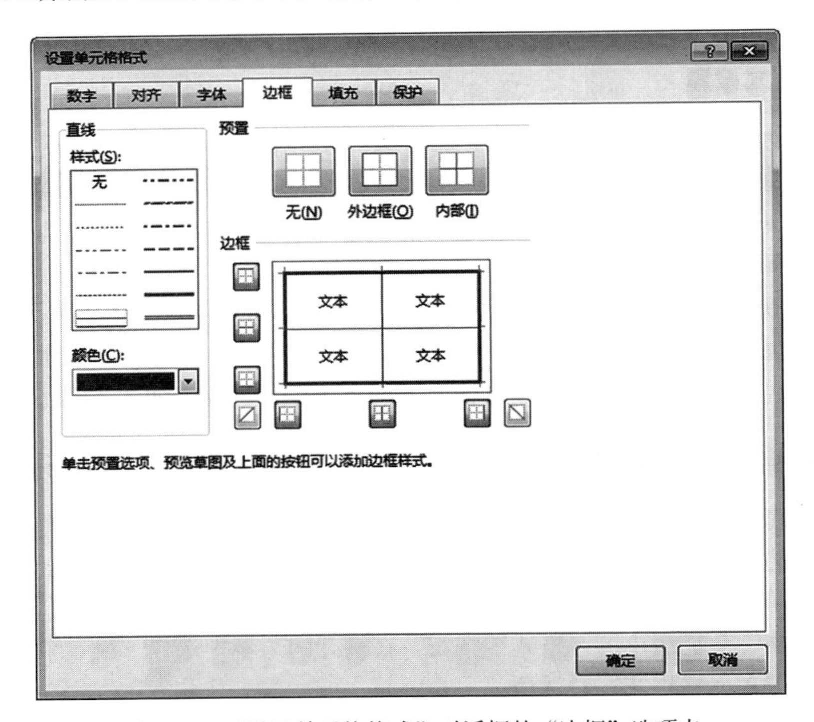

图 4-35 “设置单元格格式”对话框的“边框”选项卡

单击“填充”选项卡，在“背景色”区域选择一种颜色作为填充颜色，如图 4-36 所示。也可以单击“图案样式”下拉列表框，在打开的图案列表中选择一种图案样式，在“图案颜色”下拉列表中设置图案的颜色。

如果要取消填充颜色及图案，单击“无颜色”按钮即可。

②通过“开始”选项卡上的按钮设置。

设置表格框线：选定要添加边框的单元格区域，单击“开始”选项卡“字体”功能组中的“边框”按钮旁边向下的箭头进行选择，如图 4-37 所示。

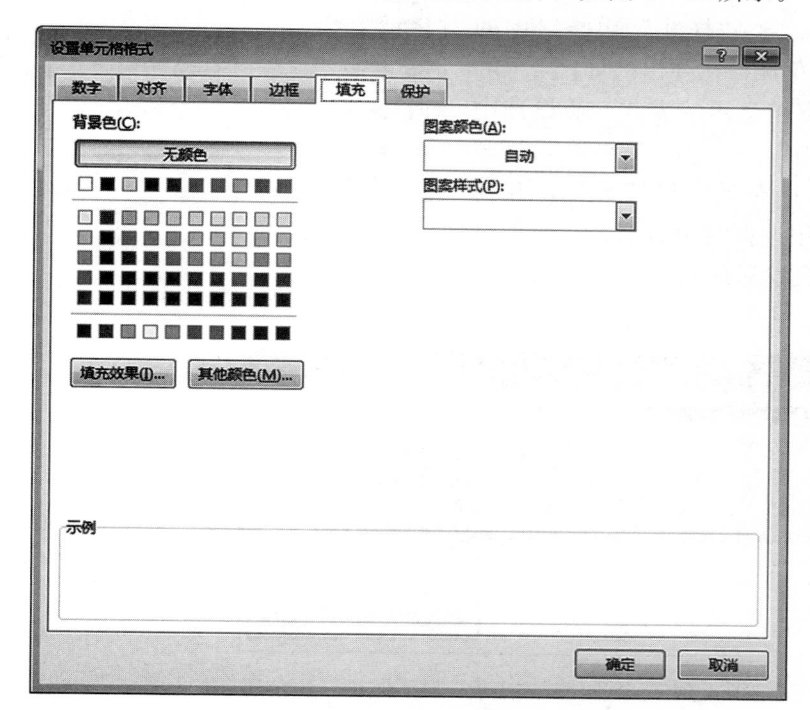

图 4-36 “设置单元格格式”对话框的“填充”选项卡

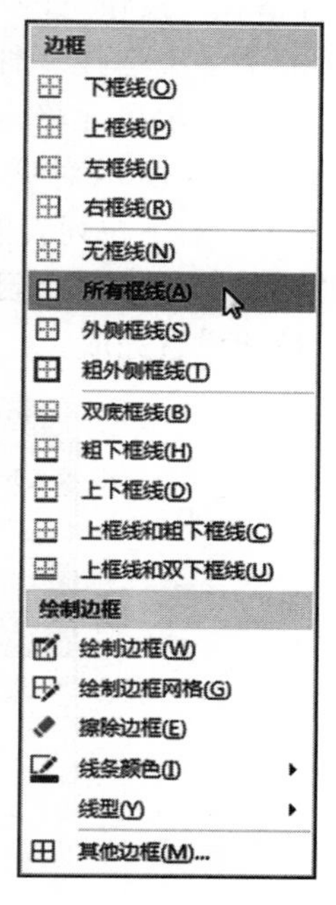

图 4-37 “边框”按钮

设置表格底纹：选择要填充颜色的单元格区域，单击“开始”选项卡“字体”功能组中的“填充颜色”按钮旁边向下的箭头，在出现的调色板中单击选择一种填充颜色，如图 4-38 所示。

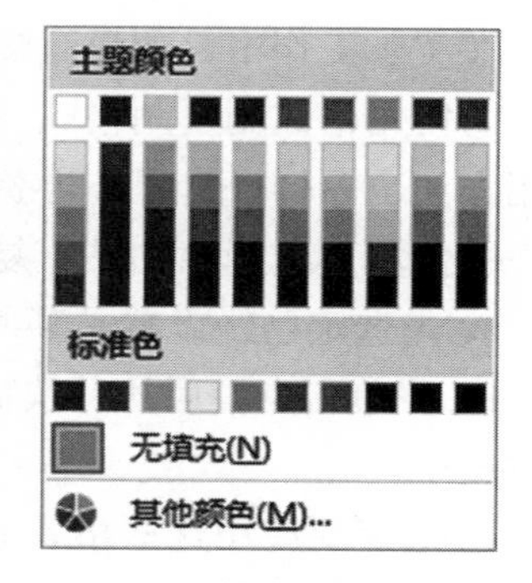

图 4-38 “填充颜色”按钮

6. 套用表格格式

套用表格格式是指用户直接使用 Excel 2016 提供的工作表格式来修饰选定的单元格区域。操作步骤如下：

先选定要套用格式的单元格区域。执行“开始”选项卡“样式”功能组中的“套用表格格式”命令，弹出“表样式”菜单，根据需要选择一种样式即可。

7. 条件格式设置

在 Excel 2016 的工作表中可以利用“条件格式”来突出显示某些单元格的内容。例如在处理成绩表时，可以将不及格分数的单元格设置为彩色底纹，以便突出显示。操作步骤如下：

①选定要设置的单元格区域。

②单击“开始”选项卡，“样式”功能组中的“条件格式”按钮下的三角标，在弹出的如图 4－39 所示的菜单中选择一种突出显示的方式。假设选中了“突出显示单元格规则”→“小于”命令，打开如图 4－40 所示对话框；在其中设置数值，并在“设置为”后下拉列表框中选择突出显示方式或者单击“自定义格式”自己设置对应的格式，单击“确定”按钮设置完成。

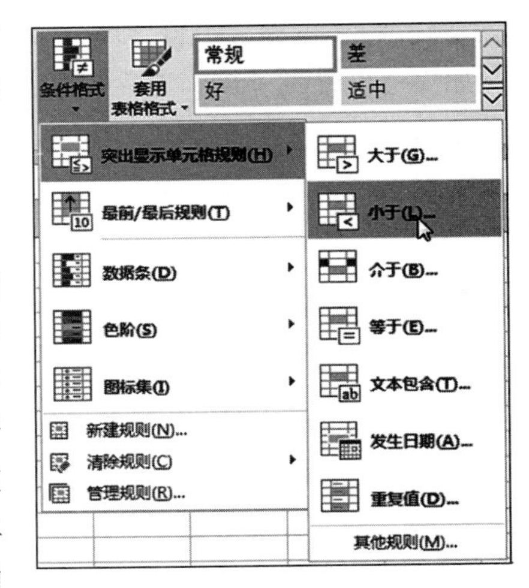

图 4－39 “条件格式”级联菜单

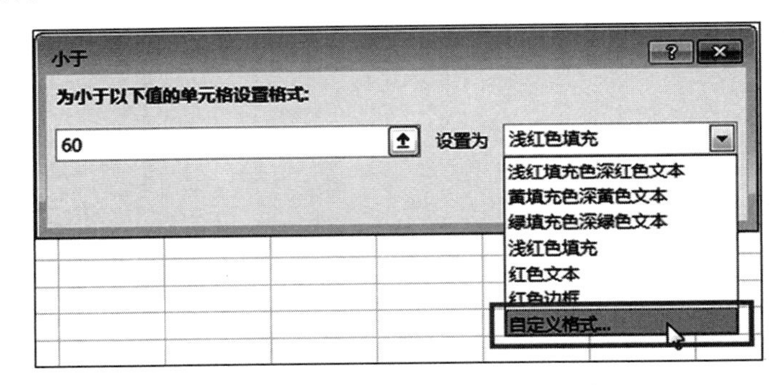

图 4－40 条件格式“小于”对话框

8. 格式的复制

在实际工作中，如果有多处单元格区域的格式要求是一样的，则可以复制格式。

①使用格式刷复制格式。与 Word 一样，Excel 也提供了一个方便易用的格式刷，其使用方法也一样，这里不再赘述。

②使用“选择性粘贴”复制。操作步骤如下：

a. 先选定已经设置了某些格式的单元格，这些选定的单元格称为源单元格。

b. 按单击右键后执行快捷菜单中的“复制”命令，将源单元格的内容及格式复制到剪贴板中。

c. 选定要应用这些格式的单元格（称为目标单元格），单击右键后执行菜单中的“选择性粘贴”对话框。

d. 选中粘贴区域的某个按钮，如“格式”单选按钮，则目标单元格与源单元格的格式一致，如图 4－41 所示。

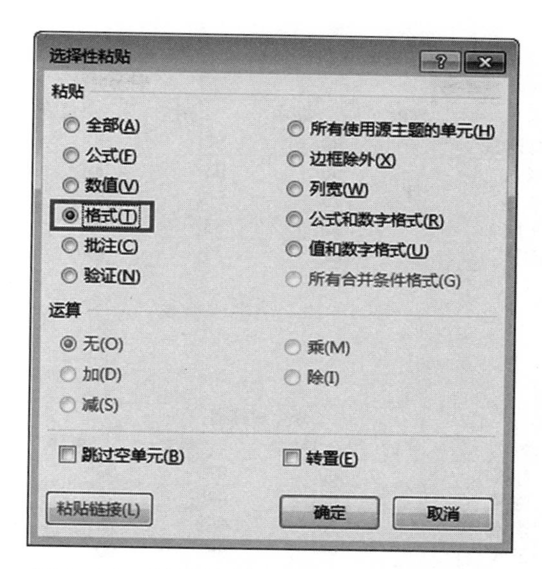

图 4 - 41 利用“选择性粘贴”进行格式复制

项目三 Excel 公式和函数的计算

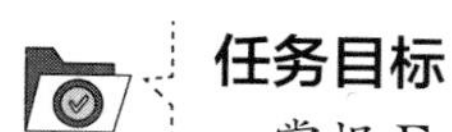

任务目标

- 掌握 Excel 中函数与公式的正确使用方法
- 熟悉工作表中公式的复制与移动
- 通过对 SUM ()、AVERAGE ()、MAX ()、MIN ()、COUNT ()、COUNTA ()、COUNTIF ()、SUMIF ()、IF ()、VLOOKUP () 等的学习，掌握这些函数的使用方法和特点
- 掌握相对引用、绝对引用和混合引用的使用方法
- 了解多个函数的嵌套方法

任务一 利用公式计算期末成绩表

新建一个工作簿，输入如图 4 - 42 所示的内容，以“计算期末成绩表 . xlsx”保存在 D:\ 盘自己的文件夹中，并按要求进行如下操作：

1. 合并 A1：E1 单元格区域，内容居中显示。

2. 计算总评列。计算方法为：平时占 30%、期中占 30%、期末占 40%。在 E3 单元格中输入公式“=B3 * 0.3+C3 * 0.3+D3 * 0.4”，按 Enter 键确认输入。

3. 选定 E3 单元格，拖动填充柄到 E7 单元格，完成所有学生成绩的计算，效果如图 4 - 43 所示。

	A	B	C	D	E
1	学生成绩表				
2	姓名	平时	期中	期末	总评
3	陈晓东	80	87	90	
4	张强	96	93	96	
5	李伟	76	65	76	
6	王欣	95	86	90	
7	周雪	63	70	70	

图 4－42　学生成绩表

	A	B	C	D	E
1			学生成绩表		
2	姓名	平时	期中	期末	总评
3	陈晓东	80	87	90	86.1
4	张强	96	93	96	95.1
5	李伟	76	65	76	72.7
6	王欣	95	86	90	90.3
7	周雪	63	70	70	67.9

图 4－43　“学生成绩表”运算结果

任务二
利用公式计算工资表

打开 Excel，输入如图 4－44 所示工作表内容，以“计算工资表.xlsx”文件名保存在自己的文件夹中。

	A	B	C	D	E	F	G	H	I
1					工资表（单位）				
2	部门	工资号	姓名	性别	工资	补贴	应发工资	税金	实发工资
3	销售部	0003893	王前	男	2432	140			
4	策划部	0003894	于大鹏	男	2540	150			
5	策划部	0003895	周彤	女	2577	150			
6	销售部	0003896	程国力	男	3750	260			
7	销售部	0003897	李斌	男	3860	260			
8	策划部	0003898	刘小梅	女	2980	180			

图 4－44　工资表

操作要求：

1. 利用公式计算应发工资、税金及实发工资。

（应发工资＝工资＋补贴）

（税金＝应发工资＊3%）

（实发工资＝应发工资－税金）（保留 1 位小数）

2. 将标题设置为 18 磅，加粗。

3. 将 A2：I8 区域字号设置为 14 磅，并添加表格边框。

4. 将 Sheet 1 工作表标签重命名为“工资表”，效果如图 4－45 所示。

	A	B	C	D	E	F	G	H	I
1	工资表（单位）								
2	部门	工资号	姓名	性别	工资	补贴	应发工资	税金	实发工资
3	销售部	0003893	王前	男	¥ 2 432.00	¥ 140.00	¥ 2 572.00	¥ 77.16	¥ 2 494.84
4	策划部	0003894	于大鹏	男	¥ 2 540.00	¥ 150.00	¥ 2 690.00	¥ 80.70	¥ 2 609.30
5	策划部	0003895	周彤	女	¥ 2 577.00	¥ 150.00	¥ 2 727.00	¥ 81.81	¥ 2 645.19
6	销售部	0003896	程国力	男	¥ 3 750.00	¥ 260.00	¥ 4 010.00	¥ 120.30	¥ 3 889.70
7	销售部	0003897	李斌	男	¥ 3 860.00	¥ 260.00	¥ 4 120.00	¥ 123.60	¥ 3 996.40
8	策划部	0003898	刘小梅	女	¥ 2 980.00	¥ 180.00	¥ 3 160.00	¥ 94.80	¥ 3 065.20
9									

工资表

图 4-45 “工资表”运算结果

任务三

利用公式计算所占比例

打开 Excel，输入如图 4-46 所示工作表的内容，以“在校生人数情况表 . xlsx”为文件名保存在自己的文件夹中。

操作要求：

1. 将 A1：C1 单元格合并后内容居中显示。

2. 计算“人数”列的合计项和“所占比例”列，所占比例用百分比形式显示，保留 2 位小数（所占比例=人数/合计，用绝对引用的方法计算）。

3. 将 Sheet 1 工作表标签重命名为“在校生人数情况表”，效果如图 4-47 所示。

	A	B	C
1	某大学在校生人数情况表		
2	年级	人数	所占比例
3	一年级	4650	
4	二年级	3925	
5	三年级	3568	
6	四年级	3160	
7	合计		

图 4-46 在校生人数情况表

	A	B	C	D
1	某大学在校生人数情况表			
2	年级	人数	所占比例	
3	一年级	4650	30.39%	
4	二年级	3925	25.65%	
5	三年级	3568	23.32%	
6	四年级	3160	20.65%	
7	合计	15303		
8				
9				

在校生人数情况表

图 4-47 “在校生人数情况表”运算结果

任务四

函数计算学生成绩表

打开“编辑学生成绩表 . xlsx”，另存为“计算学生成绩表 . xlsx”，保存在 D：\ 盘自己的文件夹中，并进行如下操作：

1. 在“成绩表”工作表中，计算最高分（MAX）、最低分（MIN）、平均分（AVERAGE）、参加考试的人数（COUNT 或 COUNTA）。

操作提示：（总分大于等于 270 的学生是优秀学生）。

◆计算最高分：选定 D18 单元格，输入公式“=MAX（D4：D17）”，出现结果后，拖动填充柄到 F18。

◆计算最低分：选定 D19 单元格，输入公式“=MIN（D4：D17）”，出现结果后，拖动填充柄到 F19。

◆计算平均分：选定 D20 单元格，输入公式“=AVERAGE（D4：D17）”，出现结果后，拖动填充柄到 F20，结果数据保留 2 位小数。

◆计算参加考试的人数：选定 D21 单元格，输入公式“=COUNT（D4：D17）”，出现结果后，拖动填充柄到 F21。

2. 利用 IF 函数对总分>=270 的学生在“总评”栏中给出“优秀”，否则为“合格”。

操作提示：=IF（G4>=270，“优秀”，“合格”）。

3. 利用 RANK 函数计算“名次”列，按照总分的降序进行排名。

操作提示：=RANK（G4，G4：G17）。

4. 利用 COUNTIF 函数计算优秀率。在 G22 单元格输入：“=COUNTIF（G4：G17," >=270"）/E21”，结果数据用百分比类型显示，小数位数为 0。

5. 利用 COUNTIF 函数计算及格率。在 D23 单元格输入“=COUNTIF（D4：D17," >=60"）/D21”，出现结果后，拖动填充柄到 F23。结果数据用百分比类型显示，小数位数为 0，制作效果如图 4-48 所示。

6. 定义区域名称。在工作表“成绩表”中将 C2：C15 的名字设为“姓名”，区域 D2：G15 定义为“学生分数”。然后，在 A24 单元格中输入：=COUNTA（姓名），在 A25 单元格中输入“=AVERAGE（学生分数），观察结果。

7. 保存“计算学生成绩表 . xlsx”文件。

2021级信息系A 班部分科目成绩表

2021/7/10

学号	小组	姓名	高等数学	信息技术基础	大学英语	总分	总评	名次
2021366001	第一组	李丽丽	78	90	80	248	合格	8
2021366002	第一组	王昊	89	80	86	255	合格	5
2021366003	第一组	于海洋	79	86	75	240	合格	10
2021366004	第一组	赵洋	90	88	92	**270**	优秀	3
2021366005	第二组	高玉明	96	97	95	**288**	优秀	1
2021366006	第二组	陈然	69	79	74	222	合格	12
2021366007	第二组	孙明	60	75	68	203	合格	14
2021366008	第二组	刘鹏飞	78	75	90	243	合格	9
2021366009	第三组	宋子杰	87	77	89	253	合格	7
2021366010	第三组	赵欣	98	68	56	222	合格	12
2021366011	第三组	郭涛	89	80	86	255	合格	5
2021366012	第三组	陈丹	88	98	89	**275**	优秀	2
2021366013	第三组	路琪	72	80	79	231	合格	11
2021366014	第三组	王悦	95	89	86	**270**	优秀	3
最高分			98	98	95			
最低分			60	68	56			
平均分			83.43	83.00	81.79			
参加考试的人数			14	14	14			
优秀率						29%		
及格率			100%	100%	93%			

成绩表　Sheet2

图 4-48 “成绩表”运算结果

任务五

学生成绩分布情况

打开“成绩单汇总表”，按要求进行统计操作：

1. 在工作表“成绩单汇总”中，计算各个班级人数（COUNTIF）、总分（SUMIF）和平均分（AVERAGEIF）。

计算人数：选定 Q2 单元格，输入公式“=COUNTIF（C2：C19，P2)”，出现结果后，向下拖动填充柄到 Q4 单元格。

计算总分：选定 R2 单元格，输入公式“=SUMIF（C2：C19，P2，L2：L19)”，出现结果后，向下拖动填充柄到 R4 单元格。

计算平均分：选定 S2 单元格，输入公式“=AVERAGEIF（C2：C19，P2，M2：M19)”，出现结果后，向下拖动填充柄到 S4 单元格，运算结果如图 4-49 所示。

学号	姓名	班级	语文	数学	英语	物理	化学	生物	地理	政治	总分	平均分
C121401	宋子丹	高三1班	99	88	85	91	76	78	94	87	698	87.25
C121402	郑菁华	高三1班	98	89	88	87	77	77	85	91	692	86.50
C121403	张雄杰	高三1班	90	92	95	95	75	90	56	89	682	85.25
C121404	江晓勇	高三1班	86	95	96	94	83	73	69	89	685	85.63
C121405	齐小娟	高三2班	99	83	88	92	76	67	76	77	658	82.25
C121406	孙如红	高三3班	91	84	94	76	77	66	55	79	622	77.75
C121407	甄士隐	高三1班	96	96	91	88	87	92	85	56	691	86.38
C121408	周梦飞	高三2班	81	92	96	75	69	93	74	66	646	80.75
C121409	杜春兰	高三1班	80	90	95	87	90	88	80	69	679	84.88
C121410	苏国强	高三2班	90	80	78	88	78	63	75	80	632	79.00
C121411	张杰	高三3班	92	77	92	93	76	82	88	55	655	81.88
C121412	吉莉莉	高三2班	93	83	94	78	68	98	86	81	681	85.13
C121413	莫一明	高三1班	98	92	91	79	84	76	90	96	706	88.25
C121414	郭晶晶	高三3班	86	96	94	93	76	94	92	65	696	87.00
C121415	侯登科	高三3班	94	92	97	86	79	97	82	69	696	87.00
C121416	宋子文	高三2班	77	90	95	84	63	68	75	52	604	75.50
C121417	马小军	高三2班	76	82	78	76	74	64	60	73	583	72.88
C121418	郑秀丽	高三1班	96	95	88	86	66	98	91	66	686	85.75

班级	人数	总分	平均分
高三1班	8	5519	86.23
高三2班	6	3804	79.25
高三3班	4	2669	83.41

成绩单汇总 Sheet2 Sheet3

图 4-49 “成绩单汇总”运算结果

任务六

图书销售情况统计

打开“图书销售情况统计表.xlsx”，如图 4-50 所示，按要求进行操作。

在工作表“销售情况表”中计算出“图书名称”“单价”和“小计”列的内容，图书编号内容在“编号对照”工作表中（图 4-51）。

(1) 计算“图书名称”。在 C3 单元格中输入公式“=VLOOKUP（B3，编号对照！A3：B19，2，0)”，出现结果后，利用填充柄得出所有结果。

第一季度图书销售情况表

书店名称	图书编号	图书名称	单价	销量（本）	小计
教育书店	JC-79011			12	
园丁书店	JC-79023			5	
园丁书店	JC-79024			41	
园丁书店	JC-79017			21	
教育书店	JC-79018			32	
教育书店	JC-79019			3	
园丁书店	JC-79020			1	
教育书店	JC-79021			3	
园丁书店	JC-79025			43	
耕耘书店	JC-79012			22	
教育书店	JC-79013			31	
耕耘书店	JC-79022			19	
教育书店	JC-79026			43	
耕耘书店	JC-79014			39	
教育书店	JC-79015			30	
教育书店	JC-79016			43	
教育书店	JC-79027			40	
教育书店	JC-79011			44	
园丁书店	JC-79023			33	
教育书店	JC-79024			35	
园丁书店	JC-79017			22	
园丁书店	JC-79018			38	
耕耘书店	JC-79019			5	
教育书店	JC-79020			32	
教育书店	JC-79021			19	
耕耘书店	JC-79025			38	
教育书店	JC-79012			29	
教育书店	JC-79013			45	
教育书店	JC-79022			4	
教育书店	JC-79026			7	
耕耘书店	JC-79014			34	

销售情况表　编号对照　+

图 4－50　图书销售情况表

图书编号对照表

图书编号	图书名称	定价
JC-79011	《计算机基础及MS Office应用》	¥ 34.00
JC-79012	《计算机基础及Photoshop应用》	¥ 35.00
JC-79013	《C语言程序设计》	¥ 45.00
JC-79014	《VB语言程序设计》	¥ 39.00
JC-79015	《Java语言程序设计》	¥ 38.00
JC-79016	《Access数据库程序设计》	¥ 42.00
JC-79017	《MySQL数据库程序设计》	¥ 41.00
JC-79018	《MS Office高级应用》	¥ 42.00
JC-79019	《网络技术》	¥ 44.00
JC-79020	《数据库技术》	¥ 40.00
JC-79021	《软件测试技术》	¥ 37.00
JC-79022	《信息安全技术》	¥ 40.00
JC-79023	《嵌入式系统开发技术》	¥ 45.00
JC-79024	《操作系统原理》	¥ 40.00
JC-79025	《计算机组成与接口》	¥ 36.00
JC-79026	《数据库原理》	¥ 34.00
JC-79027	《软件工程》	¥ 40.00

销售情况表　编号对照　+

图 4－51　编号对照表

（2）计算“单价”。在 D3 单元格中输入公式“＝VLOOKUP（C3，编号对照！＄B＄3：＄C＄19，2，0）”，出现结果后，利用填充柄得出所有结果。

(3) 计算“小计”。在 F3 单元格中输入公式“=D3 * E3”，出现结果后，利用填充柄得出所有结果。

运算结果如图 4-52 所示。

第一季度图书销售情况表

书店名称	图书编号	图书名称	单价	销量（本）	小计
教育书店	JC-79011	《计算机基础及MS Office应用》	¥ 34.00	12	¥ 408.00
园丁书店	JC-79023	《嵌入式系统开发技术》	¥ 45.00	5	¥ 225.00
园丁书店	JC-79024	《操作系统原理》	¥ 40.00	41	¥ 1,640.00
园丁书店	JC-79017	《MySQL数据库程序设计》	¥ 41.00	21	¥ 861.00
教育书店	JC-79018	《MS Office高级应用》	¥ 42.00	32	¥ 1,344.00
教育书店	JC-79019	《网络技术》	¥ 44.00	3	¥ 132.00
园丁书店	JC-79020	《数据库技术》	¥ 40.00	1	¥ 40.00
教育书店	JC-79021	《软件测试技术》	¥ 37.00	3	¥ 111.00
园丁书店	JC-79025	《计算机组成与接口》	¥ 36.00	43	¥ 1,548.00
耕耘书店	JC-79012	《计算机基础及Photoshop应用》	¥ 35.00	22	¥ 770.00
教育书店	JC-79013	《C语言程序设计》	¥ 45.00	31	¥ 1,395.00
耕耘书店	JC-79022	《信息安全技术》	¥ 40.00	19	¥ 760.00
教育书店	JC-79026	《数据库原理》	¥ 34.00	43	¥ 1,462.00
耕耘书店	JC-79014	《VB语言程序设计》	¥ 39.00	39	¥ 1,521.00
教育书店	JC-79015	《Java语言程序设计》	¥ 38.00	30	¥ 1,140.00
教育书店	JC-79016	《Access数据库程序设计》	¥ 42.00	43	¥ 1,806.00
教育书店	JC-79027	《软件工程》	¥ 40.00	40	¥ 1,600.00
教育书店	JC-79011	《计算机基础及MS Office应用》	¥ 34.00	44	¥ 1,496.00
园丁书店	JC-79023	《嵌入式系统开发技术》	¥ 45.00	33	¥ 1,485.00
教育书店	JC-79024	《操作系统原理》	¥ 40.00	35	¥ 1,400.00
园丁书店	JC-79017	《MySQL数据库程序设计》	¥ 41.00	22	¥ 902.00
园丁书店	JC-79018	《MS Office高级应用》	¥ 42.00	38	¥ 1,596.00
耕耘书店	JC-79019	《网络技术》	¥ 44.00	5	¥ 220.00
教育书店	JC-79020	《数据库技术》	¥ 40.00	32	¥ 1,280.00
教育书店	JC-79021	《软件测试技术》	¥ 37.00	19	¥ 703.00
耕耘书店	JC-79025	《计算机组成与接口》	¥ 36.00	38	¥ 1,368.00
教育书店	JC-79012	《计算机基础及Photoshop应用》	¥ 35.00	29	¥ 1,015.00
教育书店	JC-79013	《C语言程序设计》	¥ 45.00	45	¥ 2,025.00
教育书店	JC-79022	《信息安全技术》	¥ 40.00	4	¥ 160.00
教育书店	JC-79026	《数据库原理》	¥ 34.00	7	¥ 238.00
耕耘书店	JC-79014	《VB语言程序设计》	¥ 39.00	34	¥ 1,326.00

销售情况表 编号对照

图 4-52 “销售情况表”运算结果

任务七 教师信息统计

操作要求：

1. 新建工作簿，在工作表 Sheet 1 中输入图 4-53 所示的数据，完成下列操作后以文件名“计算教职工工资 . xlsx”保存在 D:\ 盘自己的文件夹中。

2. 将标题加粗、倾斜、深蓝色、24 号字；A2：E12 区域和 A13：A16 区域填充淡绿色底纹，F2：H12 区域填充淡蓝色底纹，E13：H16 区域填充玫瑰红色底纹。

3. 在 Sheet 1 工作表 E13：E16 区域用函数计算基本工资的平均值 AVERAGE ()、合计 SUM ()、最大值 MAX () 和最小值 MIN ()。

4. 已知津贴的发放标准为：教授 200 元、副教授 150 元、讲师 120 元、助教 80 元。根据该标准在工资表中用 IF 函数计算每位教师的津贴。

操作提示：＝IF（B3＝" 教授"，200，IF（B3＝" 副教授"，150，IF（B3＝" 讲师"，120，80)))。

5. 用公式计算每位教师的补贴：补贴＝基本工资×补贴比例。在公式中，基本工资和补贴比例都使用单元格引用方式，不能直接使用常数。

操作提示：补贴比例用绝对引用的方法。

	A	B	C	D	E	F	G	H	I	J
1	教职工工资表									
2	姓名	职称	性别	年龄	基本工资	津贴	补贴	实发工资		补贴比例
3	李红芳	副教授	男	52	¥650.00					
4	吴心田	讲师	男	33	¥500.00					
5	马晓仁	讲师	男	32	¥500.00					35%
6	方雪梅	讲师	女	34	¥500.00					津贴标准： 教授 200 副教授150 讲师120 助教80
7	张梦	副教授	女	44	¥680.00					
8	魏文肖	助教	男	27	¥480.00					
9	张小珊	副教授	女	42	¥750.00					
10	方宁丽	助教	女	29	¥400.00					
11	张东艳	讲师	女	35	¥500.00					
12	吴翔	教授	男	51	¥900.00					
13	平均值									
14	合计									
15	最小值									
16	最大值									

图 4－53　教职工工资表

6. 用 SUM（）函数计算每位教师的实发工资（实发工资＝基本工资＋津贴＋补贴）。

7. 设置 E、F、G、H 列的数据格式为货币样式，保留 2 位小数。

8. 保存“计算教职工工资 . xlsx”文件，效果如图 4－54 所示。

	A	B	C	D	E	F	G	H	I	J
1	教职工工资表									
2	姓名	职称	性别	年龄	基本工资	津贴	补贴	实发工资		补贴比例
3	李红芳	副教授	男	52	¥650.00	¥150.00	¥227.50	¥1,027.50		
4	吴心田	讲师	男	33	¥500.00	¥150.00	¥175.00	¥825.00		
5	马晓仁	讲师	男	32	¥500.00	¥150.00	¥175.00	¥825.00		35%
6	方雪梅	讲师	女	34	¥500.00	¥150.00	¥175.00	¥825.00		津贴标准： 教授 200 副教授150 讲师120 助教80
7	张梦	副教授	女	44	¥680.00	¥150.00	¥238.00	¥1,068.00		
8	魏文肖	助教	男	27	¥480.00	¥80.00	¥168.00	¥728.00		
9	张小珊	副教授	女	42	¥750.00	¥150.00	¥262.50	¥1,162.50		
10	方宁丽	助教	女	29	¥400.00	¥80.00	¥140.00	¥620.00		
11	张东艳	讲师	女	35	¥500.00	¥150.00	¥175.00	¥825.00		
12	吴翔	教授	男	51	¥900.00	¥200.00	¥315.00	¥1,415.00		
13	平均值				¥586.00					
14	合计				¥5,860.00					
15	最小值				¥400.00					
16	最大值				¥900.00					

图 4－54　“教职工工资表”运算结果

任务八

函数的嵌套使用

在工作表“期末综合成绩统计表”（图 4－55）中按要求进行运算。

1. 在工作表“期末综合成绩统计表”中计算“评价”列的内容：当平时成绩和期末成绩均大于等于 70 为“合格”，否则为“不合格”。

计算“评价”：在 D3 单元格中输入公式“＝IF（AND（B3＞＝70，C3＞＝70)，" 合

格","不合格")”，出现结果后，利用填充柄得出所有结果，如图 4-56 所示。

期末综合成绩统计表

学号	平时成绩	期末成绩	评价
A01	89	79	
A02	78	63	
A03	96	81	
A04	67	69	
A05	85	76	
A06	74	82	
A07	91	73	
A08	82	91	
A09	64	78	
A10	80	68	
A11	92	96	
A12	100	94	
A13	80	93	
A14	66	93	
A15	84	60	
A16	86	87	
A17	95	85	
A18	94	92	
A19	67	68	
A20	84	64	

期末综合成绩表 员工考核测评数据表

图 4-55 期末综合成绩统计表

期末综合成绩统计表

学号	平时成绩	期末成绩	评价
A01	89	79	合格
A02	78	63	不合格
A03	96	81	合格
A04	67	69	不合格
A05	85	76	合格
A06	74	82	合格
A07	91	73	合格
A08	82	91	合格
A09	64	78	不合格
A10	80	68	不合格
A11	92	96	合格
A12	100	94	合格
A13	80	93	合格
A14	66	93	不合格
A15	84	60	不合格
A16	86	87	合格
A17	95	85	合格
A18	94	92	合格
A19	67	68	不合格
A20	84	64	不合格

期末综合成绩表 员工考核测评数据表

图 4-56 “期末综合成绩统计表”运算结果

2. 在工作表“员工考核测评数据表”（图 4-57）中计算“参试结果”列的内容：考评数据中有一项如果大于 80 则具备“参加培训”的资格，否则“取消资格”。

计算“参试结果”：在 E3 单元格中输入公式“=IF（OR（B3>80，C3>80，D3>80），"参加培训","取消资格")”，出现结果后，利用填充柄得出所有结果，如图 4-58 所示。

员工考核测评数据表

考生考号	面试成绩	笔试成绩1	笔试成绩2	参试结果
19001	88	90	70	
19002	78	67	66	
19003	76	85	75	
19004	90	85	80	
19005	68	70	67	
19006	45	67	64	
19007	94	90	85	
19008	67	88	79	
19009	54	57	66	
19010	66	75	94	
19011	81	95	61	
19012	73	63	88	
19013	83	85	94	
19014	84	84	54	
19015	76	67	53	
19016	75	55	85	
19017	51	92	80	
19018	83	52	76	
19019	51	79	75	
19020	66	61	62	

期末综合成绩表 员工考核测评数据表

图 4-57 员工考核测评数据表

员工考核测评数据表

考生考号	面试成绩	笔试成绩1	笔试成绩2	参试结果
19001	88	90	70	参加培训
19002	78	67	66	取消资格
19003	76	85	75	参加培训
19004	90	85	80	参加培训
19005	68	70	67	取消资格
19006	45	67	64	取消资格
19007	94	90	85	参加培训
19008	67	88	79	参加培训
19009	54	57	66	取消资格
19010	66	75	94	参加培训
19011	81	95	61	参加培训
19012	73	63	88	参加培训
19013	83	85	94	参加培训
19014	84	84	54	参加培训
19015	76	67	53	取消资格
19016	75	55	85	参加培训
19017	51	92	80	参加培训
19018	83	52	76	参加培训
19019	51	79	75	取消资格
19020	66	61	62	取消资格

期末综合成绩表 员工考核测评数据表

图 4-58 “员工考核测评数据表”运算结果

相关知识点

Excel 中除了能进行一般的表格处理外，还具有较强的数据计算能力。可以在单元格中利用公式或函数进行各种复杂计算。这也是 Excel 中的重点内容。

1. 公式的形式

公式的形式为“=表达式”。

表达式是由运算符、常量、单元格地址、函数及括号组成的。但是表达式中不一定全部具备这些项。例如下面的 3 个公式：

=2+4+6

=A1*0.4+B1*0.6

=SUM（B2：B10）

2. 运算符

在 Excel 公式中，运算符可以分为以下 4 种类型：

（1）算术运算符。算术运算符可以完成基本的数学运算，如加、减、乘、除等。

（2）比较运算符。比较运算符可以比较两个数据或表达式的大小，并且产生的结果是 TRUE 或 FALSE 的逻辑值。

（3）文本运算符。文本运算符可以将两段文本连接为一段连续的文本。

（4）引用运算符。引用运算符可以将单元格区域合并计算。

表 4-1 列出了 Excel 公式中使用的全部运算符。

表 4-1　Excel 公式中的运算符

类型	运算符	含义	示例
算术运算符	+（加号）	加	3+3
	-（减号）	减	4-2
	-（负号）	负数	-6
	*（星号）	乘	3*4
	/（斜杠）	除	9/3
	%（百分号）	百分比	20%
	^（乘方）	乘幂	2^2=4
比较运算符	=（等号）	等于	A1=B1
	>（大于号）	大于	A1>B1
	<（小于号）	小于	A1<B1
	>=（大于等于号）	大于等于	A1>=B1
	<=（小于等于号）	小于等于	A1<=B1
	<>不等于号	不等于	A1<>B1

（续）

类型	运算符	含义	示例
文本运算符	&（连字符）	将两段文字连接成一段文字	“中国”&“北京”产生“中国北京”
引用运算符	：（冒号）区域运算符	包括两个引用在内的所有单元格引用	B2：B10
	，（逗号）联合运算符	将多个引用合并为一个引用	SUM（A1：A5，B1：B5）

3. 运算顺序

在数学运算中，如果遇到如“＝B5＋D3 * A1/B2^2”所示的公式，在其中包含了加法、乘法、除法，还有乘方，应该先算哪个运算符呢？这里涉及运算符的优先级别，如果是同一级运算，则从等号开始从左到右逐步计算；对于不同级别的运算，则参照表 4－2 列出的先后顺序进行计算。

表 4－2　运算符的运算优先级别

优先次序	运算符	说明
由高到低	：	引用运算符（冒号）
	，	（逗号）
	－	（负号）
	%	（百分比）
	^	（乘幂）
	* 和/	（乘和除）
	＋和－	（加和减）
	&	文本运算符（连接）
	＝、>、<、>＝、<＝、<>	比较运算符

4. 输入公式

输入公式步骤：在出现结果的单元格中先输入“＝”，再写出公式的表达式。以如图 4－38 所示的工作表为例，单击选择 E3 单元格，输入“＝B3 * 0.3＋C3 * 0.3＋D3 * 0.4”按 Enter 键确认输入。公式中的单元格地址可以用键盘输入，也可以直接单击相应的单元格。

5. 复制公式

在图 4－38 所示的例子中，E3 单元格的总评计算完成后，可以用公式复制的方法，自动填充其他单元格。操作步骤如下：

（1）单击如图 4－38 所示的已经输入公式的 E3 单元格。

（2）移动鼠标到该单元格的填充柄处，鼠标变为细“十”字形状，按鼠标左键拖动到 E7 单元格，将完成所有学生总评的计算。

6. 单元格地址的引用

公式中使用其他单元格的方法称为单元格引用。在公式中一般不写单元格中的数值，而写数值所在单元格的地址，以便公式复制。在公式中可以引用本工作表中的单元格，也可以引用同一个工作簿中其他工作表的单元格，以及不同工作簿中的单元格。当被引用的单元格数值被修改时，公式的运算结果也会随之变化。Excel 中单元格的引用有相对引用、绝对引用、混合引用、跨工作表引用和跨工作簿引用等方式。

（1）相对引用。相对引用是在公式中引用了像“A1”这样形式的相对地址。相对地址进行公式复制后，目标单元格公式中的地址会相对变化，变化的方向是根据源单元格到目标单元格变化的方向而变化的。

（2）绝对引用。绝对引用是在公式中使用了像“＄A＄1”这样形式的绝对地址。绝对地址进行公式复制后，公式中的单元格地址不会产生变化。

（3）混合引用。如果单元格引用地址一部分为绝对引用，另一部分为相对引用，如“＄A1”或“A＄1”，这类地址称为混合引用地址。如果“＄”符号在列标前，则表明该列位置是绝对不变的，而行位置会随着目的位置的变化而变化。如果“＄”符号在行号前，则表明该行位置是绝对不变的，而列位置会随着目的位置的变化而变化。

（4）跨工作表引用。跨工作表引用是指引用同一个工作簿的其他工作表单元格地址。表示单元格时，单元格名称前必须加单元格所在的工作表标签名称和感叹号。

引用的格式为：工作表！单元格。例如：

◆Sheet 1！ A4　相对引用工作表 Sheet 1 的 A4 单元格。

◆Sheet 1！ A4：D8　相对引用工作表 Sheet 1 的 A4 到 D8 的一个矩形区域。

◆Sheet 1！ ＄A＄4　绝对引用工作表 Sheet 1 的 A4 单元格。

◆Sheet 1！ ＄A＄4：＄D＄8　绝对引用工作表 Sheet 1 的 A4 到 D8 的一个矩形区域。

（5）跨工作簿引用。跨工作簿引用是指引用其他工作簿中的单元格。表示单元格时，单元格名称前除了要加上工作表标签以外，还要加上所在单元格的工作簿的名称。

引用的格式为：[工作簿名] 工作表名！单元格　例如：

◆ [ABC. XLSX] Sheet 1！ ＄A＄4　绝对引用 ABC. XLSX 工作簿中 Sheet 1 工作表中 A4 单元格。

◆ [ABC. XLSX] Sheet 1！ ＄A＄4：＄D＄8 绝对引用 ABC. XLSX 工作簿中 Sheet 1 工作表中 A4 到 D8 的一个矩形区域。

7. 公式的错误值

当 Excel 中不能正确计算某个单元格中的公式时，便会在单元格中显示一个错误代码。错误代码都是以“#”号开头，如表 4－3 中列出了常见的错误代码和出错原因。

表 4-3 常见的错误代码和出错原因

错误代码	出错原因
####	公式所产生的结果太长或输入的常数太长，应增加列宽
#DIV/0!	除数为零
#N/A	引用了当前不能使用的值
#NAME?	使用了 Excel 不能识别的名称
#NULL!	指定了无效的“空”值
#NUM!	使用了不正确的参数
#REF!	引用了无效的单元格
#VALUE	引用了不正确的参数或运算对象

Excel 中提供了 10 类 200 多种函数，合理使用这些函数将大大提高表格计算的效率。

8. 函数的形式

函数的形式如下：

函数名（[参数 1][，参数 2]…[，参数 n]）

函数以函数名开头，其后是一对圆括号，括号中是若干个参数；如果有多个参数，参数之间用逗号隔开。参数可以是数字、文本、逻辑值（TRUE 和 FALSE）、单元格引用或其他函数（嵌套函数）等。

9. 函数的使用

①选择出现结果的单元格，单击“公式”选项卡“函数库”功能组中的“插入函数”按钮，打开“插入函数”对话框，从中选择要插入的函数，如图 4-59 所示。

②如果对所使用的函数很熟悉，直接在编辑栏或单元格中输入即可。

③对于求合计、平均值、最大值、最小值等常用的函数，可以单击“开始”选项卡“编辑”功能组中的“自动求和”按钮 Σ，即可弹出对应的菜单，进行自动计算，如图 4-60 所示。

④在单元格中输入“=”，名称框会变成函数的下拉列表框，如图 4-61 所示，从中选择要插入的函数，如果列表框中没有显示所需的函数，可以单击“其他函数”命令，在打开的“插入函数”对话框中选

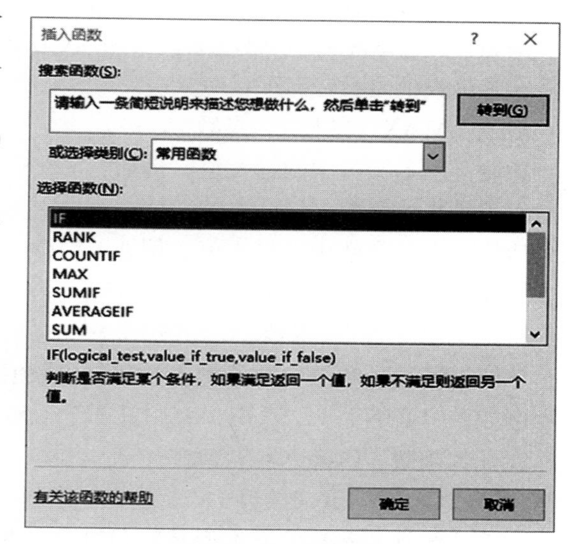

图 4-59 “插入函数”对话框

择函数。

⑤单击编辑栏左边的按钮 *fx* ，将弹出“插入函数”对话框，在该对话框中选择要插入的函数。

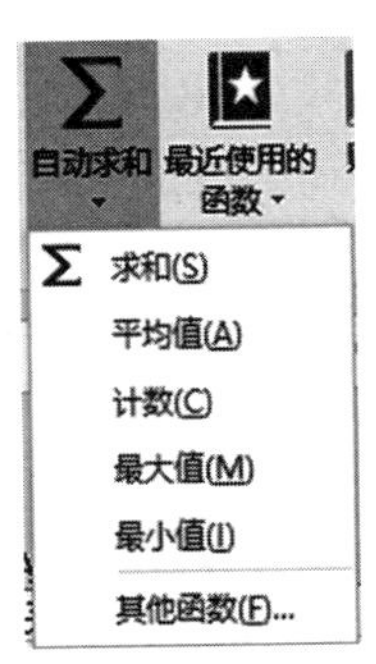

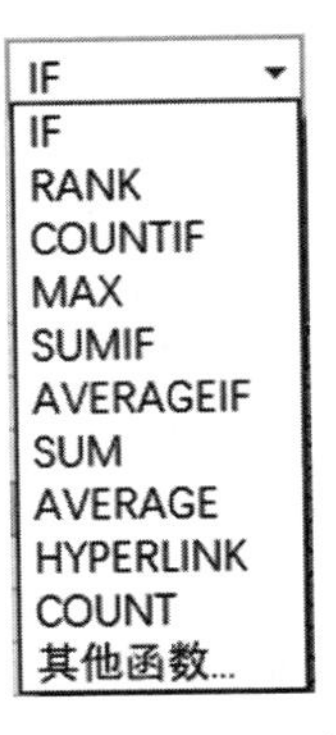

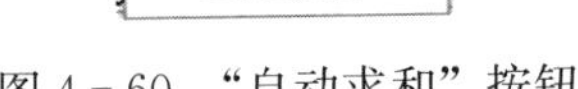
图 4-60 “自动求和”按钮

图 4-61 函数下拉列表框按钮

10. 常用的函数

①求和函数：SUM（）。

格式：SUM（参数 1，参数 2，…）。

功能：求各参数的和。参数可以是数值或含有数值的单元格引用，最多包含 30 个参数。例如：SUM（A2：C2）；SUM（A2，B2，C2）；SUM（A1：A3，B1：B3）。

②求平均值函数：AVERAGE（参数 1，参数 2，…）。

功能：求各参数的平均值。参数可以是数值或含有数值的单元格引用。

例如：AVERAGE（A2，B2，C2）；AVERAGE（A2：C2）。

③求最大值函数：MAX（）。

格式：MAX（参数 1，参数 2，…）。

功能：求各参数中的最大值。例如：MAX（B2：B10）。

④求最小值函数：MIN（）。

功能：求各参数中的最小值。例如：MIN（B2：B10）。

⑤计数函数：COUNT（）。

格式：COUNT（参数 1，参数 2，…）。

功能：统计各参数中数值型参数和包含数值的单元格个数。

例如：COUNT（B2：B10）；COUNT（A1，B1：B3，D1：D3）。

⑥计数函数：COUNTA（）。

格式：COUNTA（参数 1，参数 2，…）。

功能：统计各参数中文本型参数和包含文本的单元格个数。

例如：COUNTA（A1：A10）；COUNTA（A1，B1，C1）。

⑦条件计数函数：COUNITIF（）。

格式：COUNTIF（单元格区域，条件式）。

功能：统计单元格区域内满足条件的单元格的个数。

例如：COUNTIF（H4：H17，" >=270"）。

⑧条件判断函数：IF（）。

格式：IF（条件表达式，值1，值2）。

功能：如果条件表达式为真，则结果取值1；否则，结果取值2。

例如：=IF（H4>=270，" 优秀"，" 合格"）。

⑨排名次函数：RANK（）。

格式：RANK（待排名的数据，数据区域，升降序）。

功能：计算数据在数据区域内相对于其他数据的大小排名。

注释："升降序参数"为0或忽略不写表示降序，1表示升序。

例如：=RANK（H4，H4：H17），后面什么也没写表示降序。

⑩查找函数：VLOOKUP（）。

格式：VLOOUKUP（要查找的值，要查找的区域，返回数据在查找区域的第几列数，近似匹配/精确匹配）。

功能：按列查找，最终返回该列所需查询序列所对应的值。

例如：VLOOKUP（B3，编号对照！A3：B19，2，0）。

⑪逻辑函数：AND（）。

格式：AND（条件表达式1，条件表达式2，…）。

功能：用来检验一组数据是否都满足条件。

例如：AND（B3>=70，C3>=70）。

⑫逻辑函数：OR（）。

格式：OR（条件表达式1，条件表达式2，…）。

功能：在其参数组中，任何一个参数逻辑值为TRUE，即返回TRUE；所有参数的逻辑值为FALSE，才返回FALSE。

例如：OR（B3>80，C3>80，D3>80）。

项目四 Excel中数据管理和分析

任务目标

- 掌握数据表的排序、自动筛选、高级筛选、分类汇总操作
- 掌握合并计算、数据透视表操作

任务一 对教职工工资表进行数据管理和分析

1. 新建一个工作簿

新建一个工作簿，在工作表Sheet 1中用"记录单"命令输入如图4-62所示的内容，

完成后以“教职工工资表.xlsx”为文件名保存在自己的文件夹中。

其中，单元格区域 A1：F13 是一个职工工资数据清单，姓名、部门、职称、性别、年龄、基本工资是字段名。

（1）首先将“记录单”命令添加到“快速访问工具栏”中，单击“自定义快速访问工具栏”按钮，从弹出的菜单中选择“其他命令”，显示如图 4－63 所示的对话框。

	A	B	C	D	E	F
1	姓名	部门	职称	性别	年龄	基本工资/元
2	李国强	管理系	副教授	男	50	4650.00
3	吴林	管理系	讲师	女	40	3500.00
4	王永红	管理系	助教	女	24	1200.00
5	马小文	航海系	讲师	男	39	3300.00
6	王晓宁	航海系	教授	男	50	4880.00
7	魏文鼎	航海系	助教	男	26	1480.00
8	李文如	计算机	副教授	女	49	2750.00
9	伍宁	计算机	助教	女	36	1400.00
10	夏雪	数学系	讲师	女	41	3500.00
11	钟成梦	数学系	副教授	女	51	3680.00
12	古琴	英语系	讲师	女	32	1800.00
13	高展翔	英语系	教授	男	58	4900.00

图 4－62　教职工工资表

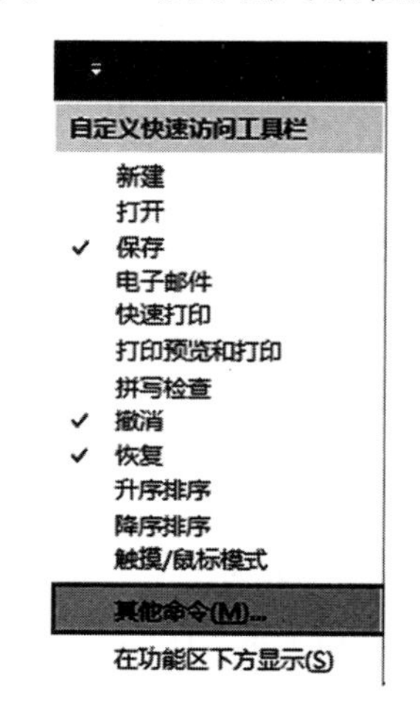

图 4－63　“自定义快速访问工具栏”菜单

（2）打开“Excel 选项”对话框，在“从下列位置选择命令”下拉列表框中选择“所有命令”，然后在下方列表框中找到“记录单…”命令，单击“添加”按钮，即可将“记录单”命令按钮添加到“快速访问工具栏”中，如图 4－64 所示。

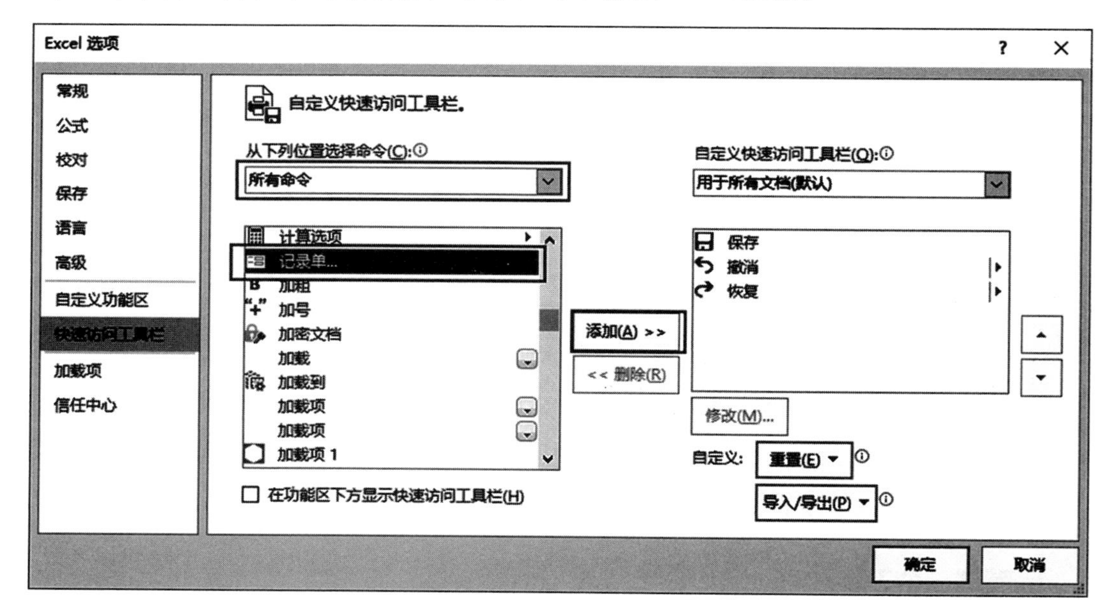

图 4－64　将“记录单…”命令添加到“快速访问工具栏”

(3) 建立数据清单的标题行，依次输入姓名、部门、职称、性别、年龄、基本工资等。

(4) 选定下一行任意一个单元格，在“快速访问工具栏”上单击“记录单”命令按钮，即可弹出“记录单”对话框，如图4-65所示。

(5) 单击“新建”按钮，在各个字段中输入记录的值，按Tab键，移到下一个字段。按Enter键结束一条记录的输入，以此类推输入所有的记录。

(6) 单击“关闭”按钮结束输入。

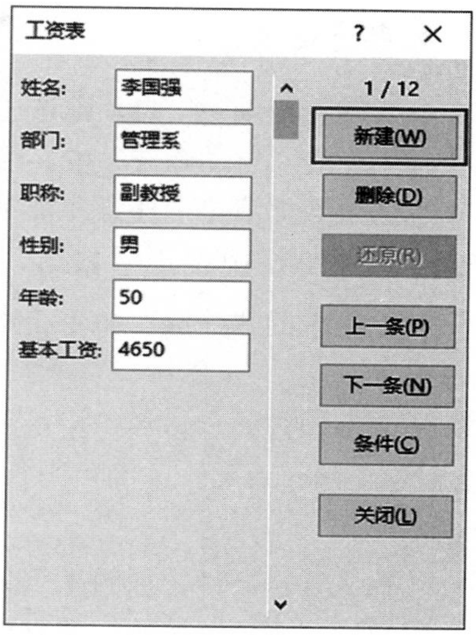

图4-65 “记录单”对话框

2. 复制工作表

将工作表Sheet 1中的内容复制到工作表Sheet 2至工作表Sheet 6中，将各工作表标签分别重命名为：工资表、排序、自动筛选、高级筛选、分类汇总、数据透视表。

3. 排序

选定工作表“排序”，将记录按“基本工资”从低到高（递增）排序。

(1) 单击工作表中有数据的任意单元格（如D6），或者选择要排序的区域A1：F13。

(2) 单击“开始”选项卡“编辑”功能组中的“排序和筛选”按钮，从弹出的菜单中选择“自定义排序”命令，即可打开“排序”对话框，如图4-66所示（或执行“数据”选项卡“排序和筛选”功能组中的“排序”命令）。

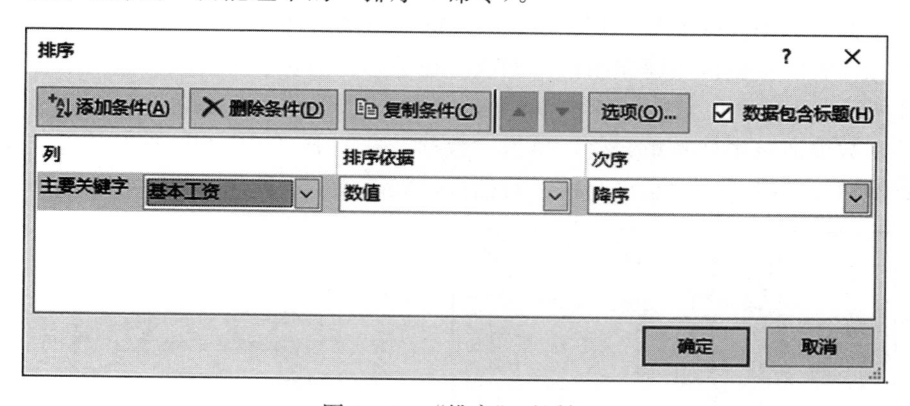

图4-66 “排序”对话框

(3) 在“当前数据清单”中选择“数据包含标题”，然后在“主要关键字”下拉列表框中选择“基本工资”选项，在“次序”下拉列表框中选择“升序”单选按钮。

(4) 单击“确定”按钮。按上述步骤完成职工工资的排序后，查看各记录中姓名的次序。

➡练习：

将“基本工资”作为主要关键字（降序），年龄作为次要关键字（升序），对上述工作表进行排序，观察排序结果与上次有什么不同。

4. 筛选记录

（1）筛选记录——自动筛选

在工作表“自动筛选”中，筛选出教授和副教授的记录。

①选定数据清单中任意一个单元格。

②在菜单栏中单击“数据”选项卡“排序和筛选”功能组中的“筛选”命令，各字段名旁边出现一个下拉箭头。

③在“职称”下拉列表框中执行“文本筛选”→“自定义筛选”命令，将弹出“自定义自动筛选方式”对话框。

④输入筛选条件，如图 4 - 67 所示。

⑤单击“确定”按钮，完成自动筛选。

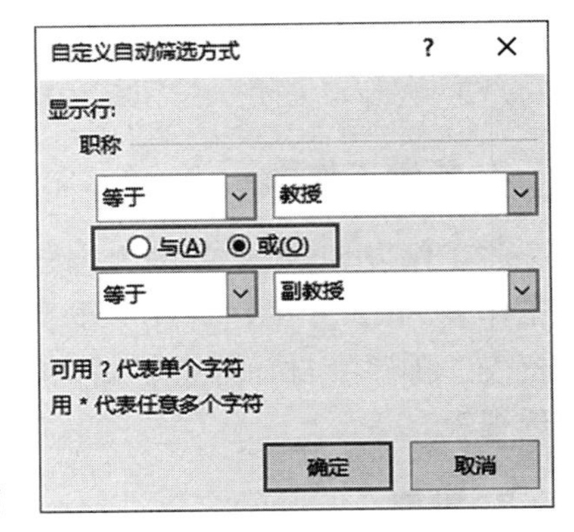

图 4 - 67　自定义自动筛选方式

将记录全部显示：单击“数据”选项卡“排序和筛选”功能组中的“清除”命令按钮，即可显示全部记录。

取消自动筛选：在筛选状态，再次单击“数据”选项卡“排序和筛选”功能组中的“筛选”按钮，即可退出自动筛选状态。

（2）筛选记录——高级筛选

选择“高级筛选”工作表，筛选出“职称”为“讲师”且“基本工资”不低于 2 000 的记录。操作时，条件区域为 A15：B16 单元格，结果出现在 A19 单元格开始的区域。

①在工作表的空白区域建立条件。例如，在 A15：B16 单元格区域输入条件内容，如图 4 - 68 所示。

②单击数据清单中任意单元格，单击“数据”选项卡“排序和筛选”功能组中的“高级”命令按钮，即可弹出“高级筛选”对话框，如图 4 - 69 所示。

	A	B	C	D	E	F
1	姓名	部门	职称	性别	年龄	基本工资
2	李国强	管理系	副教授	男	50	4650.00
3	吴林	管理系	讲师	女	40	3500.00
4	王永红	管理系	助教	女	24	1200.00
5	马小文	航海系	讲师	男	39	3300.00
6	王晓宁	航海系	教授	男	50	4880.00
7	魏文鼎	航海系	助教	男	26	1480.00
8	李文如	计算机	副教授	女	49	2750.00
9	伍宁	计算机	助教	女	36	1400.00
10	夏雪	数学系	讲师	女	41	3500.00
11	钟成梦	数学系	副教授	女	51	3680.00
12	古琴	英语系	讲师	女	32	1800.00
13	高展翔	英语系	教授	男	58	4900.00
14						
15	职称	基本工资		职称	性别	年龄
16	讲师	>=2000		教授		
17				副教授	女	
18						<30

图 4 - 68　“高级筛选”条件区域

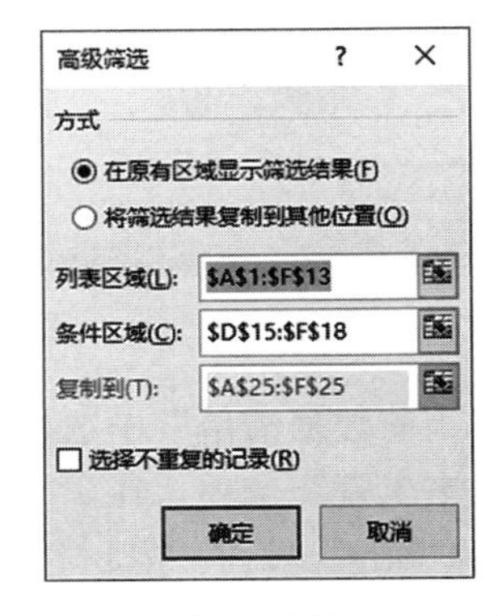

图 4 - 69　“高级筛选”对话框

③在“列表区域”中单击红色按钮选择 A1：F13（默认选择）。

④在“条件区域”中选择 A15：B16。

⑤在“方式”中选择“将筛选内容复制到其他位置”单选按钮，在“复制到”文本框中选择 A19 开始的一个区域。

⑥单击“确定”按钮，完成高级筛选，查看筛选结果。

➡练习：

筛选出“教授”或“女性、副教授”或“30 岁以下的人员记录”。

5. 数据清单的分类汇总

选择“分类汇总”工作表，按“职称”字段进行分类汇总，统计不同职称“基本工资”的平均值。

（1）将数据清单以“职称”为主要关键字进行排序（递增或递减均可）。

提示：分类汇总之前必须对分类字段进行排序。

（2）选定数据清单中任意单元格，单击“数据”选项卡“分级显示”功能组中的“分类汇总”命令按钮，将弹出“分类汇总”对话框，如图 4－70 所示。在“分类字段”下拉列表框中选择“职称”，在“汇总方式”下拉列表框中选择“平均值”，在“选定汇总项”复选框中选择“基本工资”，单击“确定”按钮。

（3）用窗口左上部的分级显示按钮查看分类汇总的结果。

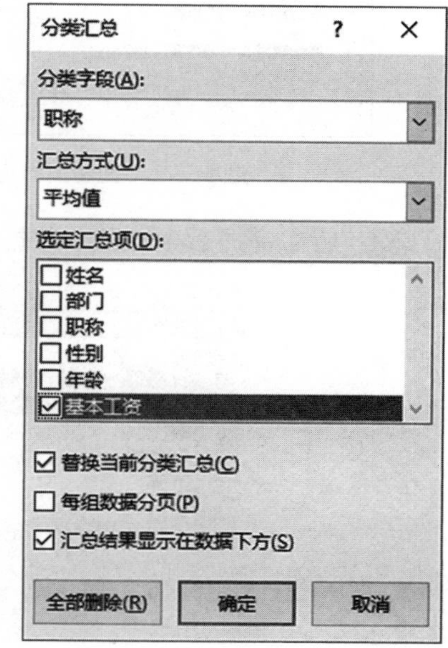

图 4－70 “分类汇总”对话框

6. 数据透视表

选择“数据透视表”工作表，在 Sheet 7 工作表中，建立“性别”为页字段，“职称”为行字段，“部门”为列字段，“姓名”为计数项的数据透视表。

（1）选择数据清单的任意单元格，单击“插入”选项卡“表格”功能组中的“数据透视表”按钮，在弹出的菜单中选择“数据透视表”命令，打开“创建数据透视表”对话框，如图 4－71 所示。

（2）“创建数据透视表”对话框中，在“请选择要分析的数据”选项中选择“选择一个表或区域”单选钮，系统会自动搜索数据清单区域，在“选择放置数据透视表的位置”选项中选择“现有工作表”单选钮，然后单击“位置”后面的红色按钮，选择放置数据透视表的工作表区域，单击“确定”按钮，即可生成空白数据透视表。

（3）单击 Sheet 7 中生成的空白“数据透视表”，则窗口的右侧出现“数据透视表字段列表”窗格，从“选择要添加到报表的字段”中选中“性别”字段拖到“报表筛选”区域，将“职称”字段拖放到“行标签”区域，将“部门”拖到“列标签”区域，将“姓名”字段拖到“数值”区域，如图 4－72 所示。

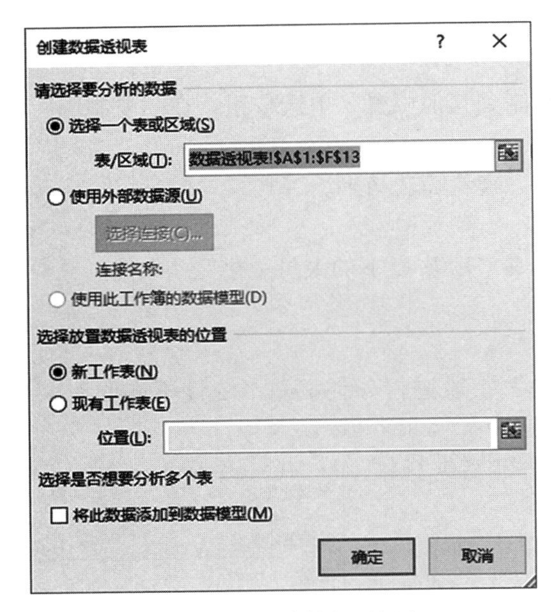

图 4-71　创建数据透视表

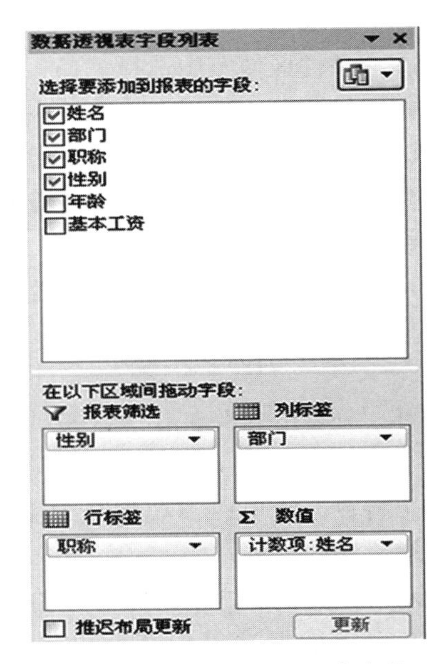

图 4-72　设置数据透视表字段

(4) 设置完成后生成的“数据透视表”，如图 4-73 所示。

	A	B	C	D	E	F	G
1	性别	(全部)					
2							
3	计数项:姓名	列标签					
4	行标签	管理系	航海系	计算机	数学系	英语系	总计
5	教授		1			1	2
6	副教授	1		1	1		3
7	讲师	1	1		1	1	4
8	助教	1	1	1			3
9	总计	3	3	2	2	2	12

图 4-73　数据透视表

任务二
分析学生成绩表

打开“成绩表.xlsx”，按要求进行操作。

1. 在“排序”工作表中以“总分”为主要关键字，“数学”为次要关键字，升序排序，结果如图 4-74 所示。

2. 在“自动筛选”工作表中，筛选出各科分数均大于等于 80 的记录，结果如图 4-75 所示。

3. 根据“合并计算”工作表中的数据，在 I1：M2 区域建立如图 4-76 所示的内容后，在“各班各科成绩表”中进行“平均值”合并计算。

(1) 首先要选择放置结果的区域，如 I2：M6。

(2) 单击“数据”选项卡“数据工具”功能组中的“合并计算”，打开如图 4-77 所

	A	B	C	D	E	F	G
1	高二考试成绩表						
2	姓名	班级	语文	数学	英语	政治	总分
3	刘梅	高二（三）班	72	75	69	63	279
4	李平	高二（一）班	72	75	69	80	296
5	赵丽娟	高二（二）班	76	67	78	97	318
6	刘小丽	高二（三）班	76	67	90	95	328
7	李朝	高二（三）班	76	85	84	83	328
8	麦孜	高二（二）班	85	88	73	83	329
9	王硕	高二（三）班	76	88	84	82	330
10	张玲铃	高二（三）班	89	67	92	87	335
11	江海	高二（一）班	92	86	74	84	336
12	高峰	高二（二）班	92	87	74	84	337
13	许如润	高二（一）班	87	83	90	88	348
14	张江	高二（一）班	97	83	89	88	357

图 4－74 排序后的结果

	A	B	C	D	E	F
1	高二考试成绩表					
2	姓名	班级	语文	数学	英语	政治
5	张江	高二（一）班	97	83	89	88
10	许如润	高二（一）班	87	83	90	88

图 4－75 “自动筛选”后的结果

各班各科平均成绩表				
班级	语文	数学	英语	政治

图 4－76 输入合并计算的标题

图 4－77 “合并计算”对话框

示的“合并计算”对话框，合并计算的结果如图 4－78 所示。

4. 分类汇总：利用“分类汇总”工作表中的数据，以“班级”为分类字段，将各科成绩进行“平均值”分类汇总，结果如图 4－79 所示。

5. 利用“数据透视表”工作表中的数据，以“班级”为筛选字段，“日期”为行字

各班各科平均成绩表				
班级	语文	数学	英语	政治
高二（一）班	87	82	81	85
高二（二）班	84	81	75	88
高二（三）班	78	76	84	82

图 4－78　合并计算结果

	A	B	C	D	E	F
1	高二考试成绩表					
2	姓名	班级	语文	数学	英语	政治
7		高二（一）班	87	82	81	85
13		高二（三）班	78	76	84	82
17		高二（二）班	84	81	75	88
18		总计平均值	83	79	81	85

图 4－79　分类汇总的结果

段，“姓名”为列字段，“迟到”为计数项，在 Sheet 6 工作表的 A1 单元格开始建立数据透视表，结果如图 4－80 所示。

	A	B	C	D	E	F	G	H	I	J
1	班级	(全部)								
2										
3	计数项:迟到	列标签								
4	行标签	高峰	江海	李朝	李平	刘梅	许如润	张玲铃	赵丽娟	总计
5	2021/6/7				1	1				2
6	2021/6/9		1	1				1		3
7	2021/6/10	1								1
8	2021/6/11				1		1	1	1	4
9	总计	1	1	1	2	1	1	2	1	10

图 4－80　按要求创建的数据透视表

相关知识点

1. 数据清单

要对工作表中的数据进行管理，首先使工作表中的数据具有一定的组织形式。这种类似于关系数据库里的二维表形式的工作表称为数据清单。它具有严格的 m 行×n 列的结构。

要建立数据清单有以下要求：

（1）数据清单中的列为一个字段。

（2）数据清单中的第一行为字段名，此行中的数据应为文本格式，其余的每一行称为记录。

（3）同列的数据，其类型和格式必须相同。

（4）数据清单中没有合并的单元格。

（5）在同一工作表中只能建立一个数据清单。

图 4 - 63 是一个典型的数据清单，其中包含了姓名、部门、职称、性别、年龄、基本工资等字段，第一行是字段行，第一行以外的各行是数据行，称为“记录”。

选择整个数据清单的单元格区域，执行“快速访问工具栏”→“记录单”命令，在“记录单”对话框中，我们可以对数据清单执行添加新记录、修改记录、删除记录、查找记录等操作。

提示：默认情况下，“记录单”命令在“快速访问工具栏”中不显示。需要用户单击“自定义快速访问工具栏”按钮，从弹出菜单中选择“其他命令”，将“记录单”命令添加到“快速访问工具栏”中才可以使用。

2. 数据排序

对于数据清单中的记录，有时需要按照某些字段大小进行排序。排序所依据的字段称为“关键字”，可以有多个“关键字”，依次称为“主要关键字”“次要关键字”等。先根据主要关键字进行排序，若遇到某些行其主要关键字的值相同而无法区分它们的顺序时，再根据次要关键字的值进行区分，若还相同，则根据下一个次要关键字进行区分。

选择整个数据清单的单元格区域或只选择一个单元格，执行“数据”选项卡“排序和筛选”功能组中的“排序”命令，打开“排序”对话框，在该对话框中设置关键字字段和升降序，再单击“添加条件”设置“次要关键字”，即可实现对数据清单的排序，如图 4 - 81 所示。提示：一定要选择“数据包含标题”复选框。

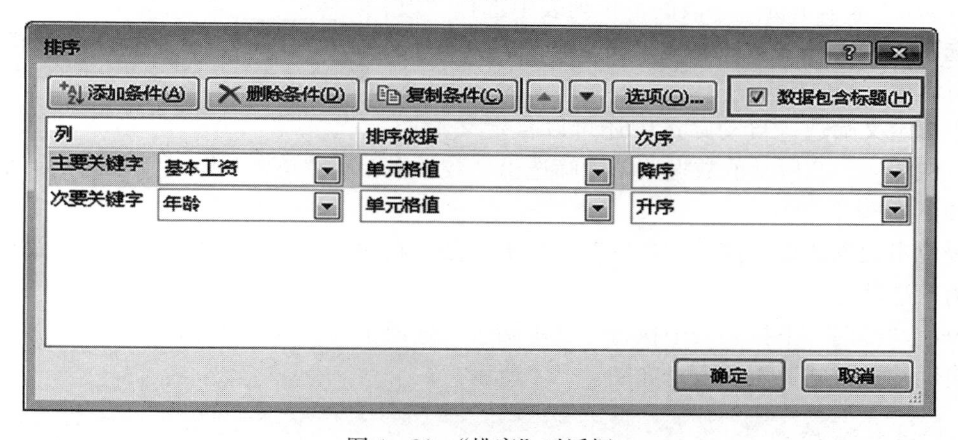

图 4 - 81 “排序”对话框

3. 数据筛选

筛选的功能是从具有大量记录的数据表中选出符合条件的记录，以供分析、浏览、打印或生成新的数据表，而不符合条件的记录隐藏起来。筛选数据的方法有“自动筛选”和“高级筛选”两种。

(1) 自动筛选

单击数据清单，选择“数据”选项卡“排序和筛选”功能组中的“筛选”命令按钮，使数据清单呈筛选状态，字段行的每个单元格右下角会出现黑色小三角按钮，单击它，出现下拉菜单，如图 4－82 所示。

	A	B	C	D	E	F
1	姓名	部门	职称	性别	年龄	基本工资
2					50	4650.00
3					40	3500.00
4					24	1200.00
5					39	3300.00
6					50	4880.00
7					26	1480.00
8					49	2750.00
9					36	1400.00
10					41	3500.00
11					51	3680.00
12					32	1800.00
13					58	4900.00

升序(S)
降序(O)
按颜色排序(T)
从“性别”中清除筛选(C)
按颜色筛选(I)
文本筛选(F)
搜索
(全选)
男
女
确定 取消

图 4－82　打开“性别”字段下拉列表进行自动筛选

条件涉及哪一列，就在哪一列选择。如果条件涉及同一列中两项数据或一个范围，则在下拉列表中选择“文本筛选”选项（或“数字筛选”），从弹出的菜单中选择设置的条件选项；如果条件涉及两列，则在两列中选择。

例如：“基本工资”字段的下拉列表中选择“数字筛选”→“10 个最大的值”，即弹出如图 4－83 所示的对话框。

图 4－83　“自动筛选前 10 个”对话框

①自定义筛选。自动筛选中还可以自定义筛选条件。在图 4－62 所示的数据清单中筛选出“数学系”和“英语系”两个系的记录则操作步骤如下：

➡单击数据清单，执行“数据”选项卡“排序和筛选”功能组中的“筛选”命令，使其成为筛选状态。

➡在“部门”下拉列表中执行“文本筛选”选项中的“自定义筛选”命令，弹出“自定义自动筛选方式”对话框，如图 4－84 所示。

图 4－84　“自定义自动筛选方式”对话框

➡单击“确定”按钮，结果如图 4-85 所示。

	A	B	C	D	E	F
1	姓名	部门	职称	性别	年龄	基本工资
10	夏雪	数学系	讲师	女	41	3500.00
11	钟成梦	数学系	副教授	女	51	3680.00
12	古琴	英语系	讲师	女	32	1800.00
13	高展翔	英语系	教授	男	58	4900.00

图 4-85　自动筛选后的结果

②取消自动筛选。

➡如果要数据清单中取消对某一列进行的筛选，单击该列第一个单元格右端的下拉箭头，选择“全部”复选框。

➡如果要取消数据清单中所有的筛选，单击“数据”选项卡“排序和筛选”功能组中的“清除” 清除 命令按钮。

（2）高级筛选

高级筛选是针对两列以上条件进行筛选的方法。使用高级筛选时必须先建立一个条件区域。条件区域最好设置在原数据表区域下方隔开一个空行的区域。在条件区域中输入筛选数据所涉及的字段名，在字段名下面输入筛选条件。

如果输入的条件在同一行，表示这两个条件是“与”的关系。如果输入的条件在不同行中，表示这两个条件是“或”的关系。以图 4-62 所示的工作表为例，筛选出职称为“教授”或者年龄小于 30 岁的记录。操作步骤如下：

①在数据表的下方建立条件区域，建立条件区域时要注意，建立的条件区域要与数据区域之间空出至少一行的距离，本例的职称和年龄两个条件是“或”的关系，所以“教授”和“＜30”要写在两行中，如图 4-86 所示。

②选定数据清单区域内任意单元格。

③选择“数据”选项卡“排序和筛选”功能组中的“高级” 高级 命令按钮，弹出“高级筛选”对话框，如图 4-87 所示。

	A	B	C	D	E	F
1	姓名	部门	职称	性别	年龄	基本工资
2	李国强	管理系	副教授	男	50	4650.00
3	吴林	管理系	讲师	女	40	3500.00
4	王永红	管理系	助教	女	24	1200.00
5	马小文	航海系	讲师	男	39	3300.00
6	王晓宁	航海系	教授	男	50	4880.00
7	魏文鼎	航海系	助教	男	26	1480.00
8	李文如	计算机	副教授	女	49	2750.00
9	伍宁	计算机	助教	女	36	1400.00
10	夏雪	数学系	讲师	女	41	3500.00
11	钟成梦	数学系	副教授	女	51	3680.00
12	古琴	英语系	讲师	女	32	1800.00
13	高展翔	英语系	教授	男	58	4900.00
14						
15			职称	年龄		
16			教授			
17				<30		

图 4-86　建立条件区域

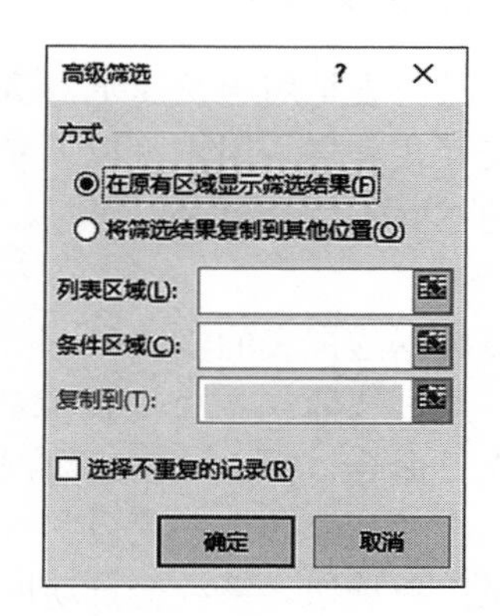

图 4-87　“高级筛选”对话框

④在“高级筛选”对话框的“列表区域”框中，显示了数据清单区域，如果区域不正确，单击后面的按钮，重新选择数据区域。

⑤单击“条件区域”框，用鼠标选择工作表中的条件区域。

⑥单击“确定”按钮，筛选结果为职称是“教授”或者年龄小于 30 的记录，如图 4-88 所示。

	A	B	C	D	E	F
1	姓名	部门	职称	性别	年龄	基本工资
4	王永红	管理系	助教	女	24	1200.00
6	王晓宁	航海系	教授	男	50	4880.00
7	魏文鼎	航海系	助教	男	26	1480.00
13	高展翔	英语系	教授	男	58	4900.00
14						
15			职称	年龄		
16			教授			
17				<30		

图 4-88　执行“高级筛选”后的结果

4. 分类汇总

（1）分类汇总。分类汇总是指对记录按照某个字段进行分类，并对同一类的各项数值字段进行计算。分类汇总不仅可以对一列数据汇总，还可选择多列数据进行汇总，在进行分类汇总之前，必须对分类的字段进行排序。

操作方法：选择数据清单的任意单元格，单击“数据”选项卡“分级显示”功能组中的“分类汇总”命令按钮，打开“分类汇总”对话框，如图 4-89 所示。

（2）取消分类汇总。单击“分类汇总”对话框中的“全部删除”按钮，可恢复原数据表。

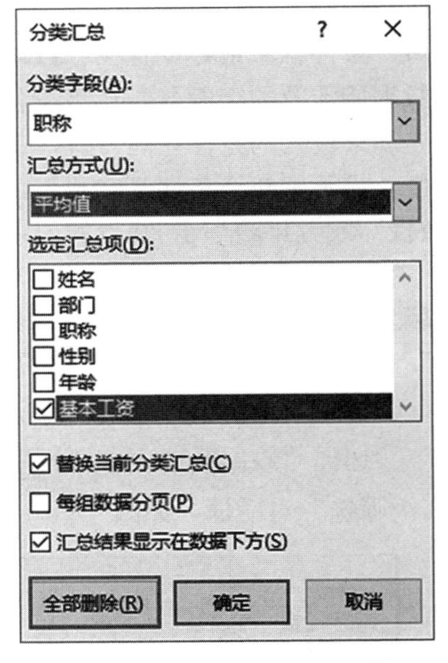

图 4-89　“分类汇总”对话框

5. 数据透视表

数据透视表是用于快速汇总大量数据和建立交叉列表的交互式表格。用户可以调整其行或列以查看对源数据的不同汇总，也可以通过显示不同的页来筛选数据，还可以显示所关心区域的明细数据。

创建数据透视表的步骤如下：

（1）单击“插入”选项卡“表格”功能组中的“数据透视表”按钮下拉列表中的“数据透视表”命令，弹出“创建数据透视表”对话框，如图 4-90 所示。

（2）在“创建数据透视表”对话框中，在“请选择要分析的数据”中选择“选择一个表或区域”单选钮，系统会自动搜索整个数据区域；在“选择放置数据透视表的位置”中选择数据透视表出现的位置，单击“确定”按钮即可建立一个空白的数据透视表。

（3）选择空白数据透视表中任意一个单元格，则窗口的右侧出现数据透视表字段列表窗格，如图 4-91 所示。在“选择要添加到报表的字段”区中显示了所有的字段名，“在以下区域间拖动字段”下面显示了四个区域，“筛选器”为“页字段”；“行”标签为“行字段”；“列”标签为“列字段”；“值”标签中设置要计算的字段及计算函数。

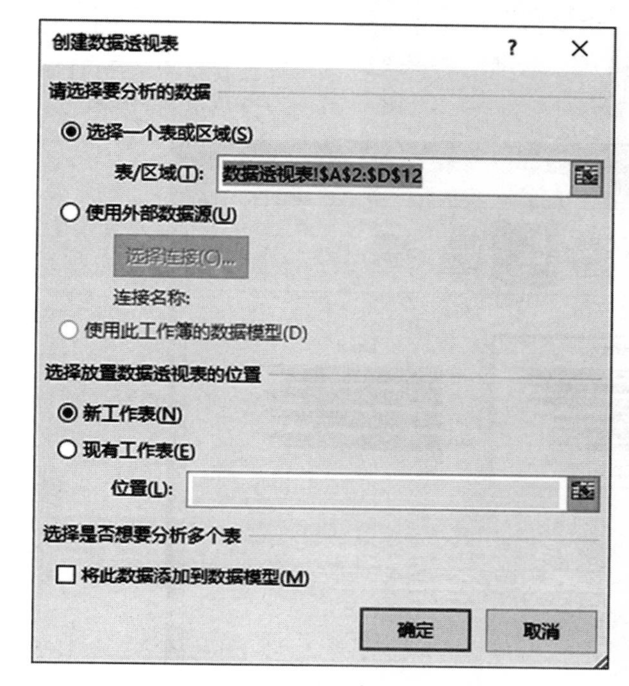

图 4-90 创建“数据透视表”对话框

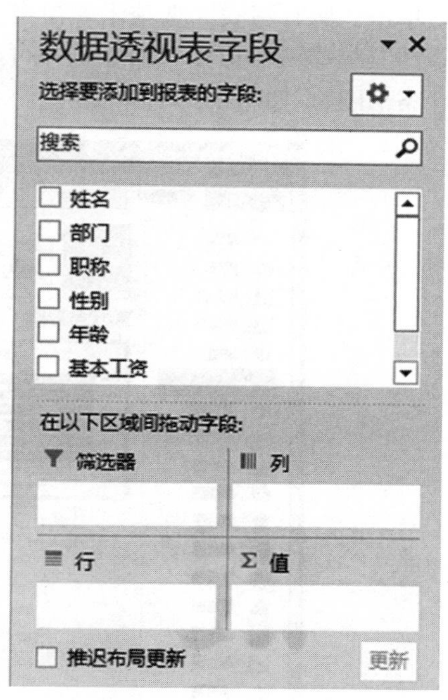

图 4-91 数据透视表字段列表

项目五 制作图表

任务目标

- 掌握各种类型图表的建立和编辑方法
- 掌握格式化图表的方法

任务一 使用图表（一）

操作要求：

1. 新建一个工作簿，在工作表 Sheet 1 中输入如图 4-92 所示的内容，以“学生成绩表.xlsx”为文件名保存在自己的文件夹中。

2. 创建“学生成绩表”图表

根据表格中的学生数据，在工作表 Sheet 1 中创建嵌入式“三维簇状条形图”图表，图表标题为“学生成绩表”。操作步骤如下：

(1) 首先选择数据区域。

(2) 单击“插入”选项卡“图表”功能组中的“图表”后面的箭头，打开“插入图表”对话框，单击“所有图表”选项卡，单击“条形图”，选择“三维簇状条形图”命令，即可建立“三维簇状条形图”，如图 4－93 所示。

	A	B	C	D	E
1	姓名	信息技术基础	数学	英语	物理
2	王林立	40	65	70	80
3	林晶	80	67	63	76
4	王小波	45	78	85	50
5	张超群	77	86	90	88
6	陈海涛	88	75	90	87
7	孙刚强	95	90	85	95

图 4－92 “学生成绩表”原文

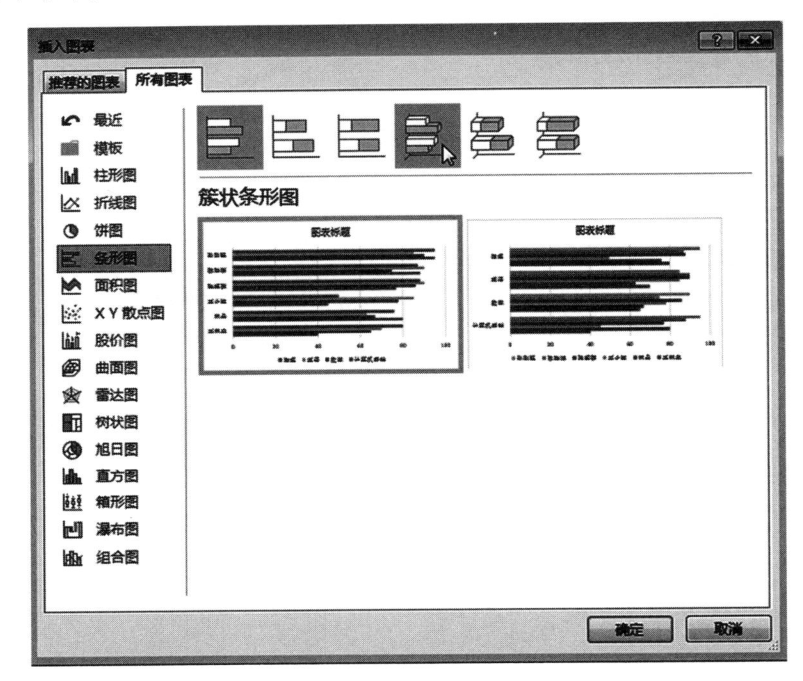

图 4－93 插入条形图对话框

(3) 用鼠标选定图表，将默认的“图表标题”更改为“学生成绩表”。

(4) 将图例靠右侧显示。制作效果如图 4－94 所示。

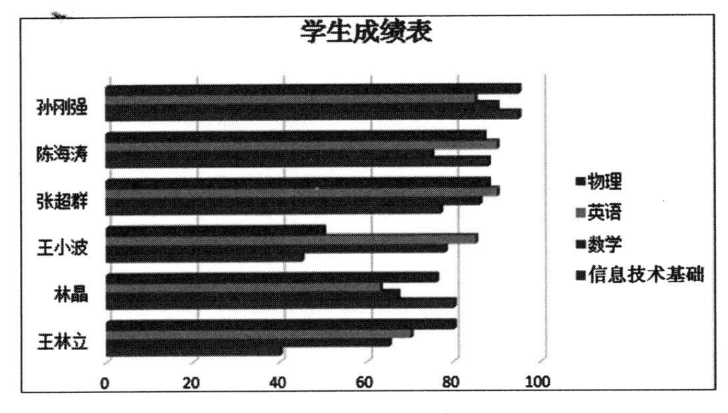

图 4－94 “三维簇状条形图”设置后的效果

3. 在工作表 Sheet 2 中进行编辑操作：将工作表 Sheet 1 内容复制到工作表 Sheet 2 中，在 Sheet 2 中对已创建的“三维簇状条形图”进行以下编辑操作：

（1）将该图表移动、放大到 A9：G23 区域，并将图表类型改为“三维簇状柱形图”。

操作提示：选择图表，单击“图表工具”→“设计”选项卡“类型”功能组中的“更改图表类型”命令按钮，在弹出的“更改图表类型”对话框中选择“柱形图”下拉列表中的“三维簇状柱形图”。

（2）将“三维簇状柱形图”形状更改为“圆柱图”。

操作提示：用鼠标依次单击图表中的数据系列，在窗口右侧出现的“设置数据系列格式”窗格中单击“系列选项”，在“柱体形状”中选择“圆柱形”，如图 4－95 所示。

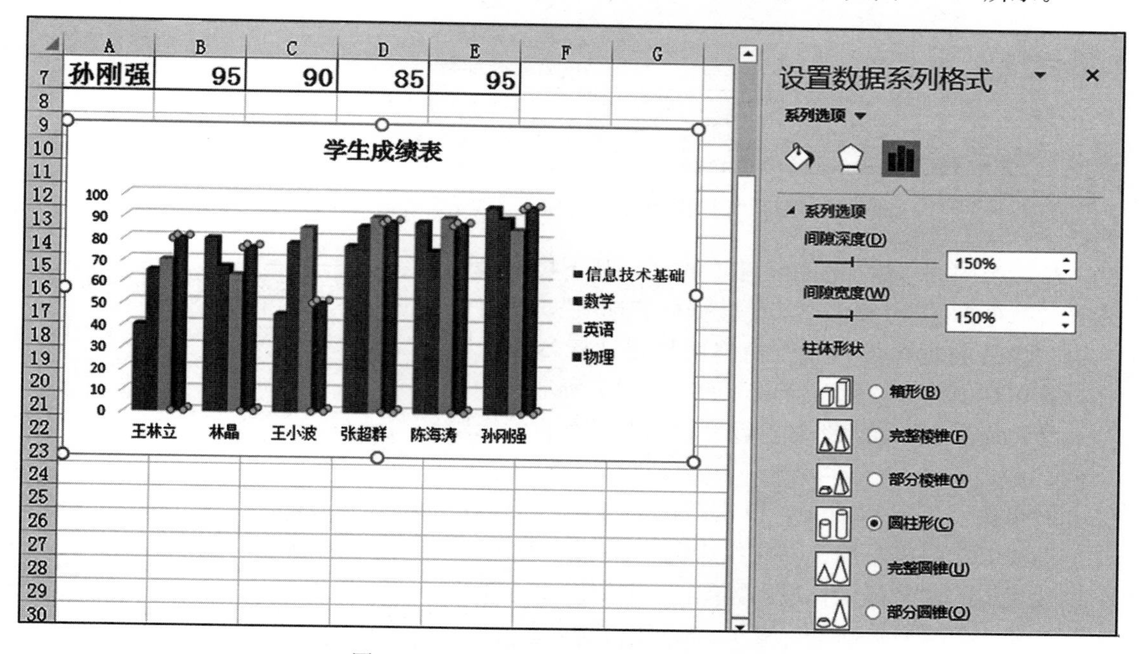

图 4－95 更改数据系列形状为“圆柱形”

（3）将图表中“信息技术基础”和“物理”的数据系列删除，再将“物理”数据系列添加到图表中，使“物理”数据系列位于“数学”数据系列的后面。

操作提示：

第一步用鼠标单击“信息技术基础”数据系列，单击 Delete 键删除“信息技术基础”数据系列。“物理”数据系列的删除方法同上。

第二步从原始表格选择“物理”列的数据后复制，再选择图表“粘贴”即可将“物理”数据系列添加到图表中。

第三步用鼠标右键单击“物理”数据系列，从快捷菜单中选择“选择数据”命令，在弹出的“选择数据源”对话框中“图例项（系列）”下面选择“物理”，单击图示中向上的箭头，即可将“物理”数据系列位于“数学”数据系列的后面，如图 4－96 所示。

（4）为图表中“物理”数据系列增加以“值”显示的数据标签。

操作提示：选择“物理”数据系列，单击“图表工具”→“设计”选项卡“图表布

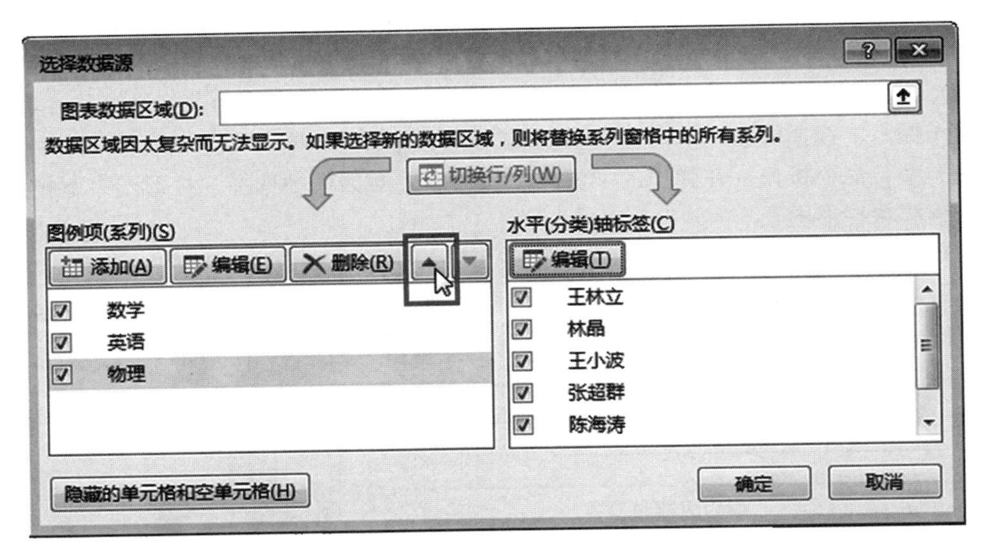

图 4-96　将“物理”数据系列移到“数学”数据系列的后面

局”功能组中的“添加图表元素”按钮，从下拉列表中选择“数据标签”，单击“其他数据标签选项”，从窗口右侧“设置数据标签格式”窗格中单击“标签选项”，在标签包括中选择“值”即可，如图 4-97 所示。

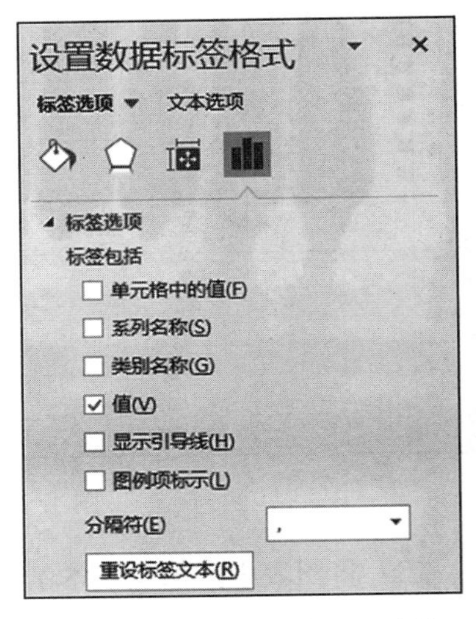

图 4-97　设置数据标签的窗格

（5）为图表添加水平轴标题“姓名”及垂直轴标题“分数”。

操作提示：选择图表，单击“图表工具”→“设计”选项卡“图表布局”功能组中的“添加图表元素”下拉列表中的“坐标轴标题”，单击“主要纵坐标轴标题”或者“主要横坐标轴标题”，删除默认标题，输入指定标题即可。

4. 对工作表 Sheet 2 中的嵌入图表进行以下格式化操作。

（1）将图表区的字体大小设置为 11 号，图表区的边框设为 2 磅粗的圆角边框。

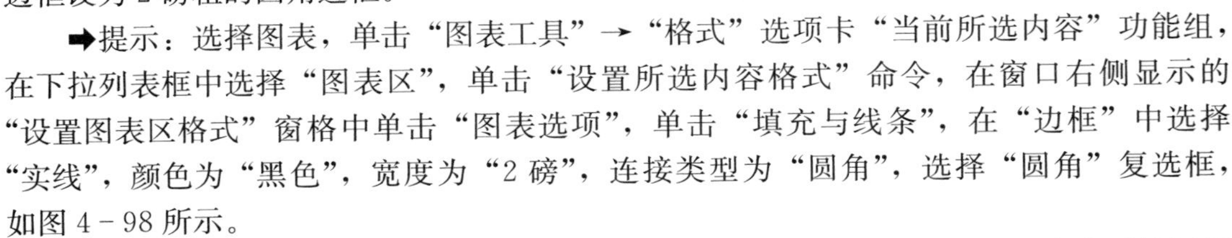

➡提示：选择图表，单击“图表工具”→“格式”选项卡“当前所选内容”功能组，在下拉列表框中选择“图表区”，单击“设置所选内容格式”命令，在窗口右侧显示的“设置图表区格式”窗格中单击“图表选项”，单击“填充与线条”，在“边框”中选择“实线”，颜色为“黑色”，宽度为“2 磅”，连接类型为“圆角”，选择“圆角”复选框，如图 4-98 所示。

（2）将图表标题“学生成绩表”设置为“加粗、14 号字、单下划线”；将水平轴标题“姓名”设置为“粗体、11 号字”；将垂直轴标题“分数”设置为“加粗、11 号”。

➡提示：选择文字后，直接用“开始”选项卡的字体命令进行设置。

（3）将图例的字体改为9号字，边框改为带阴影边框，并将图例显示在图表区的靠右位置。

➡提示：选择“图例”后，单击鼠标右键，在快捷菜单中选择“设置图例格式”，窗口右侧会显示“设置图例格式”窗格。单击“图例选项”，单击“效果”按钮，从“阴影”区“预设”下拉列表中选择一种外部阴影，如图4-99所示。

在“图例选项”中单击“图例选项”，在图例位置中选择“靠右”。

（4）将垂直轴的主要刻度设为10，字体大小设置为9号；将水平轴的字体大小设置为12号。

➡提示：选择图表，单击“图表工具”→“设计”选项卡“当前所选内容”功能组中下拉列表框中的“垂直轴”，单击“设置所选内容格式”，在窗口右侧“设置坐标轴格式”窗格中选择“坐标轴选项”进行设置，如图4-100所示。

（5）背景墙填充为“白色，背景1，深色15%”。

➡提示：选择图表，单击“图表工具”→“格式”选项卡“当前所选内容”功能组，在下拉列表框中选择“背景墙”，单击“设置所选内容格式”，在窗口右侧显示“设置背景墙格式”窗格，单击“填充与线条”选项，在“填充”中选择“纯色填充”进行设置。

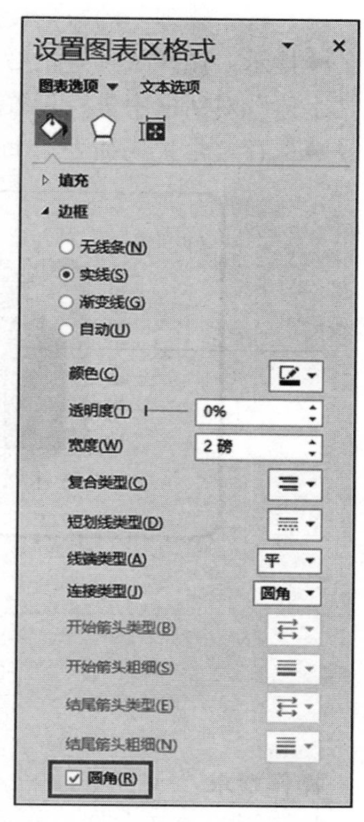

图4-98　设置图表区圆角边框

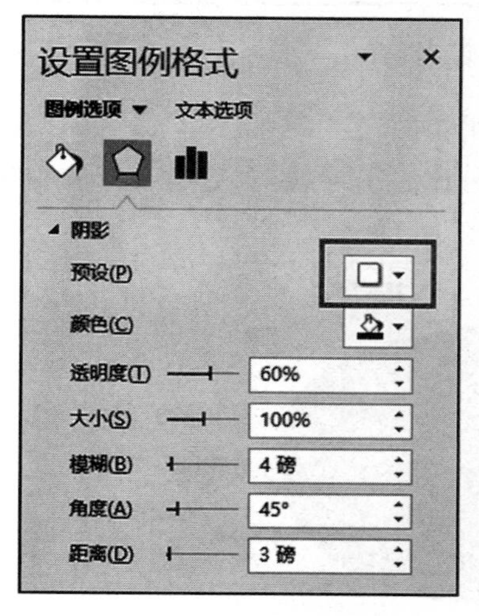

图4-99　设置图例阴影效果

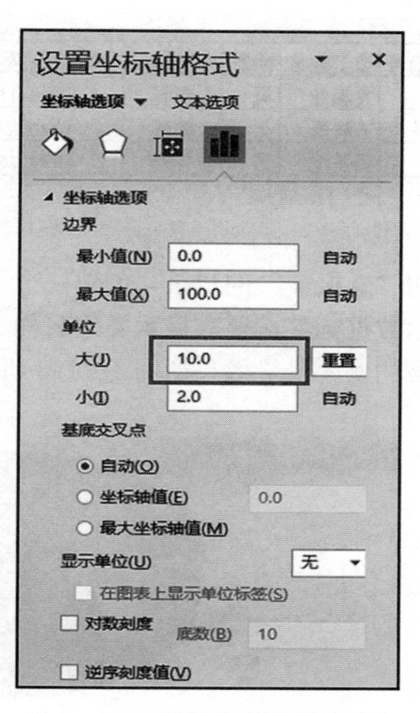

图4-100　设置垂直轴主要刻度

（6）将“物理”的数据设为“16 号字、上标效果”。

➡提示：选择“物理的数据标志”，在“开始”选项卡下单击“字体”后面的箭头，在“字体”对话框中进行设置。

➡保存“学生成绩表.xlsx”，最终效果如图 4-101 所示。

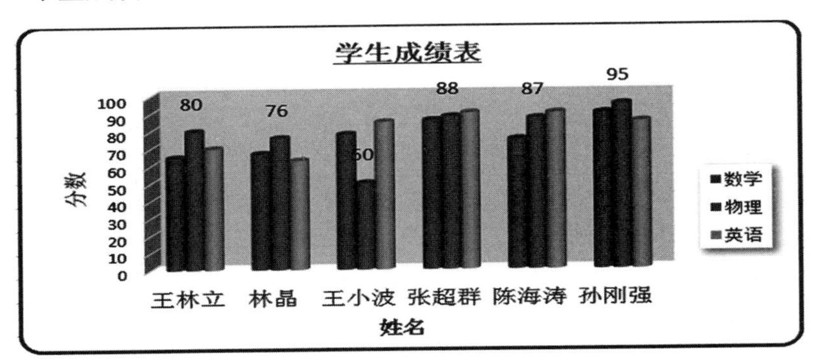

图 4-101　设置完成后最终效果

任务二
使用图表（二）

操作要求：

1. 新建一个工作簿，在工作表 Sheet 1 中输入如图 4-102 所示的内容，以“员工工资表”为文件名保存在自己的文件夹中。

	A	B	C	D	E	F	G	H	I	J	K	L
1	员工编号	员工姓名	性别	所在部门	基本工资	奖金	住房补助	车费补助	应发工资	医保	公积金	实发工资
2	001	袁振业	男	人事科	966	1000	200	146	2312	52	115	2145
3	002	石晓珍	女	人事科	1030	2400	155	155	3740	66	135	3539
4	003	杨圣滔	男	教务科	1094	1200	160	176	2630	60	145	2425

图 4-102　员工工资表

2. 利用“袁振业”的记录，创建一个“三维饼图”。
3. 显示数据标签：要求显示类别名称、百分比、引导线。
4. 隐藏图例，最终效果如图 4-103 所示。

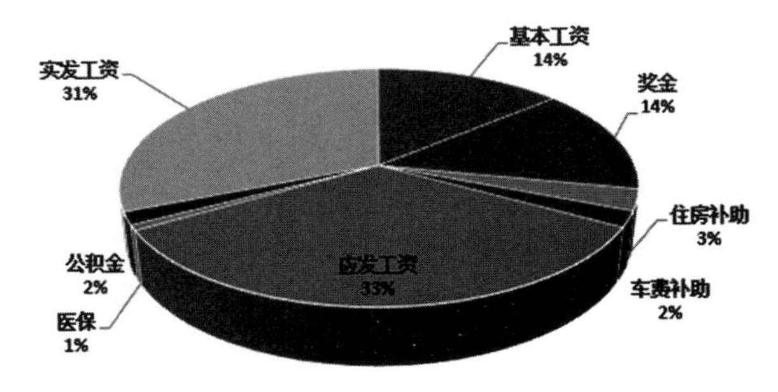

图 4-103　袁振业工资分布图

5. 利用袁振业、石晓珍、杨圣滔三名职工的实发工资建立“三维簇状圆柱图”，如图4－104所示。

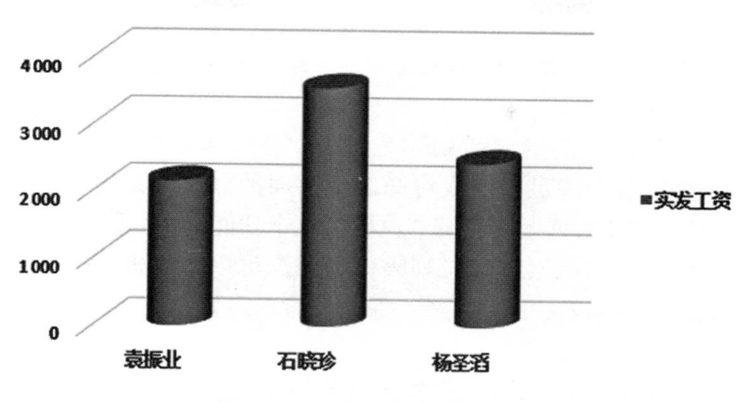

图4－104 创建的簇状圆柱图

相关知识点

在Excel中，工作表中的数据不仅可以用表格的形式显示，也可以用图表的形式显示。图表是将工作表中的数据以图的形式表现出来，使数据更加直观、易懂，方便用户查看数据的差异及发展趋势。Excel 2016中提供了多种类型的图表，每一类中又包含若干种图表式样，有二维平面图形，也有三维立体图形。图4－105中，标示了图表的各个部分。

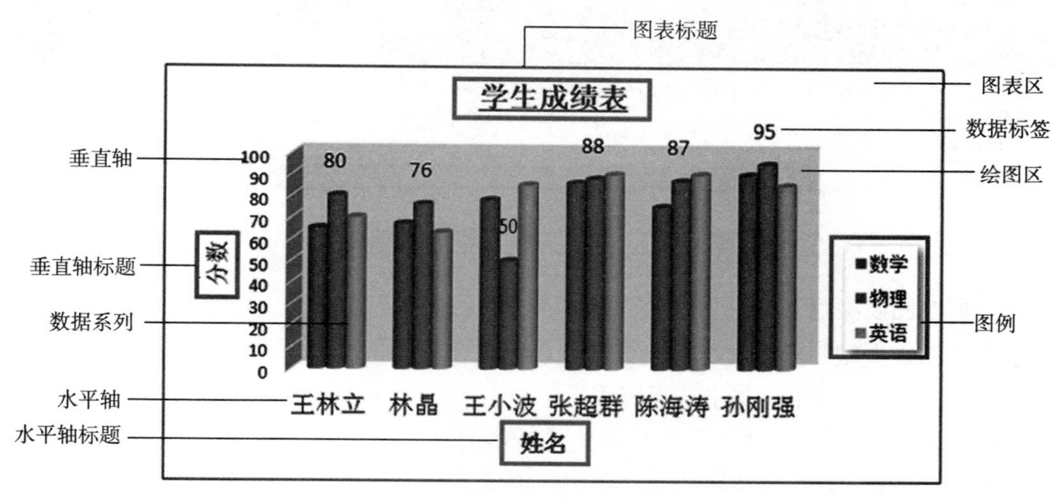

图4－105 图表组成元素

1. 创建图表

使用“插入”选项卡“图表”功能组中的命令创建图表。

2. 图表的编辑

图表建立好之后，用户还可以对它进行修改，比如图表的类型、图表的位置等。值得注意的是，图表与建立它的工作表数据之间建立了动态链接关系。当改变工作表中的数据时，图表也会跟着改变。

图表创建后，在图表处于选定状态下，会出现“图表工具栏”，其中包含“设计”“格式”两个选项卡，丰富的功能足以完成对图表各方面的修改。如“设计”选项卡包含了“图表布局”“图表样式”“数据”“类型”“位置”五个功能组，如图 4－106 所示。在“图表布局”功能组“添加图表元素”下拉列表中，用户可以完成坐标轴、图表标题、轴标题、图例、数据标签、数据表、网络线等一系列要素的设置，在“快速布局”中选择多种图表布局样式。

在“图表样式”功能组中，Excel 提供了多种图表样式，供用户选择。

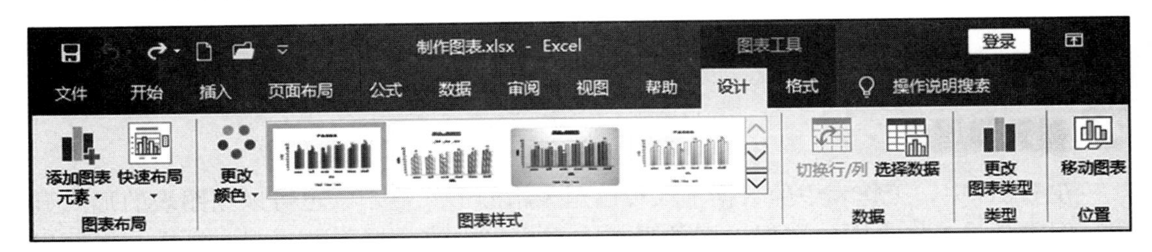

图 4－106　图表工具“设计”选项卡

“格式”选项卡可以对图表做进一步美化，如图 4－107 所示。

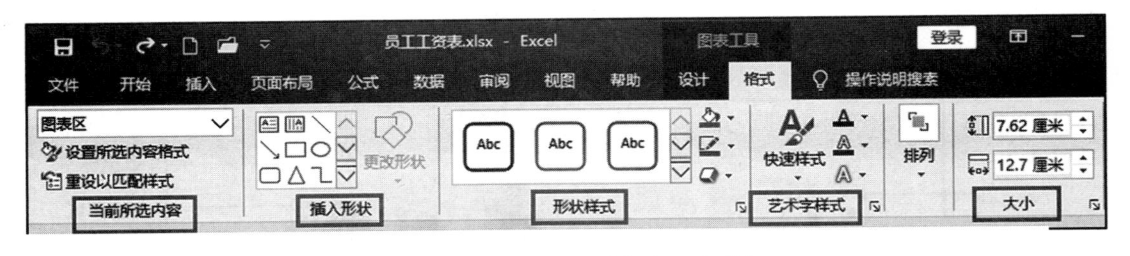

图 4－107　图表工具“格式”选项卡

（1）更改图表类型

如果对图表类型不满意，可以用以下几种方法进行修改。

方法 1：利用快捷菜单单击选择图表后，单击右键，从快捷菜单中选择“更改图表类型”，在弹出的“更改图表类型”对话框中进行修改，如图 4－108 所示。

方法 2：利用工具按钮选择图表，单击“图表工具栏”→“设计”选项卡“类型”功能组中的“更改图表类型”按钮，弹出“更改图表类型”对话框再进行修改。

（2）更改源数据

如果要更改创建图表的数据区域和创建的方式可以用以下方法：

方法 1：利用快捷菜单，选择图表，单击右键，从快捷菜单中单击“选择数据”，在

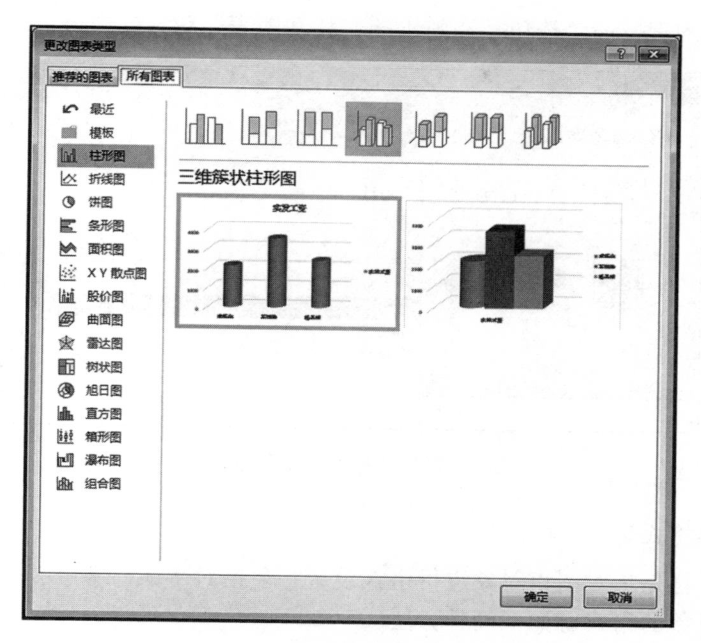

图 4-108 “更改图表类型”对话框

弹出的“选择数据源”对话框中进行设置，如图 4-109 所示。

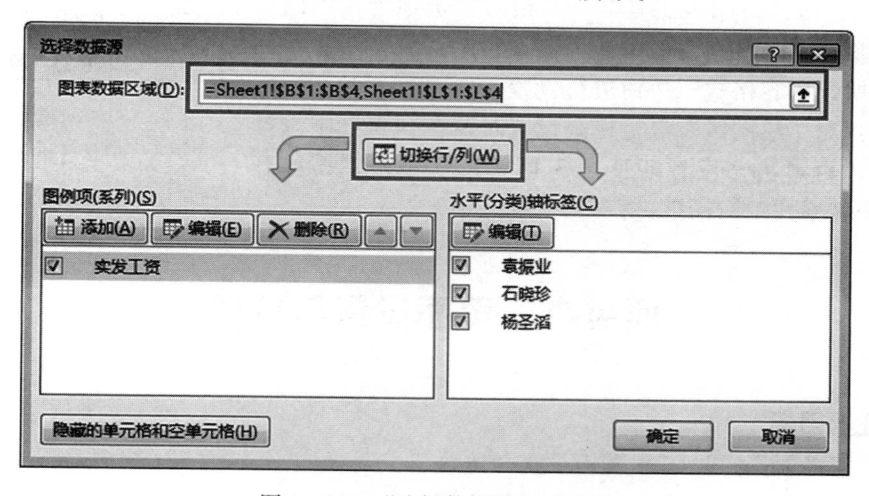

图 4-109 “选择数据源”对话框

方法 2：利用工具按钮选择图表，单击“图表工具栏”→“设计”选项卡“数据”功能组中的“选择数据”按钮，在弹出的“选择数据源”对话框中进行修改。

(3) 更改图表位置

方法 1：利用快捷菜单选择图表，单击右键，在弹出的快捷菜单中选择“移动图表”命令，将弹出“移动图表”对话框，如图 4-110 所示。

方法 2：利用工具按钮选择图表，单击“图表工具栏”→“设计”选项卡“位置”功能组中的“移动图表”命令按钮，在弹出的“移动图表”对话框中进行设置。

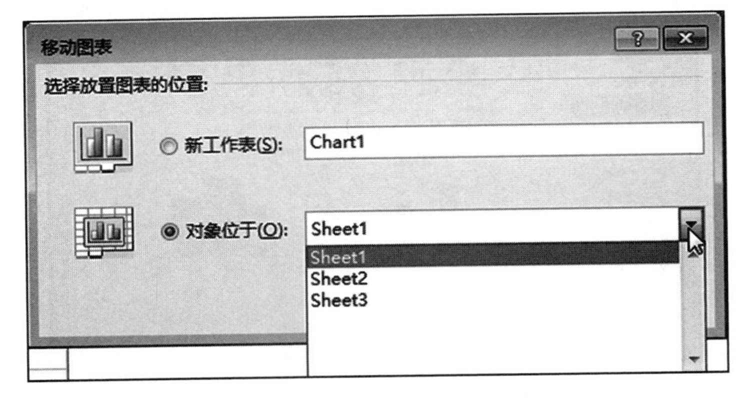

图 4-110 “移动图表”对话框

(4) 图表的格式化

图表的格式化是指对图表对象进行格式设置，包括对字体、字号、图案、颜色等的设置。设置图表对象的格式有如下两种方法：

方法 1：双击要进行格式设置的对象，在弹出的对话框中进行设置。

方法 2：选择“图表工具”→“格式”选项卡“当前所选内容”功能组，在列表框中选择要设置的对象，单击下面的“设置所选内容格式”按钮进行设置，如图 4-111 所示。

例如：对“绘图区”进行格式设置时，在列表框中选择“绘图区”，再单击“设置所选内容格式”命令按钮，打开“设置绘图区格式”对话框进行设置。

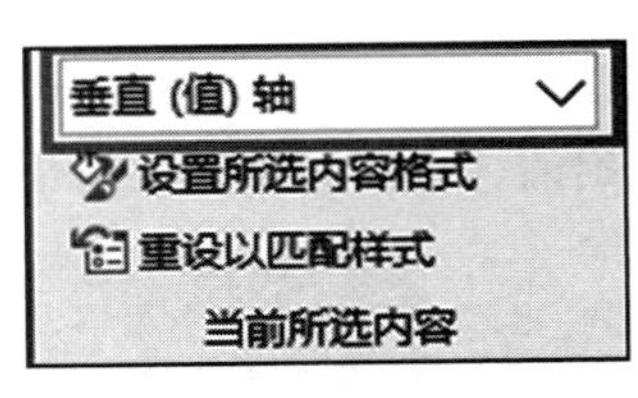

图 4-111 对选定对象进行格式设置

项目六 页面设置与打印

任务目标

- 掌握 Excel 2016 中页面设置的方法
- 掌握 Excel 2016 中人工分页的方法
- 掌握 Excel 2016 中打印预览和打印的方法

任务一 打印成绩表（一）

操作要求：

1. 打开现有工作簿“期末成绩表 . xlsx”。
2. 单击“文件”选项卡中的“打印”命令，窗口的右侧将显示“打印预览”窗格，如图 4-112 所示。

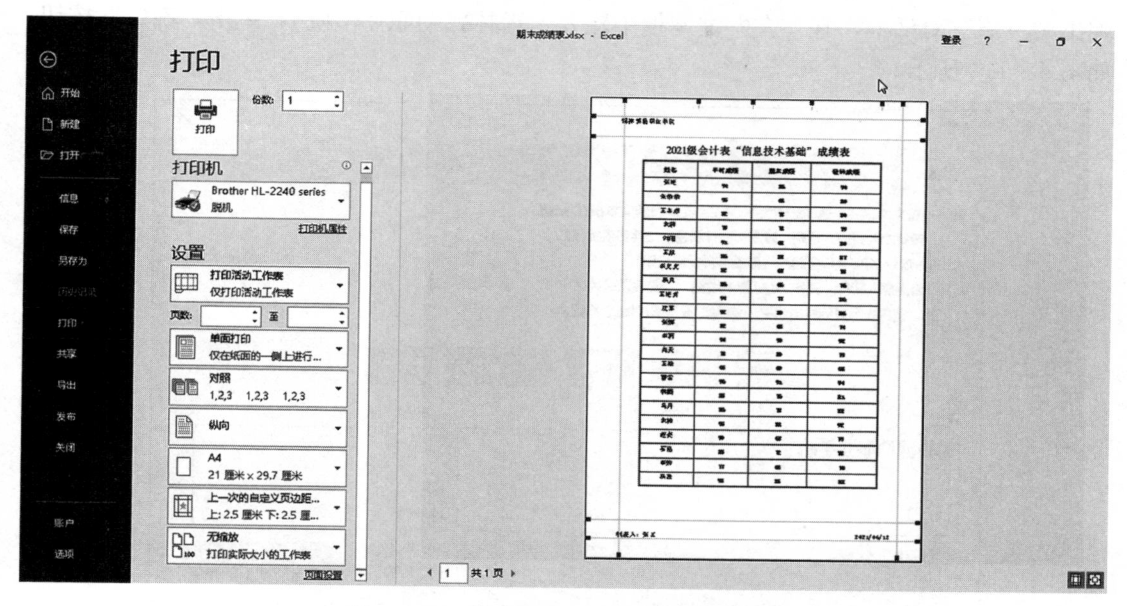

图 4-112　期末成绩表“打印预览”效果

3. 将上下左右页边距设置为 2.5，并将居中方式设为“水平”。提示：单击“页面布局”选项卡“页面设置”功能组中的“页边距”按钮，在弹出的菜单中选择“自定义边距”，打开“页面设置”对话框，单击“页边距”选项卡，设置上下左右四个页边距，并选择“水平”居中复选框，如图 4-113 所示。

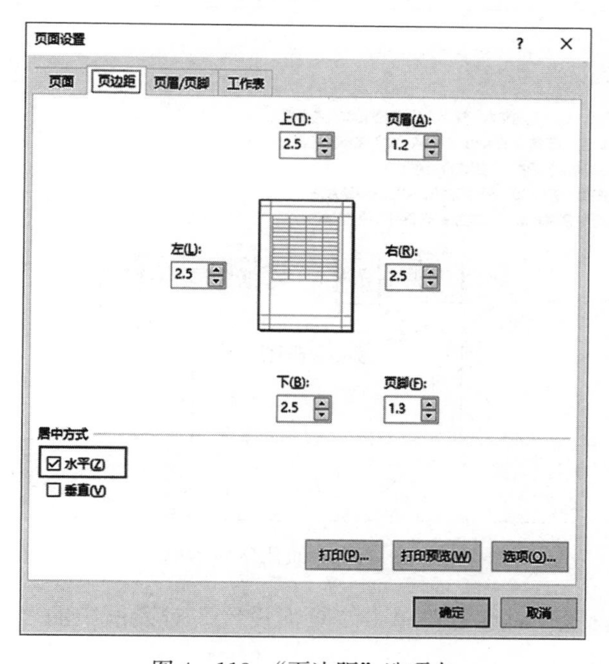

图 4-113　“页边距”选项卡

4. 打开“页面设置”对话框，单击“页眉/页脚”选项卡中的“自定义页眉”按钮，弹出“页眉”对话框，在“左”文本框中输入“锡林郭勒职业学院”，单击“确定”按钮，如图4－114所示。

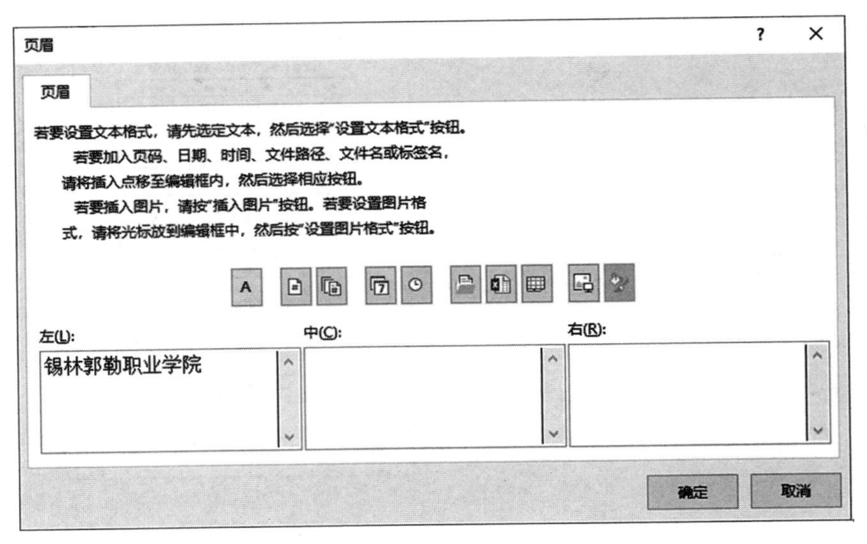

图4－114 “页眉”对话框

5. 回到“页面设置”对话框的“页眉/页脚”选项卡，单击“自定义页脚”，在“左”文本框里输入“制作人：张三”，在“中”文本框中插入当前页码，在“右”文本框中插入当前日期（可直接单击上面的相应按钮），单击“确定”按钮，如图4－115所示。

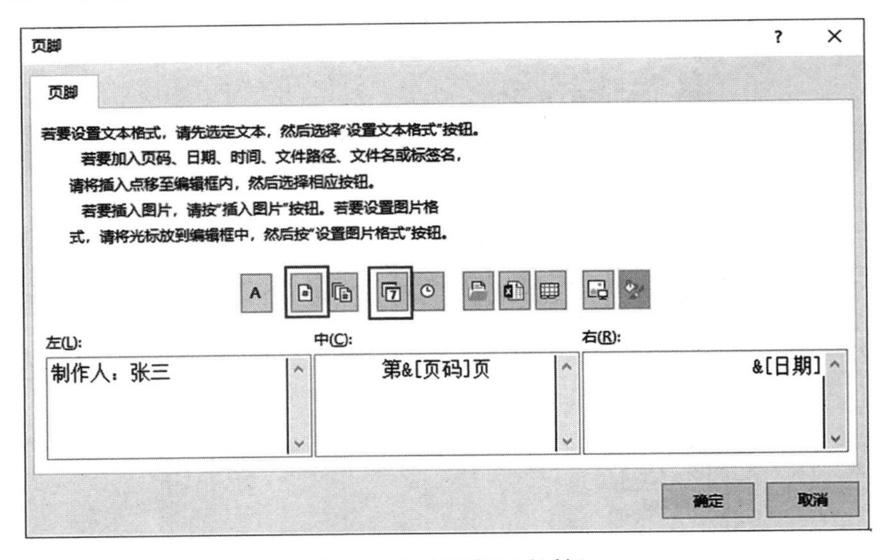

图4－115 “页脚”对话框

6. 回到“页面设置”对话框，单击“页面设置”对话框中的“打印预览”按钮，查看打印效果。

7. 单击“文件”选项卡，回到普通视图。

8. 选择 2～24 行，调整字号，调整行高，使表格刚好能够满一页纸，这样打印的效果会比较美观。

9. 再次单击“文件”选项卡中的“打印”命令，查看“打印预览”效果，如图 4-116 所示（提示：打印预览时，有的表格线没有显示，但是正式打印时没有问题）。

锡林郭勒职业学院

2021级会计班“信息技术基础”成绩表

姓名	平时成绩	期末成绩	最终成绩
张艳	94	86	90
朱倩倩	95	65	80
王志旭	82	78	80
宋静	79	78	79
刘丽	91	68	80
王欣	86	88	87
李文文	82	67	75
杨凡	86	66	76
王艳芳	94	77	86
沈军	92	80	86
张娜	82	65	74
李莉	94	90	92
高天	78	80	79
王敏	65	60	63
曹雷	96	91	94
韩鹏	85	76	81
马丹	86	78	82
宋涛	95	88	92
赵亮	90	67	79
石浩	83	72	78
李婷	77	63	70
杨慧	93	83	88

制表人：张三　　　　2021/06/12

图 4-116 “期末成绩表”最终打印预览的效果

任务二
打印成绩表（二）

打开之前做过的工作簿“计算学生成绩表.xlsx”，如图 4-117 所示。对它进行字体大小、行高等设置后，正好满一页纸显示。

设置页眉为“锡林郭勒职业学院”，位置为页面顶端左侧，设置左侧页脚为“制作人：某某”，设置右侧页脚为“当前日期”，打印成如图 4-118 所示的效果。

	A	B	C	D	E	F	G	H	I
1	2021级信息系A 班部分科目成绩表								
2								2021/7/10	
3	学号	小组	姓名	高等数学	信息技术基础	大学英语	总分	总评	名次
4	2021366001	第一组	李丽丽	78	90	80	248	合格	8
5	2021366002	第一组	王昊	89	80	86	255	合格	5
6	2021366003	第一组	于海洋	79	86	75	240	合格	10
7	2021366004	第一组	赵洋	90	88	92	**270**	优秀	3
8	2021366005	第二组	高玉明	96	97	95	**288**	优秀	1
9	2021366006	第二组	陈然	69	79	74	222	合格	12
10	2021366007	第二组	孙明	60	75	68	203	合格	14
11	2021366008	第二组	刘鹏飞	78	75	90	243	合格	9
12	2021366009	第三组	宋子杰	87	77	89	253	合格	7
13	2021366010	第三组	赵欣	98	68	56	222	合格	12
14	2021366011	第三组	郭涛	89	80	86	255	合格	5
15	2021366012	第三组	陈丹	88	98	89	**275**	优秀	2
16	2021366013	第三组	路琪	72	80	79	231	合格	11
17	2021366014	第三组	王悦	95	89	86	**270**	优秀	3
18	最高分			98	98	95			
19	最低分			60	68	56			
20	平均分			83.43	83.00	81.79			
21	参加考试的人数			14	14	14			
22	优秀率						29%		
23	及格率			100%	100%	93%			

图 4-117 “计算学生成绩表”工作簿原文

锡林郭勒职业学院

2021级信息系A 班部分科目成绩表

2021/7/10

学号	小组	姓名	高等数学	信息技术基础	大学英语	总分	总评	名次
2021366001	第一组	李丽丽	78	90	80	248	合格	8
2021366002	第一组	王昊	89	80	86	255	合格	5
2021366003	第一组	于海洋	79	86	75	240	合格	10
2021366004	第一组	赵洋	90	88	92	**270**	优秀	3
2021366005	第二组	高玉明	96	97	95	**288**	优秀	1
2021366006	第二组	陈然	69	79	74	222	合格	12
2021366007	第二组	孙明	60	75	68	203	合格	14
2021366008	第二组	刘鹏飞	78	75	90	243	合格	9
2021366009	第三组	宋子杰	87	77	89	253	合格	7
2021366010	第三组	赵欣	98	68	56	222	合格	12
2021366011	第三组	郭涛	89	80	86	255	合格	5
2021366012	第三组	陈丹	88	98	89	**275**	优秀	2
2021366013	第三组	路琪	72	80	79	231	合格	11
2021366014	第三组	王悦	95	89	86	**270**	优秀	3
最高分			98	98	95			
最低分			60	68	56			
平均分			83.43	83.00	81.79			
参加考试的人数			14	14	14			
优秀率						29%		
及格率			100%	100%	93%			

制作人：某某

2021/06/12

图 4-118 “计算学生成绩表”最终打印效果

相关知识点

1. 页面设置

要打印工作簿的内容，首先要进行页面设置，然后再进行打印预览。如果预览效果不满意的话，继续进行调整，直到满意后，再进行实际的打印操作。

在进行页面设置时，可以针对一个工作表，也可以选择多个工作表。通常只对当前工作表进行页面设置。如果要对多个工作表同时进行页面设置的话，按 Ctrl 键分别单击要设置的工作表，再执行页面设置操作。

单击“页面布局”选项卡“页面设置”功能组中的“页边距”“纸张方向”“纸张大小”“打印区域”“分隔符”等按钮，单击这些按钮，在弹出的下拉菜单中进行相关的设置，如图 4－119 所示。

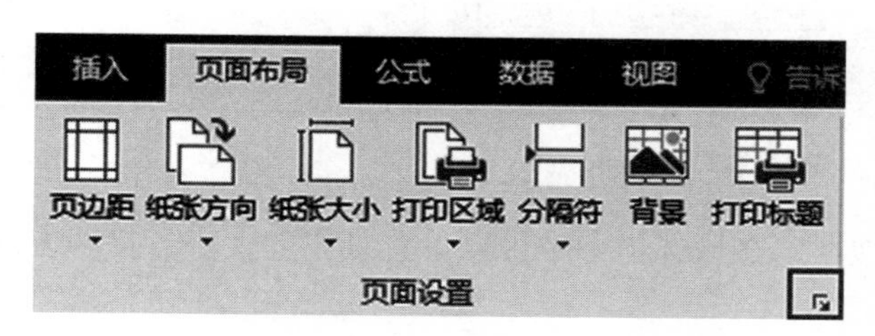

图 4－119 “页面设置”功能组

单击“页面设置”功能组右下角的功能按钮，将会弹出“页面设置”对话框。“页面设置”对话框共有 4 个选项卡，分别是“页面”“页边距”“页眉/页脚”“工作表”，各选项卡中的内容如图 4－120 至图 4－123 所示。

图 4－120 “页面”选项卡

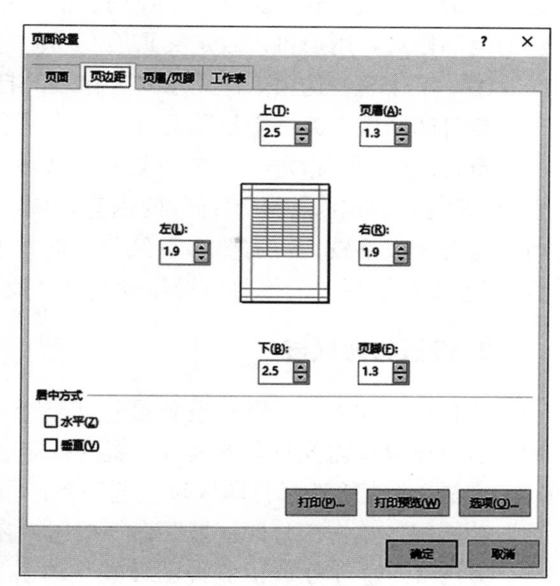

图 4－121 “页边距”选项卡

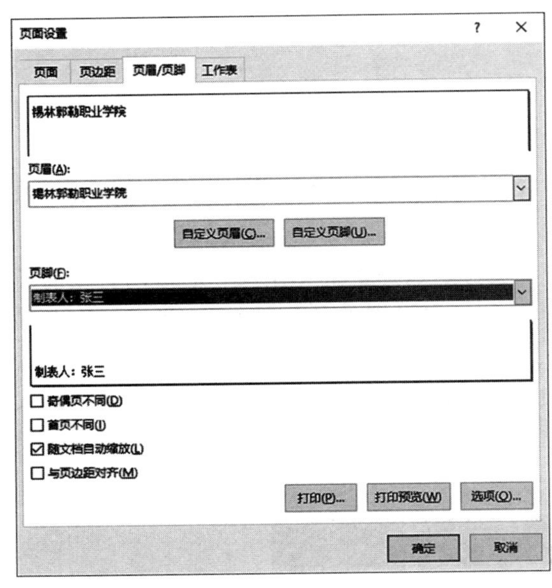

图 4 - 122 “页眉/页脚”选项卡

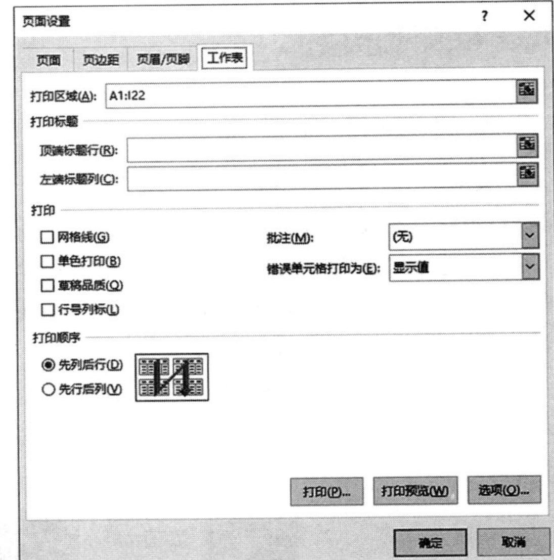

图 4 - 123 “工作表”选项卡

①“页面”选项卡。在该选项卡中可以设置纸张的大小、打印方向、缩放和起始页码等选项。

②“页边距”选项卡。用于设置打印内容与纸张边界之间的距离。“水平居中”和“垂直居中”可以让工作表打印在纸张的中间。

③“页眉/页脚”选项卡。页眉页脚分别位于打印页的顶端和底端，用来标明表格的标题、页码、日期、作者名称等信息。系统为用户提供了十几种预设的页眉和页脚。可以通过单击“页眉”和“页脚”下拉列表框，在弹出的列表中选择需要的格式。如果没有合适的内部格式，用户可以自定义页眉/页脚。

④“工作表”选项卡。用于对工作表的打印选项进行设置。

◆打印区域：此框中设置要打印的单元格范围。

◆打印标题：指定工作表的某一行或某一列作为标题。“顶端标题行”是指打印在“每页纸的顶端作为标题的行”的内容，例如此处输入“$1：$1”，表示第 1 行为标题行。这对于表格较大，需要多页纸打印时才有用。作为“顶端标题行”的内容可以为多行。“左端标题列”的作用与操作设置与“顶端标题行”相类似。

2. 设置打印区域

在打印工作表时，默认设置是打印整个工作表，但也可以选择其中的一部分进行打印。这时可以将需要打印的内容设置为打印区域。有以下两种方法：

方法 1：直接选择打印区域。选定要打印的区域，选择“页面布局”选项卡“页面设置”功能组，单击“打印区域”命令按钮，在弹出的菜单中选择“设置打印区域”命令。

方法 2：通过分页预览视图设置。单击“视图”选项卡“工作簿视图”功能组中的“分页预览”命令按钮，进入到“分页预览”视图，选定要打印的工作表区域，单击右键，在快捷菜单中选择“设置打印区域”命令，如图 4－124 所示。

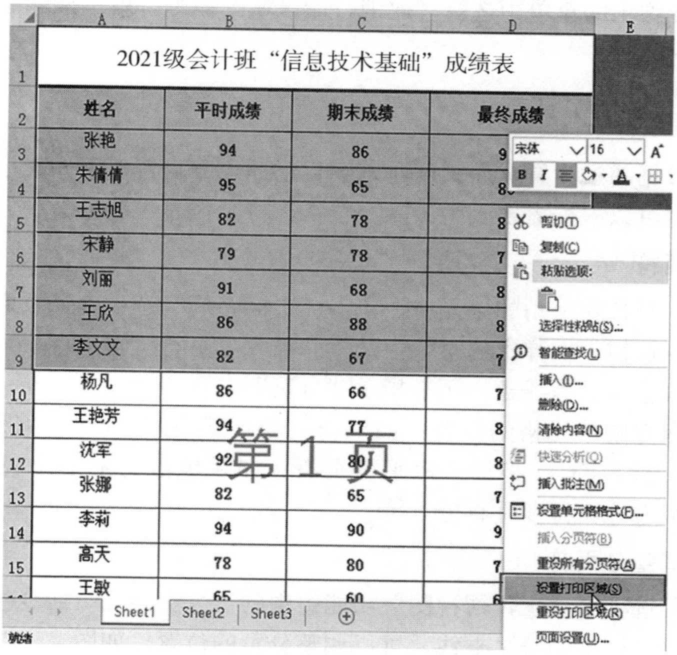

图 4－124 “分页预览”视图里设置打印区域

在分页预览视图下，还可以向已有打印区域中添加单元格区域。选择要添加到打印区域中的单元格，单击右键，执行“添加到打印区域”命令，如图 4－125 所示。

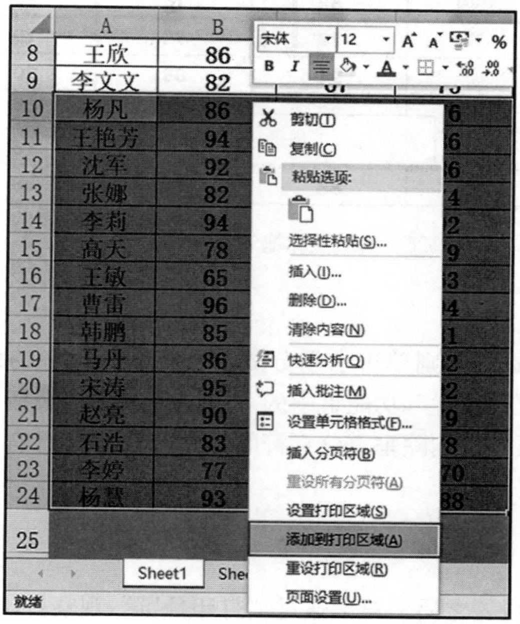

图 4－125 在“分页预览”视图下添加打印区域

如果要删除打印区域，单击“页面布局”选项卡“页面设置”功能组中的“打印区域”命令按钮，在弹出的菜单中选择“取消打印区域”命令，就可以删除已经设置的打印区域。

3. 人工分页

当工作表的数据超过设置页面长度时，会自动插入分页符，工作表中的数据将分页打印。当然，用户也可以根据需要人为插入分页符，将工作表强制分页。

(1) 插入分页符

选定作为新一页最左上角的单元格，单击“页面布局”选项卡“页面设置”功能组中的“分隔符”命令按钮，在弹出的菜单中选择“插入分页符”，分页符将会插入工作表中，插入分页符的地方会显示虚线条，用来指示“分页”。

这里注意选择起始单元格的位置：如果选定的是某一列，Excel 将插入垂直分页符；如果选定的是某一行，Excel 将插入水平分页符；如果单击的是工作表中间的任意单元格，将同时插入水平分页符和垂直分页符。

(2) 用鼠标调整分页符

单击“视图”选项卡“工作簿视图”功能组中的“分页预览”命令按钮，进入“分页预览”视图。通过鼠标拖动分页框线，可以调整分页的位置，如图 4－126 所示。

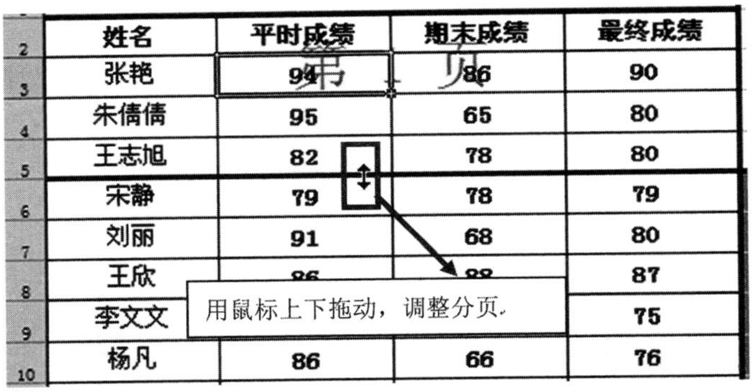

	姓名	平时成绩	期末成绩	最终成绩
3	张艳	94	86	90
4	朱倩倩	95	65	80
5	王志旭	82	78	80
6	宋静	79	78	79
7	刘丽	91	68	80
8	王欣	86	88	87
9	李文文			75
10	杨凡	86	66	76

用鼠标上下拖动，调整分页。

图 4－126　通过鼠标拖动来调整分页符的位置

(3) 删除分页符

如果要删除水平分页符，则单击水平分页符下方第一行中的任一单元格，然后单击“页面布局”选项卡“页面设置”功能组中的“分隔符”命令按钮，在弹出的菜单中选择“删除分页符”命令即可。要删除垂直分页符的话则选择分页符右边第一列中的任意单元格，再删除分页符。

4. 打印预览

对工作表进行页面设置之后，可以通过“打印预览”观察打印后的效果。

方法 1：单击“快速访问工具栏”上的“全屏打印预览”命令 ，即可打开“打印预览”窗口，如图 4 - 127 所示。

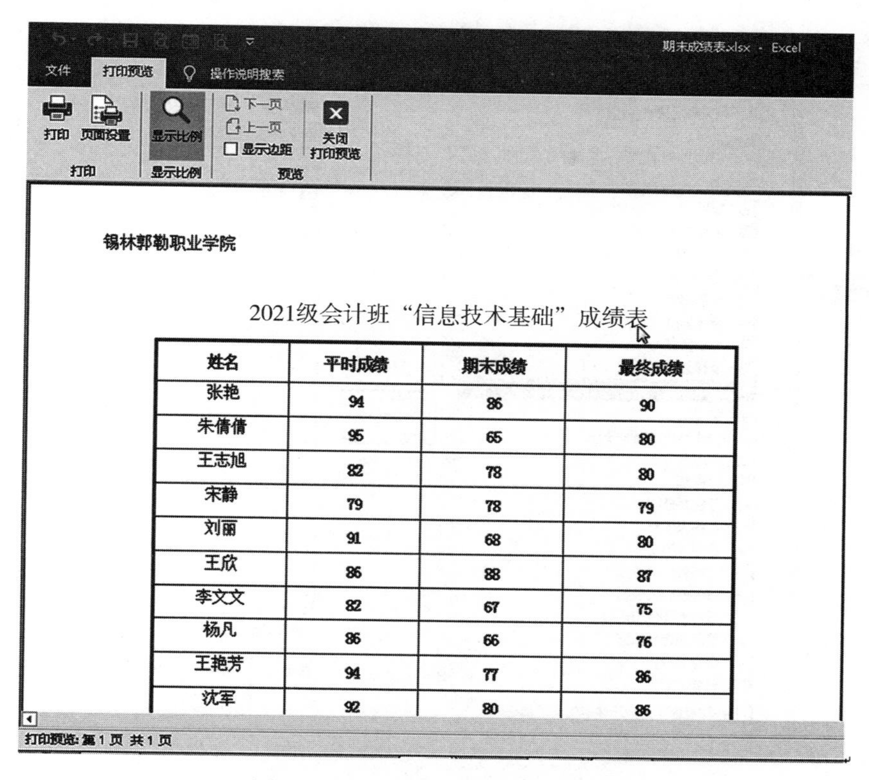

图 4 - 127　全屏“打印预览”窗口

提示：如果“快速访问工具栏”上没有“全屏打印预览”按钮，则单击“自定义快速访问工具栏”按钮 ▾，在弹出的菜单中选择“其他命令”，打开“Excel 选项”对话框，在“从下列位置选择命令”下拉列表中选择“所有命令”，在下面的列表框中找到“全屏打印预览”命令，单击窗口中间的“添加”按钮，将此命令添加到“快速访问工具栏”中，如图 4 - 128 所示。

方法 2：执行“文件”选项卡下的“打印”命令，即可打开如图 4 - 129 所示的窗口。

“全屏打印预览”窗口上面有一行按钮，它们的作用分别是：

①“上一页”“下一页”。如果要打印的区域有多页，可以通过单击它们分别查看其他页。

②“显示比例”。放大或缩小打印内容，但并不影响打印效果。

③“打印”。单击该按钮，会打开“打印”对话框。

④“页面设置”。单击该按钮会弹出“页面设置”对话框。

⑤“显示边距”。通过单击该复选框，可以显示或隐藏控制柄，拖动这些控制柄可以调整页边距、页眉页脚所在的位置及表格列宽。

⑥“关闭打印预览”。单击该按钮，关闭“打印预览”窗口，返回到 Excel 2016 主窗口。

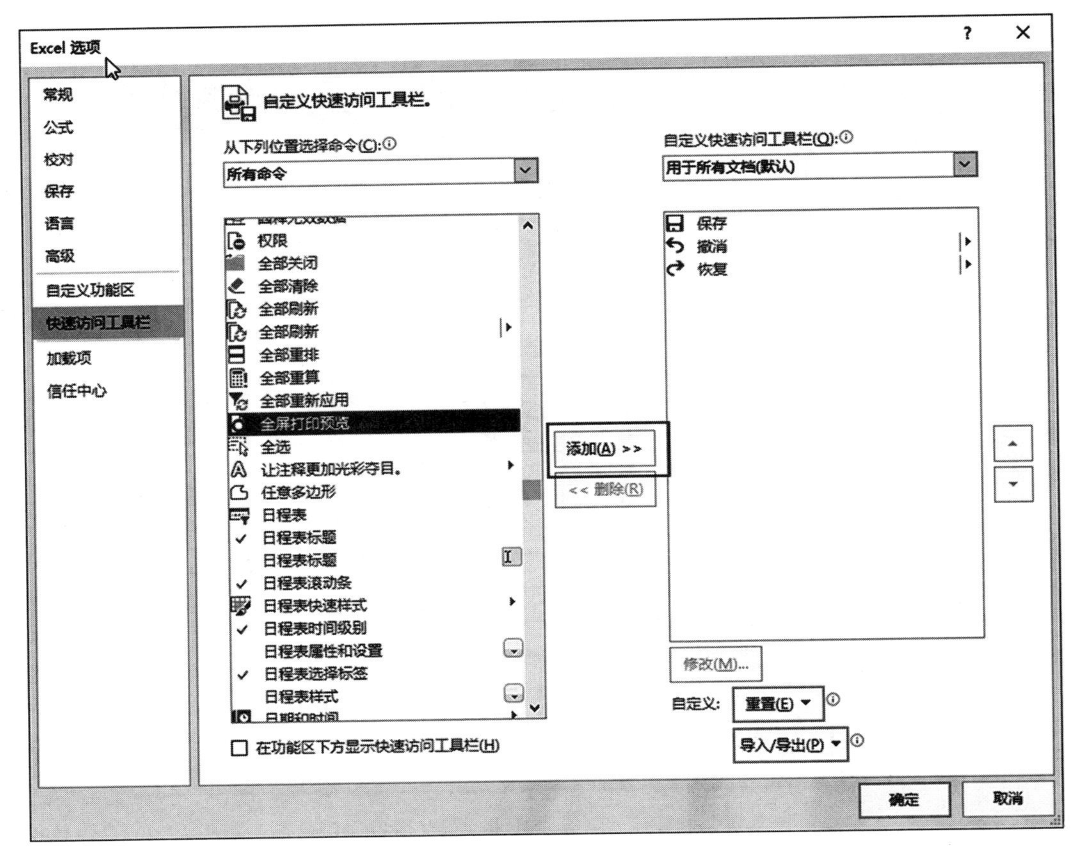

图 4-128　添加“全屏打印预览”按钮到“快速访问工具栏”

5. 打印

如果用户对打印预览窗口中所看到的效果满意，就可以直接打印输出了。要打印输出，常用的操作方法有以下两种：

（1）执行“文件”选项卡下的“打印”命令，打开如图 4-129 所示的窗格。在此窗格中可以选择打印的打印机型号，设置打印的份数、范围、页数、次序、方向、纸张大小、页边距、缩放效果等选项。

（2）在“全屏打印预览”窗口中单击“打印”按钮，在打开的“打印”对话框中进行设置。

◆ 设置打印机。若配备多台打印机，则单击“名称”下拉列表框，选择一种打印机。

◆ 设置打印范围。在“打印范围”选项组中有两个单选按钮，单击“全部”单选按钮表示打印全部内容；而“页”单选按钮则表示打印部分页，此时应在“从”和“到”文本框中分别输入起始页号和终止页号。若只打印一页，则起始页码和终止页码均相同。

◆ 设置打印内容。该选项组的 3 个单选按钮分别表示打印当前工作表的选定区域、当前工作表和当前工作簿。

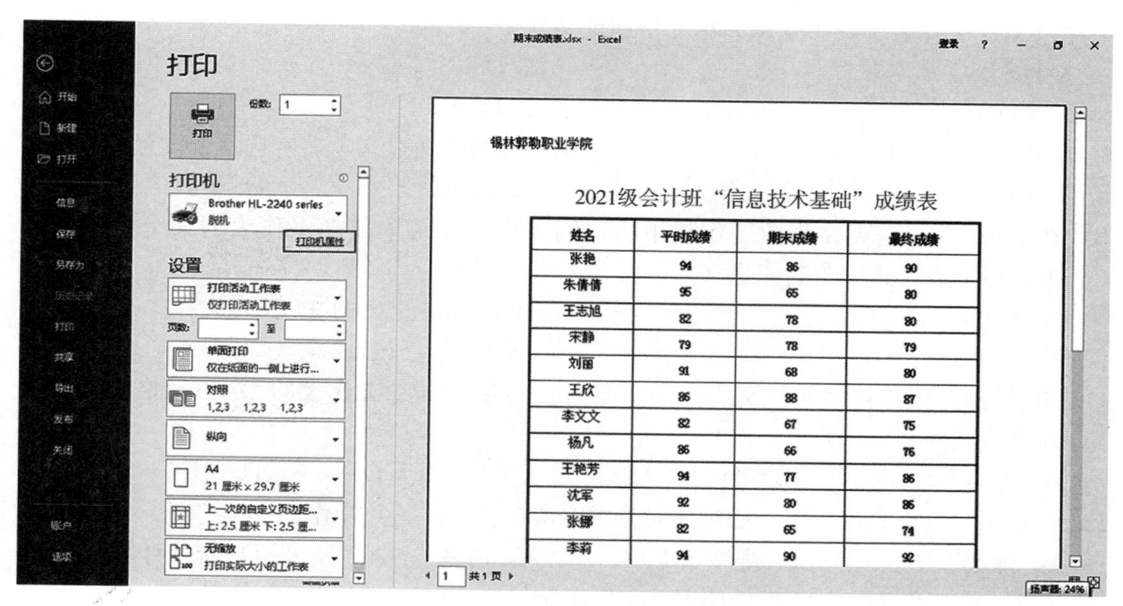

姓名	平时成绩	期末成绩	最终成绩
张艳	94	86	90
朱倩倩	95	65	80
王志旭	82	78	80
宋静	79	78	79
刘丽	91	68	80
王欣	86	88	87
李文文	82	67	75
杨凡	86	66	76
王艳芳	94	77	86
沈军	92	80	86
张娜	82	65	74
李莉	94	90	92

图 4-129 打印窗格

◆ 设置打印份数。在“打印份数”文本框中输入打印份数，单击“确定”按钮。

拓展练习

一、选择题

1. 在新建的 Excel 工作簿中，默认的工作表个数是（ ）。

   A. 1 B. 2 C. 3 D. 4

2. 在 Excel 中，当前单元格输入数值型数据时，默认对齐方式为（ ）。

   A. 居中 B. 右对齐 C. 左对齐 D. 随机

3. 关于保存工作簿的方法，叙述不正确的是（ ）。

   A. 执行“文件”选项卡下的“保存”命令

   B. 按“Ctrl+S”组合键

   C. 单击“快速访问工具栏”中的“保存”按钮

   D. 按“Ctrl+D”组合键

4. 按（ ）组合键，可以快速创建一个空白工作簿。

   A. Ctrl+G B. Ctrl+F C. Ctrl+C D. Ctrl+N

5. 在 Excel 中执行存盘操作时，作为文件存储的是（ ）。

   A. 工作表 B. 工作簿 C. 图表 D. 报表

6. 在 Excel 工作表的某个单元格内要输入邮编“010000”，正确的输入方式是（ ）。

   A. 010000 B. ’010000 C. =010000 D. ”010000”

7. 在 Excel 工作表中，单元格区域 C2：F3 所包含的单元格个数是（ ）。

   A. 6 B. 8 C. 10 D. 2

8. 在 Excel 工作表中，不正确的单元格地址是（　　）。

A. D$88　　B. D88

C. D88　　D. D8$8

9. 在 Excel 中，使用合并计算、分类汇总、筛选等功能通过（　　）选项卡设置。

A. 数据　　B. 开始　　C. 插入　　D. 公式

10. 在 Excel 中，若要在当前工作表中应用同一个工作簿中其他工作表的某个单元格数据，以下表达式中正确的是（　　）。

A. =Sheet2！D1　　B. $Sheet2>$D1

C. +Sheet2！D1　　D. =D1（Sheet2）

11. 如果将 B3 单元格中的公式"=C3+$D5"复制到同一工作表的 D7 单元格中，该单元格公式为（　　）。

A. =C3+$D5　　B. =D7+$E9　　C. =E7+$D9　　D. =E7+$D5

12. 在使用分类汇总命令前，必须先对分类字段进行（　　）操作。

A. 筛选　　B. 排序　　C. 透视　　D. 合并计算

13. 在 Excel 工作表中，不正确的 Excel 公式为（　　）。

A. =（15-A1）/3　　B. =A2/C1

C. =SUM（B2：B5）　　D. =A2+A3=A4

14. 在 Excel 中，如果 A1 单元格的内容为"=A3*2"，A2 单元格为一个字符串，A3 单元格为数值 22，A4 单元格为空，则函数 COUNT（A1：A4）的值是（　　）。

A.　2　　B. 3　　C. 4　　D. 不予计算

15. 在 Excel 工作表中，使用"高级筛选"命令对数据清单进行筛选时，在条件区域不同行中输入两个条件，表示（　　）。

A. "或"的关系　　B. "与"的关系

C. "非"的关系　　D. "异或"的关系

16. 在 Excel 数据系列表中，每一行数据称为一个（　　）。

A. 字段　　B. 数据项　　C. 记录　　D. 系列

17. 对于 Excel 工作表中的单元格，下列哪种说法是错误的（　　）。

A. 不能输入字符串　　B. 可以输入数值

C. 可以输入时间　　D. 可以输入日期

18. 在 Excel 的工作表中，每个单元格都有其固定的地址，如"A5"表示（　　）。

A. "A"代表"A"列，"5"代表第"5"行

B. "A"代表"A"行，"5"代表第"5"列

C. "A5"代表单元格的数据

D. 以上都不是

19. 新建工作簿文件后，默认第一张工作簿的名称是（　　）。

A. 工作簿　　B. 表　　C. 工作簿 1　　D. 表 1

20. 若在数值单元格中出现一连串的"###"符号，希望正常显示则需要（　　）。

A. 重新输入数据　　B. 调整单元格的宽度

C. 删除这些符号　　D. 删除该单元格

21. 当前工作表的第 7 行、第 4 列，其单元格地址为（　　）。
A. 74　　B. D7　　C. E7　　D. G4

22. 一个 Excel 文件中最多可以创建（　　）个工作表。
A. 255　　B. 256　　C. 65536　　D. 任意多个

23. 在 Excel 中，下列（　　）是正确的区域表示法。
A. A1#D4　　B. A1..D5　　C. A1：D4　　D. A1>D4

24. 若在工作表中选取一组单元格，则其中活动单元格的数目是（　　）。
A. 1 行单元格　　B. 1 个单元格
C. 1 列单元格　　D. 被选中的单元格个数

25. 如果想移动 Excel 中的分页符，需在（　　）选项卡中操作。
A. 文件　　B. 视图　　C. 开始　　D. 数据

26. 下列序列中，不能直接利用自动填充快速输入的是（　　）。
A. 星期一、星期二、星期三……　　B. 第一类、第二类、第三类……
C. 甲、乙、丙……　　D. Mon、Tue、Wed……

二、填空题

1. Excel 2016 工作簿默认的扩展名是________。一个工作簿最多有________个工作表。每个工作表最多有________行________列。
2. 工作表中每一列的列标是由________表示，每一行行号由________表示。
3. E6 位于第________第________；第四行、第五列单元格的地址是________。
4. 在 Excel 中，用鼠标________任一工作表标签可将其激活为活动工作表；用鼠标________任一工作表标签可更改工作表名。
5. 在 Excel 中，除了在当前单元格编辑数据外，还可以在________中编辑数据。
6. 在 Excel 中，公式运算的时候必须以________作为开始。
7. 要引用工作表中 B1、B2、…、B10 单元格，其相对引用格式为________，绝对引用格式为________。

三、简答题

1. 简述工作簿、工作表、单元格的概念，它们三者有什么关系？
2. Excel 对单元格的引用有哪几种方式？请简述它们之间的区别。
3. Excel 中清除单元格和删除单元格有何区别？

四、综合练习

1. 综合练习 1

（1）新建一个工作簿，在 Sheet 1 工作表中输入如图 4－130 所示的内容。

（2）将工作表 Sheet 1 的 A1：C1 单元格合并为一个单元格，内容居中显示；计算“人数”列的“总计”项及“所占比例”列的内容（所占比例＝人数/总计，百分比型，保留小数点后 2 位，用绝对引用的方法）；将 A2：C6 单元格区域格式设置为套用表格格式中的“紫色，表样式中等深浅 5”；将工作表 Sheet 1 重命名为“教师学历情况表”，如图 4－131所示。

	A	B	C
1	教师学历情况		
2	学历	人数	所占比例
3	本科	150	
4	硕士	392	
5	博士	268	
6	总计		

图 4-130　教师学历情况表

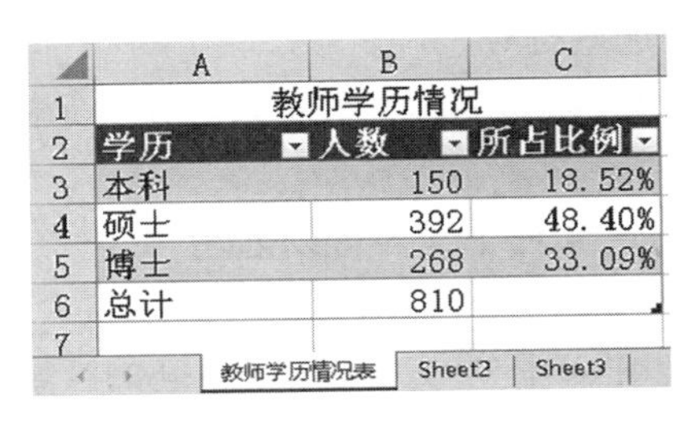

	A	B	C
1	教师学历情况		
2	学历	人数	所占比例
3	本科	150	18.52%
4	硕士	392	48.40%
5	博士	268	33.09%
6	总计	810	
7			

教师学历情况表　Sheet2　Sheet3

图 4-131　自动套用格式效果

（3）选取“学历”和“所占比例”两列的数据（不包括“总计”行）建立“三维饼图”（系列产生在“列”），数据标签为“百分比”，显示位置为“居中”，图表标题为“教师学历情况图”，图例位置靠左，将图插入到表的 A7：D15 单元格区域内，如图 4-132 所示。

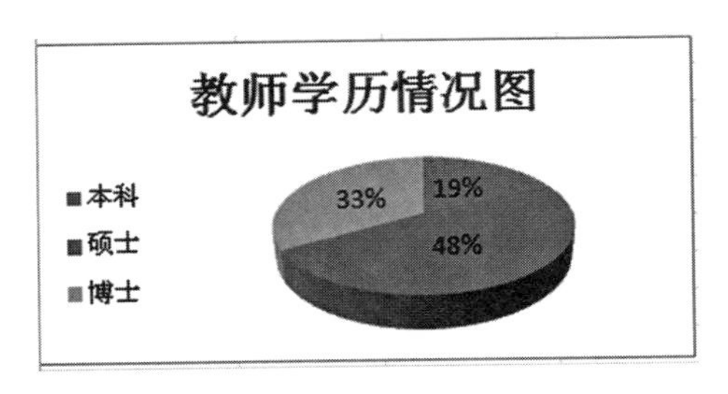

图 4-132　图表效果

（4）用“综合练习 1. xlsx”保存在 D：\ 盘自己的文件夹中。

2. 综合练习 2

打开现有工作表“综合练习 2. xlsx”，按要求进行操作，如图 4-133 所示。

	A	B	C	D	E	F	G	H	I	J
1	学生成绩分析表									
2	学号	姓名	性别	出生日期	语文	数学	英语	信息技术	总分	平均分
3	1	徐志明	男	1990/1/1	75	85	73	87		
4	2	吴涛	男	1990/7/8	83	78	78	89		
5	3	陈洪远	男	1991/5/7	67	84	87	93		
6	4	王倩	女	1991/9/8	82	96	84	95		
7	5	李军	男	1989/8/5	76	95	82	75		
8	6	郑大伟	男	1990/8/6	89	89	91	86		
9	7	方红	女	1991/5/9	78	76	93	71		
10	8	王小红	女	1989/9/6	85	91	88	85		
11	总分									

图 4-133　学生成绩分析表

操作要求：

（1）把“学号”列的数据格式设置成为：001，002，003……

（2）把“出生日期”列的数据格式设置为：1990 年 1 月 1 日。

（3）计算各门功课的总分和每个同学的总分。

（4）计算每个同学的平均分，并保留 2 位小数。

（5）以总分为主要关键字降序，学号为次要关键字升序排序。

（6）把标题 A1：J1 区域合并后居中，格式设置为黑体、红色、加粗、18 号字，并把标题行的行高设置为 25。

（7）将表格中所有的数据设置为水平居中、垂直居中。

（8）给表格 A2：J11 区域加上蓝色的双实线外边框，红色细线内边框。

（9）在 A15：H26 插入一张表示每个学生信息技术成绩的“带数据标记的折线图”，横坐标为学生姓名，纵坐标为学生的信息技术成绩。

（10）图表标题为“学生信息技术成绩”，制作后的效果如图 4－134 所示。

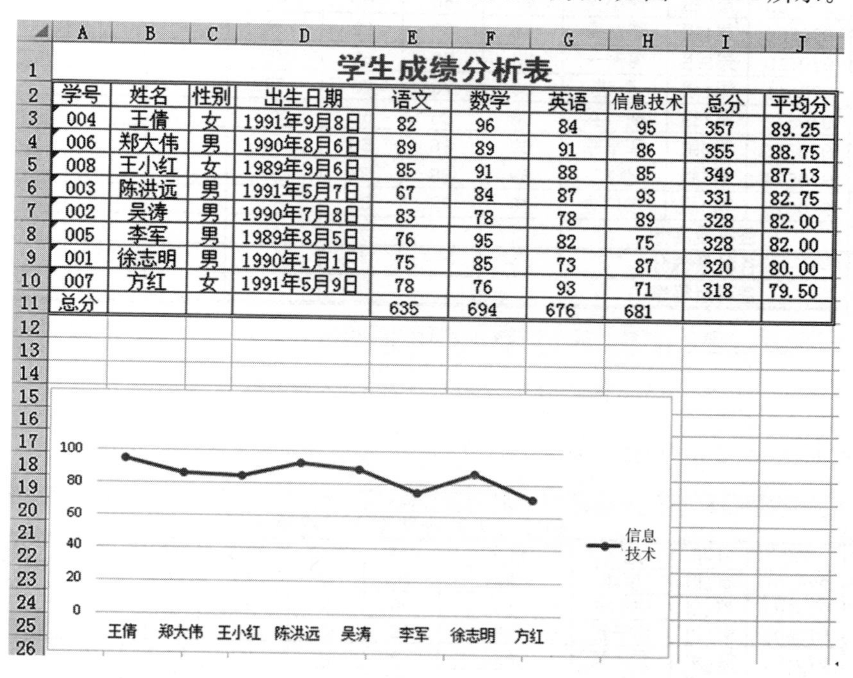

学生成绩分析表

学号	姓名	性别	出生日期	语文	数学	英语	信息技术	总分	平均分
004	王倩	女	1991年9月8日	82	96	84	95	357	89.25
006	郑大伟	男	1990年8月6日	89	89	91	86	355	88.75
008	王小红	女	1989年9月6日	85	91	88	85	349	87.13
003	陈洪远	男	1991年5月7日	67	84	87	93	331	82.75
002	吴涛	男	1990年7月8日	83	78	78	89	328	82.00
005	李军	男	1989年8月5日	76	95	82	75	328	82.00
001	徐志明	男	1990年1月1日	75	85	73	87	320	80.00
007	方红	女	1991年5月9日	78	76	93	71	318	79.50
总分				635	694	676	681		

图 4－134　制作后的效果

3. 综合练习 3

打开现有工作簿“综合练习 3. xlsx”，如图 4－135 所示，并按以下要求完成操作。

（1）在“成绩表”工作表中，按照以下要求完成操作：

①请用函数计算出图 4－135 中的“平均分”“各科最高分”“各科最低分”及“各科及格率”（及格率＝及格的人数/总人数，要求及格的人数用 COUNTIF 函数计算，总人数用 COUNT 函数计算），平均分保留 1 位小数，及格率为百分比格式，保留 1 位小数。

②对于一门以上课程不及格的学生在“备注”栏中注明“补考”字样；4 门课程都在 85（含 85）分以上者，在“备注”栏注明“优秀”；其余学生栏为空。

注：在 J3 单元格中输入：＝IF（AND（D3＞＝85，E3＞＝85，F3＞＝85，G3＞＝85），" 优秀"，IF（OR（D3＜60，E3＜60，F3＜60，G3＜60），" 补考"，" "））。

③按照各学生平均分的高低计算名次（用 RANK 函数降序排序）。

④使用条件格式设置。低于 60 分的成绩和补考字段中的“补考”设置为浅红色填充

	A	B	C	D	E	F	G	H	I	J
1	初三（1）班期末考试成绩表									
2	学号	小组	姓名	语文	数学	英语	物理	平均分	名次	备注
3	970601	第1组	罗明	87	70	85	75			
4	970602	第2组	宁小燕	76	96	78	84			
5	970603	第1组	周子新	96	88	85	95			
6	970604	第3组	罗蒙蒙	65	89	64	93			
7	970605	第3组	李名	69	83	78	72			
8	970606	第2组	周咪	86	82	77	76			
9	970607	第2组	洪涛	46	65	64	70			
10	970608	第2组	胡小亮	73	56	60	61			
11	970609	第1组	李从金	69	80	82	86			
12	970610	第3组	何利一	53	75	62	73			
13	970611	第1组	张进	68	73	75	75			
14	970612	第1组	胡兵兵	56	85	56	82			
15	970613	第2组	宋平平	69	86	60	89			
16	970614	第3组	张广	89	88	92	90			
17	970615	第3组	朱广强	78	82	82	80			
18	各科最高分									
19	各科最低分									
20	各科及格率									

成绩表 | 汇总 | 筛选 | 图表 | 透视表 | Sheet6

图 4-135 “综合练习 3”原始数据

效果，效果如图 4-136 所示。

	A	B	C	D	E	F	G	H	I	J
1	初三（1）班期末考试成绩表									
2	学号	小组	姓名	语文	数学	英语	物理	平均分	名次	备注
3	970601	第1组	罗明	87	70	85	75	79.3	6	
4	970602	第2组	宁小燕	76	96	78	84	83.5	3	
5	970603	第1组	周子新	96	88	85	95	91.0	1	优秀
6	970604	第3组	罗蒙蒙	65	89	64	93	77.8	8	
7	970605	第3组	李名	69	83	78	72	75.5	10	
8	970606	第2组	周咪	86	82	77	76	80.3	5	
9	970607	第2组	洪涛	46	65	64	70	61.3	15	补考
10	970608	第2组	胡小亮	73	56	60	61	62.5	14	补考
11	970609	第1组	李从金	69	80	82	86	79.3	6	
12	970610	第3组	何利一	53	75	62	73	65.8	13	补考
13	970611	第1组	张进	68	73	75	75	72.8	11	
14	970612	第1组	胡兵兵	56	85	56	82	69.8	12	补考
15	970613	第2组	宋平平	69	86	60	89	76.0	9	
16	970614	第3组	张广	89	88	92	90	89.8	2	优秀
17	970615	第3组	朱广强	78	82	82	80	80.5	4	
18	各科最高分			96	96	92	95			
19	各科最低分			46	56	56	61			
20	各科及格率			80.0%	93.3%	93.3%	100.0%			

图 4-136 成绩表工作表设置后的效果

（2）选择“汇总”工作表，如图 4-137 所示，按要求完成分类汇总操作。

先求各组的人数，在这个基础上再求各组学生平均分的最高分，分类字段为“小组”，不显示明细数据，效果如图 4-138 所示。

	A	B	C	D	E	F	G	H
1	学号	小组	姓名	语文	数学	英语	物理	平均分
2	970601	第1组	罗明	87	70	85	75	79.3
3	970602	第2组	宁小燕	76	96	78	84	83.5
4	970603	第1组	周子新	96	88	85	95	91.0
5	970604	第3组	罗蒙蒙	65	89	64	93	77.8
6	970605	第3组	李名	69	83	78	72	75.5
7	970606	第2组	周咪	86	82	77	76	80.3
8	970607	第2组	洪涛	46	65	64	70	61.3
9	970608	第2组	胡小亮	73	56	60	61	62.5
10	970609	第1组	李从金	69	80	82	86	79.3
11	970610	第3组	何利一	53	75	62	73	65.8
12	970611	第1组	张进	68	73	75	75	72.8
13	970612	第1组	胡兵兵	56	85	56	82	69.8
14	970613	第2组	宋平平	69	86	60	89	76.0
15	970614	第3组	张广	89	88	92	90	89.8
16	970615	第3组	朱广强	78	82	82	80	80.5

图 4-137 “汇总”工作表的原文

	A	B	C	D	E	F	G	H
1	学号	小组	姓名	语文	数学	英语	物理	平均分
7		第1组 最大值						91.0
8		第1组 计数	5					
14		第2组 最大值						83.5
15		第2组 计数	5					
21		第3组 最大值						89.8
22		第3组 计数	5					
23		总计最大值						91.0
24		总计数	15					

图 4-138 分类汇总后的效果

(3) 打开“筛选”工作表，按要求完成高级筛选操作（素材原文跟“汇总”工作表的原文一样）。

①用高级筛选筛选出第 2 组中语文或数学不及格的学生记录，复制到 A18 开始的区域中（条件区域从 J18 单元格开始）。

②用高级筛选筛选出各科成绩都在 85 分以上的学生记录，复制到 A22 开始的区域中（条件区域从 J22 单元格开始），效果如图 4-139 所示。

	A	B	C	D	E	F	G	H
17								
18	学号	小组	姓名	语文	数学	英语	物理	平均分
19	970607	第2组	洪涛	46	65	64	70	58.3
20	970608	第2组	胡小亮	73	56	60	61	63.0
21								
22	学号	小组	姓名	语文	数学	英语	物理	平均分
23	970603	第1组	周子新	96	88	85	95	89.7
24	970614	第3组	张广	89	88	92	90	89.7

图 4-139 “筛选”工作表设置之后的效果

(4) 单击选择“图表”工作表，按要求完成创建图表操作（素材原文跟“汇总”工作表的原文一样）。

①用罗明、洪涛、张广三个人的语文、数学、英语三门课的内容建立一个柱形圆锥

图，系列产生在行，图表标题是“学生成绩比较”，图例靠右，显示所有数据系列的值，效果如图 4－140 所示。

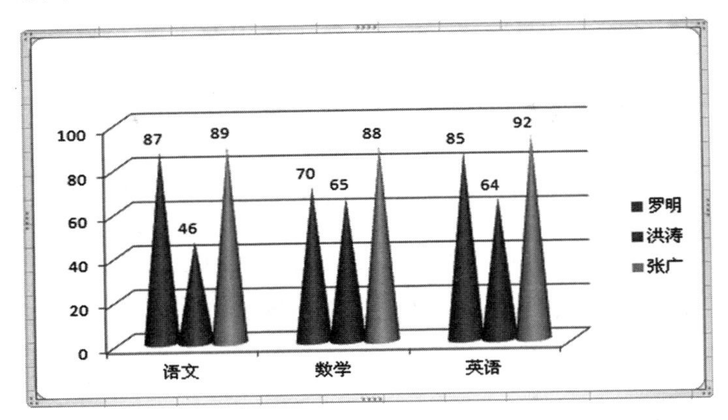

图 4－140　学生成绩比较

②打开“透视表”工作表，如图 4－141 所示，按要求创建数据透视表。将“筛选”字段设置为姓名，“行标签”设置为备注，“列标签”设置为小组，“数值”区设置为备注，制作效果如图 4－142 所示。

	A	B	C	D	E	F	G	H	I
1	学号	小组	姓名	语文	数学	英语	物理	平均分	备注
2	970601	第1组	罗明	87	70	85	75	79.3	
3	970602	第2组	宁小燕	76	96	78	84	83.5	
4	970603	第1组	周子新	96	88	85	95	91.0	优秀
5	970604	第3组	罗蒙蒙	65	89	64	93	77.8	
6	970605	第3组	李名	69	83	78	72	75.5	
7	970606	第2组	周咪	86	82	77	76	80.3	
8	970607	第2组	洪涛	46	65	64	70	61.3	补考
9	970608	第2组	胡小亮	73	56	60	61	62.5	补考
10	970609	第1组	李从金	69	80	82	86	79.3	
11	970610	第3组	何利一	53	75	62	73	65.8	补考
12	970611	第1组	张进	68	73	75	75	72.8	
13	970612	第1组	胡兵兵	56	85	56	82	69.8	补考
14	970613	第2组	宋平平	69	86	60	89	76.0	
15	970614	第3组	张广	89	88	92	90	89.8	优秀
16	970615	第3组	朱广强	78	82	82	80	80.5	

图 4－141　“透视表”工作表的原文

	A	B	C	D	E
1	姓名	(全部)			
2					
3	计数项:备注	列标签			
4	行标签	第1组	第2组	第3组	总计
5		3	3	3	9
6	补考	1	2	1	4
7	优秀	1		1	2
8	总计	5	5	5	15

图 4－142　创建的“数据透视表”

4. 综合练习 4

打开现有工作簿“综合练习 4. xlsx”，如图 4－143 所示。

	A	B	C	D	E	F	G
1	高中学生考试成绩表						
2	学号	语文	数学	英语	总成绩	排名	备注
3	M001	89	74	75			
4	M002	77	73	73			
5	M003	92	83	86			
6	M004	67	86	45			
7	M005	87	90	71			
8	M006	71	84	95			
9	M007	70	78	83			
10	M008	79	67	80			
11	M009	84	50	69			
12	M010	55	72	69			

图 4-143 “综合练习 4”原始数据

操作要求：

(1) 将工作表 Sheet 1 的 A1：G1 单元格合并为一个单元格，内容水平居中。

(2) 计算“总成绩”列和“排名”列（利用 RANK 函数降序排名）。

(3) 如果总成绩大于或者等于 200 在备注栏内给出信息“有资格”，否则给出“无资格”（利用 IF 函数实现）。

(4) 将 Sheet 1 工作表命名为“考试成绩表”。

(5) 选取“考试成绩表”工作表 A2：D12 单元格区域，建立“簇状圆柱图”（系列产生在“列”），在图表上方插入图表标题为“考试成绩图”，图例位置靠上。

(6) 将图插入到表的 A14：G28 单元格区域内，效果如图 4-144 所示。

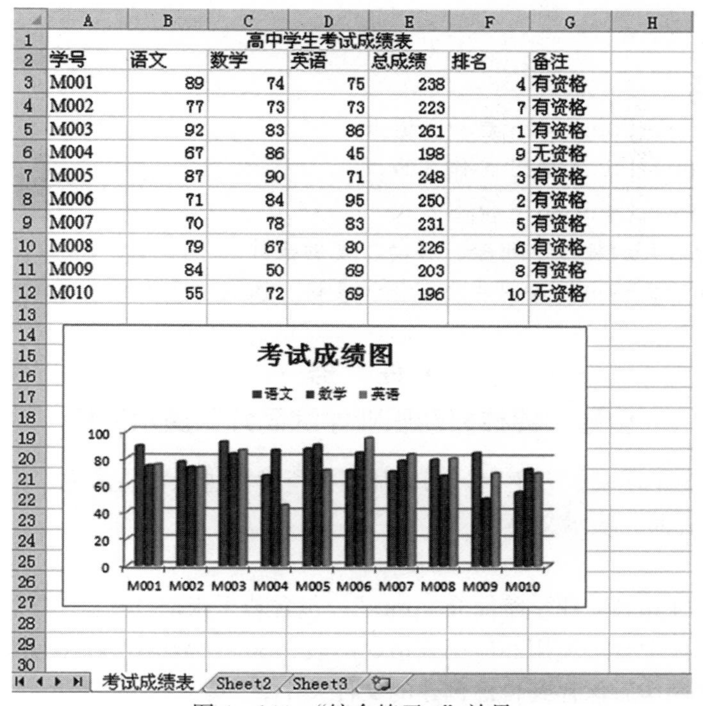

	A	B	C	D	E	F	G
1	高中学生考试成绩表						
2	学号	语文	数学	英语	总成绩	排名	备注
3	M001	89	74	75	238	4	有资格
4	M002	77	73	73	223	7	有资格
5	M003	92	83	86	261	1	有资格
6	M004	67	86	45	198	9	无资格
7	M005	87	90	71	248	3	有资格
8	M006	71	84	95	250	2	有资格
9	M007	70	78	83	231	5	有资格
10	M008	79	67	80	226	6	有资格
11	M009	84	50	69	203	8	有资格
12	M010	55	72	69	196	10	无资格

图 4-144 “综合练习 4”效果

模块五
演示文稿处理软件 PowerPoint 2016

PowerPoint 2016 是微软公司开发的演示文稿软件。它是 Microsoft Office 套装软件中的一个重要组件，简称 PPT。它的主要功能是把静态文件制作成动态文件便于浏览，把文字性的描述内容变得生动、形象，可以给人留下深刻印象，可有效帮助用户进行教学、演讲及产品展示。该软件广泛应用于各个领域，例如：工作汇报、企业宣传、教育培训等。随着软件版本的不断更新，其界面设计、功能等更加强大，让用户在制作演示文稿时更加便捷。本模块通过演示文稿的几个案例制作，全面讲解 PowerPoint 2016 的使用技巧及相关知识。

项目一　PowerPoint 2016 的基础知识与基本操作

任务目标

- 掌握 PowerPoint 2016 启动、退出
- 熟悉 PowerPoint 2016 工作界面
- 熟悉 PowerPoint 2016 视图方式
- 掌握幻灯片的插入、删除、移动、复制操作
- 掌握演示文稿中插入图片、形状、表格、图表、文本框、艺术字等

任　务

创建“锡林郭勒职业学院简介”演示文稿

任务描述：为了学院扩大招生，某教师到各所学校进行宣传演说。为了达到更好的效果，需要制作学院简介演示文稿。

操作要求：

1. 创建“锡林郭勒职业学院简介 . pptx”，包含若干张幻灯片。
2. 每张幻灯片中合理使用和应用表格、图表、SmartArt 图形、图片、艺术字等。
3. 完成相关操作后保存到自己创建的文件夹中。

相关知识点

1. 启动 PowerPoint 2016

PowerPoint 2016 的启动方法与 Word 2106、Excel 2016 的启动方法相同，可通过以下几种方式：

（1）选择“开始”→“所有程序”→“Microsoft Office 2016”→“Microsoft Office PowerPoint 2016”，启动 PowerPoint 2016。

（2）通过双击桌面创建的快捷方式启动 PowerPoint 2016。

（3）通过已存在的文档启动 PowerPoint 2016。

2. 退出 PowerPoint 2016

PowerPoint 2016 的退出方法与 Word 2106、Excel 2016 的退出方法也相同，可通过以下几种方式：

（1）单击 PowerPoint 2016 程序窗口右上角的“关闭”按钮。

（2）选择“文件”→“关闭”命令。

（3）使用“Alt+F4”组合键退出程序。

3. 演示文稿的新建、保存与关闭

PowerPoint 中，演示文稿和幻灯片是两个不同的概念，使用 PowerPoint 制作的文件称为演示文稿，演示文稿由单张或多张幻灯片组成。

（1）演示文稿的创建

方法一：使用“开始”菜单创建。

选择“开始”→“所有程序”→“Microsoft Office 2016”→“Microsoft Office PowerPoint 2016”命令，即可启动 PowerPoint 2016，选择创建空白演示文稿或根据模板创建演示文稿。

方法二：使用“文件”选项卡创建，如图 5-1 所示。

①新建空白演示文稿。在 PowerPoint 中，选择“文件”→“新建”命令，在右侧单击“空白演示文稿”即可。

②根据样本模板创建。PowerPoint 提供了多种模板，选择“文件”→“新建”命令，在右侧单击相应的模板，选择配色，单击“创建”按钮即可。

方法三：使用“快速访问工具栏”创建。

①单击“自定义快速访问工具栏”后面的下拉按钮 ，选择“新建”命令，在“快速访问工具栏”中添加“新建”命令按钮。

②在“快速访问工具栏”中单击“新建”命令按钮，即可新建演示文稿，如图 5-2 所示。

方法四：使用“Ctrl+N”组合键创建。

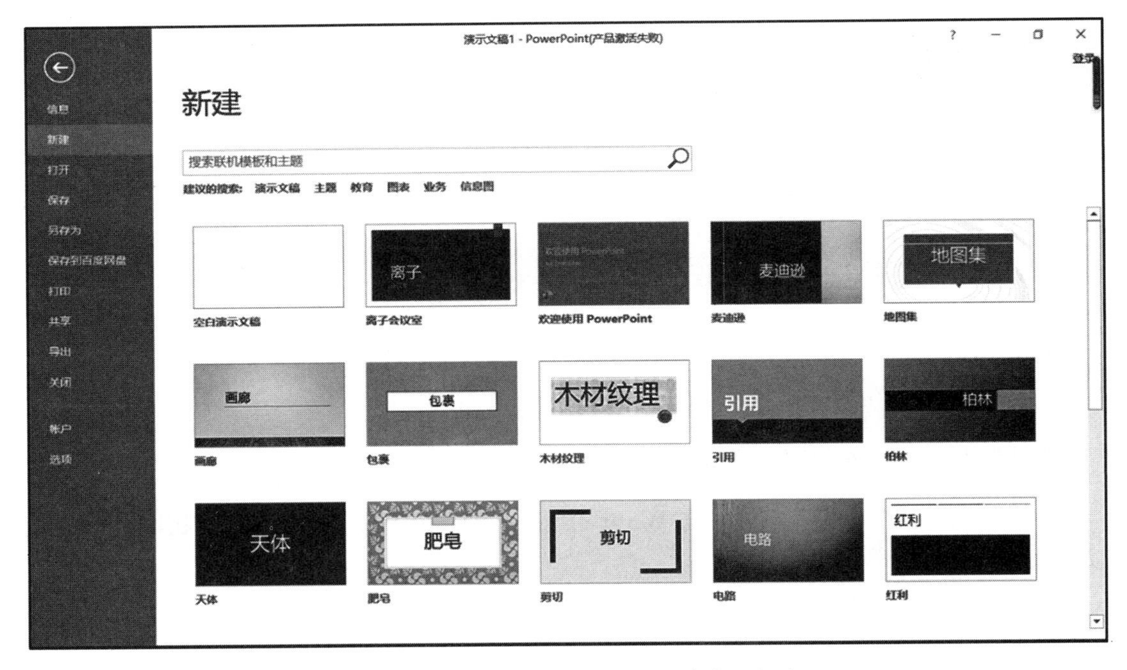

图 5-1　使用“文件”选项卡新建演示文稿

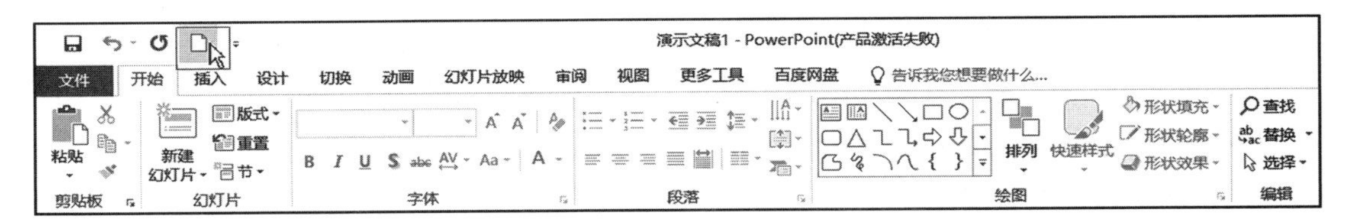

图 5-2　利用“新建”命令按钮新建演示文稿

（2）演示文稿的保存

制作完演示文稿后需要保存该演示文稿。保存演示文稿既可以按原文件名保存，也可以重命名保存。

①保存新建的演示文稿。

• 选择“文件”→“保存”命令。

• 单击快速访问工具栏的“保存” 命令按钮。

• 使用“Ctrl+S”组合键，在弹出的界面单击“浏览”后出现如图 5-3 所示的“另存为”对话框。

在该对话框中，选择文件保存位置及类型，输入文件名，再单击“保存”按钮即可。保存类型默认“.pptx”格式。

②保存已命名的演示文稿。已经保存过的演示文稿经过编辑后再保存时，也可使用以上 3 种方法。

③另存为演示文稿。对演示文稿进行编辑时，为了不影响原演示文稿的内容，可以为

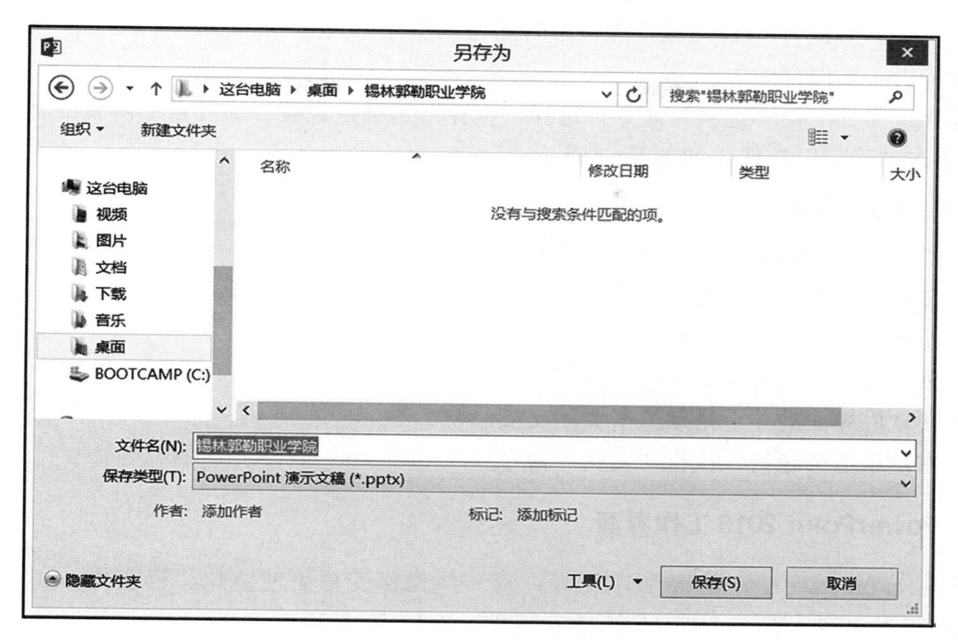

图 5-3 演示文稿"另存为"对话框

原演示文稿保存一份副本。单击"文件"→"另存为"→"浏览"，在"另存为"对话框中，选择保存文档副本的位置和名称后，单击"保存"按钮，即可形成副本文件。

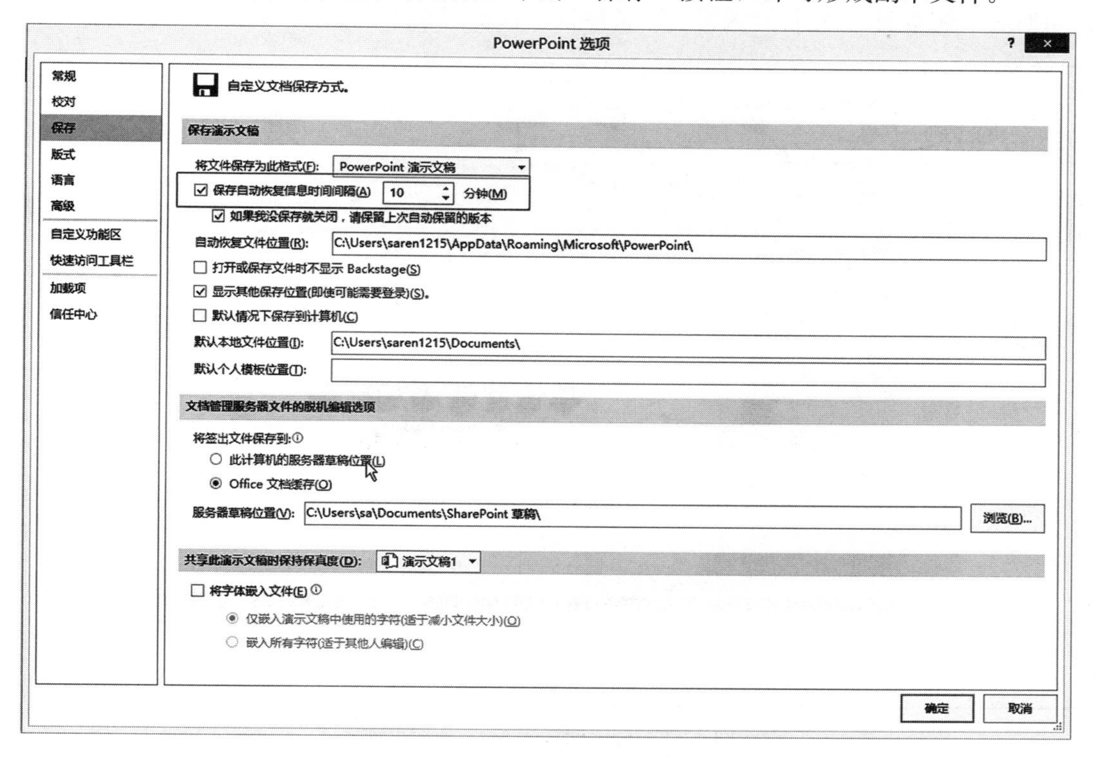

图 5-4 自动保存设置

④PowerPoint 中可以设置每隔一段时间自动保存，当意外重启 PowerPoint 后，会自动打开最后一次保存的内容。

选择“文件”→“选项”命令，选择“保存”选项，设置“保存自动恢复信息时间间隔”，单击“确定”按钮，如图 5－4 所示。

(3) 演示文稿的关闭

关闭演示文稿的常用方法有以下几种：

- 选择“文件”→“关闭”命令。
- 使用“Ctrl＋W”组合键关闭文稿。
- 单击窗口右上方的“关闭”按钮。
- 在软件界面的左上角双击来关闭文稿。
- 右键单击标题栏，执行“关闭”命令。

4. PowerPoint 2016 工作界面

PowerPoint 2016 与 2010 版本比较，有一些操作变得更便捷化、智能化。2010 版本和 2016 版本中间还有一个 2013 的过渡版本。2010 版本和 2016 版本的常用功能基本相同，2016 版本比 2010 版本多了一些如绘制二维码，多平台、多场景云协作办公，云储存等特色功能。

PowerPoint 2016 工作界面主要由快速访问工具栏、标题栏、选项卡、功能区、幻灯片切换区（缩略图）、幻灯片编辑区、备注区、状态栏等部分组成，如图 5－5 所示。

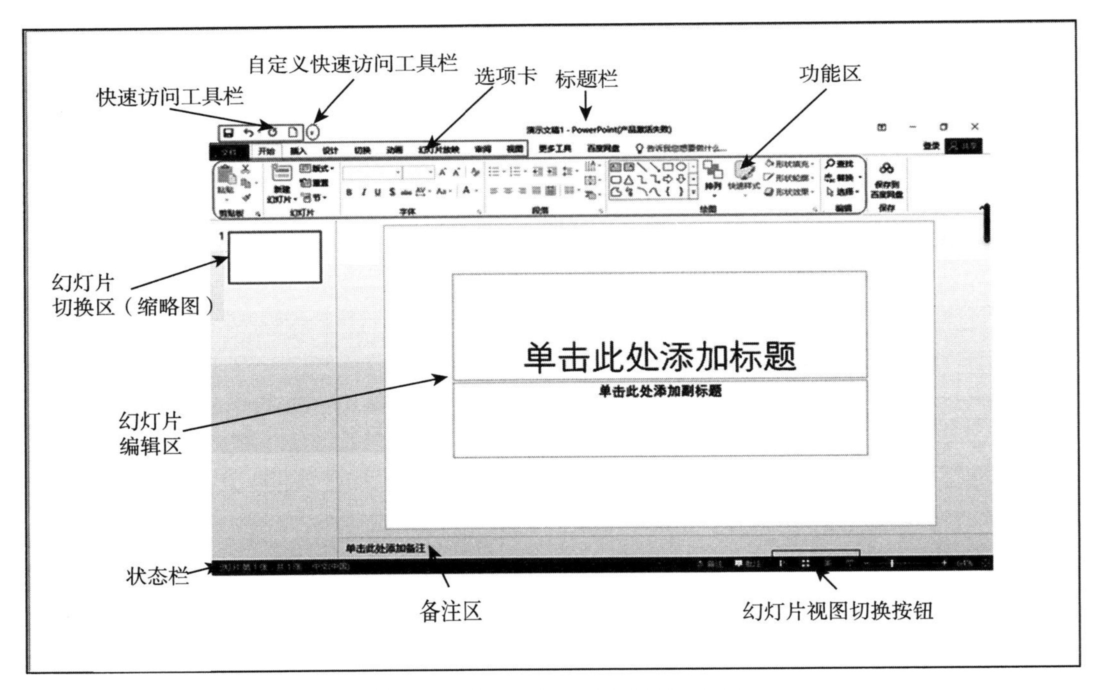

图 5－5　PowerPoint 2016 工作界面

（1）快速访问工具栏

PowerPoint 2016 的快速访问工具栏中包括最常用的快捷按钮，方便用户使用。

①默认有保存、撤销和恢复。

②单击自定义快速访问工具栏按钮 ，可以增加和删除快速访问工具栏上的按钮，如图 5－6 所示。

（2）标题栏

标题栏位于窗口的顶部，显示软件的名称和正在编辑的文件名称，如果是第一次打开 PowerPoint 2016 新建的文件，则默认文件名为“演示文稿 1”。

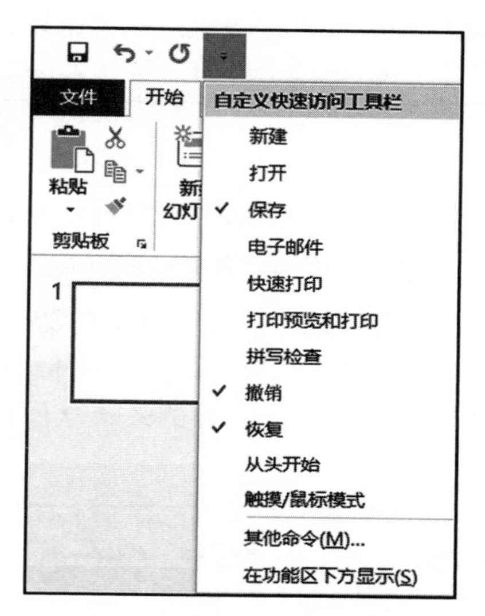

图 5－6 设置“自定义快速访问工具栏”

（3）选项卡

PowerPoint 2016 工作界面中，有“文件”“开始”“插入”“设计”“切换”“动画”“幻灯片放映”“审阅”“视图”等选项卡。其中“文件”选项卡弹出下拉菜单，包括新建、打开、保存、打印和关闭等常用文件操作命令。选择其他选项卡则显示功能区。

（4）功能区

将一些最为常用的命令按钮，按选项卡分组，显示在功能区中，以方便使用。每个选项卡中包含了不同的功能区及工具按钮。

（5）幻灯片切换区（缩略图）

幻灯片切换区（缩略图）主要用于在编辑时方便查看整体效果，并进行幻灯片之间的切换、移动（调整顺序）、复制、删除等操作。

（6）幻灯片编辑区

PowerPoint 2016 窗口中间的白色区域为编辑幻灯片的工作区，是演示文稿的重要组成部分，一张张图文并茂的幻灯片将在这里制作完成。

（7）备注区

备注区位于幻灯片编辑区下方，主要用于添加提示内容及注释信息。

（8）状态栏

状态栏位于窗口的底部，显示当前幻灯片的页面信息。状态栏左端显示当前幻灯片的页数和总页数。状态栏右端为显示和隐藏备注、批注按钮和视图按钮、缩放比例按钮。视图按钮可快速设置幻灯片的视图模式，幻灯片显示比例滑竿可控制幻灯片的显示比例。

5. PowerPoint 2016 视图

PowerPoint 2016 视图包括普通视图、大纲视图、幻灯片浏览视图、备注页视图和阅读视图 5 种，其中常用的有普通视图和幻灯片浏览视图。

（1）视图的切换

方法 1：用户可以单击“视图”选项卡“演示文稿视图”功能组进行 5 种视图的切换，如图 5-7 所示。

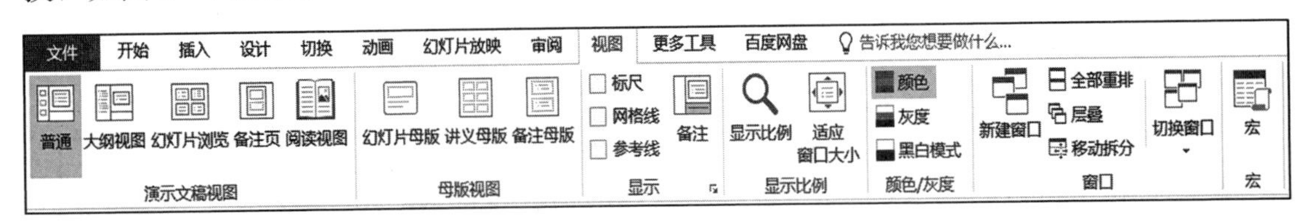

图 5-7 “视图”选项卡

方法 2：除备注页视图外，可通过单击状态栏的视图按钮进行切换。

（2）视图的作用

①普通视图。PowerPoint 2016 启动后打开的是普通视图，它是系统默认的视图模式，主要用来编辑幻灯片的总体结构。在此视图下，窗口分为左、右两侧，左侧是幻灯片切换区（缩略图）；右侧又分为上下两部分，上端是幻灯片编辑区，下端是备注区，如图 5-8 所示。

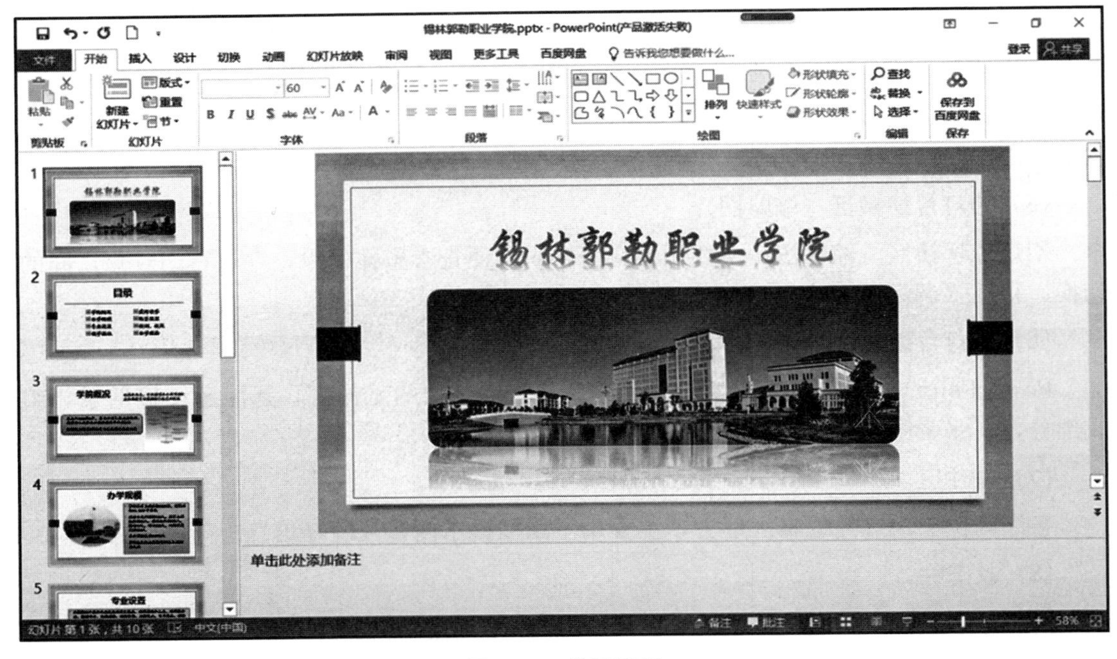

图 5-8 普通视图

②大纲视图。大纲视图中，窗口分为左、右两侧，左侧是大纲窗格，右侧上端是幻灯片编辑区，下端是备注区，如图 5-9 所示。在大纲窗格中显示幻灯片的文本内容和组织结构，不显示图形、图像、图表等对象。

③幻灯片浏览视图。幻灯片浏览视图是通过幻灯片缩略图形式来显示所有幻灯片的一

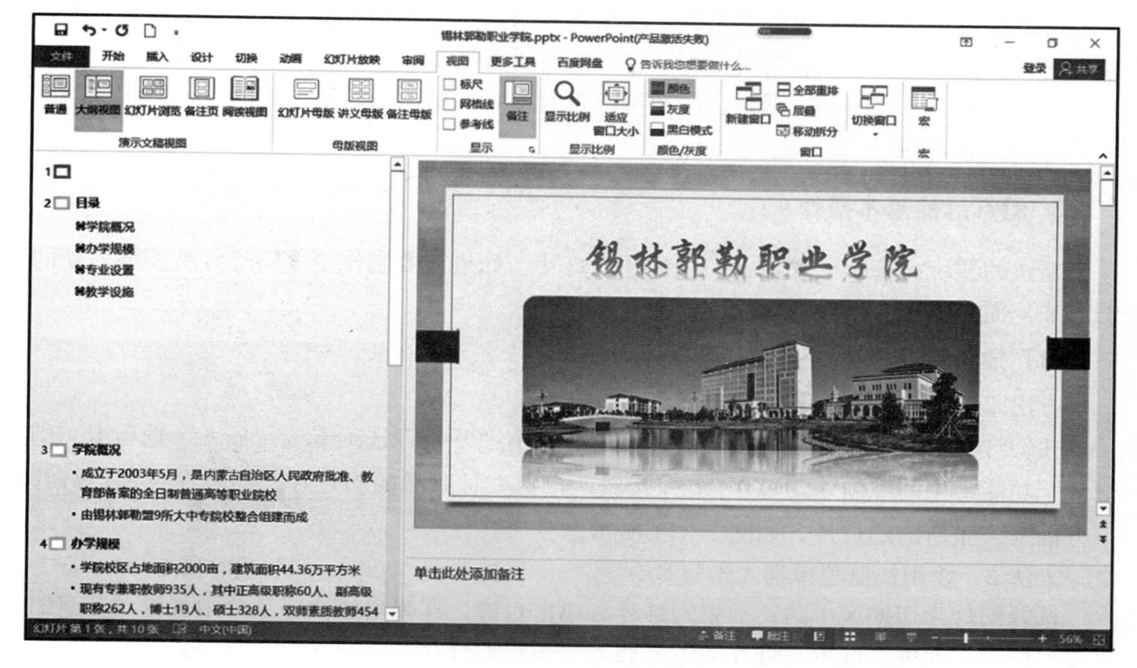

图 5-9 大纲视图

种视图方式。通过该视图，用户可查看每一张幻灯片的内容，但不可编辑内容。并且可调整幻灯片的排列顺序（移动）或进行幻灯片复制等操作，如图 5-10 所示。

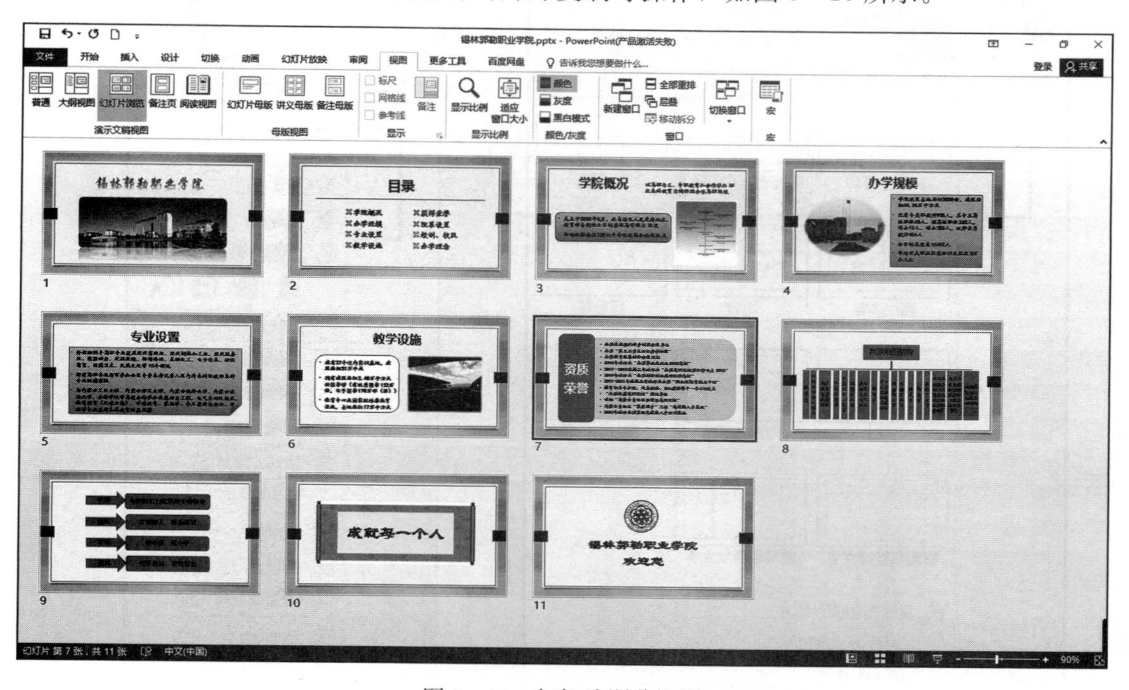

图 5-10 幻灯片浏览视图

④备注页视图。备注页视图是以上下结构显示幻灯片和备注页，主要用于创建和编辑备注内容。可帮助用户理解演讲内容，也可给演讲者提供演讲提示。

⑤阅读视图。在阅读视图下，用户可以观看幻灯片的演示效果，如图片、形状、动画效果及切换效果等。

6. 幻灯片的基本操作

新建的演示文稿默认只包含一张标题幻灯片，如果需要制作更多幻灯片就要插入新的幻灯片，而对于不需要的幻灯片，则可删除。

(1) 插入幻灯片

方法 1：使用“幻灯片”功能组。

在幻灯片切换区选择某一张幻灯片，然后单击“开始”选项卡或“插入”选项卡“幻灯片”功能组中的“新建幻灯片” 按钮，选择一种版式的幻灯片，即可在选定幻灯片下方插入一张新的幻灯片，如图 5－11 所示。

方法 2：使用快捷菜单插入幻灯片。

选择幻灯片切换区中的某一张幻灯片，单击右键，在弹出的快捷菜单中选择“新建幻灯片”命令，即可在选定幻灯片的下方插入一张新幻灯片，如图 5－12 所示。

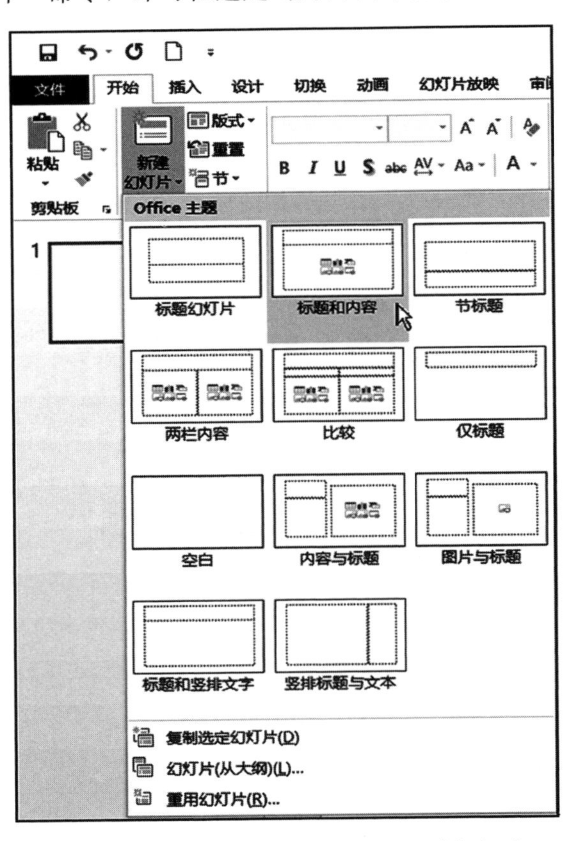

图 5－11　使用“幻灯片”功能组新建幻灯片

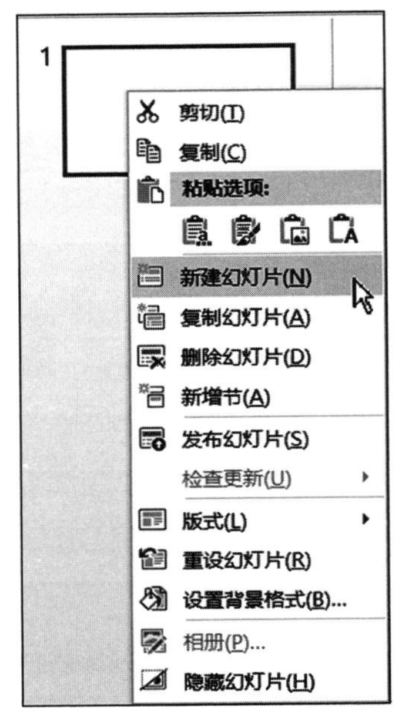

图 5－12　使用右键菜单新建幻灯片

（2）选定幻灯片

在幻灯片切换区中被选中的幻灯片的缩略图，外围被亮色粗线框包围，此时幻灯片编辑区将显示该幻灯片。

①选定一张幻灯片。在幻灯片切换区中单击幻灯片缩略图。

②选定多张相邻幻灯片。单击第一张幻灯片缩略图，然后按 Shift 键，再单击所要选的最后一张幻灯片缩略图，可选定二者之间的所有幻灯片。

③选定多张不相邻的幻灯片。选中一张幻灯片缩略图，按 Ctrl 键逐个单击所要选定的幻灯片缩略图。

④选定全部幻灯片。选中一张幻灯片缩略图，按“Ctrl＋A”键可以选择全部幻灯片。

（3）复制幻灯片

方法 1：在幻灯片切换区选定幻灯片，单击“开始”选项卡“幻灯片”功能组“新建幻灯片”下拉按钮中的“复制选定幻灯片”命令，可在当前选定幻灯片后插入当前幻灯片的副本，如图 5－13 所示。

方法 2：在幻灯片切换区选定幻灯片，单击右键选择“复制幻灯片”命令，可在当前选定幻灯片后插入当前幻灯片的副本，如图 5－14 所示。

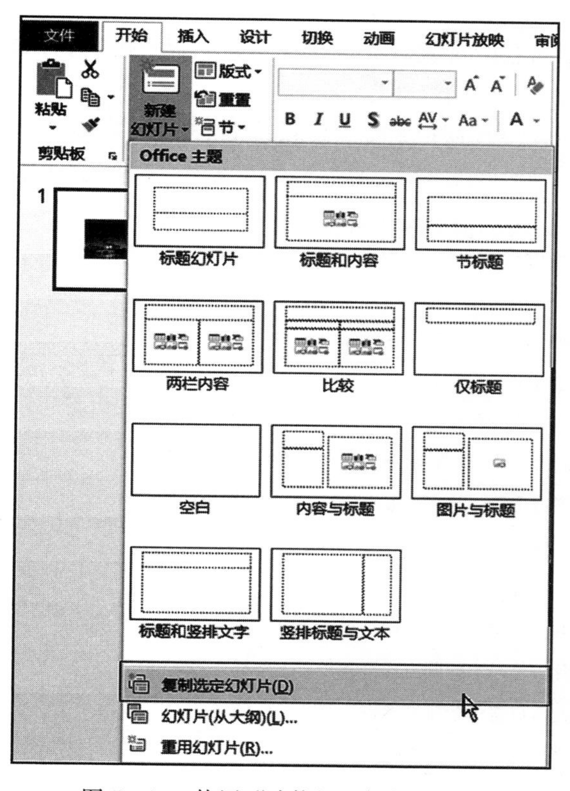

图 5－13 使用“功能组”复制幻灯片

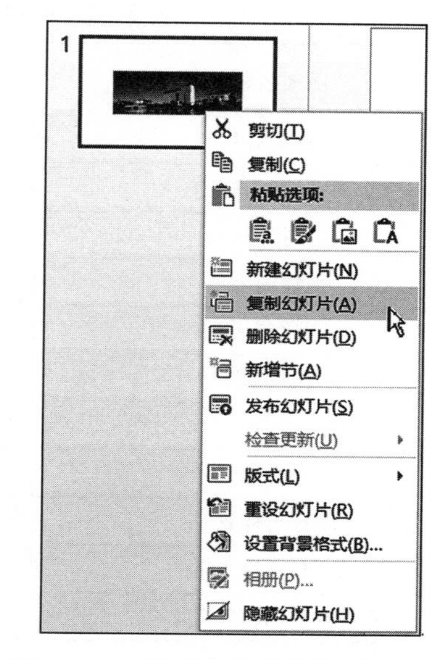

图 5－14 使用右键菜单复制幻灯片

方法 3：在幻灯片切换区选定幻灯片，单击鼠标右键选择“复制”命令（或直接使用组合键“Ctrl＋C”），到目标位置单击鼠标右键选择“粘贴”命令（或直接使用组合键

“Ctrl+V”）进行幻灯片的复制。

（4）移动幻灯片（调整幻灯片顺序）

方法 1：在普通视图下，在幻灯片切换区单击要移动的幻灯片，按鼠标左键拖曳到目标位置即可（幻灯片浏览视图也相同）。

方法 2：在幻灯片切换区选定幻灯片，单击鼠标右键选择“剪切”命令（或直接使用组合键“Ctrl+X”），到目标位置单击鼠标右键选择“粘贴”命令（或直接使用组合键“Ctrl+V”）进行幻灯片的移动。

（5）删除幻灯片

删除演示文稿中的幻灯片，有以下两种方法。

方法 1：在幻灯片切换区选定幻灯片，单击鼠标右键，在弹出的快捷菜单中选择“删除幻灯片”命令即可。

方法 2：在幻灯片切换区选定幻灯片，按 Delete 键即可。

7. 幻灯片版式和主题

（1）设置幻灯片版式

选择幻灯片版式，即可调整幻灯片中内容的排版方式，并将需要的版式运用到相应的幻灯片中。新建演示文稿时，默认版式为“标题幻灯片”。

PowerPoint 2016 中，主要提供了 11 种幻灯片版式，其版式名称和内容如表 5－1 所示。

表 5－1　PowerPoint 2016 的 11 种版式及功能

版式名称	包含内容
标题幻灯片	标题占位符和副标题占位符
标题和内容	标题占位符和正文占位符
节标题	文本占位符和标题占位符
两栏内容	标题占位符和左右两个正文占位符
比较	标题占位符、两个文本占位符、两个正文占位符
仅标题	仅标题占位符
空白	空白幻灯片
内容与标题	标题占位符、文本占位符和正文占位符
图片与标题	图片占位符、标题占位符和正文占位符
标题和竖排文字	标题占位符和竖排文本占位符
垂直排列标题与文本	竖排标题占位符和竖排文本占位符

设置幻灯片版式主要有以下 3 种方法：

方法 1：单击“开始”选项卡“幻灯片”功能组中的“新建幻灯片”下拉按钮，在其展开的列表中选择相应的幻灯片版式即可。

方法 2：单击“开始”选项卡“幻灯片”功能组中的“版式”按钮，并选择相应的版式即可改变当前幻灯片版式，如图 5－15 所示。

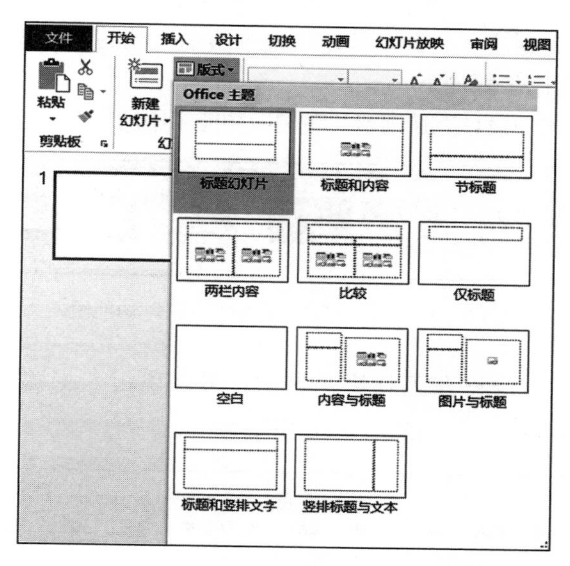

图 5－15　通过“版式”命令选择版式

方法 3：选中幻灯片，单击右键，从弹出的快捷菜单中选择“版式”选项，选择相应版式，如图 5－16 所示。

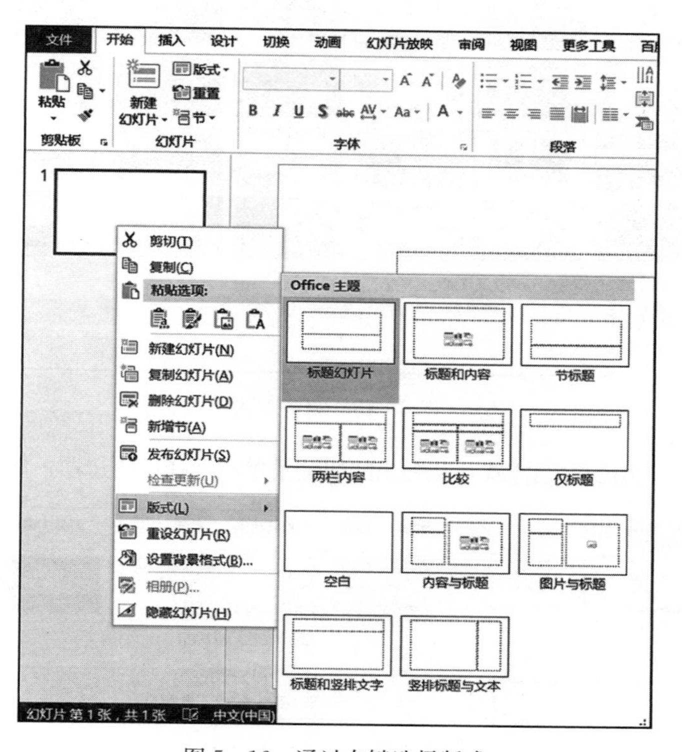

图 5－16　通过右键选择版式

(2) 应用幻灯片主题

将幻灯片的配色方案、背景和格式组合成各种主题，称为“幻灯片主题”。通过选择“幻灯片主题”将其应用到演示文稿，可以让整个演示文稿的幻灯片风格一致。

应用幻灯片主题操作步骤如下：

①选定幻灯片，单击“设计”选项卡“主题”功能组中所需的主题，如图 5－17 所示。

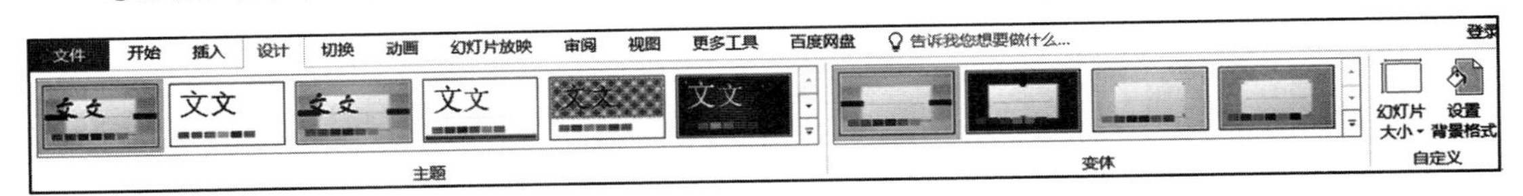

图 5－17 “设计”选项卡“主题”功能组

②如果所需要的主题没有在工具栏上显示，可以单击“主题”功能组中的 按钮，从列表中浏览主题并选择即可，如图 5－18 所示。

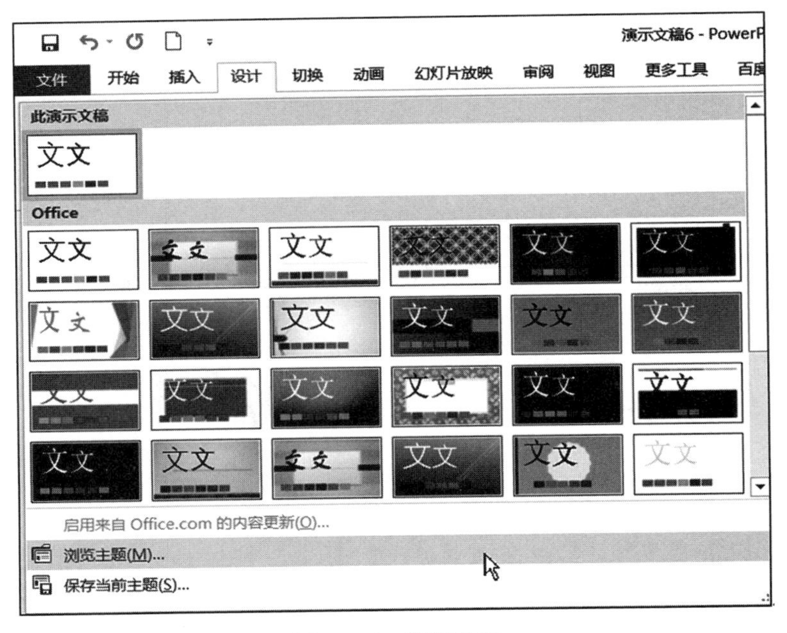

图 5－18 浏览主题

③右键单击要应用的主题样式，从弹出的快捷菜单中选择应用选项，如图 5－19 所示。

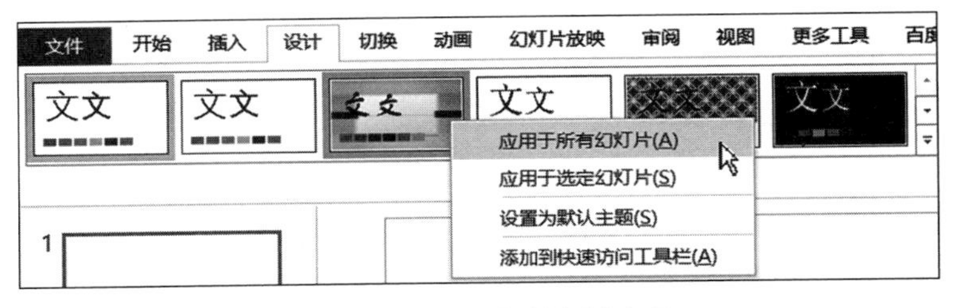

图 5－19 选择主题应用选项

(3) 设置配色方案

PowerPoint 2016 提供了多种标准的配色方案，用户可以使用配色方案对幻灯片主题颜色进行设置，具体操作方法如下：

①选择需要设置主题颜色的幻灯片，选择“设计”选项卡“变体”功能组中的“其他”，在“颜色”下拉列表中选择预设的主题颜色即可，如图 5－20 所示。

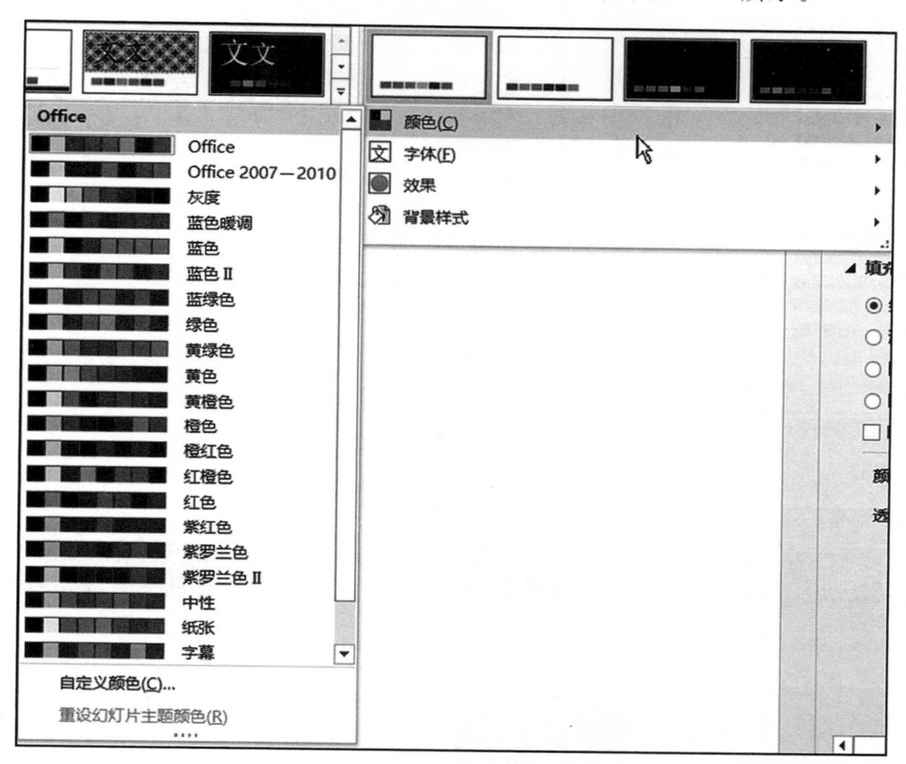

图 5－20 设置主题颜色

②选择需要设置主题颜色的幻灯片，选择“设计”选项卡“变体”功能组中的“其他”，在“颜色”下拉列表中选择“自定义颜色”，对主题颜色进行自定义设置，如图 5－21 所示。

(4) 设置幻灯片背景

制作一个精美的演示文稿，幻灯片背景的设置也是至关重要的，用户可以根据需要设置幻灯片背景样式。

①应用内置背景样式。单击“设计”选项卡“变体”功能组中的“背景样式”，在弹出的下拉列表中选择需要的背景样式即可，如图 5－22 所示。

②自定义背景样式。单击“设计”选项卡“变体”功能组中的“背景样式”，在弹出的下拉列表中选择“设置背景格式”命令，可在弹出的“设置背景格式”对话框中为幻灯片添加图案、文理、图片或背景，如图 5－23 所示。

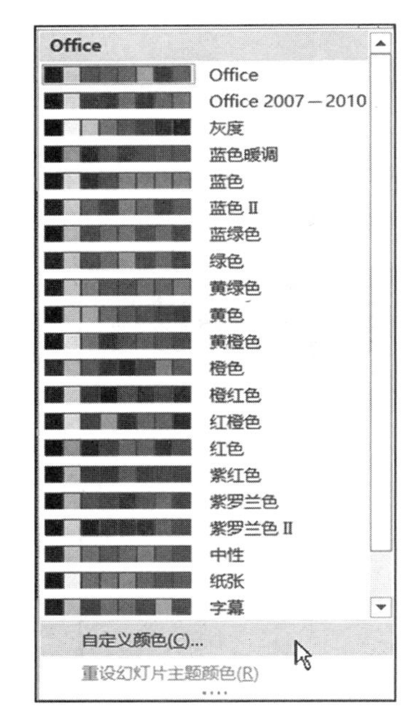

图 5－21　自定义主题颜色

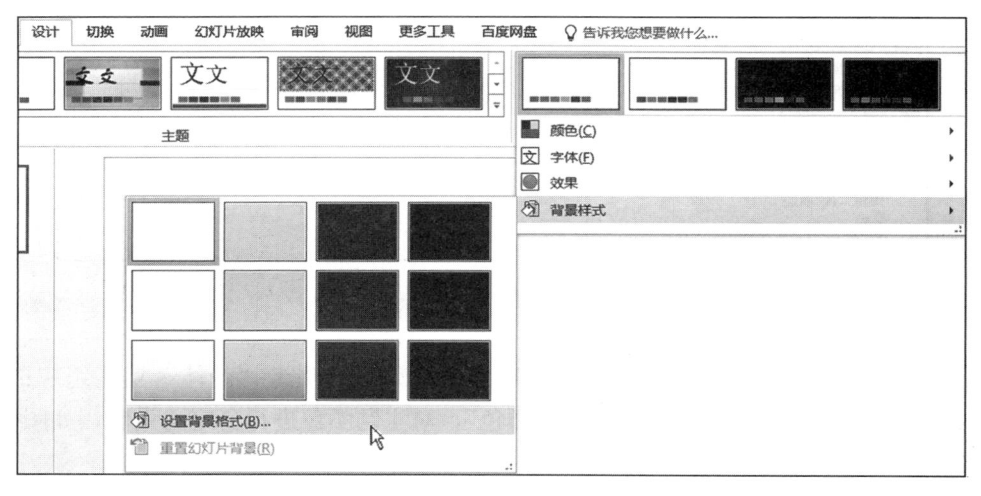

图 5－22　设置幻灯片背景

8. 幻灯片中插入各种元素

（1）插入文本与文本框

文本是演示文稿的基础，包括文本的输入、删除、插入、修改及文本框移动、复制、大小改变等操作。

①输入文本。在文本区域单击要输入文本的位置，出现闪烁的插入点，然后直接输入文本即可。

②若要在其他位置输入文本，在“插入”选项卡“文本”功能组中，选择“文本框”命令按钮下三角选择文本框样式，如图5-24所示。鼠标指针变为箭头，在目标位置按鼠标左键拖曳出文本框后，在文本框内输入文字即可。

③选中插入的文本框，选择“绘图工具”→“格式”选项卡可对文本框进行形状样式、大小、位置等设置，如图5-25所示。

(2) 插入艺术字

艺术字是一种通过特殊效果使文字突出显示的快捷方法。通过“插入”选项卡“文本”功能组中的“艺术字”命令按钮，可插入所需要的艺术字样式，如图5-26所示。也可直接对已存在的文本框，通过设置“绘图工具”→“格式”选项卡“艺术字样式”功能组，设置艺术字样式、文本填充、文本轮廓和文本效果，如图5-27所示。与文本框相同，选中插入的艺术字，选择“绘图工具”→“格式”选项卡可对艺术字进行形状样式、大小、位置等设置。

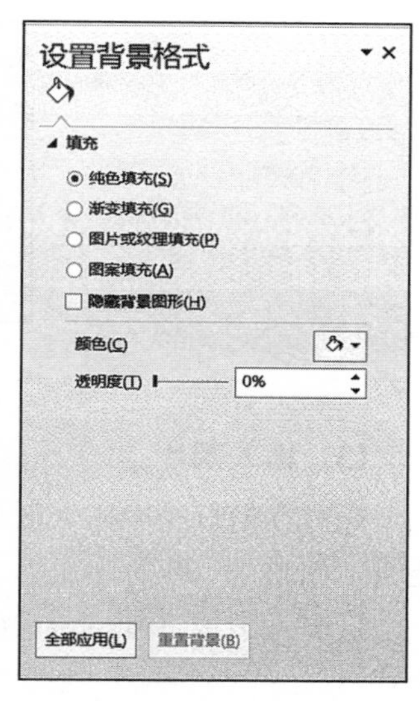

图5-23 设置背景格式

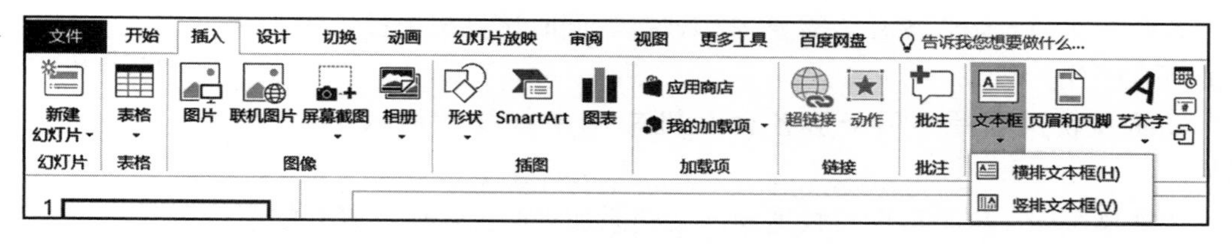

图5-24 插入文本框

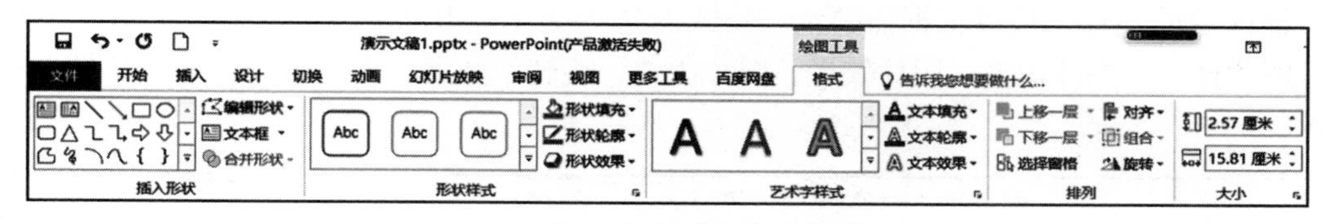

图5-25 文本框格式设置

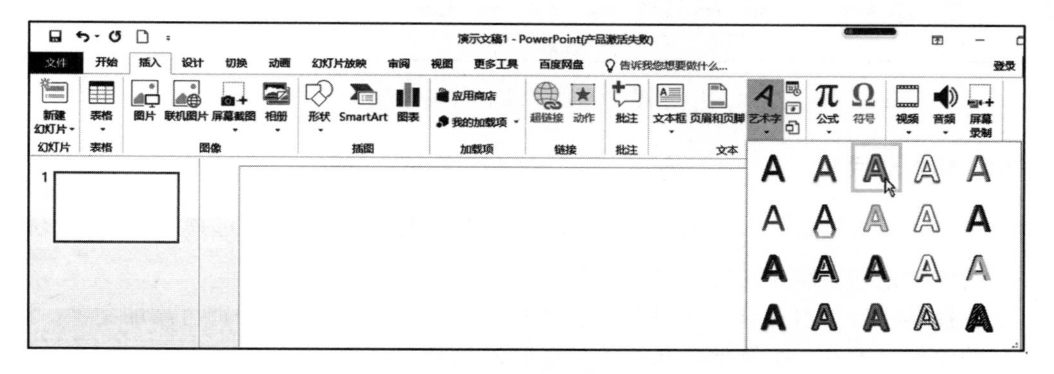

图5-26 插入艺术字

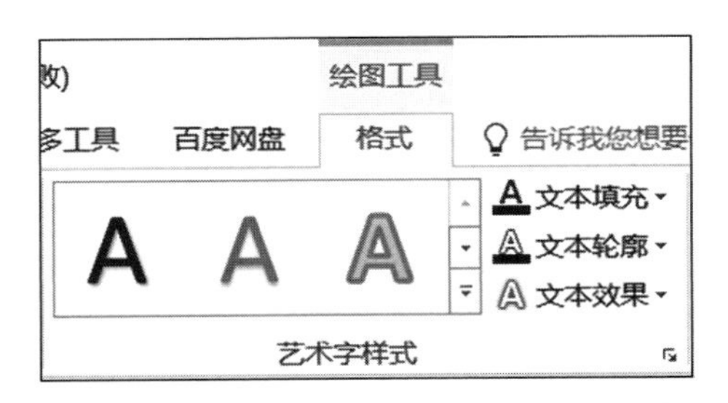

图 5-27 “艺术字样式”功能组

(3) 插入图片

通过在幻灯片中插入图片，可以达到图文混排效果。选择“插入”选项卡“图像”功能组，如图 5-28 所示。

①插入图片（如“.bmp”“.jpg”“.png”“.jpeg”等格式）。

a. 选择要插入图片的幻灯片，单击“插入”选项卡“图像”功能组中的“图片”按钮，打开“插入图片”对话框。

b. 选择要插入的图片，单击“插入”按钮，即可插入图片。若要一次插入多张图片，需要按 Ctrl 键的同时选择想要插入的所有图片。

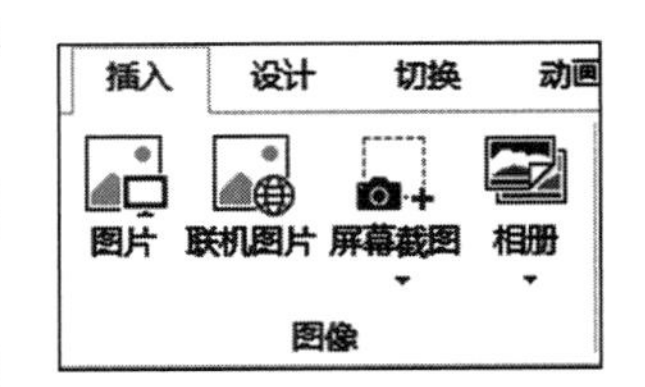

图 5-28 “插入”选项卡“图像”功能组

②插入联机图片。用于从各种联机来源中查找和插入图片。

③屏幕截图。屏幕截图可快速地向文档添加桌面上任何已打开的窗口快照。

④相册。为照片集创建漂亮的演示文稿。

插入后的图片，可以根据需要在“格式”选项卡中对其进行编辑，如进行图片调整、设置图片样式、图片边框、图片效果、图片版式、旋转、裁剪、大小、位置等，如图 5-29 所示。

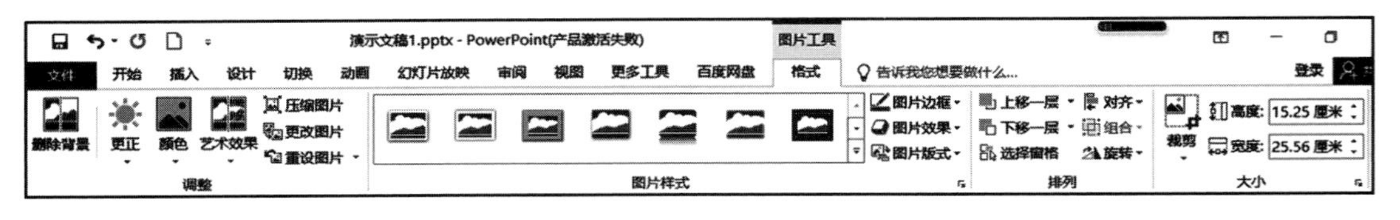

图 5-29 设置图片格式

(4) 插入形状

①单击“插入”选项卡“插图”功能组中的“形状”按钮，选择要插入的形状后在需要的位置拖动绘制相应的形状，如图 5-30 所示。

②选择形状后单击右键，在弹出的菜单中选择“编辑文字”命令即可添加文字。添加文字后的效果如图 5-31 所示。

③修改形状格式。选中要修改的形状，利用“绘图工具”→“格式”选项卡进行编

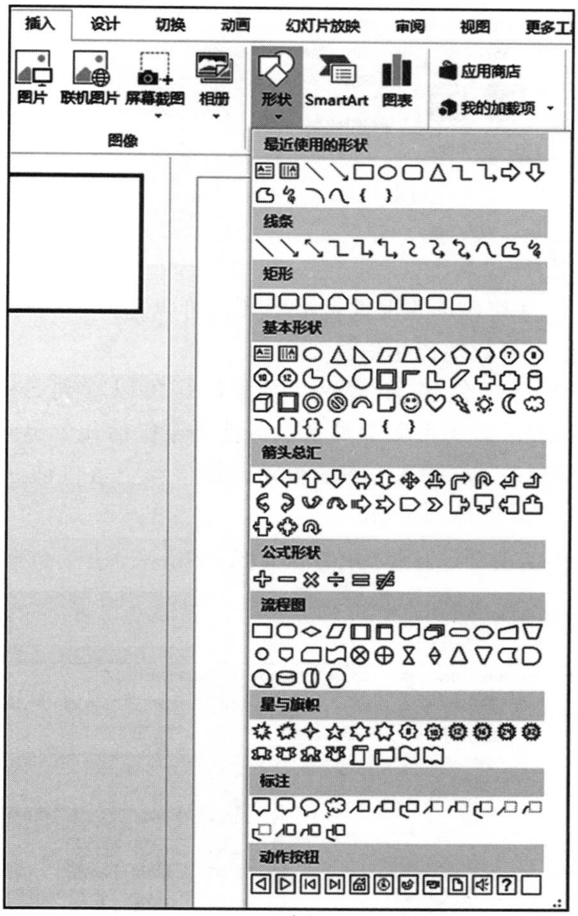

图 5-30 插入形状

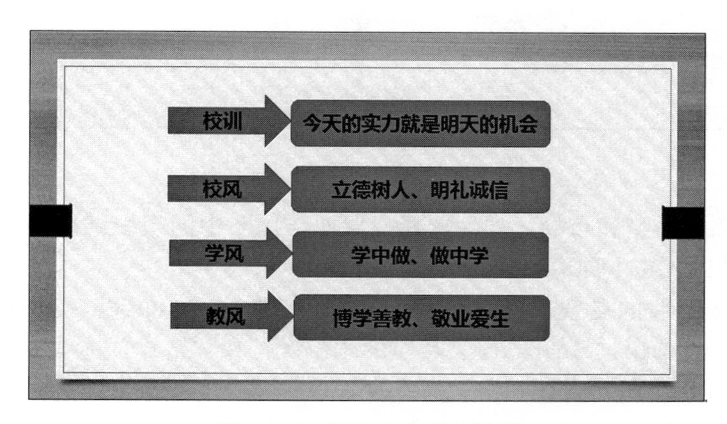

图 5-31 添加文字后的效果

辑，可对形状样式、形状填充、形状轮廓、形状效果、大小、位置等进行修改及美化，如图 5-32 所示。

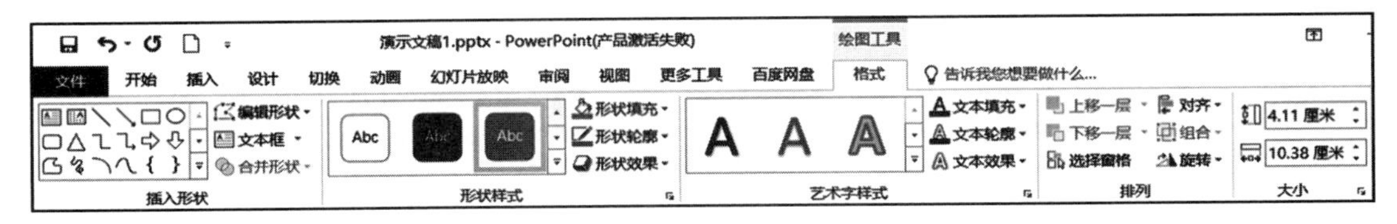

图 5-32　形状格式设置

(5) SmartArt 图形

SmartArt 图形是信息和观点的视觉表示形式，可以选择不同的布局来创建 SmartArt 图形，从而快速、轻松、有效地传达信息。

①创建 SmartArt 图形。创建 SmartArt 图形时，可以看到 SmartArt 图形类型，如"流程""层次结构""循环""关系"等类型。每种类型包括几个不同的布局，选择了一个布局后，可以很容易地更改 SmartArt 图形布局。新布局中将自动保留大部分文字和其他内容以及颜色、样式、效果和文本格式。

a. 单击"插入"选项卡"插图"功能组中的"SmartArt"命令按钮 ，出现"选择 SmartArt 图形"对话框，如图 5-33 所示。

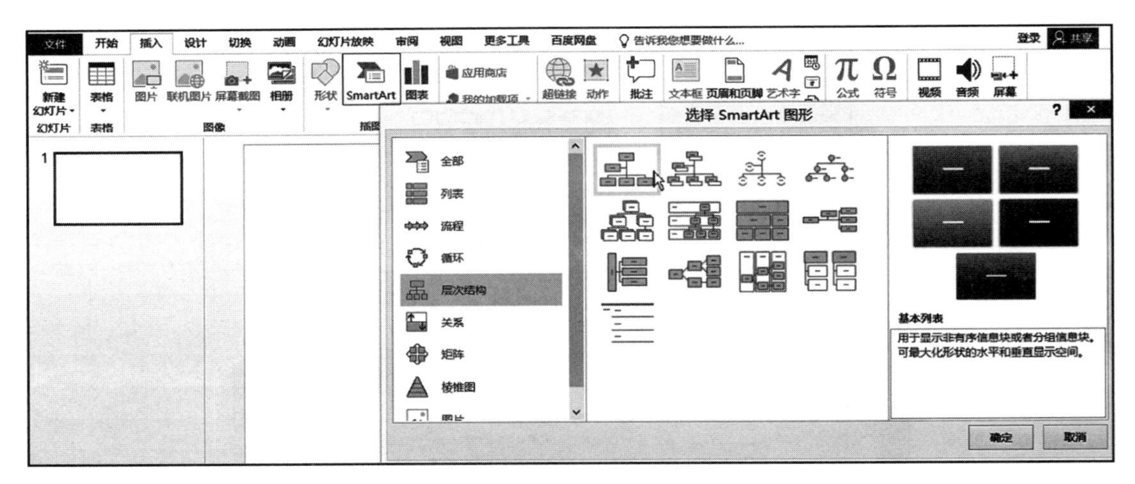

图 5-33　插入 SmartArt 图形

b. 单击所需的类型和布局，如：选择"层次结构"中的组织结构图，在出现的组织结构图相应位置输入文本即可，如图 5-34 所示。

②SmartArt 图形的更改。在创建 SmartArt 图形之后，可以对其进行更改。单击 SmartArt 图形，将弹出"SmartArt 工具"的"设计"和"格式"选项卡。使用此选项卡可以对 SmartArt 图形进行设计和格式的修改。

a. 更改 SmartArt 图形布局。单击 SmartArt 图形，选择"SmartArt 工具"→"设计"选项卡"版式"功能组，单击下拉按钮 ，选择所需的布局即可，如图 5-35 所示。

b. SmartArt 图形颜色的更改。选中 SmartArt 图形，在"SmartArt 工具"→"设计"

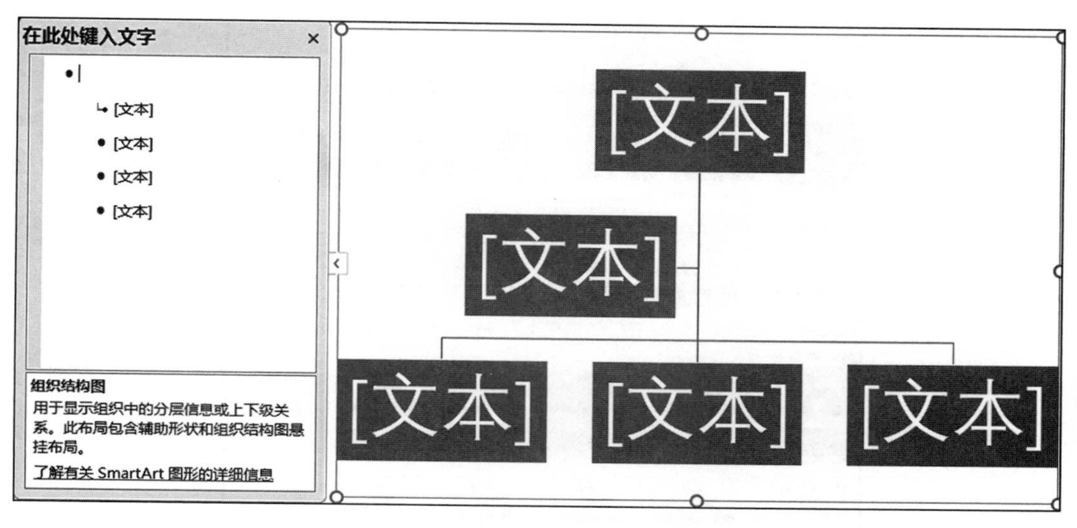

图 5－34 插入组织结构图

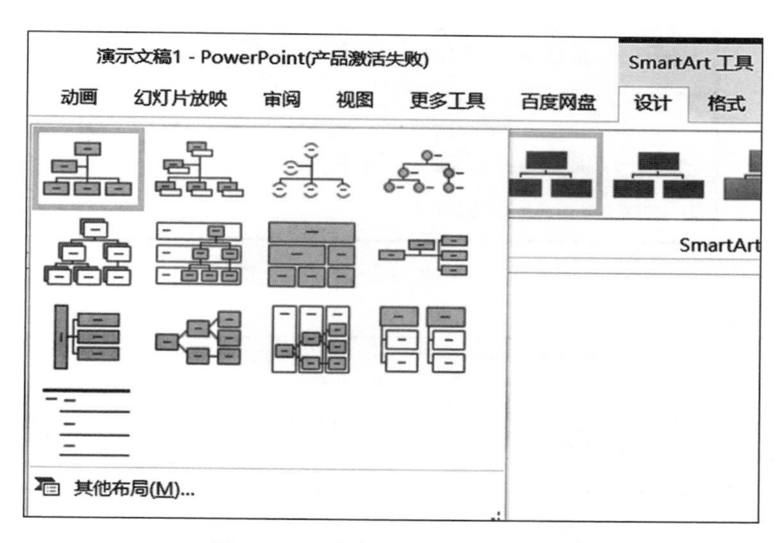

图 5－35 更改 SmartArt 图形布局

选项卡“SmartArt 样式”功能组中的“更改颜色”命令按钮，弹出如图 5－36 所示的列表，选择其中一种颜色样式即可。

c. SmartArt 图形样式的更改。单击要更改的 SmartArt 图形，在“SmartArt 工具”→“设计”选项卡“SmartArt 样式”功能组中选择一种样式即可，如图 5－37 所示。

d. SmartArt 图形中的形状格式的更改。单击要更改的 SmartArt 图形中的形状，选择“SmartArt 工具”→“格式”选项卡“形状”“形状样式”“艺术字样式”“排列”“大小”等功能组，可以对 SmartArt 图形中的形状格式进行更改，如图 5－38 所示。

③文本转换为 SmarArt 图形。把幻灯片中文本转换为 SmartArt 图形，就是将现有的幻灯片转换为专业设计的插图。将幻灯片中的文本转换为 SmartArt 图形的具体操作

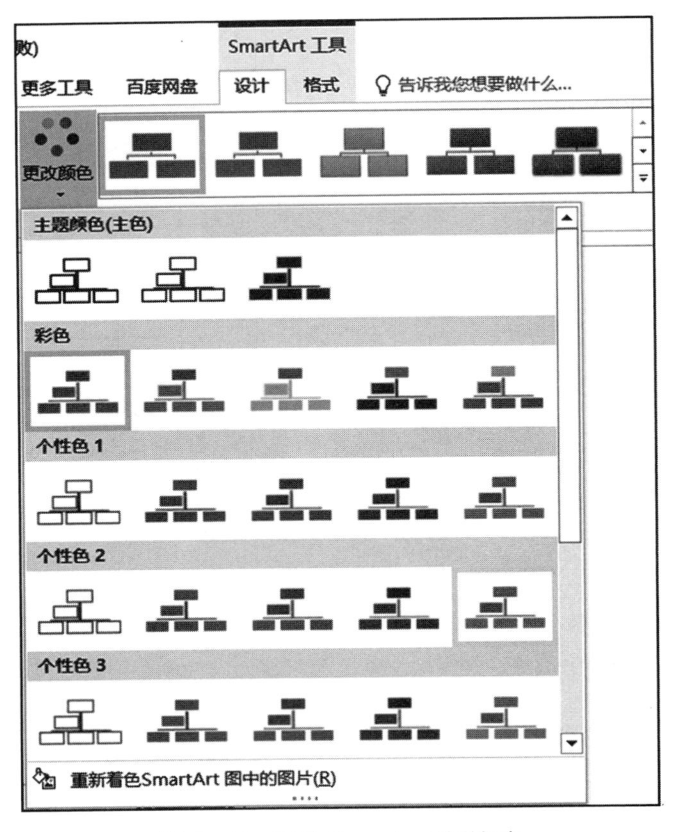

图 5-36　更改 SmartArt 图形颜色

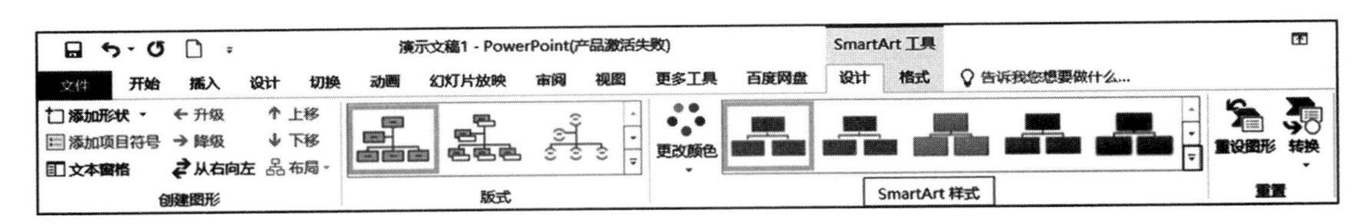

图 5-37　选择 SmartArt 图形样式

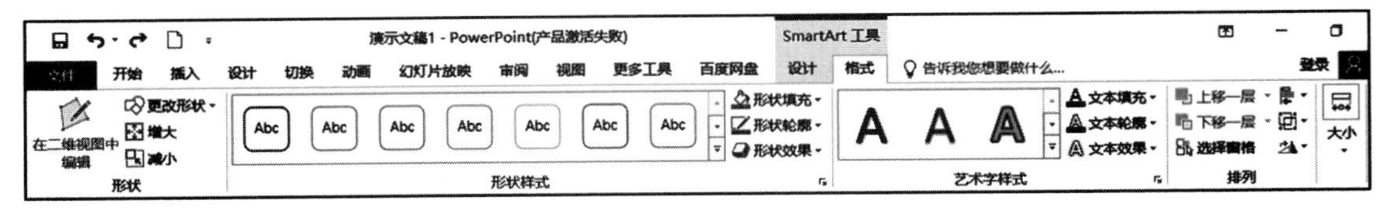

图 5-38　更改 SmartArt 图形格式

如下：

a. 单击幻灯片文本的占位符，如图 5-39 所示。但要注意的是先把文本的上下级关系使用键盘上的 Tab 键设置好。

b. 单击“开始”选项卡“段落”功能组中的“转换为 SmartArt 图形”命令，弹出如

图 5-39 选择文本内容

图 5-40 所示的下拉列表。

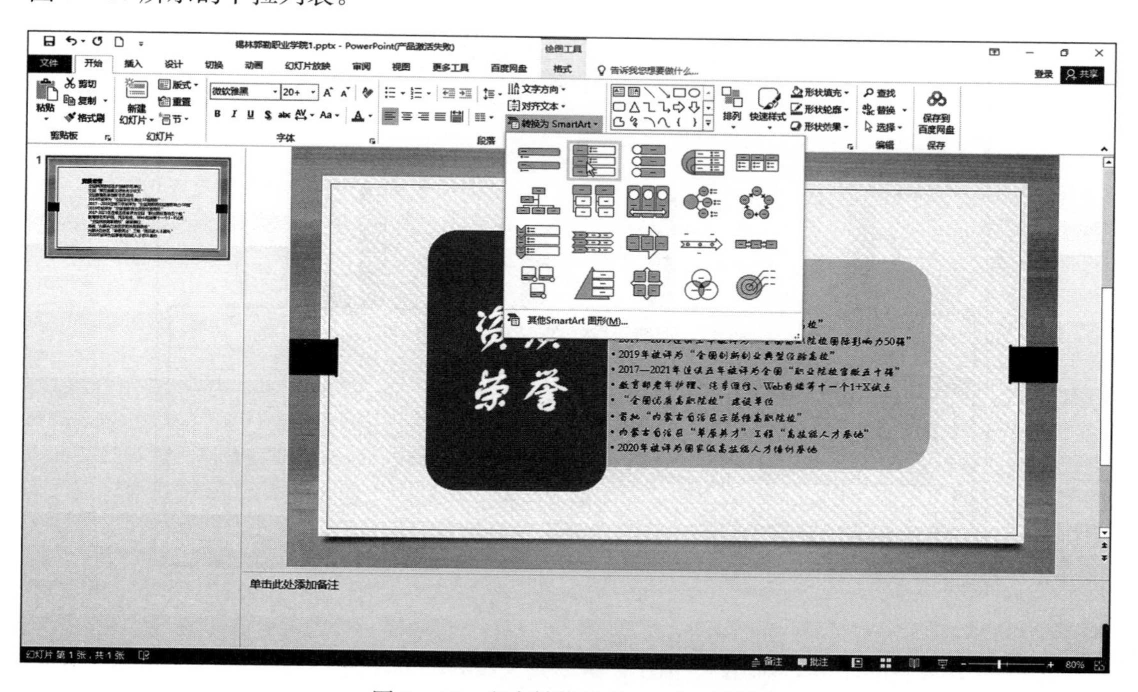

图 5-40 文本转换为 SmartArt 图形

c. 选择所需要的 SmartArt 图形布局，例如选择第 1 排的第 2 个（垂直块列表），转换结果如图 5-41 所示。

（6）插入图表

①单击“插入”选项卡“插图”功能组中的“图表”按钮，选择要插入的图表类型，单击“确定”按钮后，出现编辑数据的表格及相应的图表。在表格中输入用户需要的

图 5-41　转换为 SmartArt 图形后的效果

数据后将生成相应的图表，如图 5-42 所示。

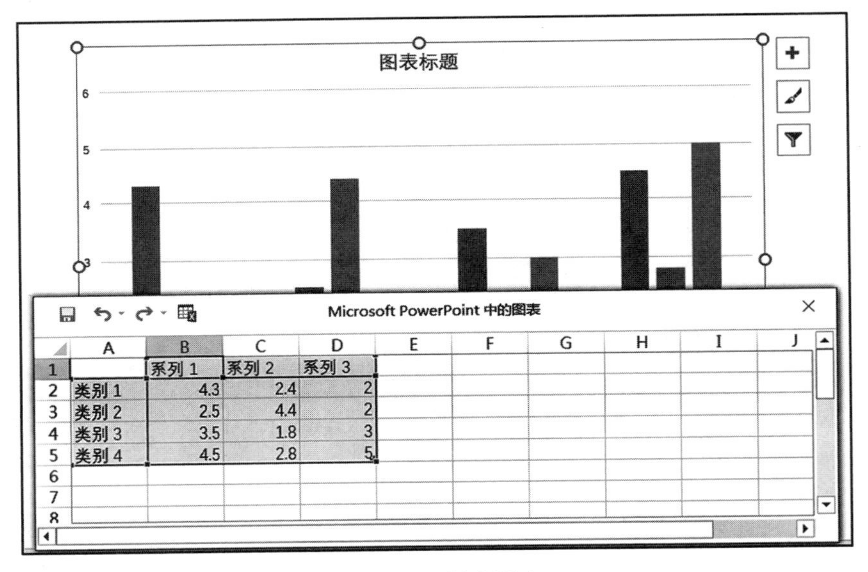

	A	B	C	D
1		系列 1	系列 2	系列 3
2	类别 1	4.3	2.4	2
3	类别 2	2.5	4.4	2
4	类别 3	3.5	1.8	3
5	类别 4	4.5	2.8	5

图 5-42　插入图表

②选中编辑后的图表，利用“绘图工具”→“设计”选项卡，如图 5-43 所示，单击“绘图工具”→“格式”选项卡进行美化及修饰。

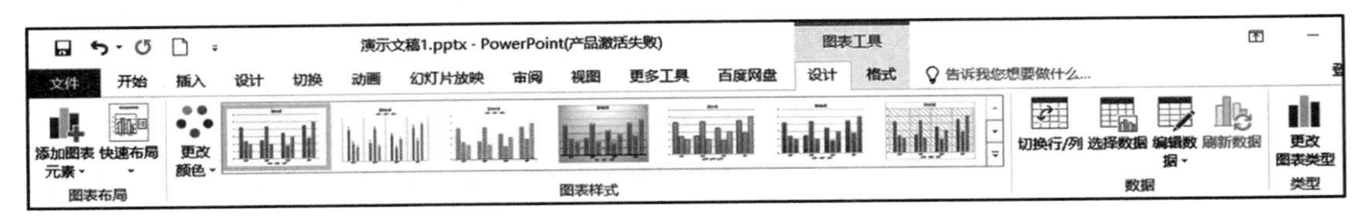

图 5-43　“绘图工具”→“设计”选项卡

（7）插入表格

单击“插入”选项卡“表格”功能组中的“表格”按钮，在下拉列表框中选择“插入表格”命令，在弹出的“插入表格”对话框中，设置表格的行数和列数即可。选中插入的表格，利用“表格工具”→“设计”选项卡，如图 5-44 所示，单击“表格工具”→“布局”选项卡，如图 5-45 所示，可进行表格的编辑及格式设置。

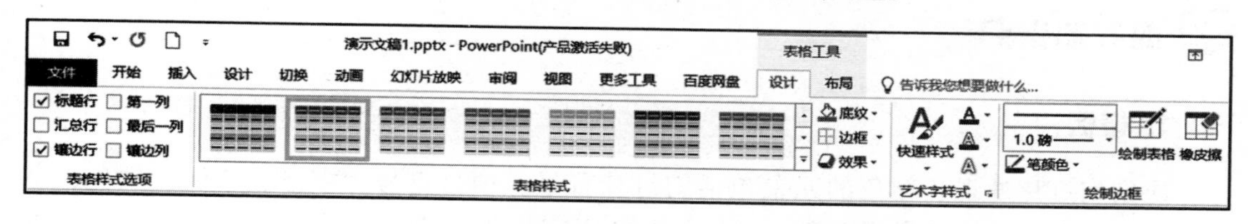

图 5-44 “表格工具”→“设计”选项卡

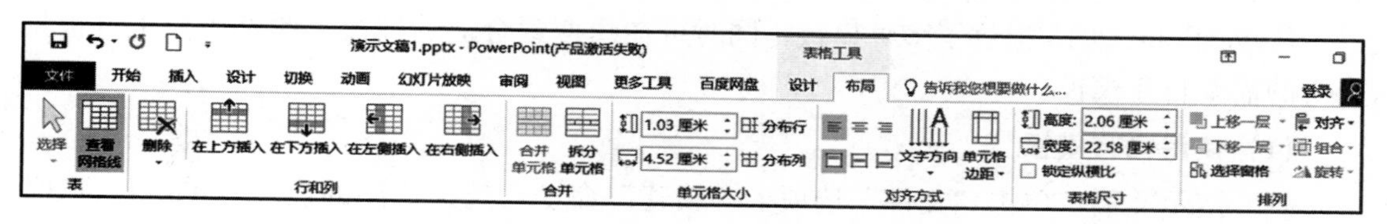

图 5-45 “表格工具”→“布局”选项卡

项目二　演示文稿的修饰与动画设置

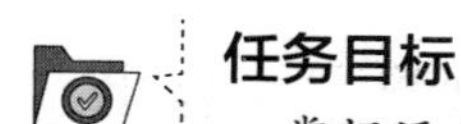

任务目标

- 掌握添加超链接和动作按钮的方法
- 掌握幻灯片动画设置方法
- 掌握幻灯片切换设置方法
- 掌握插入音频及视频文件的方法
- 掌握排练计时方法
- 掌握演示文稿的放映和打包

任　务

“锡林郭勒职业学院简介”演示文稿的修饰与动画设置

任务描述：前面创建的“锡林郭勒职业学院简介”演示文稿虽然已经图文并茂，但略显呆板。如果再加以修饰，并为幻灯片中的对象加入一定的动画效果，幻灯片的放映效果等就会更加生动精彩。这样不仅可以增加演示文稿的趣味性，还可以吸引观众的眼球。

操作要求：

1. 添加适当的动作按钮或超链接。

2. 对每张幻灯片的元素添加适当的动画效果。
3. 插入背景音乐。
4. 添加切换效果。
5. 放映幻灯片确认最终效果并打包。

相关知识点

1. 模板

决定幻灯片外观和颜色的元素包括幻灯片背景、项目符号、字形、字体、颜色、字号、占位符和各种设计强调内容。一个完整的 PPT 模板，应该包括 PPT 的页面设置、主题板式、主题颜色（配色方案）和主题字体（字体方案）四个部分。

PowerPoint 2016 提供了多种模板，同时可在线搜索合适的模板。此外用户也可根据自身的需要自建模板。

（1）使用已有模板

打开演示文稿，单击“文件”选项卡“新建”命令，选择需要的模板，单击“创建”即可将该模板应用到所有幻灯片中。

（2）使用幻灯片母版

幻灯片母版是存储关于设计模板信息的幻灯片，这些模板信息包括字形、占位符的大小和位置、背景设计及配色方案等。通过幻灯片母版，用户可以批量设计和修改幻灯片。在 PowerPoint 中，每个演示文稿的每个关键组件，如标题幻灯片等都有一个母版，主要包括 3 种母版，分别为：

①幻灯片母版。用于控制整个演示文稿的外观，包括颜色、字体、背景、效果和其他所有内容，一旦修改了幻灯片母版，则所有采用这一母版建立的幻灯片格式也随之改变。

②讲义母版。指方便演讲者演示时使用的稿纸。可以自定义演示文稿用作打印讲义时的外观，主要包括设置每页纸上显示的幻灯片数量、排列方式及各种占位符信息。

③备注母版。用于自定义演示文稿与备注一起打印时的外观。通过备注母版的设置可以将幻灯片下方备注页中的信息进行设置后打印。

创建幻灯片母版的具体操作步骤如下：

a. 新建或打开原有的演示文稿，单击“视图”选项卡“母板视图”功能组中的“幻灯片母版”命令按钮，进入“幻灯片母版视图”状态，如图 5－46 所示。用户可以根据需要，在相应的母版中添加对象，并对其编辑修饰，创建适合于自己的幻灯片母版。

b. 修改颜色或字体。单击“幻灯片母版”选项卡“编辑主题”功能组中的“颜色”“字体”命令按钮，从弹出的列表中选择所需的选项，然后单击“关闭母版视图”命令即可，如图 5－47 所示。

c. 插入元素。例如在“Office 主题幻灯片母版”中插入元素，它将在所有版式中被添加，如图 5－48 所示。如在“标题幻灯片版式母版”中添加，则只被添加到“标题幻灯片

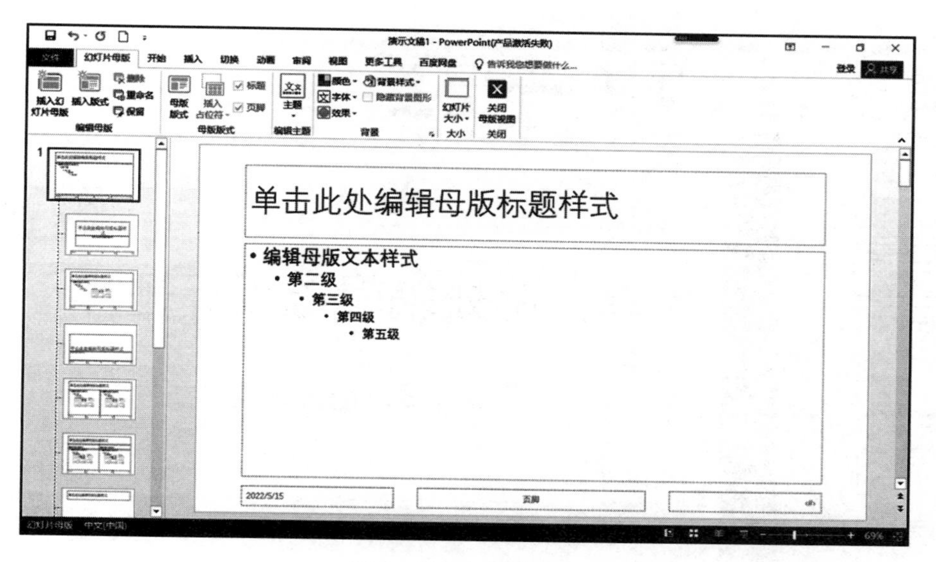

图 5 - 46 幻灯片母版

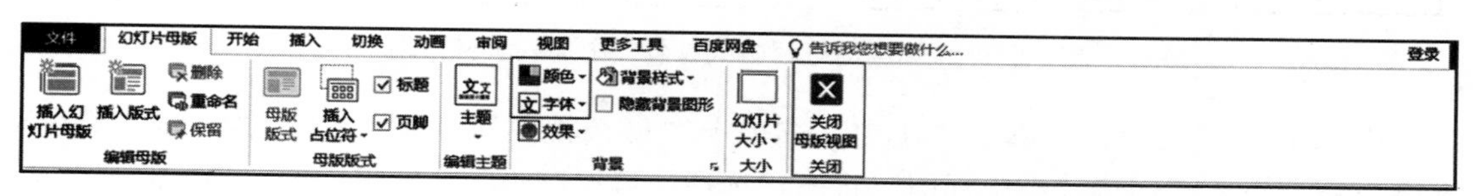

图 5 - 47 “幻灯片母版”选项卡

版式母版”上，其他版式母版将不会受到影响，如图 5 - 49 所示。设计结束之后，单击“关闭母版视图”按钮即可。

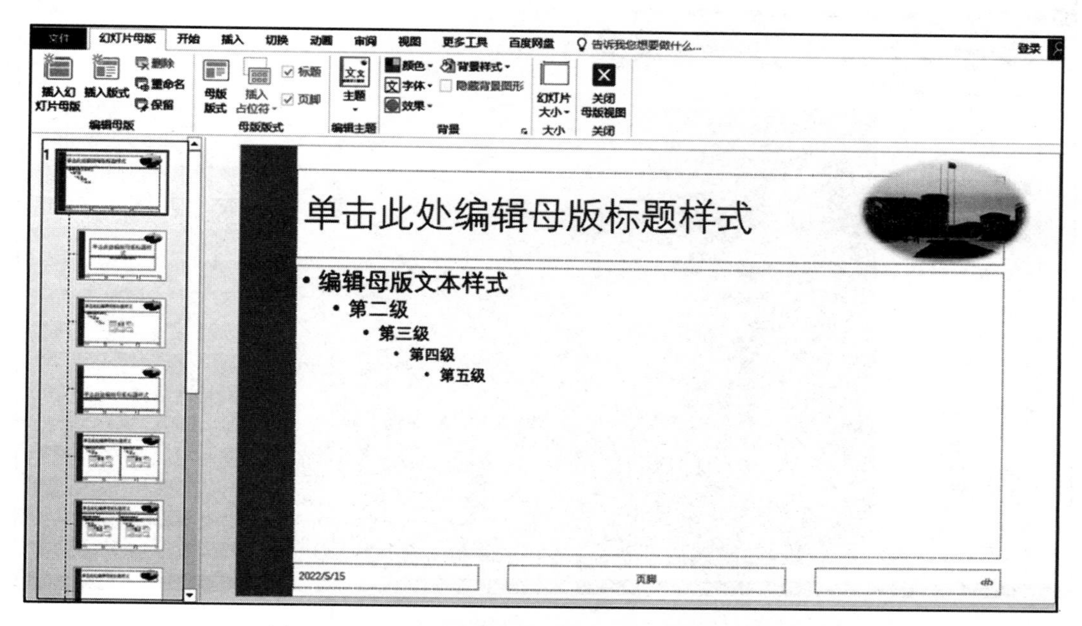

图 5 - 48 “Office 主题幻灯片母版”中插入元素效果

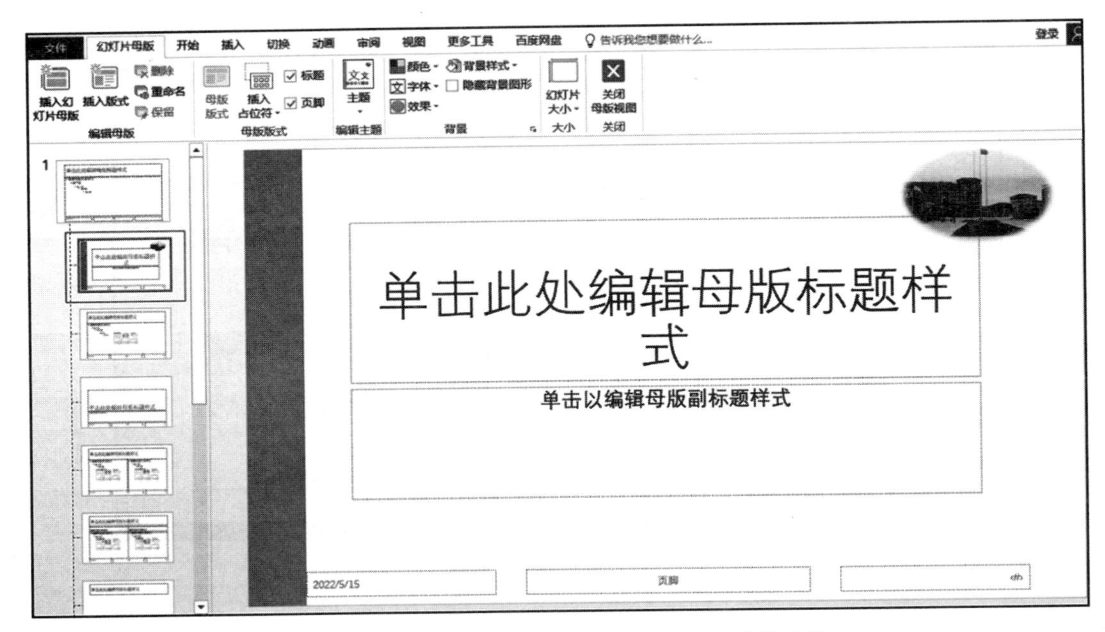

图 5-49 “标题幻灯片版式母版”中插入素材效果

d. 设计自定义版式。单击“视图”选项卡“母板视图”功能组中的“幻灯片母版”命令按钮，进入“幻灯片母版视图”状态，选择“编辑母版”功能组中的“插入版式”命令，插入版式后进行设计。结束之后，单击“关闭母版视图”按钮，即可在“开始”选项卡“幻灯片”功能组“版式”当中增加一个新的“自定义版式”，如图 5-50 所示。

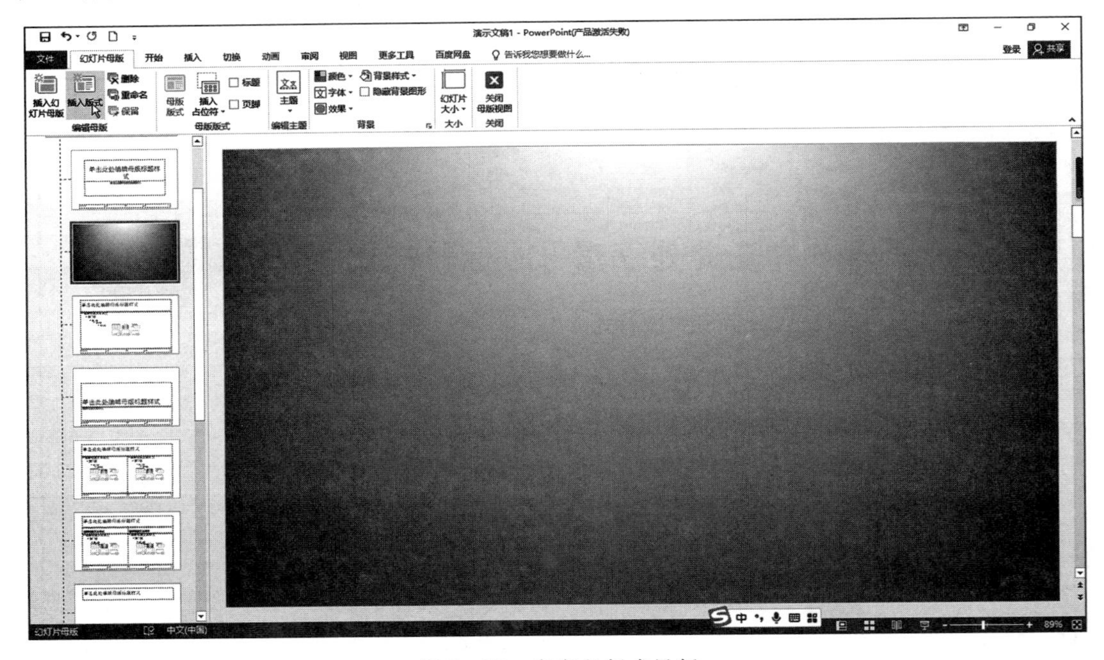

图 5-50 自定义版式母版

e. 重命名设计好的幻灯片母版。单击“幻灯片母版”选项卡“编辑母版”功能组中的“重命名”命令按钮，弹出“重命名版式”对话框，在“版式名称”下的文本框中输入名称，然后单击“重命名”按钮即可。

2. 超链接和动作按钮的设置

（1）创建超链接

在 PowerPoint 2016 中，超链接就是跳转的快捷方式。单击含有超链接的对象，将会自动跳转至指定的对象（幻灯片、文件、网页、邮件等）。具体操作步骤如下：

①在“普通”视图中，选中需要创建超链接的对象，单击“插入”选项卡“链接”功能组中的“超链接”按钮，如图 5－51 所示。或者鼠标右键单击选中的对象，在弹出的命令中选择“超链接”命令进行设置。

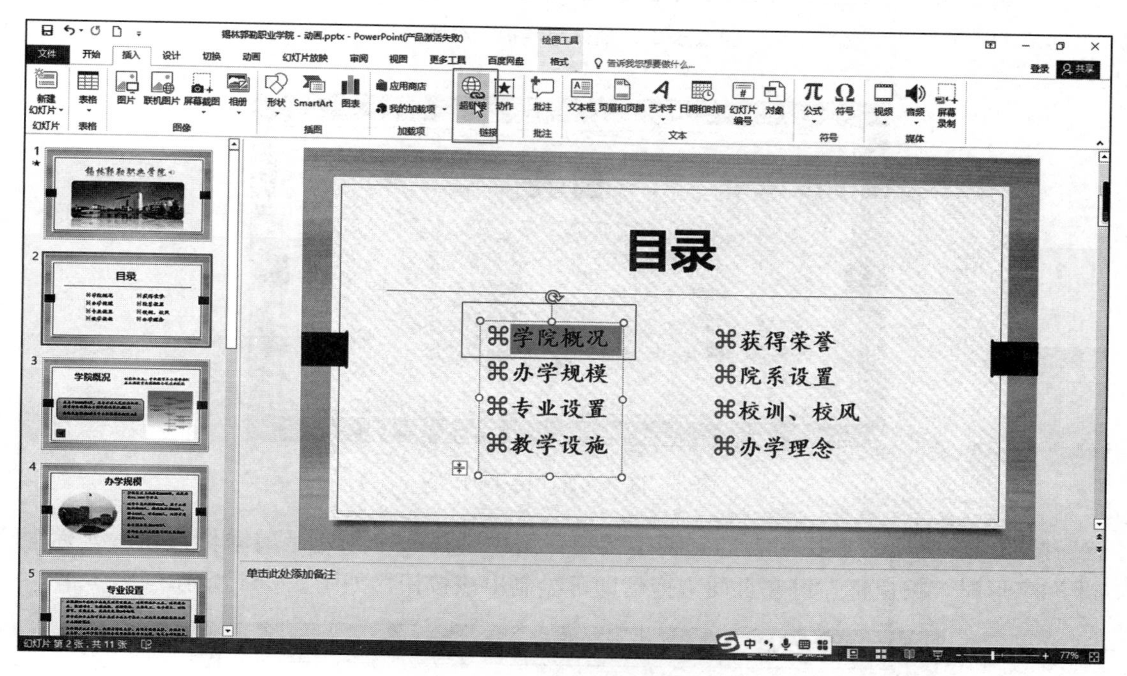

图 5－51　对文本添加超链接

②弹出“插入超链接”对话框，选择“链接到”中的某一项。例如：选择“本文档中的位置”→“请选择文档中的位置”→“3. 学院概况”，单击“确定”按钮即可，如图 5－52所示。

③以同样的方法设置目录中其他文本的超链接，整体效果如图 5－53 所示。

（2）设置动作按钮

在播放演示文稿时，为了使幻灯片的放映更加生动、形象，用户可以为幻灯片添加一些动作按钮。具体操作步骤如下：

①选择需要设置动作按钮的幻灯片，单击“插入”选项卡“插图”功能组中的“形

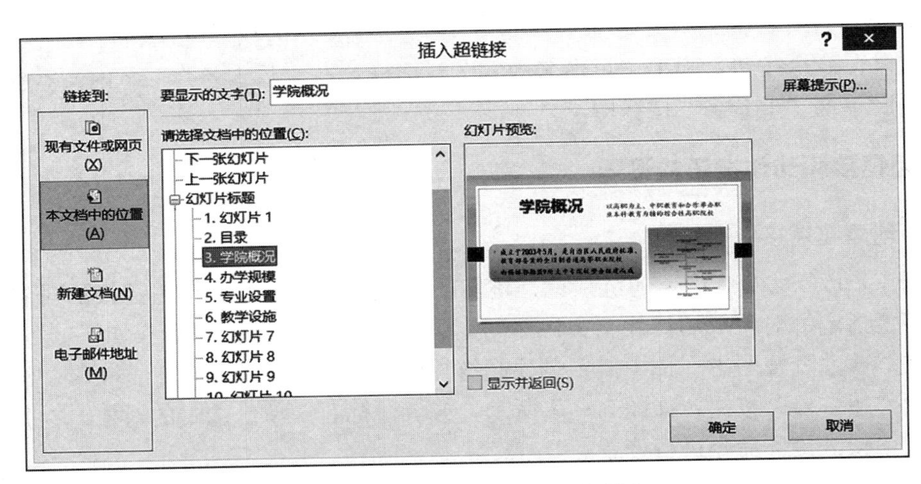

图 5-52 “插入超链接”对话框

图 5-53 设置超链接的效果

状”按钮，在弹出的下拉列表的“动作按钮”组中选择一个预定义的动作按钮。光标为“十”字形时，按鼠标左键在页面中拖动即可绘制出该按钮，如图 5-54 所示。

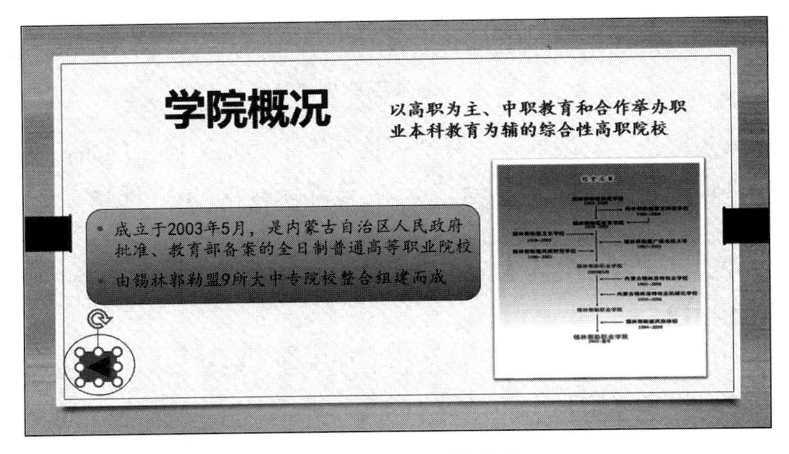

图 5-54 插入动作按钮

②动作按钮绘制完成后，弹出“操作设置”对话框。选择“单击鼠标”选项或“鼠标悬停”选项下的“超链接到”单选按钮，指定幻灯片后单击“确定”按钮即可，如图 5-55 所示。

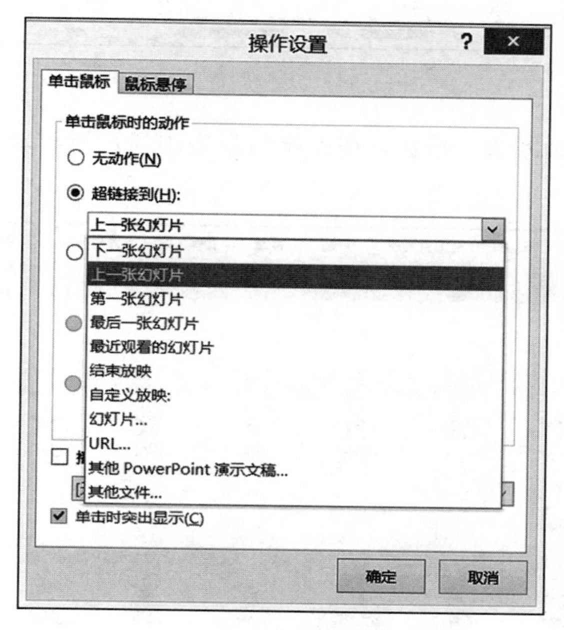

图 5-55 “操作设置”对话框

3. 设置对象的动画效果

给幻灯片中的文本、图片对象添加动画效果，不仅可以增加演示文稿的趣味性，还可吸引观众的注意力，从而产生很好的视觉效果，动画效果只能在幻灯片放映时才会体现出来。

（1）动画效果的分类

PowerPoint 2016 提供了 4 类动画效果。

①进入动画。可以使对象逐渐淡入、飞入或跳入幻灯片中。

②强调动画。包括使对象缩小、放大、更改颜色或旋转等效果。

③退出动画。包括对象飞出幻灯片、从视图中消失或者从幻灯片旋出等效果。

④动作路径动画。可以使对象上下移动、左右移动或者沿着圆形等图案移动，也可以绘制自己的动作路径。

（2）设置单个动画效果

①选中幻灯片中的某个对象，单击“动画”选项卡“动画”功能组的动画效果列表，选择一种效果即可。

②在“动画”功能组中还可以利用“其他动画效果”按钮和“其他效果选项”按钮设置动画效果，如图 5-56 所示。具体方法如下：

图 5－56 "动画"选项卡

a. 单击"其他动画效果"按钮，在弹出的列表中显示所有动画效果，如图 5－57 所示。

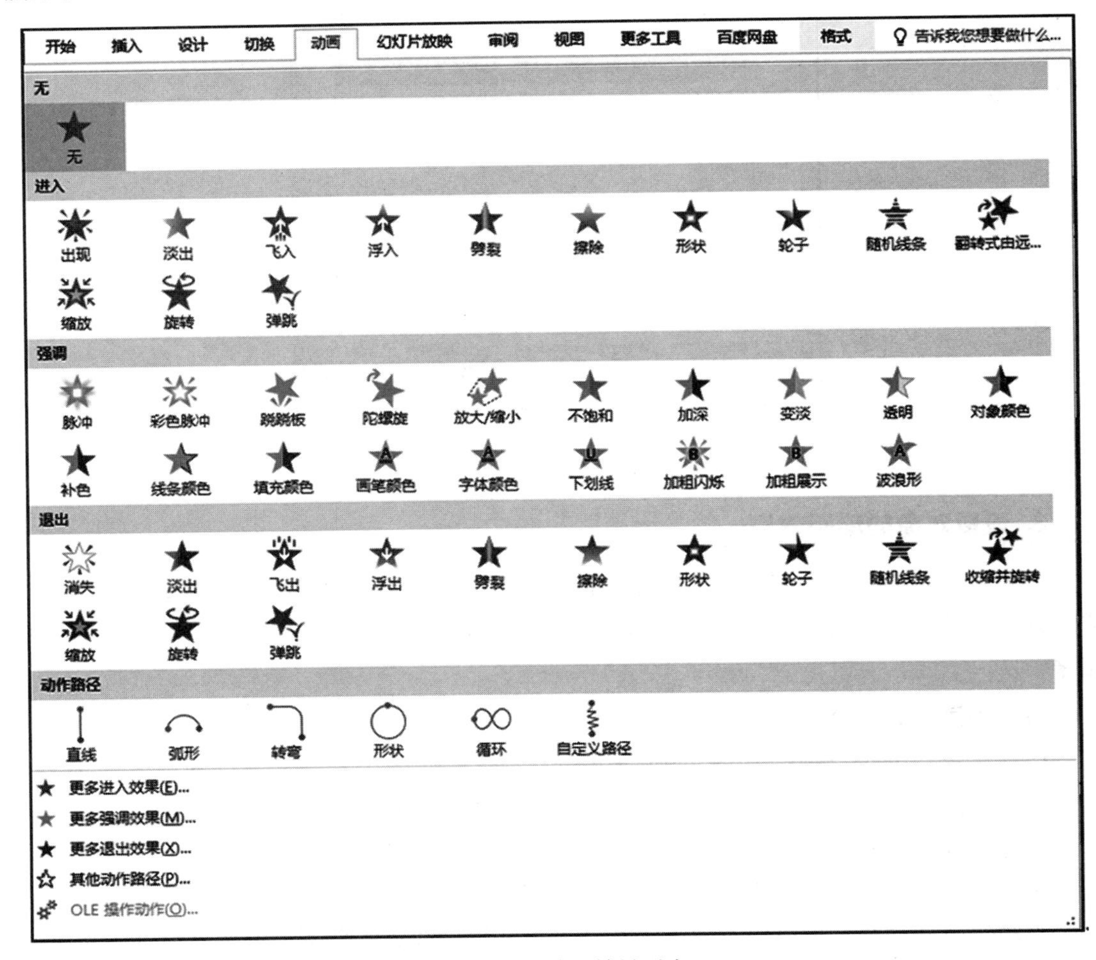

图 5－57 动画效果列表

b. 选择"更多进入效果"命令，则打开如图 5－58 所示的"更多进入效果"对话框。

c. 若选择其他选项，则打开对应的对话框，分别列出该命令所对应的动画类型，用户可根据需要进行设置。

③单击"效果选项"按钮，可设置对象进入和退出的方向及强调效果的主题颜色。

④单击"其他效果选项"按钮，则弹出对应的对话框，在其中可更详细地设置该

效果。

例如，选择“进入”动画的“飞入”效果后，单击“效果选项”，则打开如图 5 - 59 所示的效果选项。单击“其他效果选项”按钮，则打开如图 5 - 60 所示的“飞入”对话框。在“效果”选项中，可设置对象飞入的方向、飞入时的声音及动画文本的发送方式等。在“计时”选项中可设置对象飞入的速度、开始播放的时间及延迟时间等。在“正文文本动画”选项中可设置对象的正文文本播放序列方式。

图 5 - 58 “更多进入效果”对话框

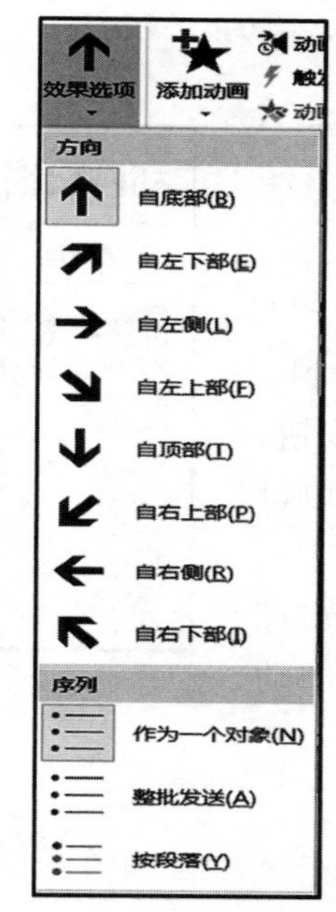

图 5 - 59 “飞入”效果选项

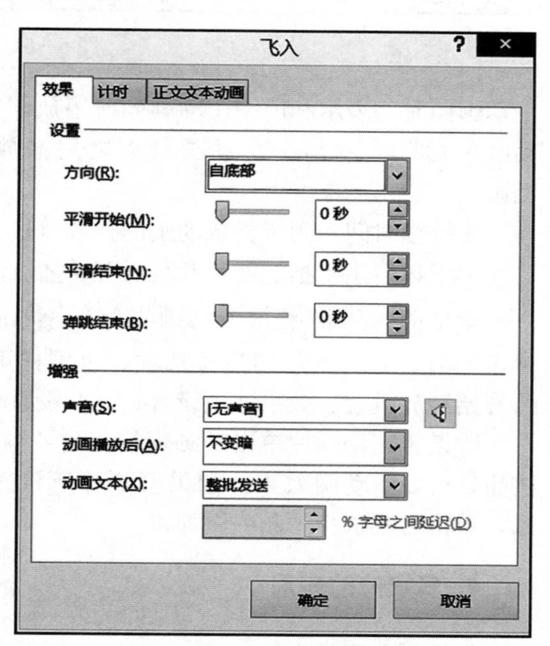

图 5 - 60 “飞入”对话框

(3) 设置多个动画效果

如果希望一个对象具有多个动画效果，则使用“高级动画”功能组中的“添加动画”命令来完成。例如使一个对象首先以“飞入”效果进入，随后“消失”退出。在这种情况下，具体操作步骤如下：

①选中要设置动画的对象，单击“动画”选项卡“动画”功能组，选择进入效果中的“飞入”。

②再次选中设置动画的对象，单击“动画”选项卡“高级动画”功能组中的“添加动画”命令，同样出现图 5 - 57 所示的动画效果列表，从中选择退出效果中的“消失”。

③当选择某种效果后，单击“高级动画”功能组中的“动画窗格”命令，将显示每个对象设置的动画类型，如图 5 - 61 所示。

④选中某个动画单击“计时”功能组中的相应命令，可以灵活地设置动画的开始、持续时间、延迟和动画的播放顺序。

• 开始：用于设置动画什么时候开始播放。“单击时”表示通过鼠标单击播放，“与上

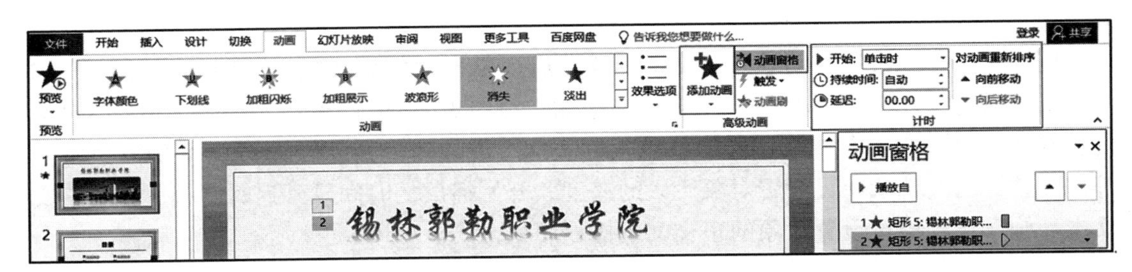

图 5-61　动画窗格

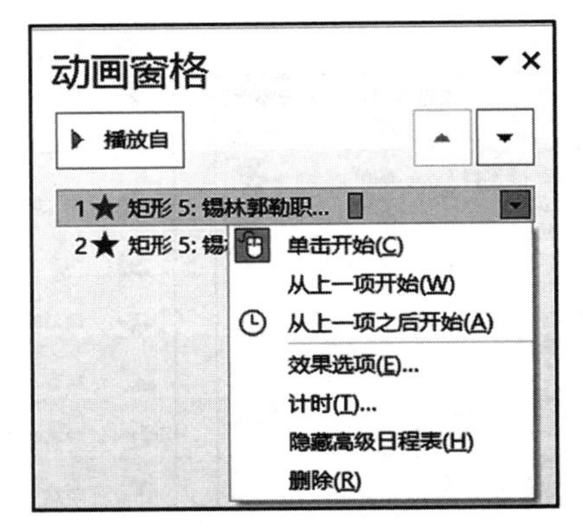

图 5-62　动画设置选项

一动画同时”表示和前一个动画同时播放，“上一动画之后”表示前一个动画结束之后播放当前动画。

• 持续时间：用于指定动画的播放时长。

• 延迟：用于指定经过几秒后开始播放动画。

单击动画窗格中每个动画右侧的 ▾ 按钮，弹出如图 5-62 所示的下拉选项，也同样可以进行开始播放设置、效果选项设置、计时设置等。

⑤设置完动画后单击动画窗格中的“播放自”按钮，可观看动画效果。如果要删除所设置的动画，单击右键选择“删除”即可。

4. 多媒体的应用

(1) 插入音频文件

声音是传播信息的一种方式，为了增强幻灯片的听觉效果、丰富幻灯片内容、增强感染力，用户可以根据需要在幻灯片中插入声音文件。操作步骤如下：

①打开演示文稿，单击“插入”选项卡“媒体”功能组中的“音频”命令按钮，在下拉列表中选择“PC 上的音频”选项，如图 5-63 所示。

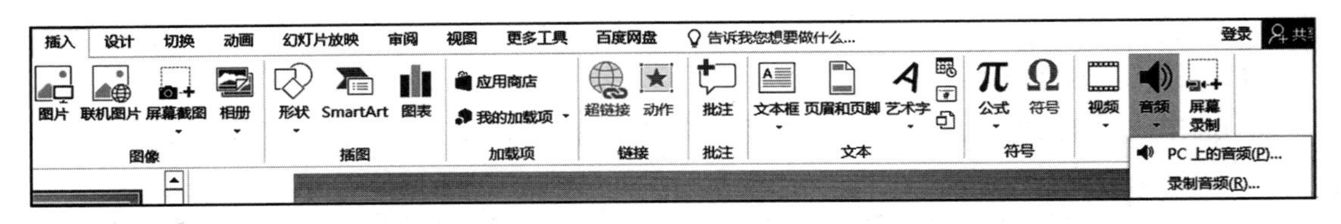

图 5-63　选择“PC 上的音频”

②打开“插入音频”对话框，选择合适的音频文件，单击“插入”按钮，如图 5-64 所示。

③将光标移至已插入的声音图标外边框，光标变为时，按鼠标左键拖动至适合的位置即可调整，如图 5-65 所示。

④设置背景音乐循环播放，并在放映时音频图标隐藏。选中插入的音频图标，单击

图 5-64 “插入音频”对话框

图 5-65 调整声音图标的位置

“音频工具”→“播放”选项卡“音频选项”功能组中“开始”右侧的下拉按钮，在下拉列表中选择“自动”。勾选选项“跨幻灯片播放”“循环播放，直到停止”“放映时隐藏”即可，如图 5-66 所示。

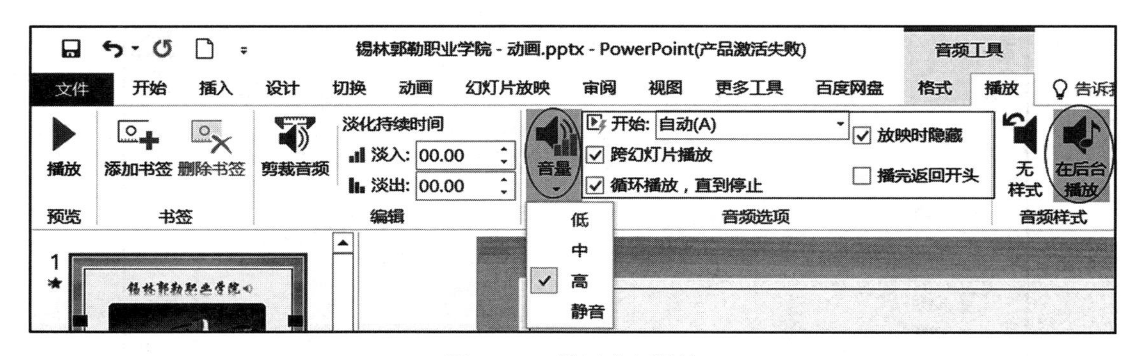

图 5－66 设置音频播放

⑤设置音频文件的音量。单击“音频工具”→“播放”选项卡“音频选项”功能组中的“音量”命令的下拉按钮即可调整。

（2）插入视频文件

在 PowerPoint 2016 中不仅可以插入声音文件，还可以插入视频文件，辅助说明演示文稿内容，使演示文稿更生动。

①插入 PC 上的视频。单击“插入”选项卡“媒体”功能组中的“视频”按钮，在下拉列表中选择“PC 上的视频”选项；在弹出的对话框中选择适合的视频文件，单击“插入”按钮即可，如图 5－67 所示。

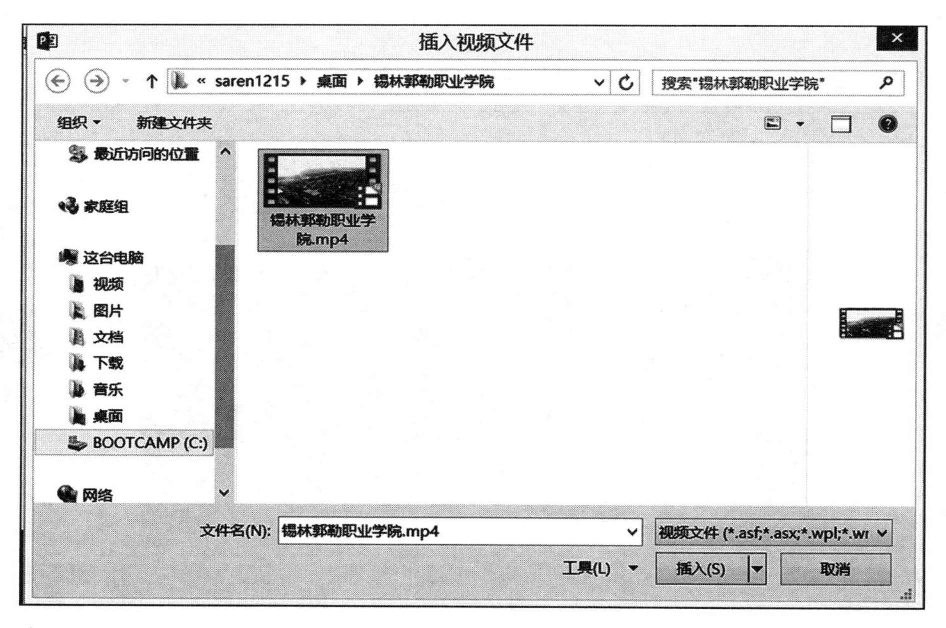

图 5－67 插入视频文件

②设置播放方式。选中视频，单击“视频工具”播放选项卡“视频选项”功能组中“开始”右侧的下拉按钮，从弹出的列表中选择“自动”或“单击时”选项。也可设置全屏播放、循环播放、音量调整等，如图 5－68 所示。

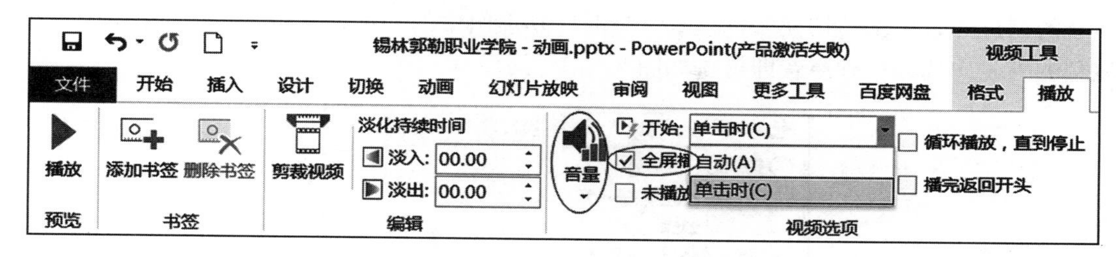

图 5 - 68 设置播放方式

5. 设置幻灯片切换方式

幻灯片切换效果是在演示文稿播放时从一张幻灯片移到下一张幻灯片时出现的动画效果。用户为了整个演示文稿的播放更加生动形象，可以为幻灯片的切换设置不同的动态效果。

(1) 设置幻灯片切换效果

①选择要设置切换效果的幻灯片，单击“切换”选项卡“切换到此幻灯片”功能组，从中选择需要的切换方式。单击“效果选项”下拉按钮，从弹出的下拉列表中选择需要的切换效果方式即可，如图 5 - 69 所示。

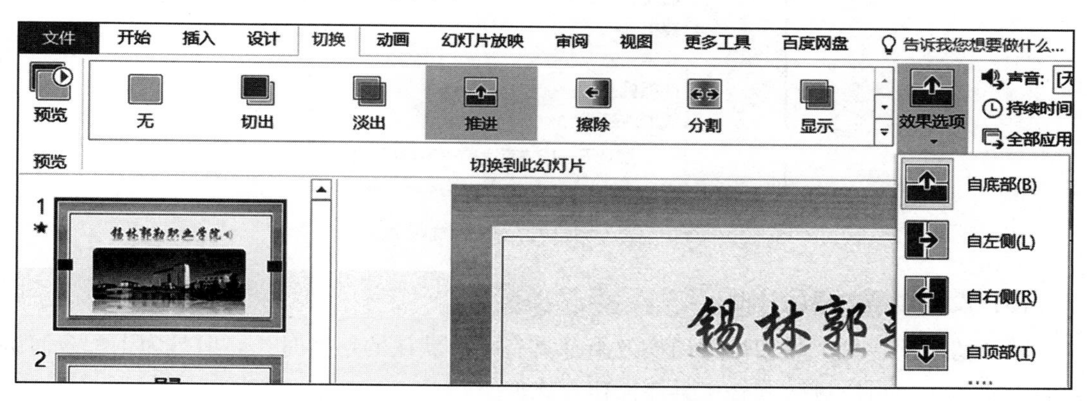

图 5 - 69 选择切换方式及效果选项

②若所有幻灯片应用相同的切换效果，单击“切换”选项卡“计时”功能组中的“全部应用”按钮即可，如图 5 - 70 所示。

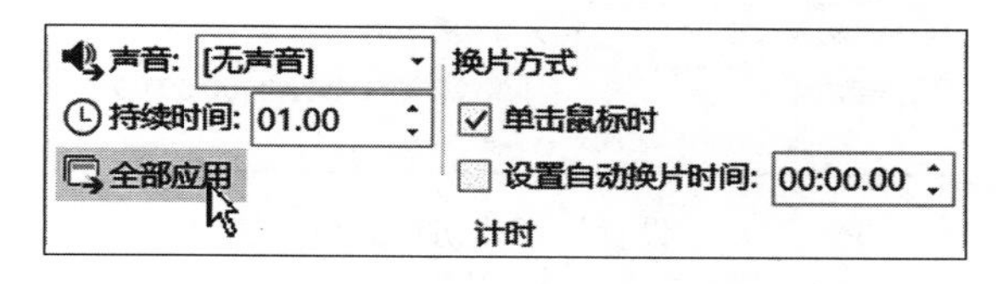

图 5 - 70 设置切换效果方式

(2) 设置幻灯片切换声音

设置幻灯片切换效果时，声音的添加将会为幻灯片增加一丝靓丽的风采。选择要添加声音的幻灯片，单击“切换”选项卡“计时”功能组中的“声音”选项右侧下拉按钮，在展开的列表中选择一种声音即可，如图 5-71 所示。

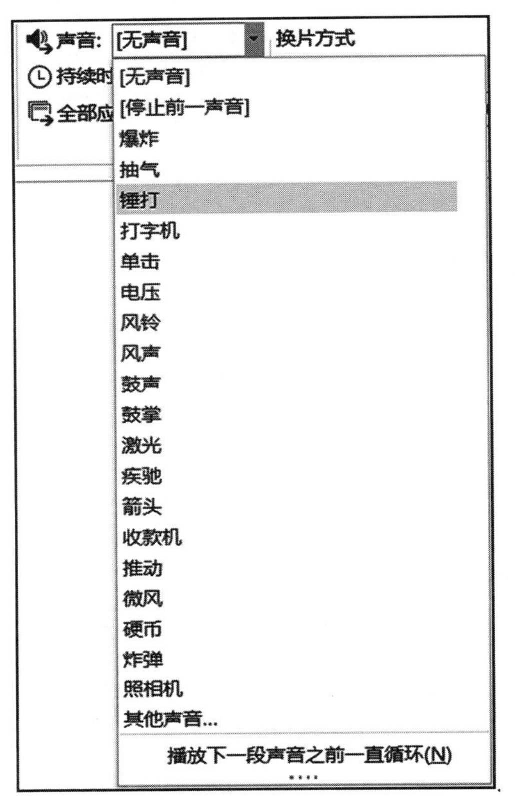

图 5-71 幻灯片切换声音设置

(3) 设置切换效果的计时

默认情况下，每一款幻灯片切换效果都具有一个默认的切换时长，但是为了配合演讲者的需要，用户可以进行调整。具体操作方法如下：

①设置当前幻灯片与上一张幻灯片之间的切换效果的持续时间时，在“切换”选项卡“计时”功能组中“持续时间”右侧的数值框中输入所需的时间即可，如图 5-72 所示。

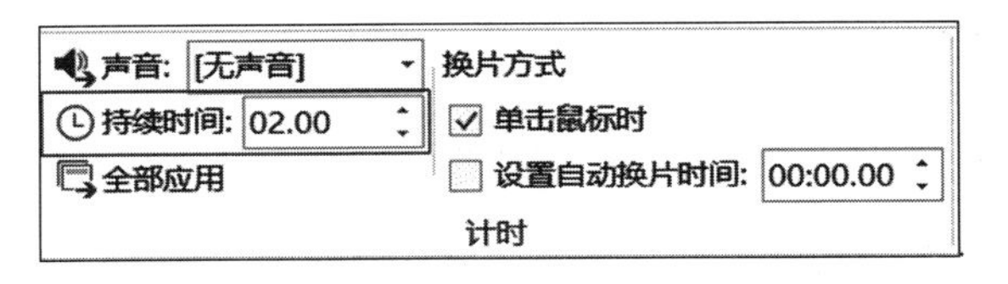

图 5-72 设置幻灯片切换效果持续时间

②设置当前幻灯片在规定的时间后切换到下一张幻灯片时，在“切换”选项卡“计时”功能组中选择“设置自动换片时间”复选框，并在其后的数值框中输入所需的时间即可，如图 5-73 所示。

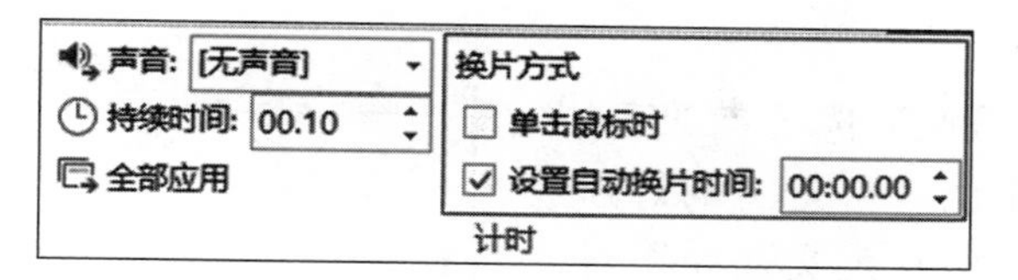

图 5 - 73 设置幻灯片换片方式

6. 幻灯片放映和排练时间

(1) 设置幻灯片放映方式

PowerPoint 2016 为用户提供了演讲者放映（全部）、观众自行浏览（窗口）和在展台浏览（全屏）三种放映方式，具体说明见表 5 - 2。

表 5 - 2 放映类型及说明

放映类型	说明
演讲者放映	选择该方式，可全屏显示演示文稿，但必须在有人看管的情况下进行放映
观众自行浏览	选择该方式，观众可以移动、编辑、复制和打印幻灯片
在展台浏览	选择该方式，可以自动运行演示文稿，不需要专人控制

在放映演示文稿之前，用户可以根据播放环境选择放映方式。具体操作步骤如下：

单击“幻灯片放映”选项卡“设置”功能组中的“设置幻灯片放映”命令按钮，在弹出的“设置放映方式”对话框中选择“放映类型”即可，如图 5 - 74 所示。

图 5 - 74 “设置放映方式”对话框

(2) 自定义放映

①单击“幻灯片放映”选项卡“开始放映幻灯片”功能组中的“自定义幻灯片放映”命令按钮，弹出“自定义放映”对话框，如图 5-75 所示。

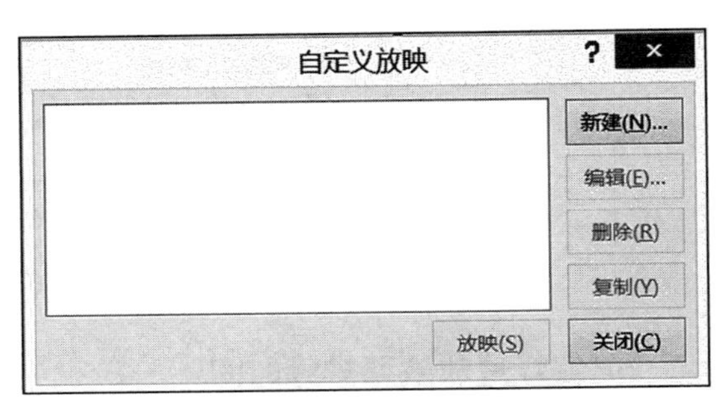

图 5-75 “自定义放映”对话框

②单击“新建”按钮，出现如图 5-76 所示对话框。例如选中幻灯片 7、8、9，单击“添加”按钮添加到“在自定义放映中的幻灯片”列表中，再单击“确定”按钮。这时在幻灯片放映名称框中出现已定义好的“自定义放映 1”。

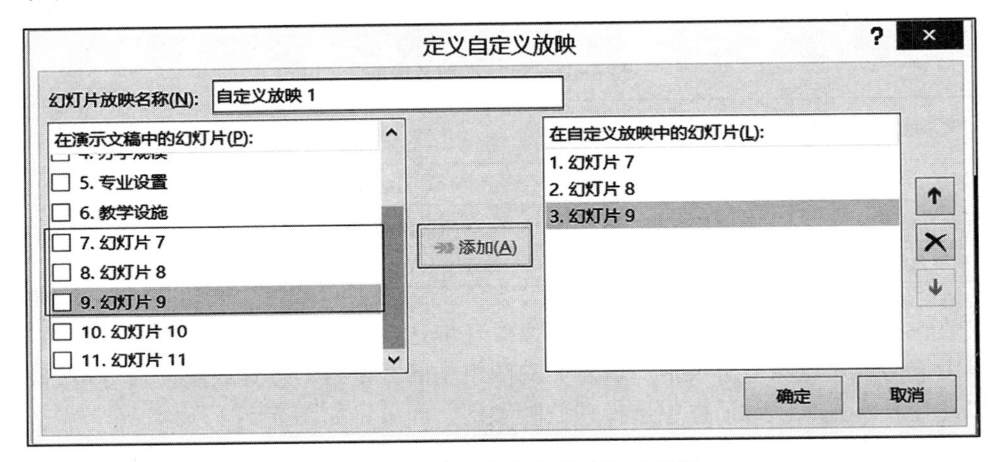

图 5-76 “定义自定义放映”对话框

③如果想删除“在自定义放映中的幻灯片”列表中的某一张幻灯片，可先选中要删除的幻灯片，然后单击“删除”按钮即可；如果想调整“在自定义放映中的幻灯片”列表中幻灯片的顺序，可单击右侧的“向上”和“向下”箭头进行调整。

(3) 设置排练计时

排练计时功能是指预演演示文稿中的每张幻灯片，并记录播放时间长度，以制定播放框架，在正式播放时用户可以根据时间框架进行播放。

①选中需要计时的幻灯片，单击“幻灯片放映”选项卡“设置”功能组中的“排练计时”命令按钮。此时进入“幻灯片放映”视图，并弹出“录制”工具栏。使用该工具栏上的相应按钮，对演示文稿中的幻灯片进行排练计时，如图 5-77所示。

图 5-77 “录制”工具栏

②单击录制工具栏上的 ➡ 按钮，开始设置下一张幻灯片的放映时间，录制工具栏右侧出现累计时间；设置好所有幻灯片后，即结束幻灯片排练计时，系统会弹出一个提示对话框，如图 5-78 所示。

图 5-78　保留排练时间提示对话框

③单击“是”，系统自动切换到“浏览视图”下，如图 5-79 所示。

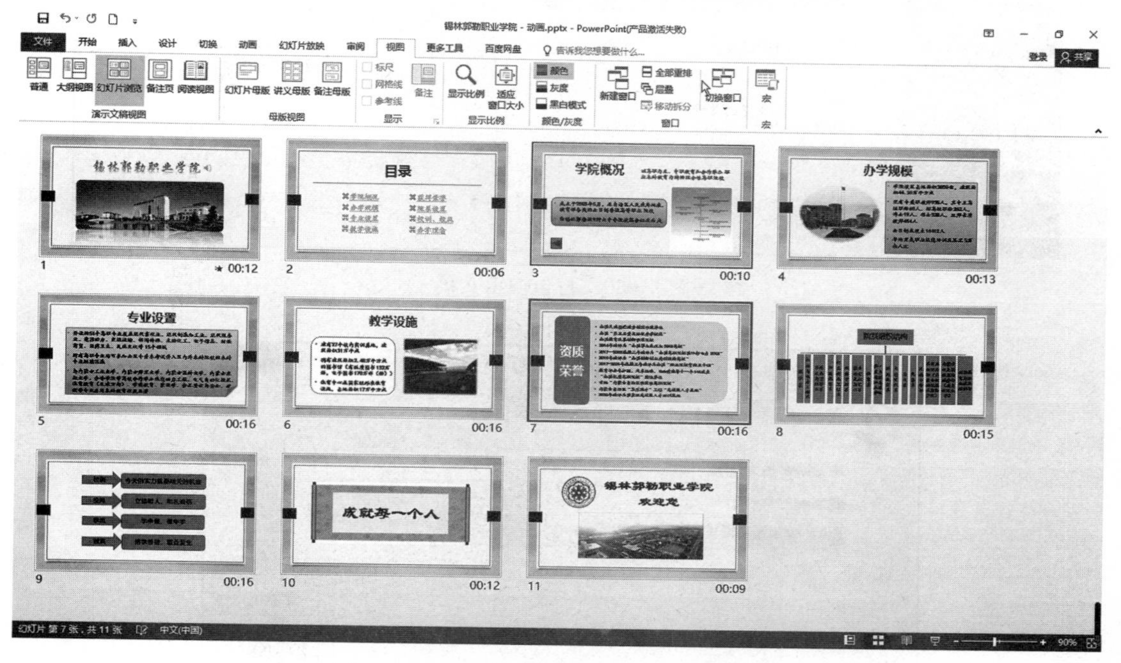

图 5-79　在“浏览视图”下显示排练时间

7. 打包演示文稿

打包演示文稿，是将演示文稿中的相关文件或程序连同演示文稿一起打包，形成可以使用 PowerPoint 播放器查看的文件。打包之后在未安装 PowerPoint 的计算机上也可观看。

(1) 复制到文件夹

①单击“文件”选项卡“导出”命令中的“将演示文稿打包成 CD”选项，在弹出的区域中单击“打包成 CD”按钮，如图 5-80 所示。

②单击“打包成 CD”命令按钮后，将弹出“打包成 CD”对话框，在此对话框中选择要复制的文件并单击“复制到文件夹”按钮，如图 5-81 所示。

③在弹出的“复制到文件夹”对话框中，为打包的演示文稿命名并设置保存位置，单击“确定”按钮，弹出如图 5-82 所示提示框，单击“是”，完成演示文稿的打包操作，如图 5-83 所示。

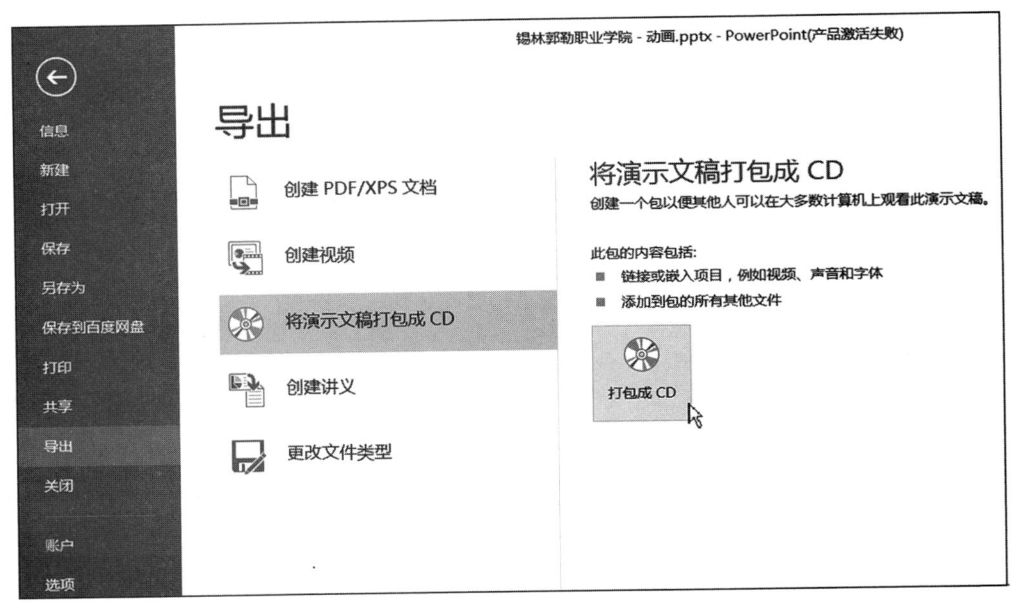

图 5-80 打包演示文稿

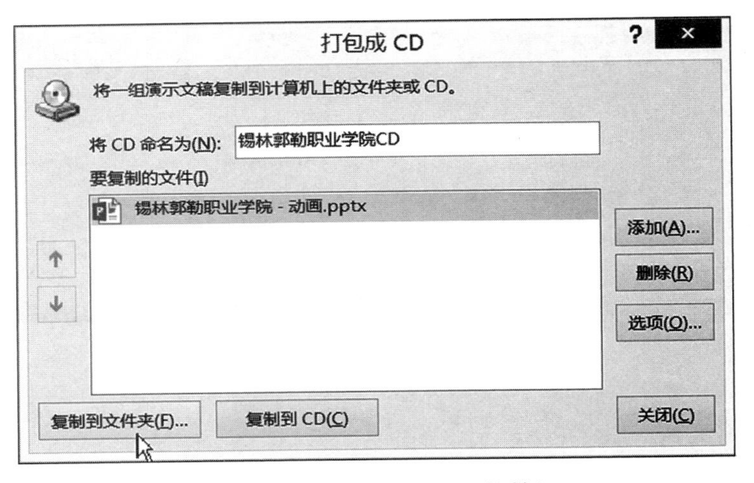

图 5-81 “打包成 CD”对话框

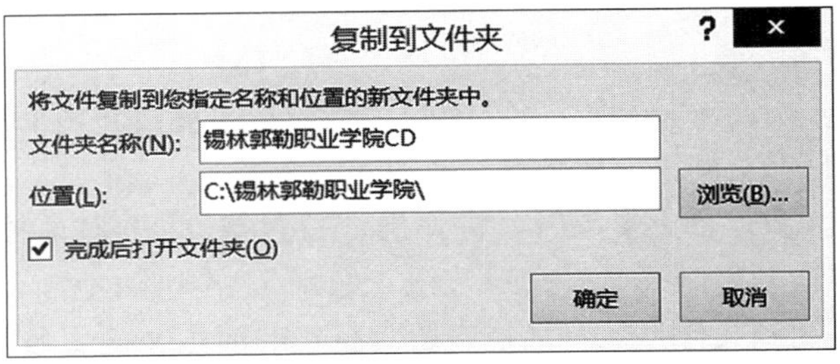

复制到文件夹

将文件复制到您指定名称和位置的新文件夹中。

文件夹名称(N): 锡林郭勒职业学院CD

位置(L): C:\锡林郭勒职业学院\ 浏览(B)...

完成后打开文件夹(O)

确定 取消

图 5-82 “复制到文件夹”对话框

图 5-83 “是否要在包中包含链接文件”提示框

（2）复制到 CD

①在图 5-81 所示的“打包成 CD”对话框中，选择“复制到 CD”；如果需要添加文件到 CD，则单击“添加”按钮。此时弹出“添加文件”对话框，在该对话框中选择需要添加的文件，单击“添加”按钮即可。

②添加完成后，返回到“打包成 CD”对话框，在“要复制的文件”列表框中可以看到添加的文件。在此对话框中单击“选项”按钮，用户还可以设置“打包成 CD”其他选项。

③设置打开和修改演示文稿的密码。设置打开每个演示文稿时所用密码和修改每个演示文稿时所用密码时，在右侧文本框中输入所要设置的密码，单击“确定”按钮，弹出“确认密码”对话框，再次输入密码，单击“确定”按钮即可。

④返回“打包成 CD”对话框中，单击“复制到 CD”按钮。此时系统会弹出刻录进度对话框显示刻录进度。刻录完成之后，单击“关闭”按钮即可完成打包操作。

拓展练习

一、选择题

1. PowerPoint 2016 默认文件的扩展名是（　　）。
   A. .psdx　　B. .pptx　　C. .xlsx　　D. .ppsx
2. PowerPoint 2016 中主要的编辑视图是（　　）。
   A. 幻灯片浏览视图　　B. 普通视图
   C. 幻灯片放映视图　　D. 备注视图
3. PowerPoint 2016 的“文件”选项卡下的“新建”命令的功能是建立（　　）。
   A. 一个演示文稿　　B. 一张幻灯片
   C. 一个新的备注文件　　D. 以上说法都不对
4. 在 PowerPoint 2016 浏览视图中，按 Ctrl 键并拖动某幻灯片，可以完成的操作是（　　）。
   A. 移动幻灯片　　B. 复制幻灯片　　C. 删除幻灯片　　D. 选定幻灯片
5. 在 PowerPoint 2016 中，可以使用拖动方法来改变幻灯片的顺序的视图是（　　）。
   A. 阅读视图　　B. 备注页视图
   C. 幻灯片浏览视图　　D. 幻灯片放映视图

6. 在 PowerPoint 2016 中制作演示文稿时，若要插入一张新幻灯片，其操作为（　　）。
   A. 单击“文件”选项卡下的“新建”命令
   B. 单击“开始”选项卡“幻灯片”功能组中的“新建幻灯片”按钮
   C. 单击“插入”选项卡“幻灯片”功能组中的“新建幻灯片”按钮
   D. 单击“设计”选项卡“幻灯片”功能组中的“新建幻灯片”按钮
7. 在 PowerPoint 2016 中，编辑幻灯片时如果要设置文本的字形（例如：粗体、倾斜或加下划线）时，可以先单击（　　）选项卡。
   A. “文件”　　B. “开始”　　C. “插入”　　D. “设计”
8. 在 PowerPoint 2016 中，停止幻灯片播放的快捷键是（　　）。
   A. Enter　　B. Shift　　C. Ctrl　　D. Esc
9. 在制作幻灯片时若要插入图片，则应该选择“插入”选项卡“图像”功能组中的（　　）命令按钮。
   A. 剪贴画　　B. 图片　　C. 相册　　D. 图表
10. 要使幻灯片中的标题、图片、文字等按用户的要求顺序出现，应进行的设置是（　　）。
   A. 设置放映方式　　B. 幻灯片切换
   C. 自定义动画　　D. 幻灯片链接
11. 在 PowerPoint 2016 中，若要使幻灯片在播放时能每隔 3 秒自动转到下一张，可以在（　　）选项卡中设置。
   A. 开始　　B. 设计　　C. 切换　　D. 动画
12. 将 PowerPoint 2016 幻灯片设置为“循环放映”的方法是（　　）。
   A. 选择“设计”选项卡下的“设置幻灯片放映”按钮
   B. 选择“幻灯片放映”选项卡下的“设置幻灯片放映”按钮
   C. 选择“插入”选项卡下的“设置幻灯片放映”按钮
   D. 无循环放映选项，所以上述说法都不正确

二、操作题

设计一个自我介绍的演示文稿（包括姓名、学历、经历、兴趣爱好、特长等），并以“×××的自我介绍 . pptx”具体要求如下：

（1）选择一种幻灯片设计模板。

（2）使用图片、图表、SmartArt 图形、艺术字等。

（3）为每一张幻灯片设计切换方式和动画效果，设置每隔 3 秒自动切换到下一张幻灯片。

（4）放映类型为演讲者放映，放映范围为 2～7 张幻灯片，循环放映。

（5）添加背景音乐，并设置背景音乐的动画效果为“幻灯片放映时开始自动播放音乐”，隐藏声音图标。

（6）在幻灯片中使用超链接。

项目三 PowerPoint 2016 拓展动画案例

案 例 1

转动的时钟

1. 新建幻灯片，在“设计”选项卡中为其更换主题。

2. 添加相应的“标题”和“副标题”，文字大小、字体、颜色、样式等可自行设置，最终效果可参考图 5-84 的样式。

图 5-84 最终效果

3. 新建第二张幻灯片：在左侧幻灯片切换区空白处单击右键选择“新建幻灯片”。

4. 将第二张幻灯片改为“空白”版式，如图 5-85 所示。

5. 绘制时钟。

(1) 单击“插入”选项卡“形状”下拉按钮，选择“椭圆”形状，如图 5-86 所示。

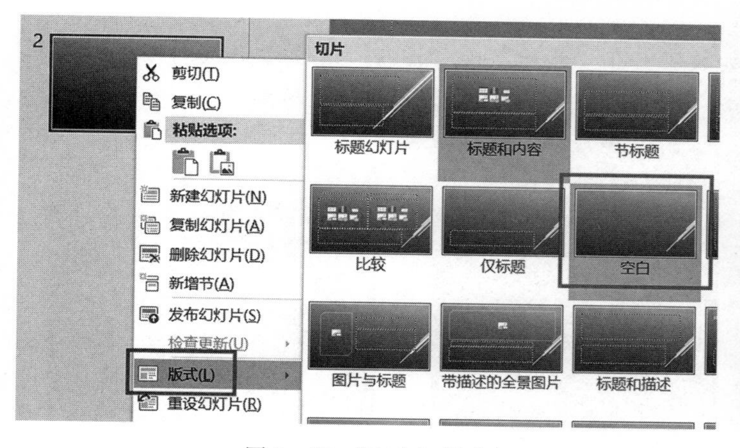

图 5-85 “空白”版式

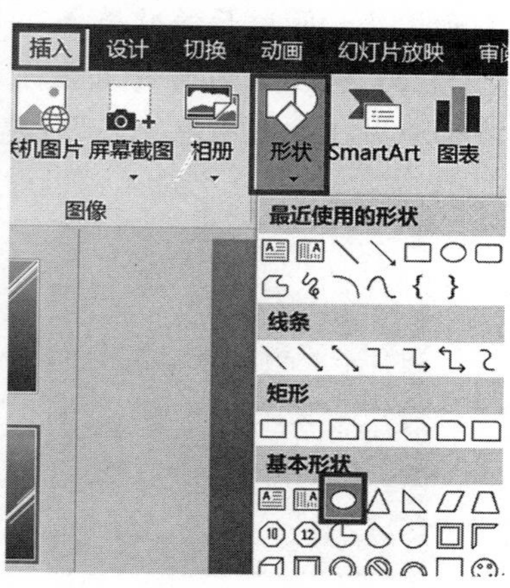

图 5-86 椭圆形状

(2) 按 Shift 键的同时，在第二页幻灯片中绘制正圆。

(3) 双击正圆，自动切换到“绘图工具”→“格式”选项卡，单击“形状填充”下拉按钮，单击“纹理”，选择“栎木”纹理，如图 5－87 所示。

同时将“形状轮廓”改为“无轮廓”，如图 5－88 所示，得到图 5－89 所示效果。

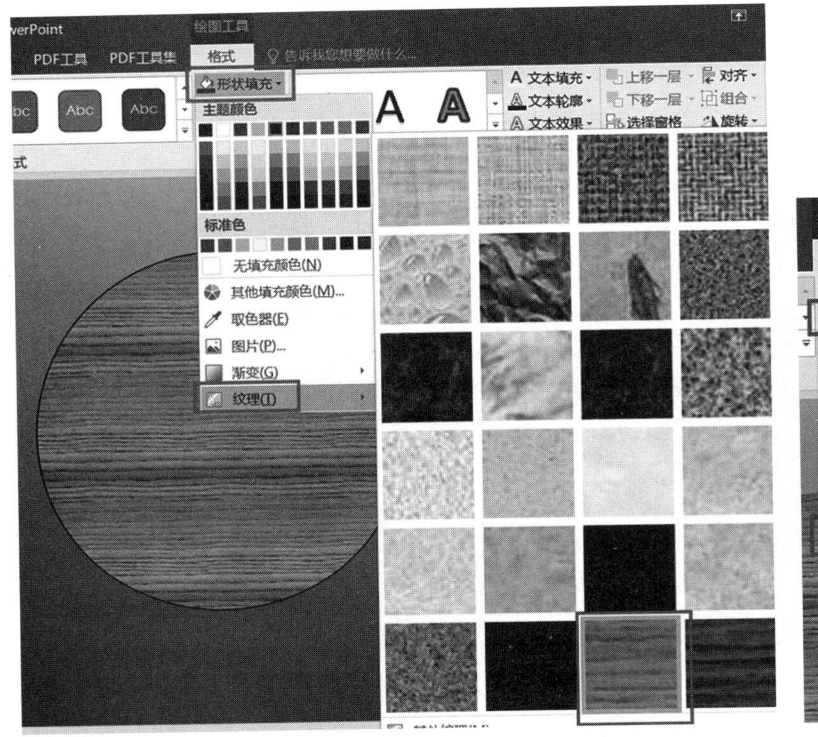

图 5－87 “栎木”纹理

图 5－88 无轮廓

(4) 同样的操作，再绘制一个正圆（比刚才的圆略小一些），将其“形状填充”改为蓝色（或其他自己喜欢的颜色），“形状轮廓”改为“无轮廓”。将两正圆叠放在一起，得到如图 5－90 所示的效果。

(5) 接下来为时钟表盘添加数字。在“开始”或“插入”选项卡中找到“文本框”，在幻灯片上输入数字“12”（建议不要在表盘上输入），如图 5－91 所示。

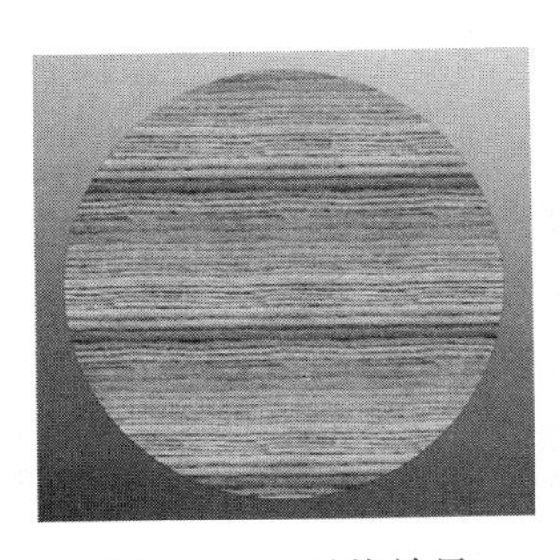

图 5－89 最终效果

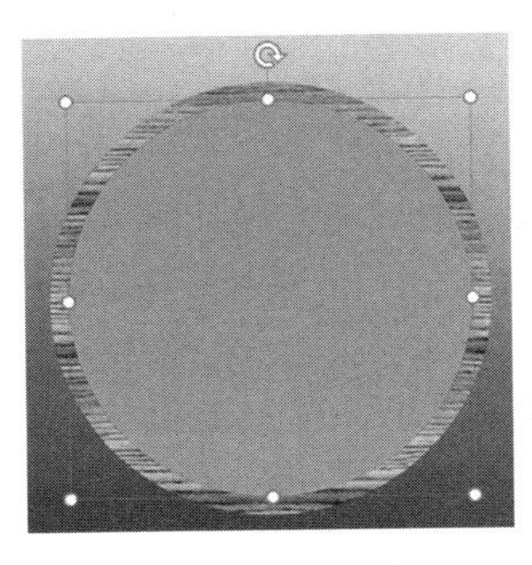

图 5－90 最终效果

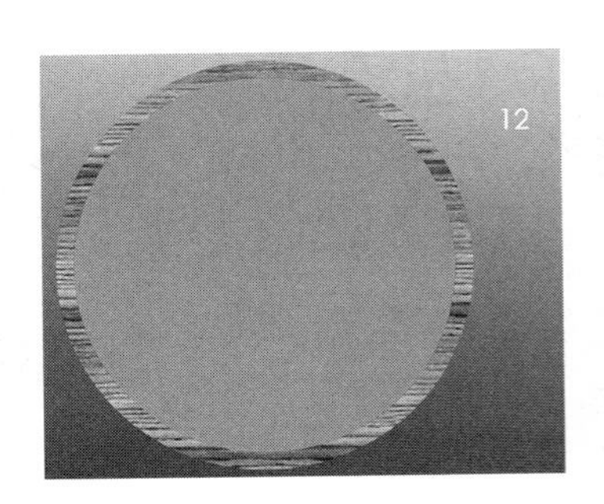

图 5－91 输入数字

(6) 修改该数字的字体、字号、颜色等（这里改为 Times New Roman 字体、24 字号、黄色）。同时，选中数字，单击上方的“绘图工具”→“格式”选项卡，在“文本效果”中选择“映像”，根据情况选择一种映像效果，如图 5-92 所示。

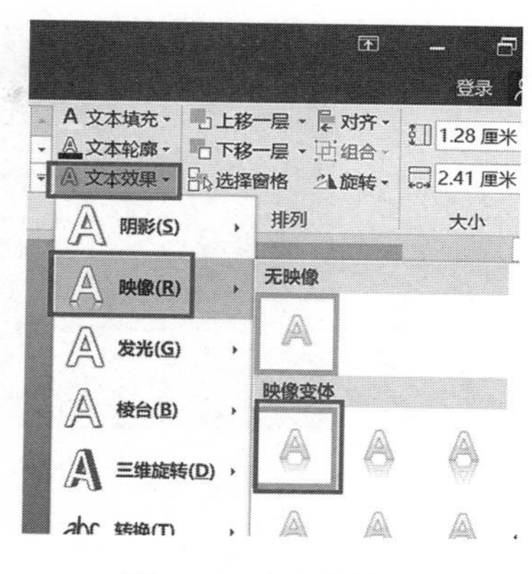

图 5-92 文本效果

(7) 最终得到如图 5-93 所示的效果。

(8) 将数字移动到表盘合适的位置，得到如图 5-94所示效果。

(9) 制作其他数字（也可通过复制、粘贴得到），并移动到合适的位置上，得到如图 5-95 所示的效果。

图 5-93 数字最终效果

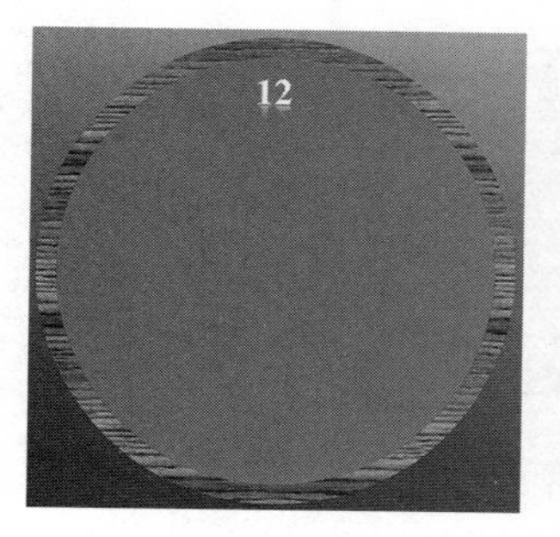

图 5-94 数字的位置

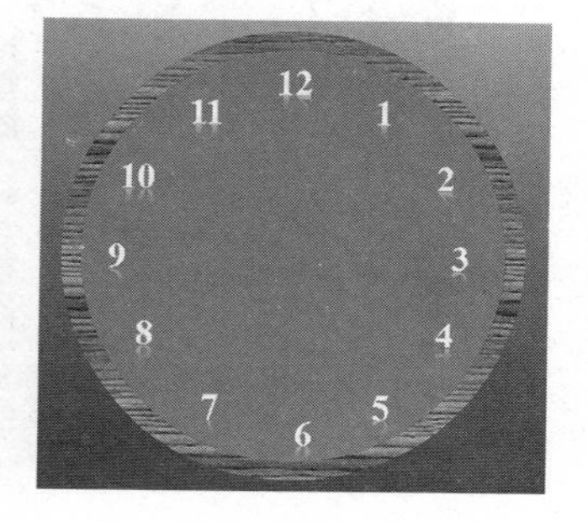

图 5-95 表盘整体效果

(10) 将上述所有对象选中，右键单击鼠标选择“组合”→“组合”。

(11) 单击“插入”选项卡“形状”下拉按钮，从中找到“上箭头”形状，在幻灯片编辑区中绘制图形，作为时针，如图 5-96 所示。

时针的“形状填充”可随意设置，无“形状轮廓”。修改完成后将其移动到表盘中间合适的位置，如图 5-97 所示。

同理，再绘制一个向上箭头作为分针，随意设置“形状填充”，无“形状轮廓”，如图 5-98 所示。

(12) 调整时针和分针的叠放顺序。选中分针，右键单击，在出现的下拉列表中选择“置于底层”→“下移一层”，如图 5-99 所示。

使时针在上，分针在下，最终效果如图 5-100所示。

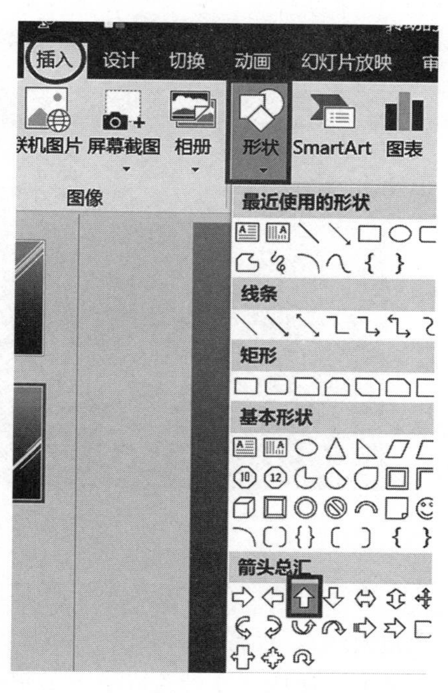

图 5-96 上箭头形状

图 5-97　时针效果

图 5-98　分针效果

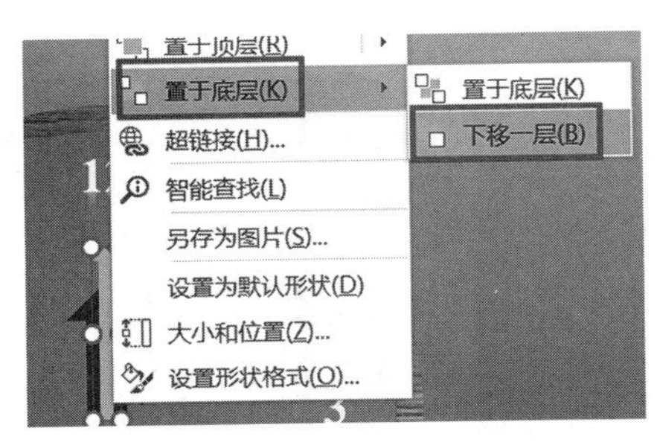

图 5-99　调整叠放顺序

图 5-100　最终效果

6. 制作动画。

(1) 选中分针（为了不影响其他对象，请先将分针移出表盘），在“动画”选项卡中选择“添加动画”→“陀螺旋”，如图 5-101 所示。

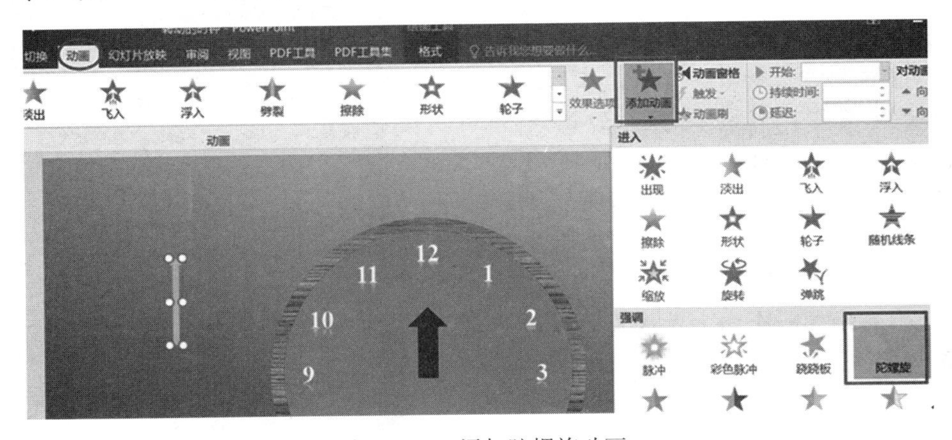

图 5-101　添加陀螺旋动画

单击右下角的“幻灯片放映”图标进行测试（或按“Shift+F5”组合键从当前幻灯片开始测试），观察动画效果。

测试中会发现，分针是以自身的中心为圆心旋转，而我们希望得到的动画效果是，以箭头底部为圆心旋转，因此需要进一步调整。

（2）调整分针：选中分针，按“Ctrl＋Shift”组合键的同时，向下移动分针，会复制得到一个一模一样的箭头。使两个箭头首尾相连，如图 5－102 所示。

选中下方的箭头，单击“格式”选项卡，在“形状填充”下拉列表中选择“无填充颜色”，如图 5－103 所示，则下方的箭头变为透明色，如图 5－104 所示。

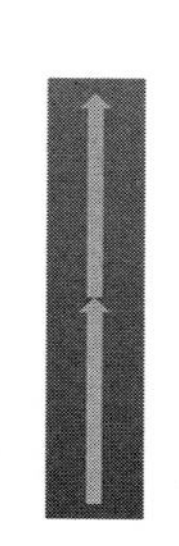

图 5－102　分针首尾相连

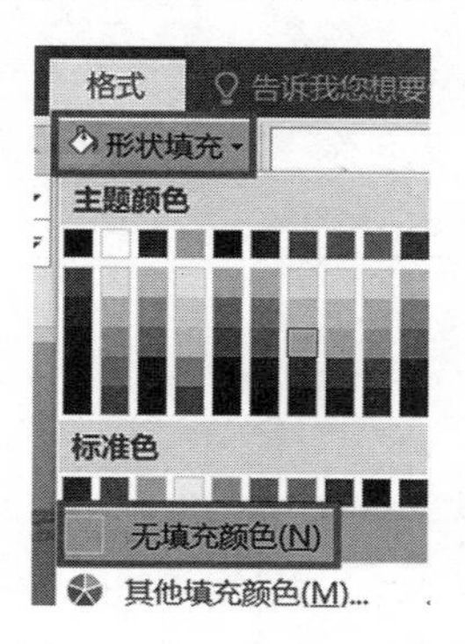

图 5－103　无填充颜色

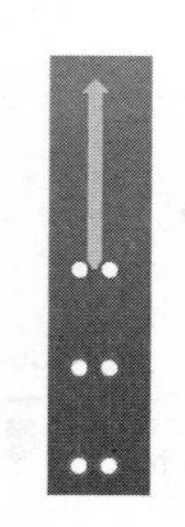

图 5－104　设置透明色

将两箭头同时选中，单击右键，选择“组合”→“组合”。

（3）分针重新调整后，这时再从“动画”选项卡中选择“添加动画”→“陀螺旋”。

（4）使用“Shift＋F5”测试，得到了正确的旋转方式。但测试也进一步发现了问题：当单击鼠标时箭头才开始旋转，并且只旋转 1 圈，因此需要修改分针动画。

（5）在“动画”选项卡中单击“动画窗格”，在幻灯片右侧会打开动画窗格窗口，这里面放着当前幻灯片中所有动画。“组合 26”是分针组合的名称，如图 5－105 所示。

图 5－105　动画窗格

如何修改分针组合的名称？在“开始”选项卡中，单击“选择”→“选择窗格”，如图 5－106 所示。

在“选择窗格”中，可以直接修改对象或组合的名称，这里将“组合 26”修改为“分针”，图 5－107 为原名称，图 5－108 为修改后的名称。

同理，可根据需求为其他对象重命名。

（6）双击图 5－109 动画窗格中的“分针”，会打开分针动画的设置窗口，如图 5－110 所示。在该陀螺旋的“计时”选项卡中，将“开始”改为“与上一动画同时”；“期间”改为“1 秒”（此项可以手动输入）；“重复”改为“直到幻灯片末尾”，如图 5－111 所示。

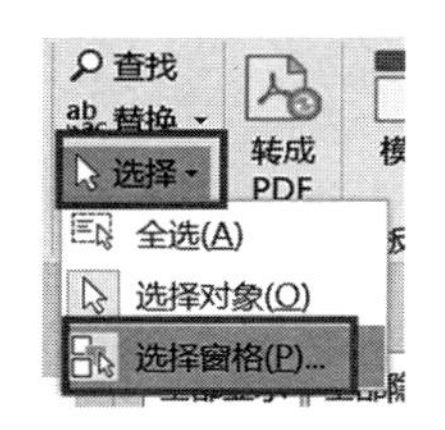

图 5-106　选择窗格

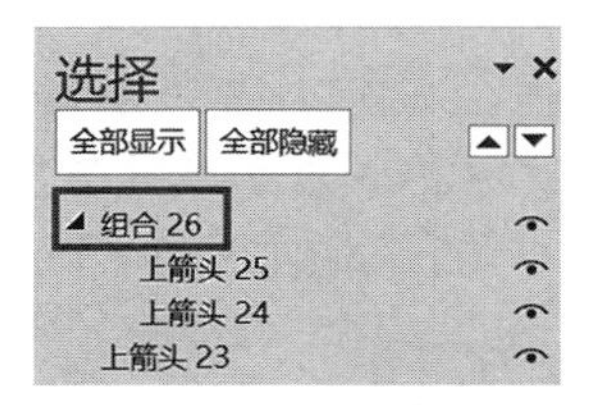

图 5-107　原名称

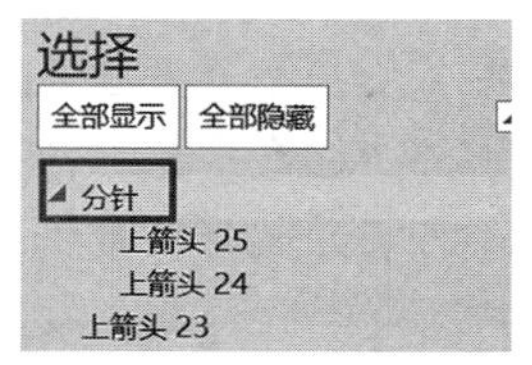

图 5-108　修改后的名称

图 5-109　分针动画

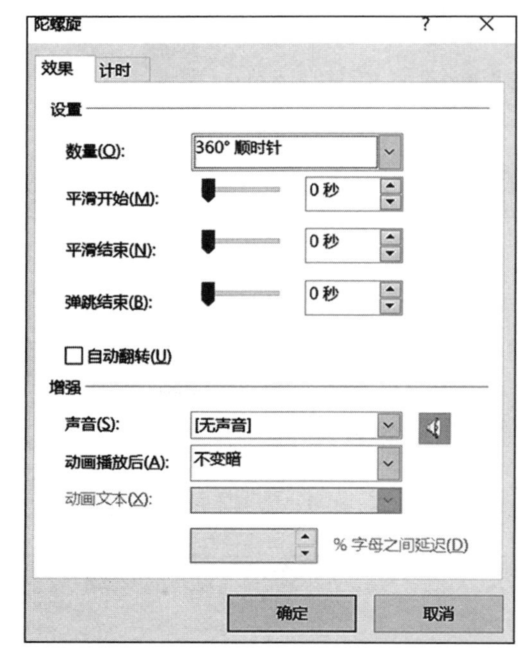

图 5-110　陀螺旋设置窗口

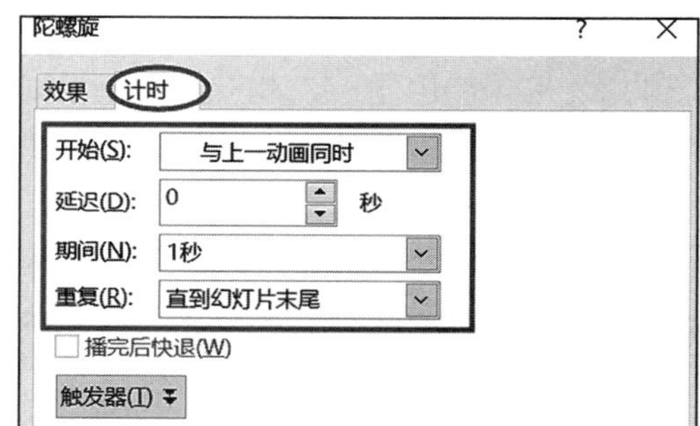

图 5-111　计时选项卡设置

分针动画制作完毕，按“Shift+F5”组合键测试动画。

(7) 同理，参考分针的制作过程，重新调整时针，并制作动画。时针的动画设置如图 5-112 所示。

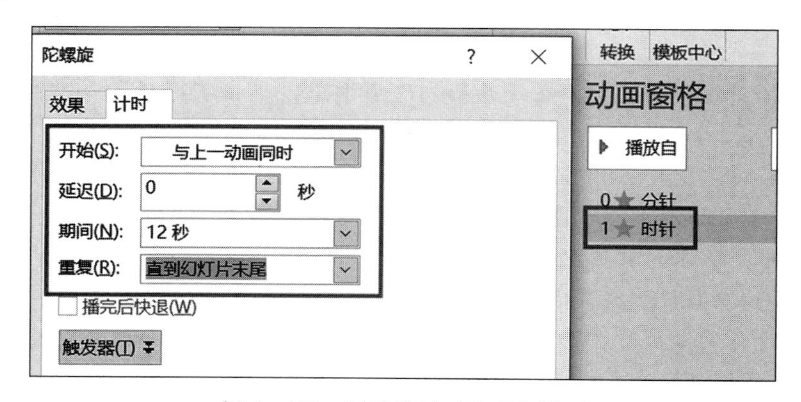

图 5-112　时针的计时选项卡设置

同学们可以思考一下：为什么分针的“期间”设置为“1 秒”，而时针的“期间”设置为“12 秒”?

(8) 将分针、时针移动到表盘合适的位置上，并进行测试。

(9) 为了美观，我们再制作一个图形将分针和时针的底部遮挡住。绘制一个小正圆，“形状填充”为橙色；“形状轮廓”为无。

在“形状效果”下拉列表“棱台”中任意选择一个效果，如图 5-113 所示。得到如图 5-114 所示的立体效果。

7. 按“Shift+F5”组合键测试，一个会转动的漂亮时钟就完成了，如图 5-115 所示。

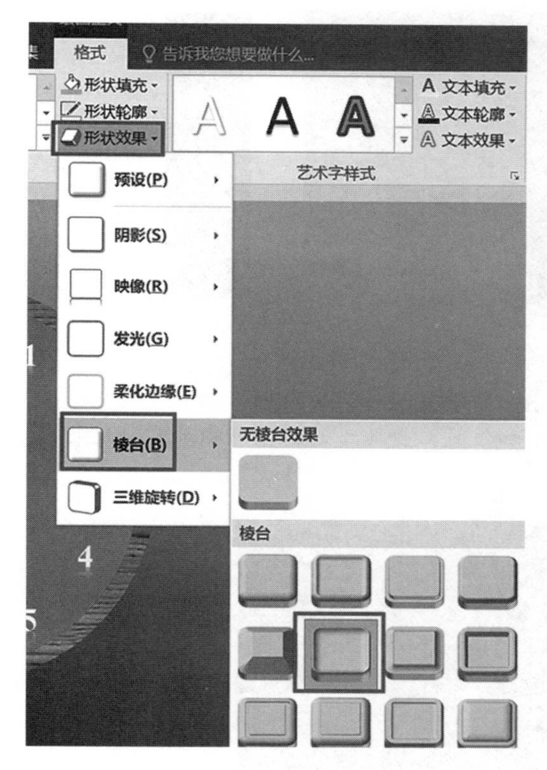

图 5-113 形状效果（棱台）

图 5-114 最终效果

图 5-115 测试动画效果

练习

请自行制作一个与众不同的时钟（可将秒针制作出来）。

课程思考

1. 在讲授案例过程中，时针和分针的播放时间如何设置（即“期间”），先自行思考，逐渐提高独立分析问题、解决问题的能力。

2. 绘制时钟的过程中，可以培养认真、耐心的良好品质。

3. 通过本案例，要懂得，一定要珍惜时间，在大学期间，做好规划，不要让时光白白流逝。

案例 2

电视开机动画（触发器）

本案例要制作一个触发器动画。当鼠标单击遥控器的开始按钮 时，电视机打开，并显示开机画面和文字提示，制作过程如下：

1. 新建幻灯片，白色背景即可。

2. 导入“电视图片素材”和“遥控器图片素材”，如图 5－116 所示。

图 5－116　导入素材

3. 再导入一张风景图片，调整其大小和位置，使其正好覆盖电视屏幕，效果如图 5－117 所示。

图 5－117　设置大小及位置

4. 绘制一个小椭圆，放到遥控器的开机键位置，如图 5－118 所示。

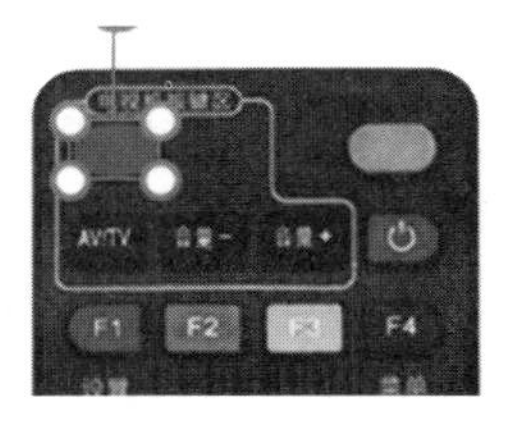

图 5－118　绘制小椭圆

5. 选中小椭圆，打开“设置形状格式窗口”，将其“填充”颜色的透明度修改为100%，“线条”改为“无线条”，如图5-119、图5-120所示。

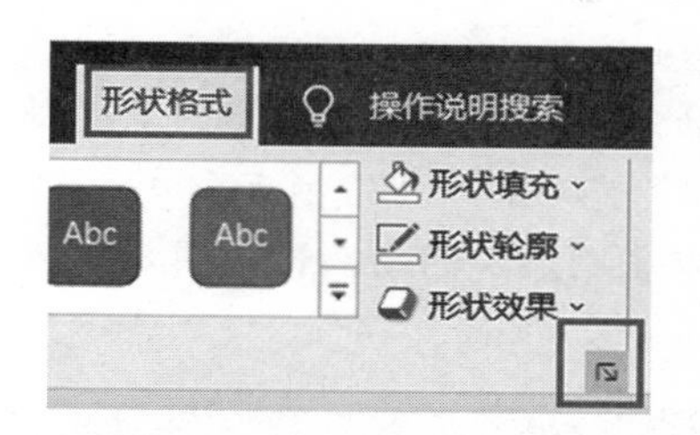

图5-119 设置形状格式按钮

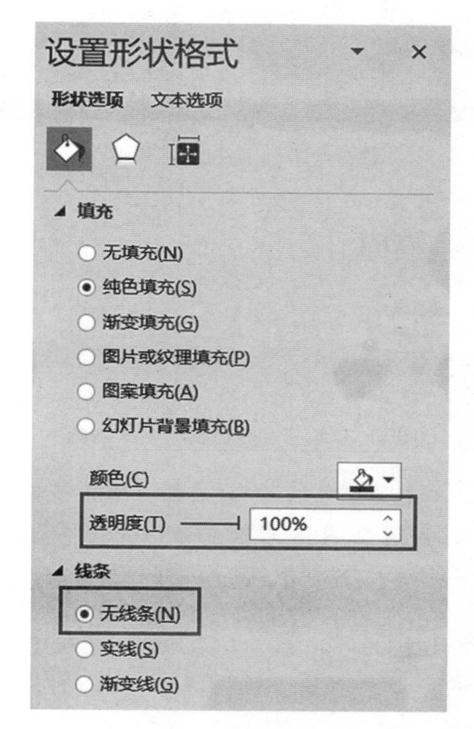

图5-120 设置形状格式

6. 修改所有对象的名称：任意选择一个对象，在“图片格式”或“形状格式”选项卡“排列”功能组中单击“选择窗格”，如图5-121所示。

图5-121 选择窗格

在右侧打开的窗口中，为幻灯片中的所有对象重命名（注意：这里将透明度为100%的椭圆重命名为“隐形的小椭圆”），如图5-122所示。

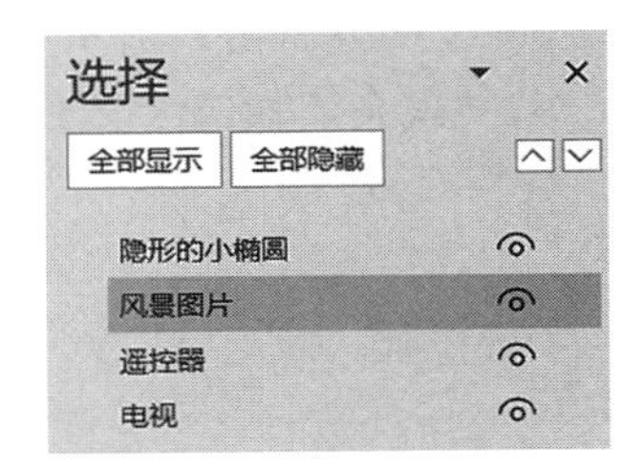

图5-122 重命名对象

7. 为风景图片添加一个进入动画：选择风景图片，单击“添加动画”，然后选择“淡化”，如图5-123所示。

8. 在“动画窗格”中，双击刚添加的动画，如图5-124所示。

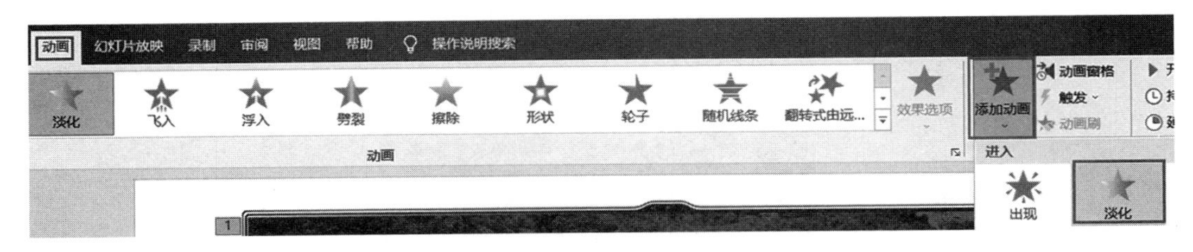

图5-123 添加淡化动画

图5-124 “动画窗格”中的动画

在“计时”选项卡中，单击“触发器”，再选择“单击下列对象时启动动画效果”，在右侧选择“隐形的小椭圆”，如图5-125所示。

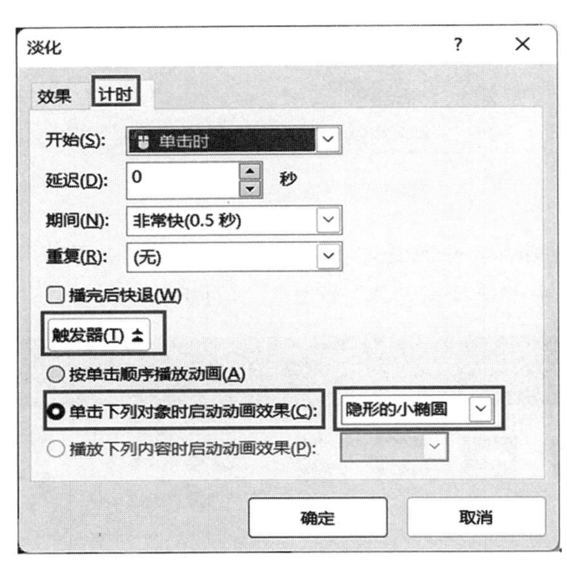

图5-125 触发器设置

按“Shift+F5”组合键测试动画，当鼠标放到遥控器开机键上时，鼠标变成小手形状，当单击此键所在的位置时，风景图片显示出来。这样，一个简单的触发器动画就实现了。

9. 再继续制作动画。

(1) 利用文本框工具在幻灯片上输入一些文字，调整大小、颜色、位置等，如图 5-126 所示。

图 5-126 输入文字

(2) 选择刚输入的文本，为其添加“擦除”动画（也可以在“更多进入动画”中选择其他动画），如图 5-127 所示。

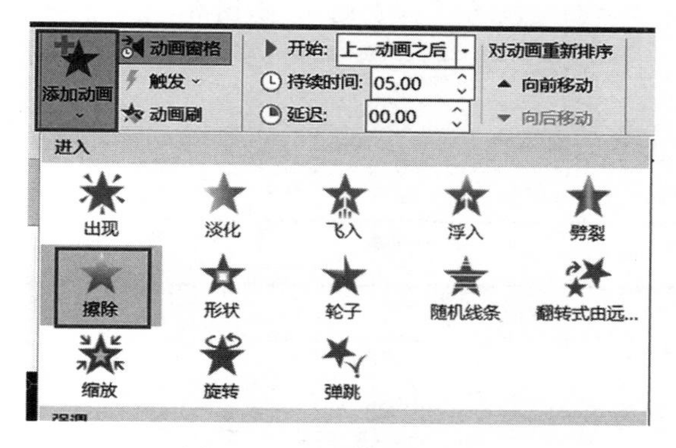

图 5-127 添加擦除动画

(3) 在动画窗格中，将文本框的动画拖曳到“风景图片”动画下方，如图 5-128 所示。

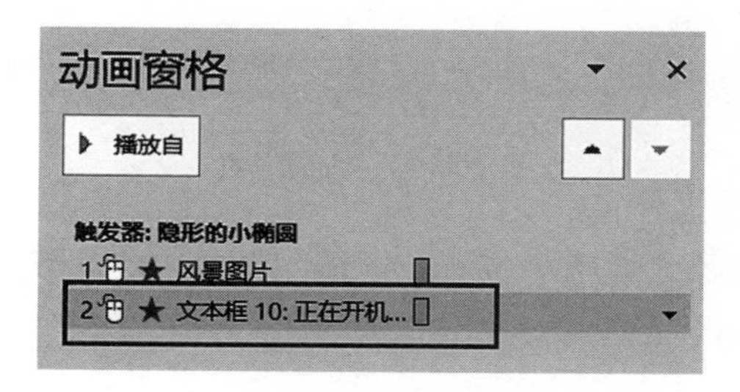

图 5-128 调整动画顺序

(4) 双击文本框的动画，将计时选项卡中的“开始”改为“上一动画之后”“期间”改为“5 秒”，如图 5－129 所示。

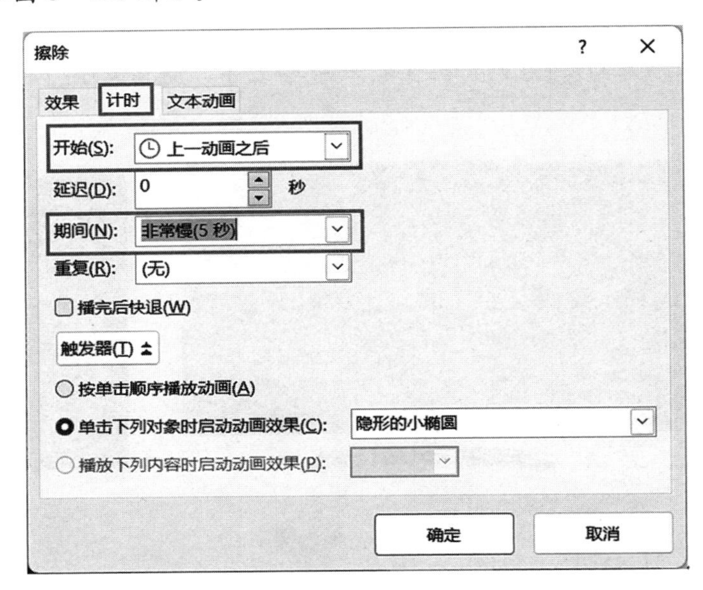

图 5－129　计时选项卡设置

将效果选项卡中的“方向”改为“自左侧”，如图 5－130 所示。

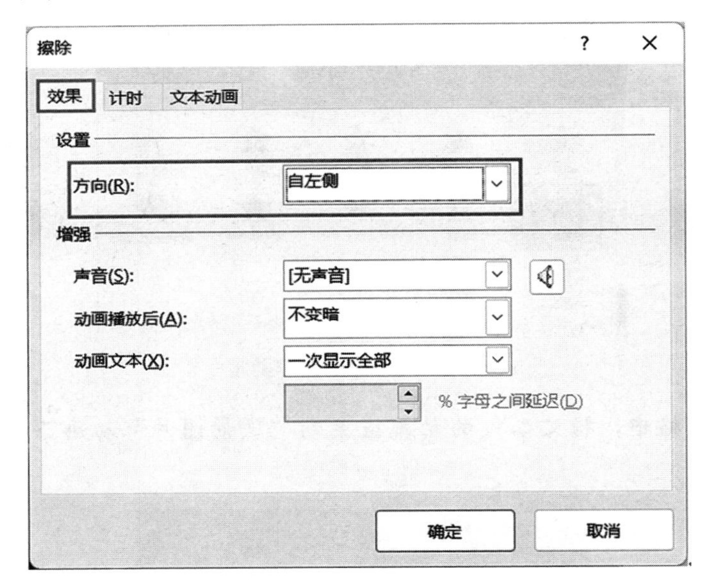

图 5－130　方向设置

10. 按“Shift+F5”组合键测试动画，这样一个电视开机动画就制作完成了。

练习

同学们可以在该动画基础上继续添加触发器动画，为遥控器上每一个数字按键都制作一个隐形的触发器，当单击某个数字时，电视内容会随之切换。

课程思考

1. 整个动画的制作和修改过程，同学们可能会遇到一些问题，解决这些问题，既提高了实践操作能力，也培养了自己耐心做事的品质。

2. 遇到问题，同学们之间可以互相帮助，提高团队合作精神和互帮互助的意识。

3. 在完成练习的过程中，能够有效提高想象力及创新能力。

案例 3

飘雪动画

1. 新建幻灯片，任意插入一张图片作为背景图片。

2. 制作雪花。

(1) 在文本框中输入大写字母“T”，将其字体改为“Wingdings”，则字母 T 的形状变为雪花形状 ❄。

(2) 该雪花的大小需要在“字号”中修改。

(3) 将雪花的颜色改为白色，并将其位置移动到幻灯片编辑区上方之外，如图 5-131 所示。

图 5-131 雪花位置

3. 制作飘雪动画。

(1) 选中雪花，在动作路径下方单击“自定义路径”，如图 5-132 所示。

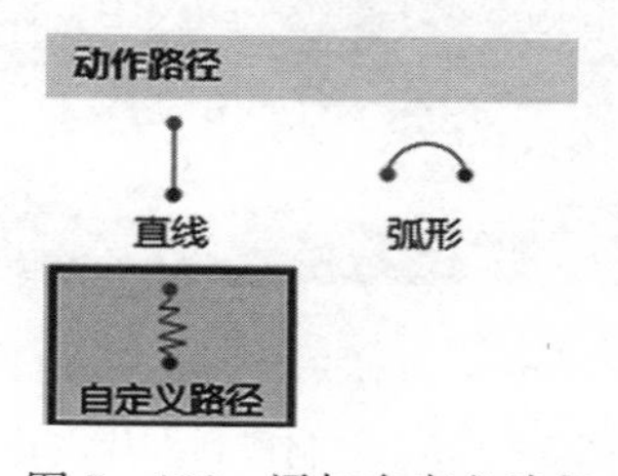

图 5-132 添加自定义路径

（2）在雪花下方通过多次单击鼠标绘制一条弯曲的之字形路径，如图 5－133 所示。

（3）修改自定义路径，选中刚添加的路径，单击鼠标右键，选择“编辑顶点”，如图 5－134 所示。

调节每个顶点两侧的调节杆，使该路径变得平滑一些，如图 5－135 所示。

图 5－133　绘制路径

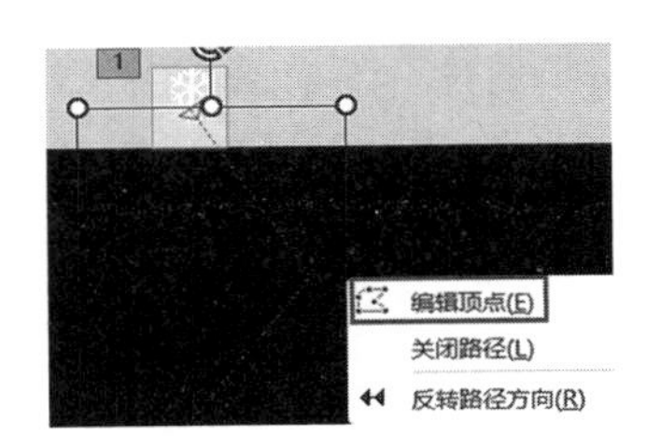

图 5－134　编辑顶点

图 5－135　修改路径

此时，按“Shift＋F5”组合键测试动画，当单击鼠标时，一片雪花就沿着路径飘落下来了。

（4）修改动画设置，参考图 5－136 所示的内容修改动画的“开始”“期间”和“重复”选项。

4. 选中这片雪花，通过复制、粘贴的方式得到多片雪花。此时，雪花的动画也一并被复制过来了，如图 5－137 所示。

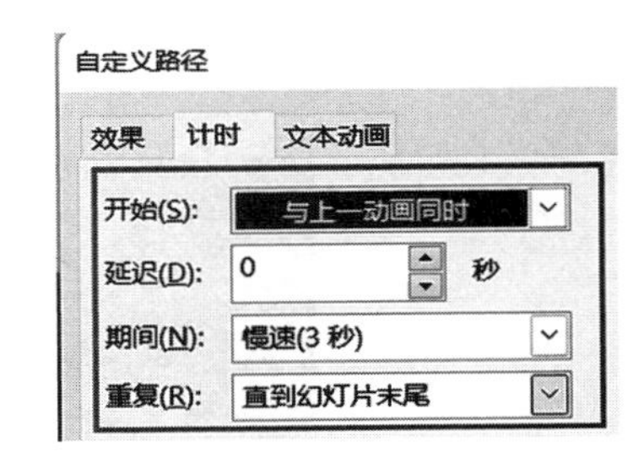

图 5－136　计时选项卡设置

图 5－137　复制得到多片雪花

5. 修改每一片雪花的大小、位置和路径的形状，如图 5 - 138 所示。

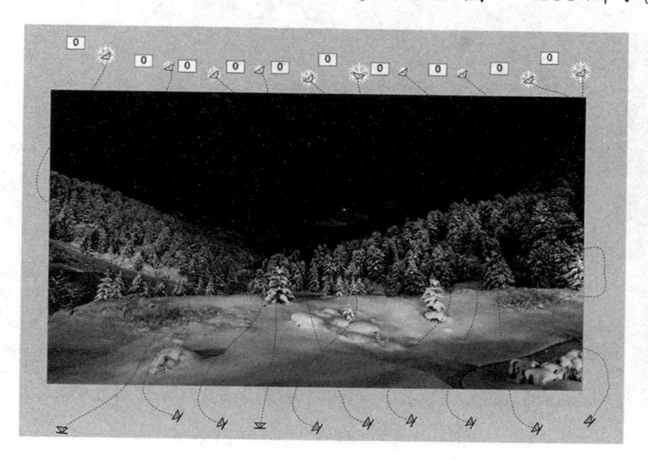

图 5 - 138　修改后的效果

6. 修改每个雪花动画设置中的延迟、期间（随意设置即可），可参考图 5 - 139 至图 5 - 142 所示的选项。

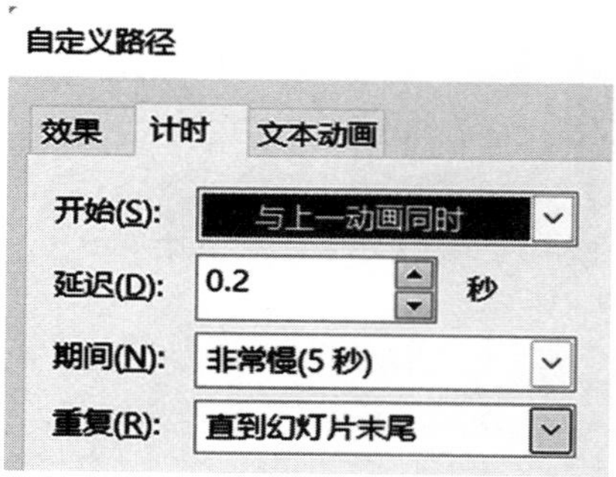

自定义路径
效果
计时
文本动画
开始(S):
与上一动画同时
延迟(D):
0.2
秒
期间(N):
非常慢(5 秒)
重复(R):
直到幻灯片末尾

图 5 - 139　A 雪花

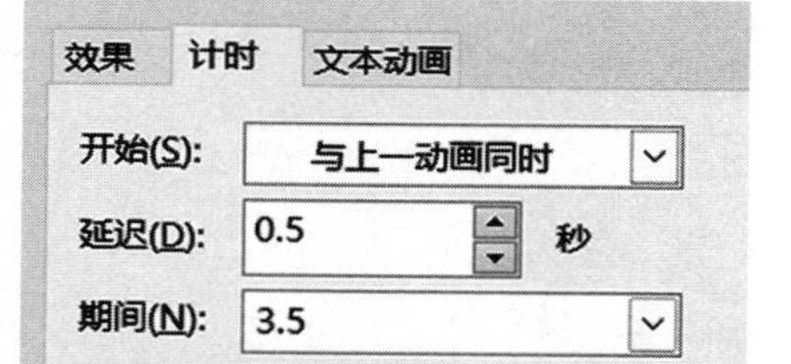

自定义路径
效果
计时
文本动画
开始(S):
与上一动画同时
延迟(D):
0.5
秒
期间(N):
3.5
重复(R):
直到幻灯片末尾

图 5 - 140　B 雪花

自定义路径
效果
计时
文本动画
开始(S):
与上一动画同时
延迟(D):
1.1
秒
期间(N):
3.8
重复(R):
直到幻灯片末尾

图 5 - 141　C 雪花

自定义路径
效果
计时
文本动画
开始(S):
与上一动画同时
延迟(D):
0.8
秒
期间(N):
4
重复(R):
直到幻灯片末尾

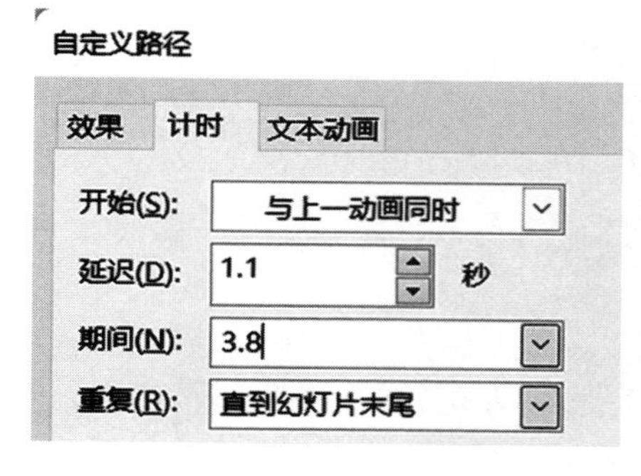

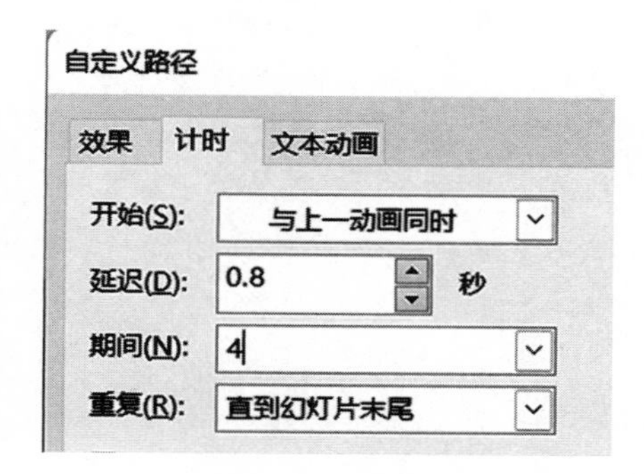

图 5 - 142　D 雪花

这样，雪花飘落动画效果会更加真实。

7. 按“Shift+F5”组合键测试动画，这样一个飘雪动画就制作完成了，如图 5 - 143 所示。

图 5-143　飘雪动画最终效果

模块六
信息安全

项目一　计算机网络概述

任务目标

- 了解计算机网络
- 了解计算机网络的组成与分类
- 了解网络的功能、拓扑结构

任　务

上网搜索计算机网络基础知识

要求：通过网络搜索引擎（如百度、谷歌等）查询网络基础知识，了解网络基础知识，同时也掌握搜索信息的方法。

相关知识点

1. 计算机网络的定义

在计算机网络的不同发展阶段，关于计算机网络的定义有所不同。目前公认的比较严密和完整的定义是：计算机网络是将分散在不同地点且具有独立功能的多个计算机系统，利用通信设备和线路相互连接起来，在网络协议和软件的支持下进行数据通信，实现资源共享和透明服务的计算机系统的集合，如图 6-1 所示为一个简单的计算机网络系统示意，它将若干台计算机、打印机和其他外部设备互连成一个整体。连接在网络中的计算机、外部设备、通信控制设备等称为网络结点。

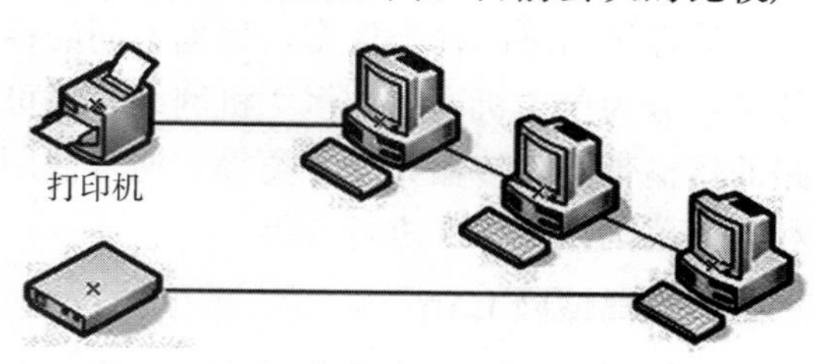

图 6-1　计算机网络示意

2. 计算机网络的组成

从物理连接上讲，计算机网络由计算机系统、通信链路和网络结点组成。计算机系统进行各种数据处理，为通信链路和网络结点提供通信功能。

按逻辑功能划分，计算机网络可以分为资源子网和通信子网两部分，如图 6－2 所示。

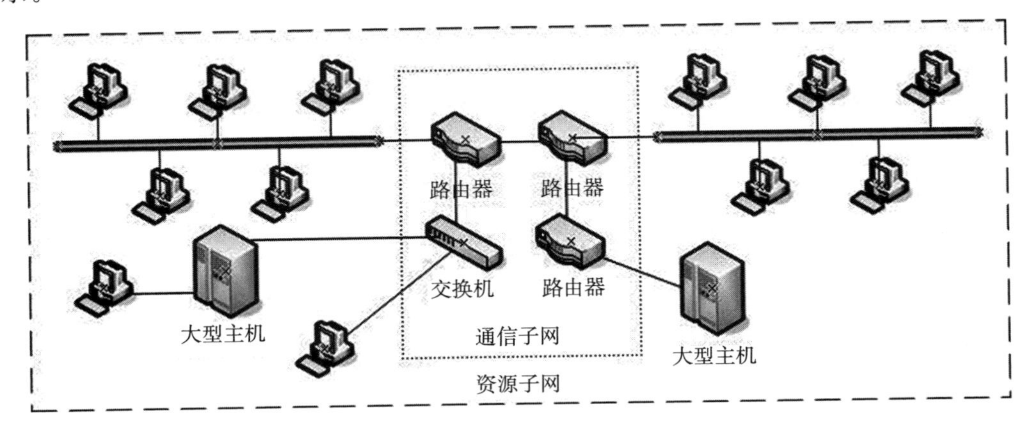

图 6－2　资源子网和通信子网

（1）资源子网

计算机网络中的资源子网就是功能独立的各个计算机系统。资源子网主要负责网络中的信息处理任务，向网络提供能够共享的各种可用资源。资源子网主要包括各种计算机系统的硬件设备、软件系统和数据库信息资源等。

（2）通信子网

计算机网络中的通信子网就是由通信线路和负责通信控制处理的设备构成的通信网络。通信子网主要负责网络中的数据传输任务，以实现各计算机系统之间的信息传递与交换。通信子网主要包括网络中的分组交换机、网络控制机、网间连接器、中继器、集线器、网卡、传输介质等通信设备和网络通信协议、通信控制软件等。

3. 计算机网络的分类

计算机网络的种类繁多，根据不同的标准可有不同的分类方法。如按照网络中主机的数量可分为单主机网络和多主机网络，也可以按照网络系统的拓扑结构分类，按照通信线路的传输带宽、传输介质分类等。通常使用的方法是以通信距离的远近、网络的规模大小和覆盖范围作为标准进行分类。

（1）局域网 LAN

局域网是将较小地理范围内的计算机系统相互连接起来构成的计算机网络，通常的覆盖范围在几千米以内。它可以小到仅在一间办公室里连接两台微型计算机，也可以大到在一栋大楼内、几栋大楼之间、整个校园、工矿企业的整个厂区内连接多台大、中、小型机，微型机和数据终端设备等多种计算机系统。其网络连接多采用专用数字通信设备和传输介质，如网卡、集线器、同轴电缆、双绞线、光缆等。局域网的数据传输速率高，误码率低，可靠性高。目前主干网传输速率可以达到数千 Mbps 以上，网卡的传输速率已达到

100Mbps。

（2）城域网 MAN

城域网的覆盖范围在十几千米到上百千米，通常为一个城市和地区。城域网的网络连接皆可以采用局域网式的专用线路，如光缆、DDN 等，也可以使用公用通信设施，如电话线、有线电视等。

（3）广域网 WAN

广域网是大型、跨地域的网络系统，其覆盖范围可达几千千米甚至全球，如国际互联网 Internet。广域网的网络连接都是利用现有的公用通信网设备，如有线、无线通信网，卫星通信网等。

4. 计算机网络的功能

计算机网络的出现，使计算机系统的作用范围超越了地理位置的限制，大大扩展了计算机系统的功能，进一步方便了用户的使用。计算机网络的主要功能可以归纳为以下 5 个方面：

（1）系统资源共享

资源共享是网络最主要的功能，也是建立计算机网络的主要目的之一。计算机系统资源包括硬件资源、软件资源和数据资源。硬件资源包括巨型、大中型主机的 CPU 处理能力、超大型存储设备的存储能力、特殊的外部设备等；软件资源包括各种语言处理程序、服务程序、应用程序等；数据资源包括各种数据文件、数据库等。

（2）数据通信与处理

通过计算机网络，可以实现终端到主机、计算机到计算机之间快速可靠地双向数据传递和处理。网上用户之间能够直接进行双向通信和数据传递。Internet 网上的文件传输（FTP）、电子邮件（E-mail），以及 IP 电话、远程视频会议等都是数据通信与处理功能的具体体现。

（3）分布式处理，提高系统可靠性

在计算机网络中，各种设备相对分散，一般采用的都是分布式控制。若网络中的某台机器或部分线路出现故障，可用网络中具有相同资源和功能的机器、线路代替，大大提高了整个系统的安全可靠性。

（4）易于扩充，方便使用

计算机网络建成之后，用户可通过网上的任意结点使用网络上的各种资源，并可根据需要随意地接入网络。例如若出发到外地，可以利用电话线路或者无线网络将笔记本计算机连接到网上，与自己办公室的计算机相连接，随时交换、获取信息，非常方便灵活。

（5）综合信息服务

通过计算机网络可以向全社会的各行各业提供所需的各种各样的信息服务，实现真正的信息化社会。

5. 计算机网络的拓扑结构

连接在网络上的各种计算机系统设备，如大、中、小型主机，微型机，大容量的磁盘、光盘存储矩阵，高速打印机等数据处理终端设备，以及连接计算机系统与通信线路的通信控制设备等，都可以看作网络上的一个结点；而将连接这些结点的通信线路看作线段，则由结点、线段抽象表示的计算机系统在网络上的连接形式称为网络的拓扑结构。常见的计算机网络拓扑结构有总线型、星型、环型、树型、网状以及混合型等多种，如图 6－3 所示。

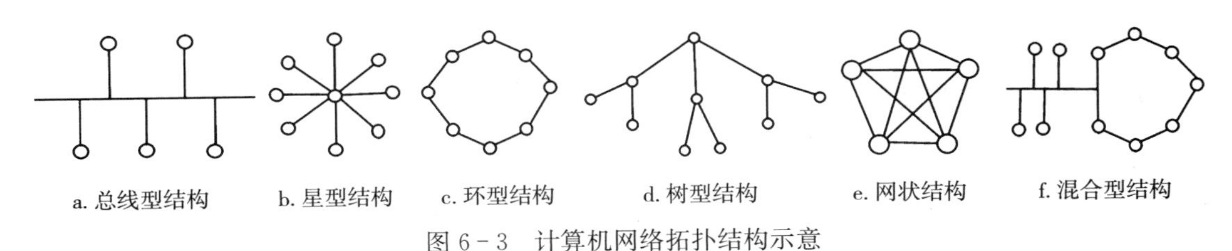

图 6－3　计算机网络拓扑结构示意

（1）总线结构

总线结构使用一条开路、无源的双绞线或同轴电缆，通过接口将各结点连接在一条总线上，是一种共享通道的线路结构。它是早期局域网中应用最多的拓扑结构。总线结构连接简单，扩充或删除结点都很容易；信道的利用率高，资源共享能力较强。但是，随着网络负荷的加重，发送和接收数据的速度迅速降低；并且若总线本身出现故障，将对整个系统的工作产生影响。总线结构如图 6－3（a）所示。

（2）星型结构

星型结构是以某个结点为中心，辐射状地将外围各结点连接到该中心结点。中心结点通常都充当整个网络的主控计算机，一方面作为星型结构的控制中心，一方面作为通用的数据处理设备。各结点之间的数据通信必须通过中心结点进行传递，若中心结点出现故障，将影响整个网络的工作。星型结构如图 6－3（b）所示。

（3）环型结构

环型结构是一种闭合的总线结构。各结点通过中继器连接到闭环上，多个设备共享一个环路。任意两个结点间都要通过环路实现通信。环中各结点的地位和作用是相同的，因此易于实现分布式控制。但在一个环路上只能实现单向通信，要进行双向通信必须使用双环。环型结构如图 6－3（c）所示。

（4）树型结构

树型结构又称层次结构，上下分层，其形如同一棵“根”朝上的树。树型结构具有容易扩展，出现故障易于分隔的优点。多用于军事单位、政府机构等上、下界限严格的部门。但如果根结点出现故障，整个系统就不能正常工作。树型结构如图 6－3（d）所示。

（5）网状结构

网状结构又称为全互连结构。在这种结构中，每个结点都与网上的其他结点有直接的联系。因此，这种结构的复杂性随结点数目的增加而迅速地增长。网状结构如图 6－3（e）所示。

（6）混合型结构

将多种不同拓扑结构的局域网连接在一起即构成混合型结构。混合型的网络拓扑结构兼有各种不同拓扑结构的特点。例如国际互联网 Internet 就是一个最大型、最复杂的混合型结构。一种总线型与环型结合的混合型结构如图 6－3（f）所示。

项目二　设置共享资源

任务目标

- 了解网络连接
- 掌握共享资源方法
- 使用共享打印机

任务一

共享教师机上的教学资源

要求：使用网络共享，可以使网络上的用户方便地访问共享主机上的开放资源。

任务二

共享办公室里的打印机

要求：使用网络共享，可以使网络上的用户方便地使用网络打印机。

相关知识点

1. 设置网络连接

右键单击桌面上的“网络”图标，在弹出的快捷菜单中单击“属性”命令，打开“控制面板”窗口。窗口内显示了当前计算机上所有已创建的网络连接及各自的状态。双击“硬件和声音”图标，在弹出的窗口里选择“设备和打印机”显示出设备和打印机，继续单击“下一步”按钮，然后按照提示完成不同类型的网络连接设置。

（1）设置共享磁盘或文件夹

首先进入控制面板中网络和 Internet 选项中“查看网络状态和任务”，如图 6－4 所示。

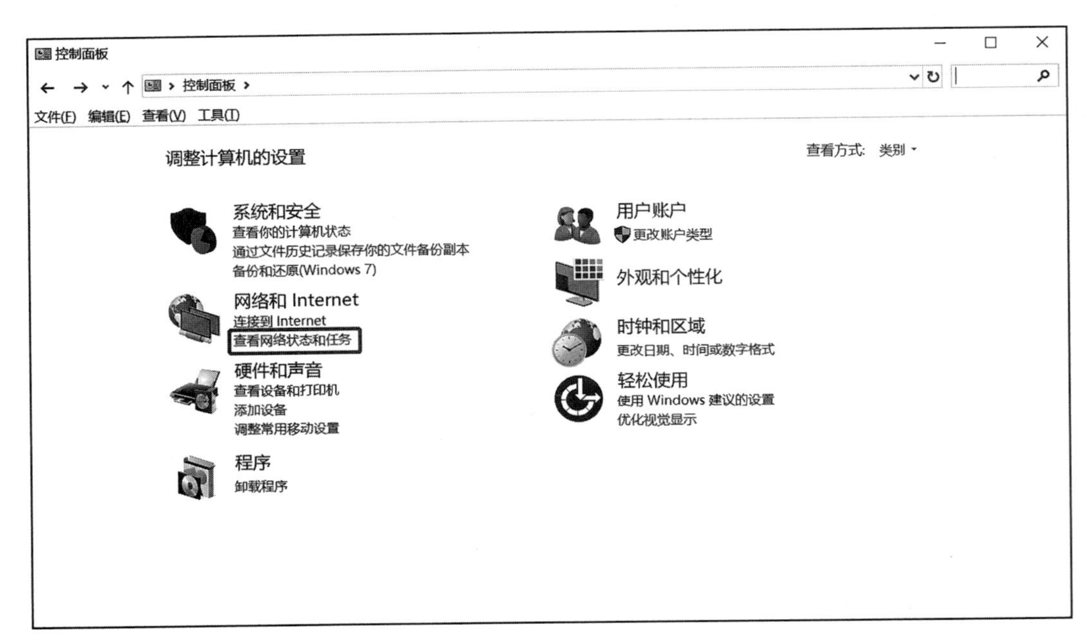

图 6-4 控制面板界面

在新的窗口中选择“更改高级共享设置”选项，在高级共享设置中，展开“专用”选项，如图 6-5、图 6-6 所示，勾选“启用网络发现”及“启用文件和打印机共享”选项，然后保存设置并退出，如图 6-7 所示。

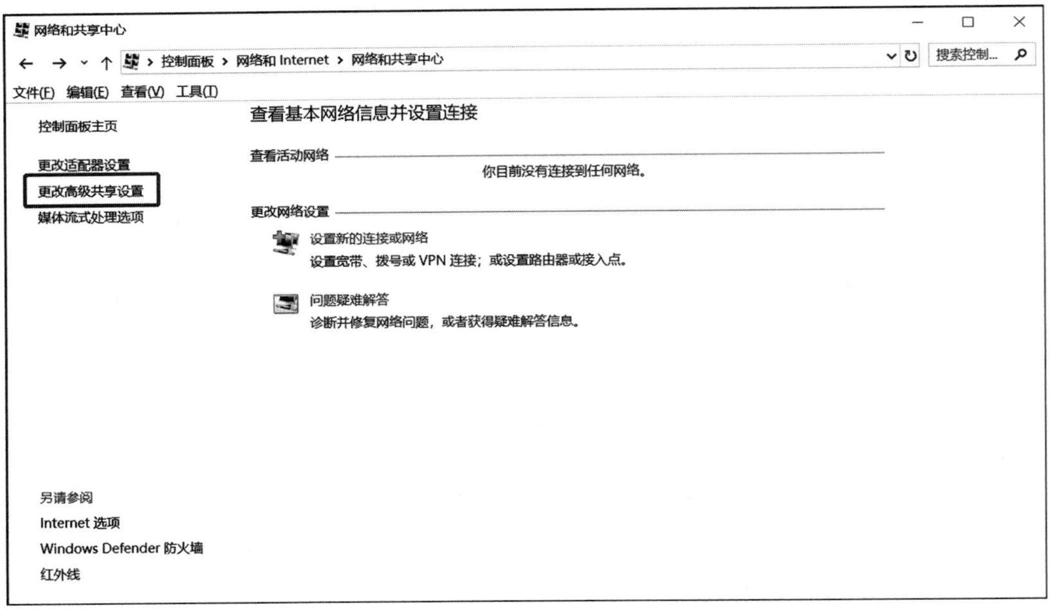

图 6-5 网络和共享中心界面

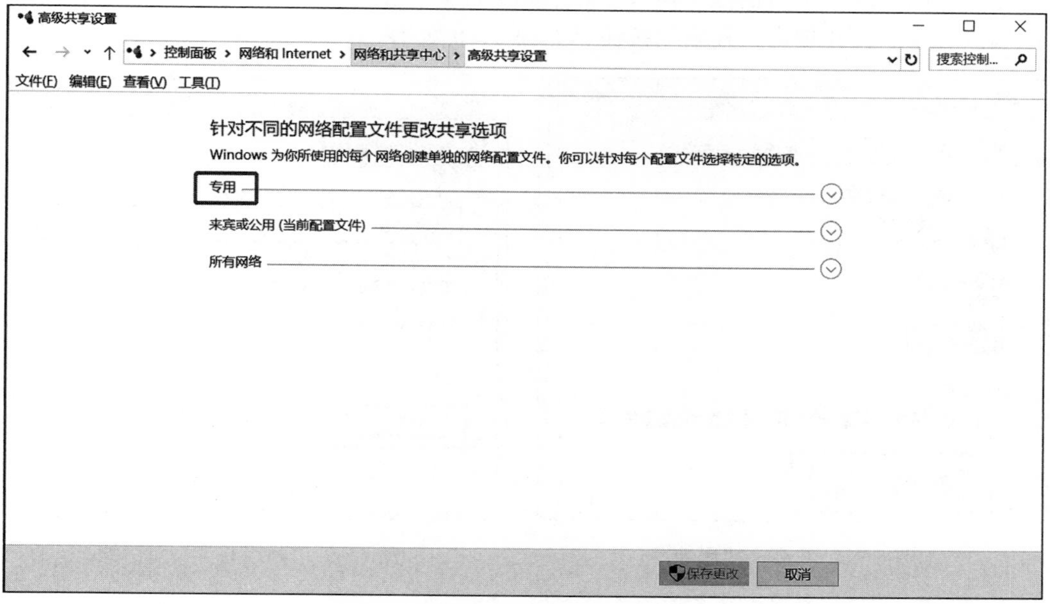

高级共享设置

← → ˅ ↑ › 控制面板 › 网络和 Internet › 网络和共享中心 › 高级共享设置 搜索控制...

文件(F) 编辑(E) 查看(V) 工具(T)

针对不同的网络配置文件更改共享选项

Windows 为你所使用的每个网络创建单独的网络配置文件。你可以针对每个配置文件选择特定的选项。

专用

来宾或公用 (当前配置文件)

所有网络

保存更改 取消

图 6-6 高级共享设置中“专用”选项

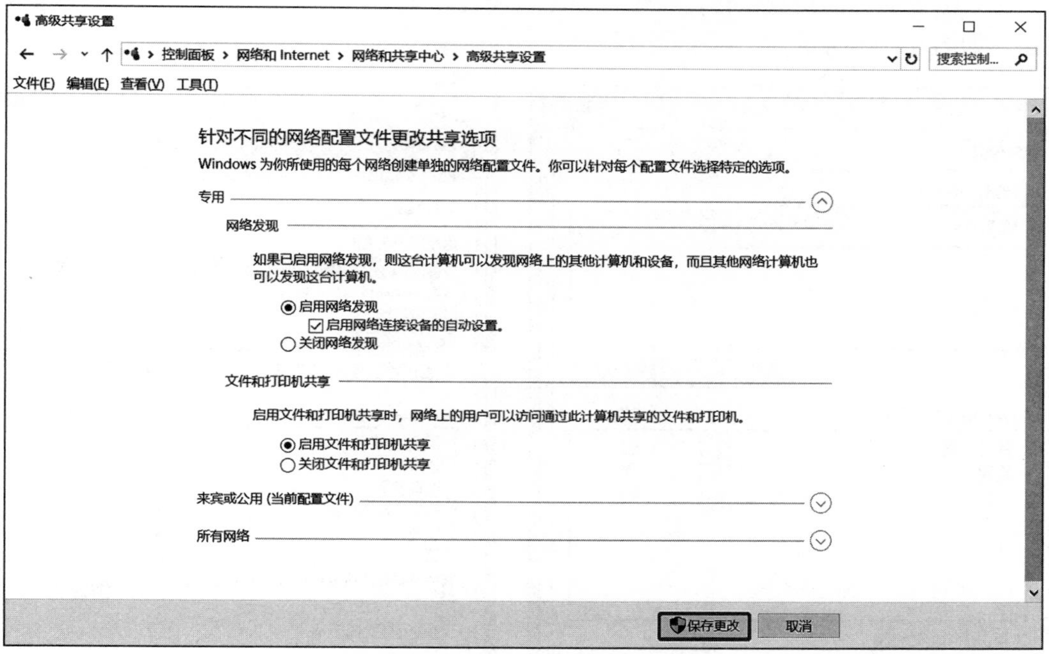

高级共享设置

← → ˅ ↑ › 控制面板 › 网络和 Internet › 网络和共享中心 › 高级共享设置 搜索控制...

文件(F) 编辑(E) 查看(V) 工具(T)

针对不同的网络配置文件更改共享选项

Windows 为你所使用的每个网络创建单独的网络配置文件。你可以针对每个配置文件选择特定的选项。

专用

网络发现

如果已启用网络发现，则这台计算机可以发现网络上的其他计算机和设备，而且其他网络计算机也可以发现这台计算机。

◉ 启用网络发现

☑ 启用网络连接设备的自动设置。

○ 关闭网络发现

文件和打印机共享

启用文件和打印机共享时，网络上的用户可以访问通过此计算机共享的文件和打印机。

◉ 启用文件和打印机共享

○ 关闭文件和打印机共享

来宾或公用 (当前配置文件)

所有网络

保存更改 取消

图 6-7 高级共享设置界面

右键单击要在网络上共享的磁盘或文件夹，在弹出的快捷菜单中选择“属性”，打开“属性”对话框，选择“共享”选项卡，选择“高级共享”按钮，如图 6-8 所示。

在打开的高级共享对话框中勾选“共享此文件夹”复选框并在激活的“共享名”文本框内输入共享名，并单击“权限”按钮，如图 6-9 所示。

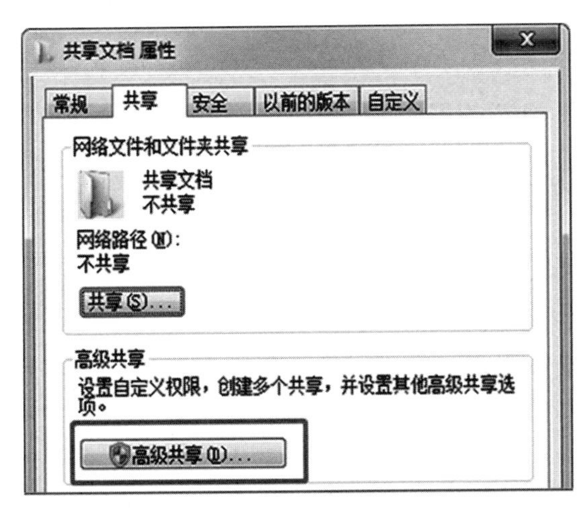

图 6-8　共享文档属性

图 6-9　“高级共享”对话框

在“共享文档的权限”对话框中，选中上方“Everyone”用户，将下方内容全部勾选为“允许”，如图 6-10 所示，设置完毕单击“确定”按钮。

进入需要共享的磁盘位置，右键打开磁盘属性，进入“安全”选项卡，单击“编辑”按钮，如图 6-11 所示。

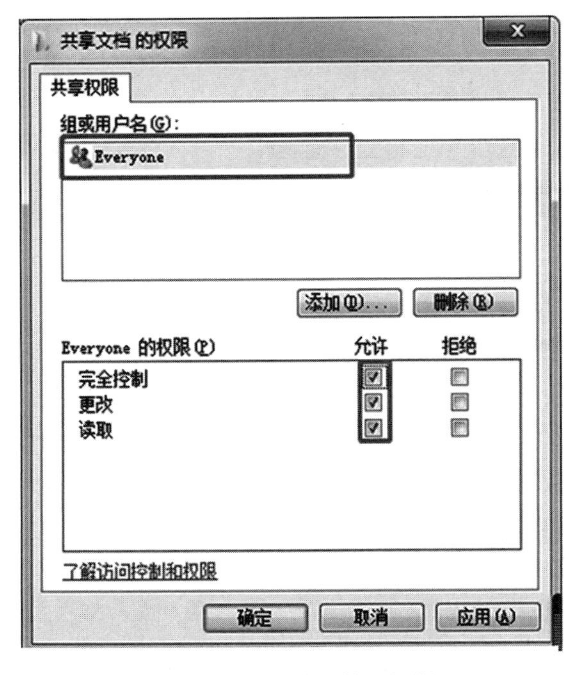

图 6-10　共享文档的权限

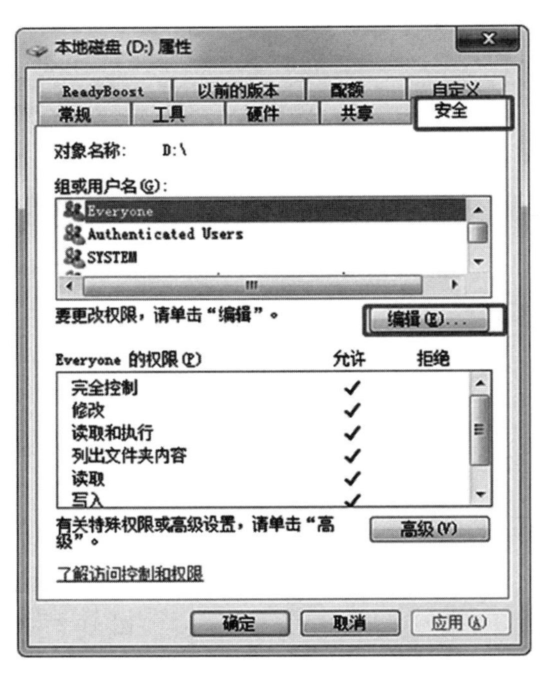

图 6-11　本地磁盘的属性

在新的对话框中选择“添加”，如图 6－12 所示。

在新的对话框中选择“高级”选项，如图 6－13 所示。

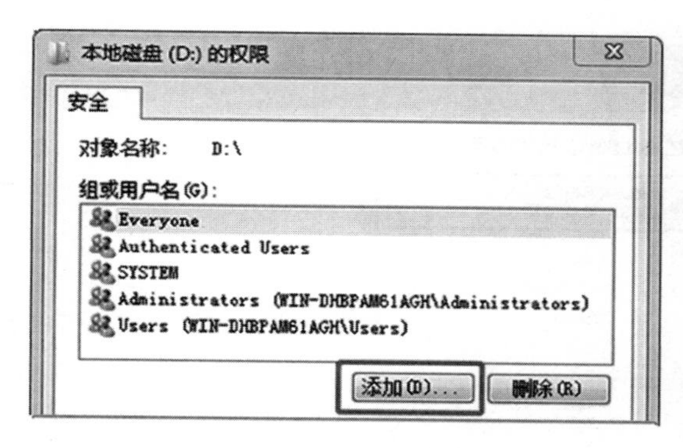

图 6－12　本地磁盘的权限

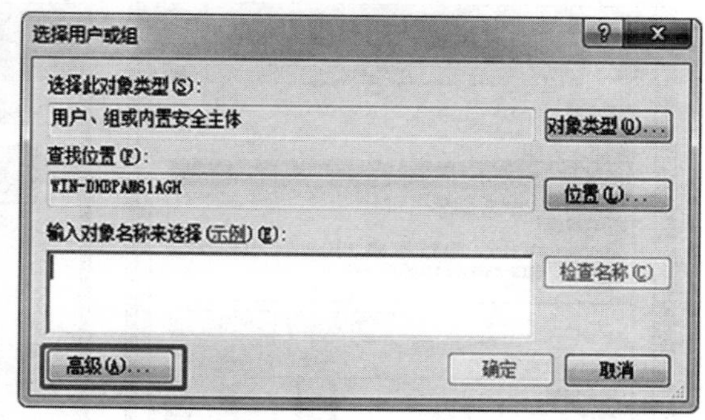

图 6－13　选择用户或组

在新的对话框中选择“立即查找”，并在搜索结果中找到“Everyone”用户，鼠标双击选择，如图 6－14 所示。

操作完毕，可看到 Everyone 被添加到用户中，然后单击“确定”按钮，如图 6－15 所示。

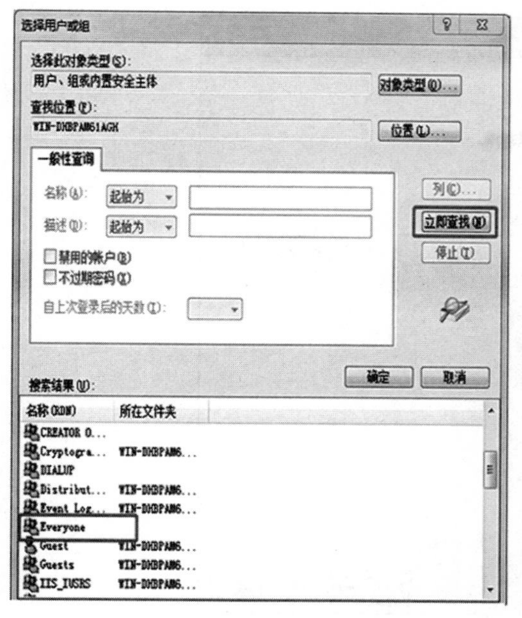

图 6－14　选择 Everyone 用户

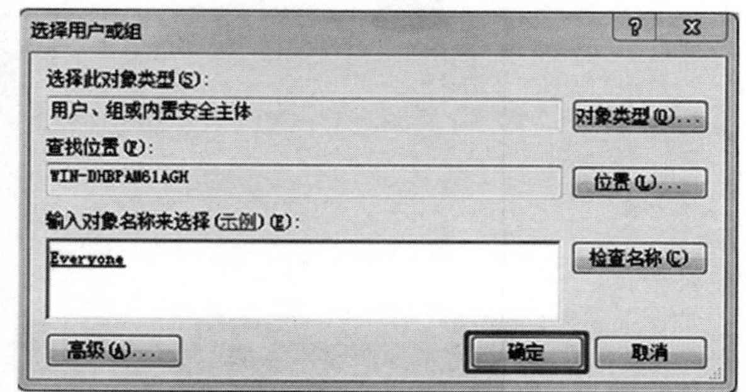

图 6－15　添加 Everyone 选择用户

在“权限”对话框中，选中“Everyone”，并将权限全部勾选为“允许”，单击“确定”按钮，如图 6－16 所示。

在“计算机”窗口中，右键点击空白处，选择“添加一个网络位置”，选择“下一步”，继续选择“选择自定义网络位置”并单击“下一步”，如图 6－17 所示。

在 Internet 地址或网络地址中输入共享文件夹链接，并单击“下一步”按钮。如图 6-18 所示共享文件链接可在共享文件属性内找到。

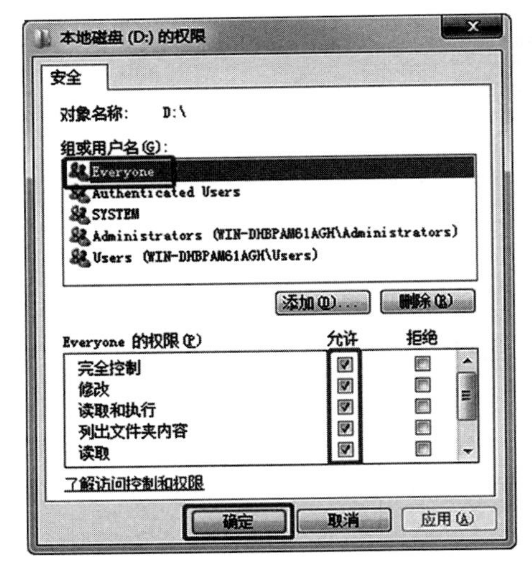

图 6-16 本地磁盘的权限

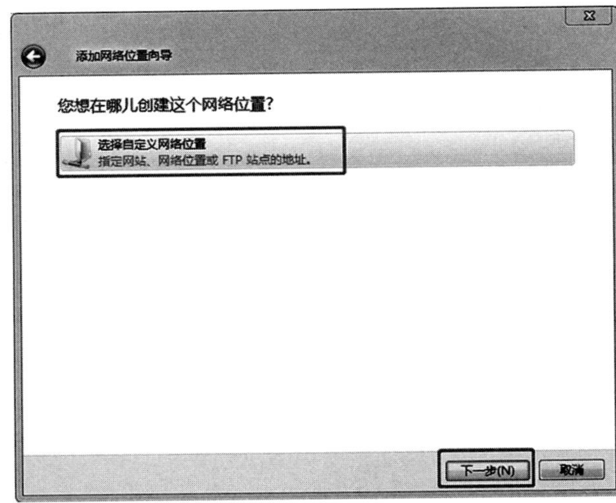

图 6-17 添加网络位置向导 1

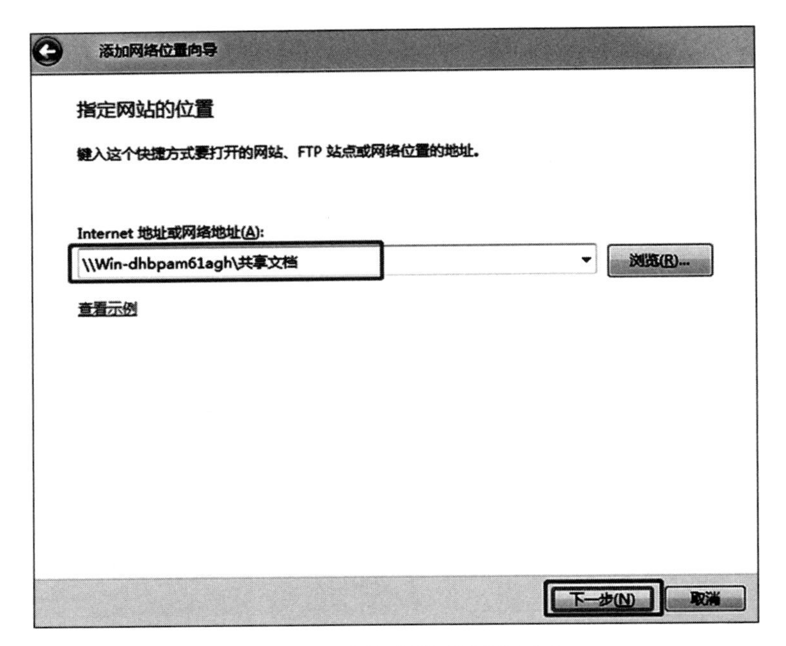

图 6-18 添加网络位置向导 2

在“请键入该网络位置的名称”文本框中可更改名称，并单击“下一步”按钮，如图 6-19 所示。

在添加网络位置向导最后一步中单击“完成”按钮，即可完成文件夹的共享操作，如图 6-20 所示。

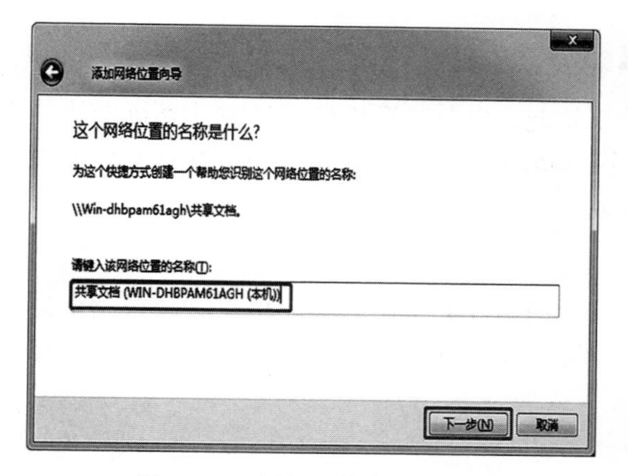

图 6-19 添加网络位置向导 3

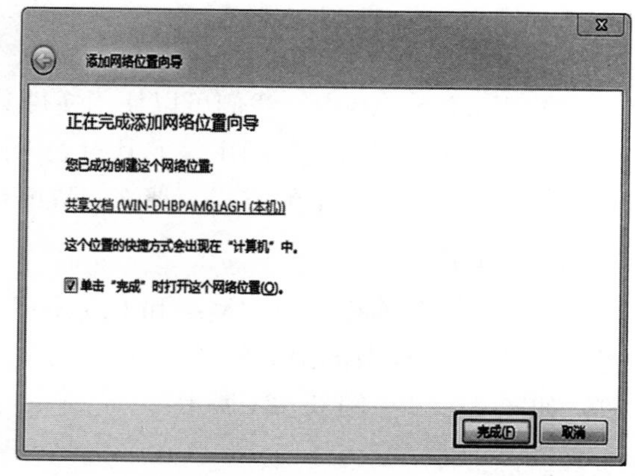

图 6-20 添加网络位置向导 4

（2）设置共享打印机

在"控制面板"窗口中单击"查看设备和打印机"选项，屏幕上出现"设备和打印机"窗口，其中可看到当前已经安装好的打印机。选中此打印机，在其快捷菜单中选择"打印机属性"选项，出现打印机属性窗口，在"共享"选项卡下选择"共享打印机"，设定好打印机的共享名称。单击"应用"按钮，完成打印机共享设置，如图 6-21 所示。

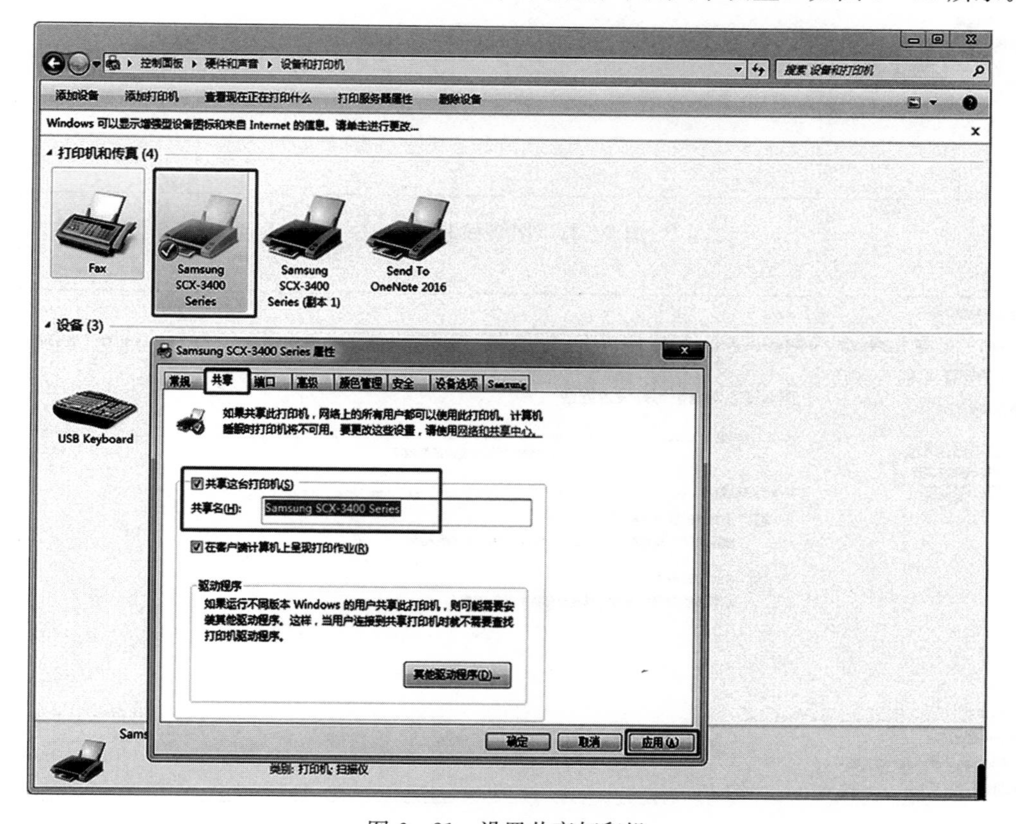

图 6-21 设置共享打印机

2. 设置文件共享

在 Windows 10 中，我们可以使用文件共享功能，以此能轻松访问对方计算机上的共享文件，实现资源的充分利用，尤其对处于同一局域网中的用户，通过设置共享文件夹来实现资源共享是最基本的方式。那么，Windows 10 怎么设置文件共享呢?

方法步骤

打开“控制面板”→“网络和 Internet”→“网络和共享中心”→更改“高级共享设置”，这里唯一要改的地方就是“有密码保护的共享”，选择“无密码保护共享”，保存修改，如图 6-22 至图 6-24 所示。

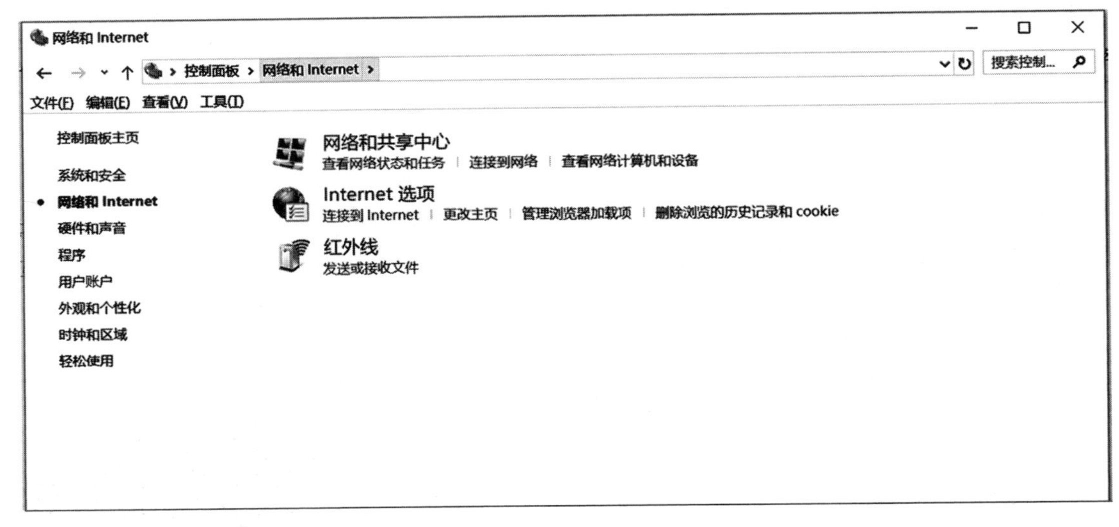

图 6-22　网络和 Internet

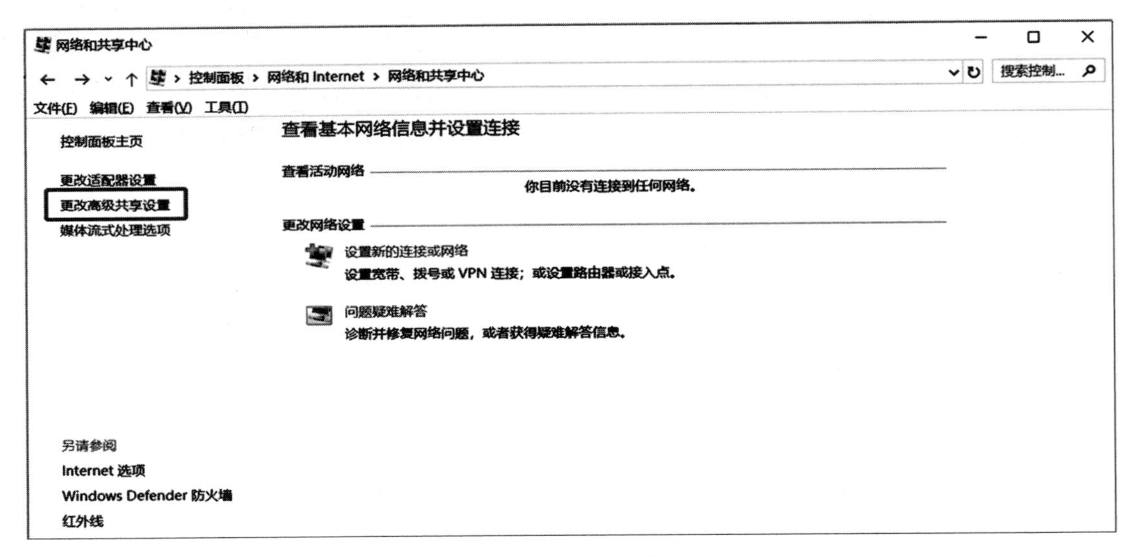

图 6-23　网络和共享中心

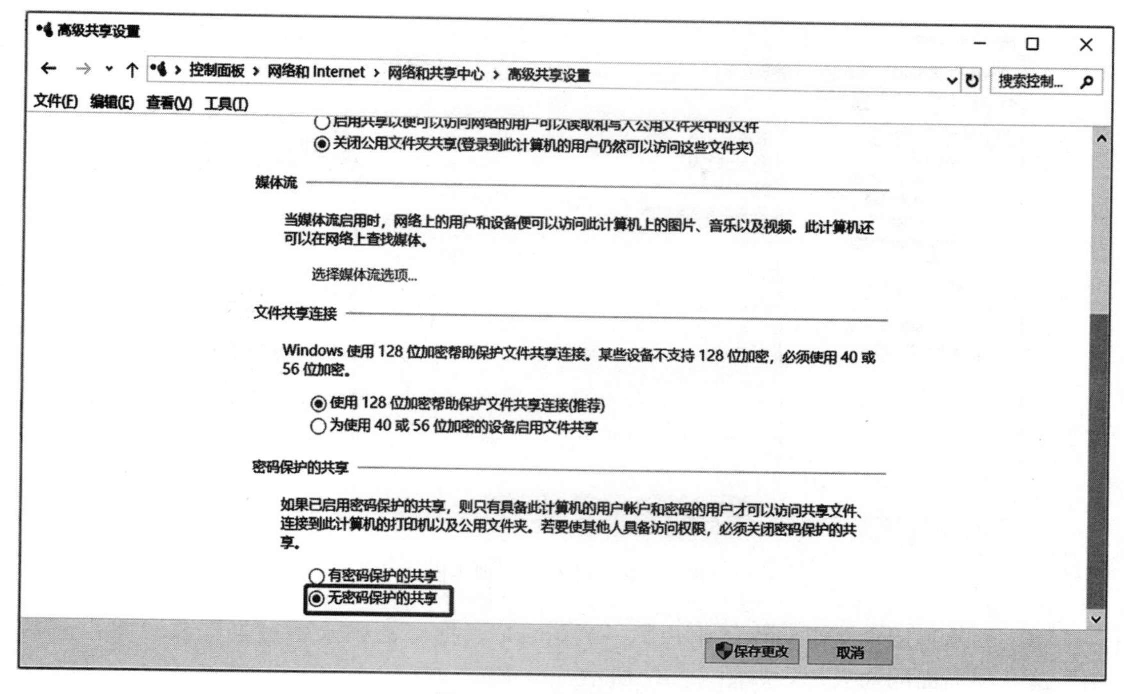

图 6-24　高级共享设置

打开“开始”菜单→“Windows 管理工具”→“计算机管理”选项，如图 6-25 至图 6-26 所示。

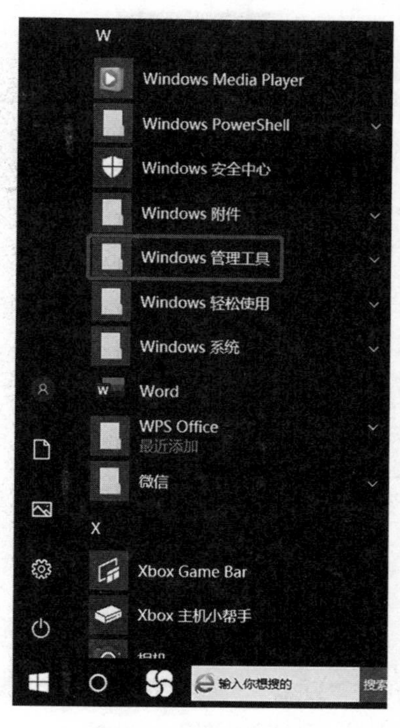

图 6-25　开始菜单

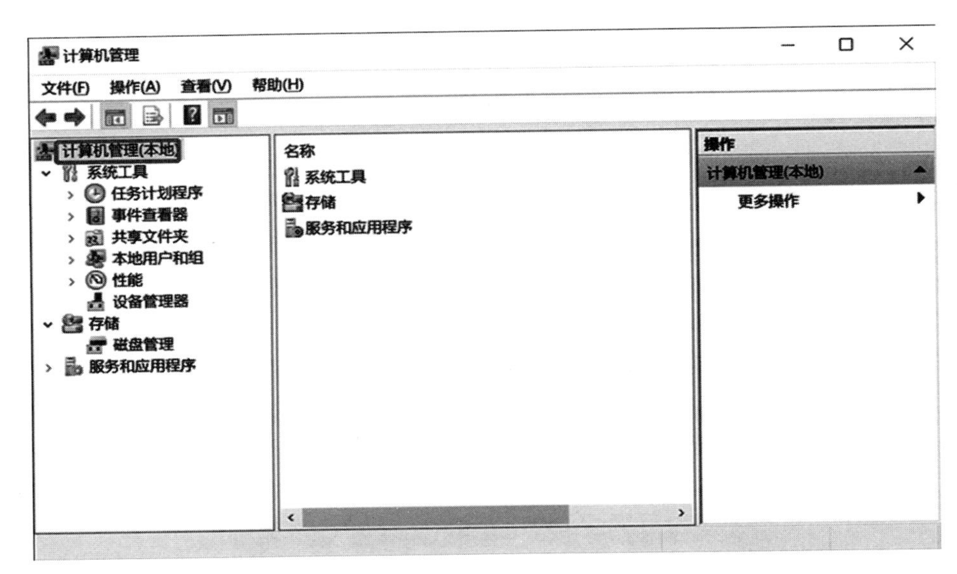

图 6-26 计算机管理界面

单击“本地用户和组”→“用户”→“guest”，把“密码永不过期”和“账户已禁用”这 2 项前面的勾去掉，如图 6-27 所示。

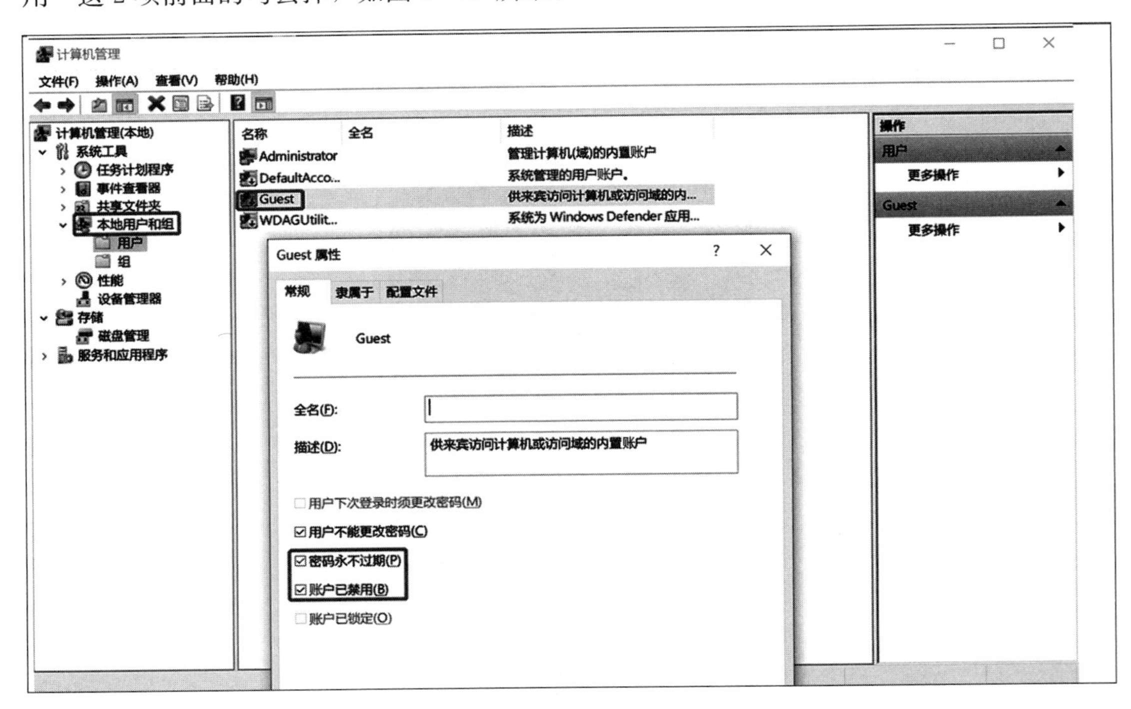

图 6-27 Guest 属性设置

假设要共享的是 D 盘，单击“D 盘”，鼠标右键选择“属性”→“共享”→“高级共享”，勾选“共享此文件夹”，如图 6-28、图 6-29 所示。

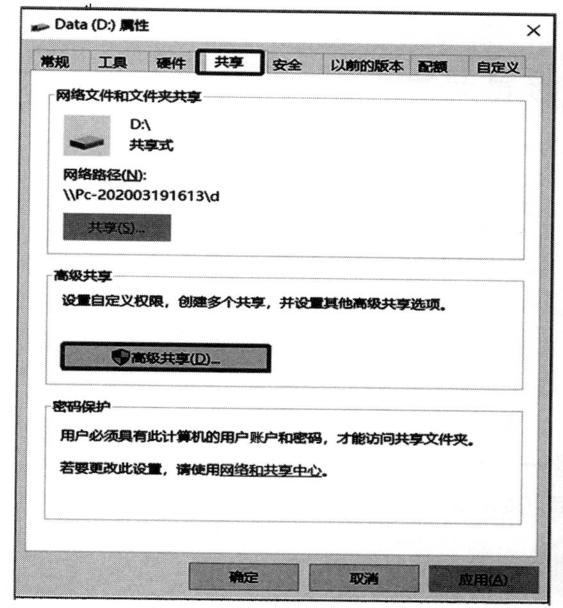

图 6－28　本地磁盘属性

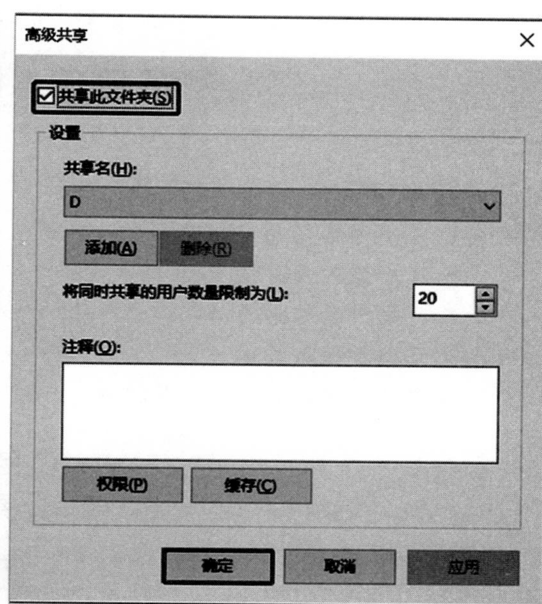

图 6－29　高级共享设置

重启计算机，然后进入“控制面板”→“网络和共享中心”→“网络”，就看到共享的计算机，然后可以进入共享的盘进行拷贝等操作了，如图 6－30 所示。

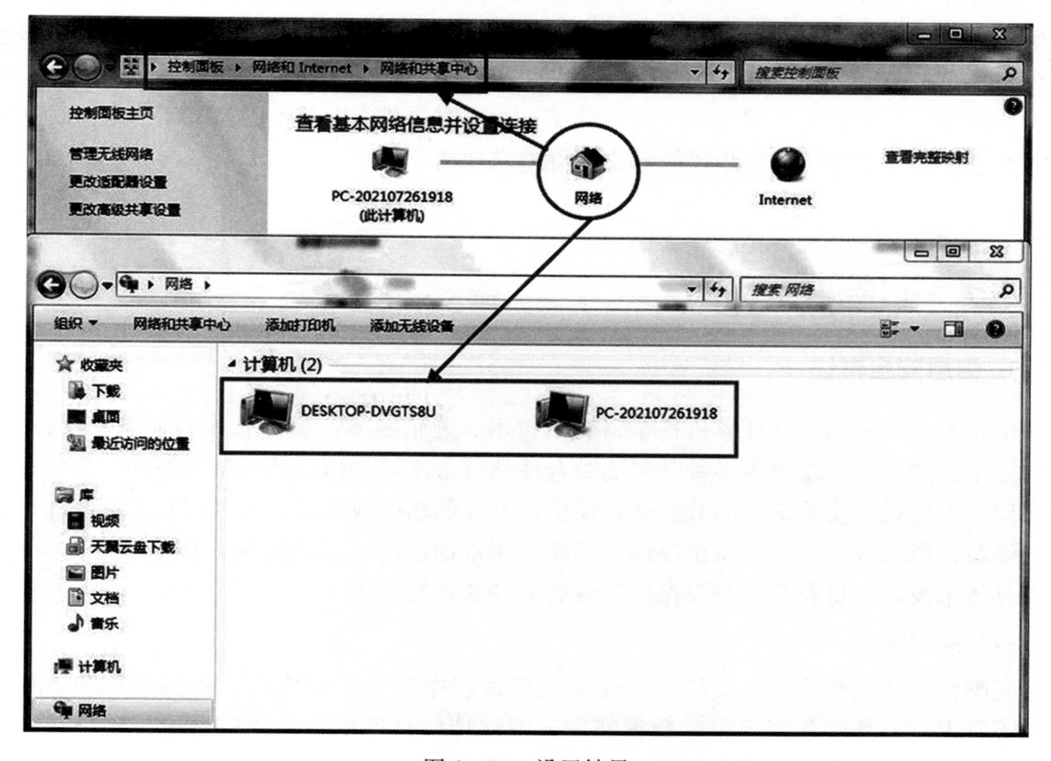

图 6－30　设置结果

项目三　信息安全

任务目标

- 了解网络信息安全
- 了解黑客攻防技术
- 了解计算机病毒
- 了解防火墙技术
- 掌握计算机病毒的防范措施

任务一

查杀计算机病毒

要求：使用本机上已安装的杀毒软件对计算机进行病毒扫描查杀。

任务二

上网搜索网络安全及计算机病毒相关内容

随着计算机技术的飞速发展和互联网的广泛普及，计算机网络已经成为社会发展的重要保障。由于计算机网络涉及政府、军事、文教等诸多领域，存储、传输和处理许多敏感信息，甚至是国家机密，所以难免会受到一些攻击。近年来计算机犯罪率的迅速增加，使各国的计算机系统特别是网络系统面临着很大的威胁，并成为严重的社会问题之一。网络信息安全正随着全球信息化步伐的加快变得越来越重要。

相关知识点

1. 信息安全概述

信息安全是一门涉及计算机科学、网络技术、通信技术、密码技术、信息安全技术、应用数学、数论、信息论等多种学科的综合性学科。主要是指信息网络的硬件、软件、存储介质、网络设备及系统中的数据受到保护，不受偶然的或者恶意的原因而遭到破坏、更改、盗窃、泄露或丢失等，系统连续、可靠、正常地运行，信息服务不中断。

具体来说，信息安全就是要保护信息的 5 种基本特征。

（1）完整性

完整性指信息在传输、交换、存储和处理过程中保持不被修改、不被破坏和不被插入，不延迟、不乱序和不丢失的数据特征，即保持信息原样性，使信息能正确生成、存储、传输，这是最基本的安全特征。

（2）保密性

保密性指信息按给定要求不泄漏给非授权的个人、实体或过程，或提供其利用的特性，即杜绝有用信息泄漏给非授权个人或实体，强调有用信息只被授权对象使用的特征。

（3）可用性

可用性指网络信息可被授权实体正确访问，并按要求能正常使用或在非正常情况下能恢复使用的特征，即在系统运行时能正确存取所需信息，当系统遭受攻击或破坏时，能迅速恢复并能投入使用。可用性是衡量网络信息系统面向用户的一种安全性能。

（4）不可否认性

不可否认性指通信双方在信息交互过程中，确信参与者本身，以及参与者所提供的信息的真实同一性，即所有参与者都不可能否认或抵赖本人的真实身份、提供信息的原样性以及完成的操作与承诺。

（5）可控性

可控性指对流通在网络系统中的信息传播及具体内容能够实现有效控制的特性，即网络系统中的任何信息要在一定传输范围和存放空间内可控。除了采用常规的传播站点和传播内容监控形式外，最典型的如密码的托管政策，当加密算法交由第三方管理时，必须严格按规定可控执行。

2. 黑客攻防技术

网络黑客（hacker）一般指的是计算机网络的非法入侵者，他们大多是程序员，对计算机技术和网络技术非常精通，了解系统的漏洞及其原因所在，喜欢非法闯入并以此作为一种智力挑战而沉醉其中。有些黑客仅仅是为了验证自己的能力而非法闯入，并不会对信息系统或网络系统产生破坏作用，但也有很多黑客非法闯入是为了窃取机密的信息、盗用系统资源或出于报复心理而恶意毁坏某个信息系统等。

（1）黑客的攻击方式

①密码破解。通常采用的攻击方式有字典攻击、假登录程序、密码探测程序等来获取系统或用户的口令文件。

②嗅探（sniffing）与欺骗（spoofing）。嗅探是一种被动式的攻击，又称网络监听，就是通过改变网卡的操作模式让它接受流经该计算机的所有信息包，这样就可以截获其他计算机的数据包文或口令，监听只能针对同一物理网段上的主机，对于不在同一网段的数据包会被网关过滤掉。

欺骗是一种主动式的攻击，即将网络上的某台计算机伪装成另一台不同的主机，目的是欺骗网络中的其他计算机误将冒名顶替者当作原始的计算机而向其发送数据或允许它修改数据。常用的欺骗方式有 IP 欺骗、路由欺骗、DNS 欺骗、ARP（地址转换协议）欺骗以及 Web 欺骗等。

③系统漏洞。漏洞是指程序在设计、实现和操作上存在错误。由于程序或软件的功能一般都较为复杂，程序员在设计和调试过程中总有考虑欠缺的地方，绝大部分软件

在使用过程中都需要不断地改进与完善。被利用最多的系统漏洞是缓冲区溢出（buffer overflow），黑客可以利用这样的漏洞来改变程序的执行流程，转向执行事先编好的黑客程序。

④端口扫描。由于计算机与外界通信都必须通过某个端口才能进行，黑客可以利用一些端口扫描软件对被攻击的目标计算机进行端口扫描，查看该机器的哪些端口是开放的，由此可以知道与目标计算机能进行哪些通信服务。了解目标计算机开放的端口服务后，黑客一般会通过这些开放的端口发送特洛伊木马程序到目标计算机上，利用木马来控制被攻击的目标。

（2）防止黑客攻击的策略

①数据加密。加密的目的是保护系统内的数据、文件、口令和控制信息等，同时也可以保护网上传输数据的可靠性，这样即使黑客截获了网上传输的信息包一般也无法得到正确的信息。

②身份验证。通过密码或特征信息等来确认用户身份的真实性，只对确认了的用户给予相应的访问权限。

③建立完善的访问控制策略。系统应当设置入网访问权限、网络共享资源的访问权限、目录安全等级控制、网络端口和结点的安全控制、防火墙的安全控制等，通过各种安全控制机制的相互配合，才能最大限度地保护系统免受黑客的攻击。

④审计。把系统中和安全有关的事件记录下来，保存在相应的日志文件中，例如记录网络上用户的注册信息，如注册来源、注册失败的次数等，记录用户访问的网络资源等各种相关信息，当遭到黑客攻击时，这些数据可以用来帮助调查黑客的来源，并作为证据来追踪黑客，也可以通过对这些数据的分析来了解黑客攻击的手段以找出应对的策略。

⑤其他安全防护措施。首先不随便从 Internet 上下载软件，不运行来历不明的软件，不随便打开陌生人发来的邮件中的附件。其次要经常运行专门的反黑客软件，可以在系统中安装具有实时检测、拦截和查找黑客攻击程序用的工具软件，经常检查用户的系统注册表和系统启动文件中的自启动程序项是否有异常，做好系统的数据备份工作，及时安装系统的补丁程序等。

3. 计算机病毒

计算机病毒是指编制的或者在计算机程序中插入的破坏计算机功能或者数据，影响计算机使用并且能够自我复制的一组计算机指令或者程序代码。

（1）计算机病毒的基本特征

计算机病毒也是一种计算机程序，但与一般的程序相比，具有以下几个主要特征：

①破坏性。无论何种病毒程序，一旦侵入系统都会对操作系统的运行造成不同程度的影响，轻者会降低计算机的工作效率，占用系统资源，重者破坏计算机中存放的重要数据和文件，导致系统崩溃。在网络时代则通过病毒阻塞网络，导致网络服务中断甚至是整个网络系统瘫痪。

②传染性。计算机病毒一般都具有自我复制功能，并能将自身不断复制到其他文件

内，达到不断扩散的目的。尤其在网络时代，更是通过 Internet 中网页的浏览和电子邮件的收发而迅速传播。

③隐蔽性。计算机病毒一般都不易被人察觉，它们将自身附加在其他可执行程序体内或者隐蔽在磁盘中较隐蔽处，甚至通过修改自身文件名伪装成系统文件。

④潜伏性。大多数病毒在发作之前一般都潜伏在计算机内并不断繁殖自身，当病毒的触发条件满足时就开始破坏行为。不同的病毒有不同的触发机制。

⑤寄生性。计算机病毒一般都依附在它们所感染的文件系统中，随着文件系统的运行而运行，在运行中再感染其他文件。

（2）计算机病毒的分类

从第一个病毒问世以来，病毒的种类多得已经难以准确统计。在 Internet 普及以前，病毒攻击的主要对象是单机环境下的计算机系统，随着网络的出现和 Internet 的普及，计算机病毒开始通过计算机网络来迅速传播。

计算机病毒的分类方法有很多种。通常情况下可以将计算机病毒分为传统单机病毒和现代网络病毒。

①传统单机病毒。

• 文件病毒。一般感染计算机中的可执行文件，病毒寄生在可执行程序体内，只要程序被执行，病毒就被激活。

• 引导型病毒。感染启动扇区和硬盘的系统引导扇区，用病毒的全部或部分代码取代正常的引导记录，只要系统启动，病毒就获得控制权。

• 宏病毒。它是一种寄存在 Office 文档或模板的宏中的病毒，一旦打开带有宏病毒的文档，病毒就会被激活。

• 混合型病毒。既感染可执行文件又感染磁盘引导记录的病毒，中毒计算机开机，病毒就会发作，然后通过可执行程序感染其他程序文件。

②现代网络病毒。

• 蠕虫病毒。蠕虫病毒是一种常见的计算机病毒。它利用网络进行复制和传播，传染途径是通过网络和电子邮件。蠕虫病毒以计算机为载体，以网络为攻击对象，能利用网络的通信功能传播自身功能的拷贝或自身的某些部分到其他计算机系统中，并能自动启动病毒程序。蠕虫病毒不但会大量消耗本机的资源，而且会大量占用网络带宽，导致网络堵塞，最终造成整个网络系统瘫痪。

• 木马病毒。“木马”程序是目前比较流行的病毒文件，它是指在正常访问的程序、邮件附件或网页中包含了可以控制用户计算机的程序，这些隐藏的程序非法入侵并监控用户的计算机，窃取用户的账号、密码等机密信息。与一般的病毒不同，木马病毒不会自我繁殖，也并不“刻意”地去感染其他文件，它通过将自身伪装吸引用户下载执行，向攻击者提供打开用户计算机的门户，使攻击者可以任意毁坏、窃取用户的文件，甚至远程操控用户的计算机。木马病毒一般通过电子邮件、即时通信工具和恶意网页等方式感染用户的计算机，多数都是利用了操作系统存在的漏洞。

（3）计算机病毒的防治

①计算机病毒的预防。计算机病毒防治的关键是做好日常预防工作，从而大大减轻甚

至避免病毒侵入所带来的危害。

a. 建立良好的安全习惯。例如，不打开一些来历不明的邮件及附件，不上一些不太了解的网站、不执行从 Internet 下载后未经杀毒处理的软件等。

b. 关闭或删除系统中不需要的服务。默认情况下，许多操作系统会安装一些辅助服务，如 FTP 客户端、Telnet 和 Web 服务器。这些服务为攻击者提供了方便，而又对用户没有太大用处，如果删除它们，就能大大减少被攻击的可能性。

c. 经常升级操作系统安全补丁。据统计，有 80%的网络病毒是通过系统安全漏洞进行传播的，所以应该定期到操作系统官方网站下载最新的安全补丁，以防范于未然。

d. 使用复杂的密码。有许多网络病毒会通过猜测简单密码的方式攻击系统，因此使用复杂的密码，将会大大提高计算机的安全系数。

e. 迅速隔离受感染的计算机。当计算机发现病毒或异常时应立刻断开网络连接，以防止计算机受到更多的感染，或者成为传播源，再次感染其他计算机。

f. 了解一些病毒知识。这样就可以及时发现新病毒并采取相应措施，在关键时刻使自己的计算机免受病毒破坏。

g. 安装专业的杀毒软件对系统进行全面监控，并定期对杀毒软件进行升级。

h. 安装个人防火墙软件防止黑客攻击。

②计算机病毒的清除。一旦发现计算机出现异常现象，如计算机运行迟钝、反应缓慢，某些软件不能正常使用，文件被莫名其妙的删除等，都有可能感染了计算机病毒，应尽快对计算机进行病毒的查杀处理，一旦发现应立即清除，以免造成不必要的损失。常用清除病毒的方法有以下几种：

a. 使用杀毒软件。使用杀毒软件能方便地确认计算机系统是否感染了病毒并及时处理。杀毒软件一般都具有实时监控功能，能够监控所有打开的磁盘文件、下载的文件、内存以及收发的邮件等，一旦检测到计算机病毒，就能立即给出警报。

b. 使用病毒专杀工具。病毒专杀工具一般只针对某个特定的病毒进行清除。

c. 手动清除病毒。这种清除病毒的方法要求操作者具有一定的计算机专业知识，能利用一些工具软件找到感染病毒的文件，手动进行清除。

(4) 防火墙技术

防火墙技术是一种系统保护措施，是用来阻挡外部不安全因素影响的内部网络屏障，其目的是防止外部网络用户未经授权的访问。防火墙可以按照用户事先规定的方案控制信息的流入和流出，降低受到黑客攻击的可能性，从而大大提高一个内部网络的安全性。目前，防火墙采取的技术主要是包过滤、应用网关、子网屏蔽等。

①防火墙的基本功能。防火墙的主要功能体现在“包过滤”和“代理”两个方面。

包过滤功能：包过滤功能是防火墙所要实现的最基本的功能。即在网络层中对所传递的数据有选择地放行。现在的防火墙已经由最初的地址、端口判定控制，发展到判断通信报文协议头的各部分，以及通信协议的应用层命令、内容、用户认证、用户规则，甚至状态检测等。防火墙不仅可以有效地阻止来自外网的攻击，还可以防止内部信息的外泄。通过利用防火墙对内部网络的划分，可以实现内部网重点网段的隔离，从而限制局部重点或敏感网络的安全问题对全局网络造成的影响。

代理功能：防火墙可以提供的代理功能分为“传统代理”和“透明代理”两类。代理服务器是介于浏览器和 Web 服务器之间的一台服务器，其功能就是代理网络用户去取得网络信息，是网络信息的中转站。浏览器不是直接访问 Web 服务器取回网页而是向代理服务器发出请求，由代理服务器来取回浏览器所需要的信息并传送给用户的浏览器。传统方式下，用户需要通过访问代理服务器网站地址或者手动在计算机上指定代理服务器 IP 地址来使用代理服务器。透明代理是指内网主机在需要访问外网主机时，不需要做任何设置，完全感觉不到防火墙的存在，从而完成通信。其基本原理是防火墙截取内网主机与外网通信，然后由防火墙本身完成与外网的通信，并把结果传回给内网主机。

②防火墙的分类。防火墙技术有多种形式，有的以软件的形式运行在普通计算机上，有的以固件的形式设计在路由器中。防火墙按照其在网络工作的不同层次可以分为 4 类，即网络级防火墙（也称为包过滤防火墙）、应用级网关、电路级网关和规则检查防火墙。

网络级防火墙：网络级防火墙一般是基于源地址和目的地址、协议以及每个 IP 包的端口，做出通过与否的判断，主要是用来防止整个网络出现外来非法入侵。网络级防火墙会检查每一条规则来判断是否某规则与包中的信息相匹配，如果没有任何规则相匹配，则使用默认规则。通常情况下，防火墙的默认规则是丢弃该包。

应用级网关：应用级网关能够检查进出的数据包，并通过网关复制传递数据，防止受信任服务器及客户机与不受信任的主机之间直接建立联系。应用级网关能够使用应用层上的协议，做出一些复杂的访问控制，因而具有较好的安全性。通常使用应用网关或代理服务器来区分各种应用。例如，可以只允许通过访问 HTTP 的应用，而阻止 FTP 应用的通过。

电路级网关：电路级网关用来监控接受信任的客户或不受信任的主机间 TCP 握手信息，以此来决定该会话是否合法。电路级网关是在会话层上过滤数据包。

规则检查防火墙：规则检查防火墙结合了网络级防火墙、电路级网关和应用级网关的特点。它能够在网络层上通过 IP 地址和端口号过滤进出的数据包，且能依靠通过已知合法数据包来比较进出数据包的算法来识别进出应用层的数据，比应用级网关在过滤数据包上更有效。

项目四　Internet 概述

任务目标

- 了解 Internet
- 了解 IP 地址与域名基础知识
- 掌握信息搜索方法
- 掌握电子邮件使用方法

• 任 务 一 •

上网搜索“计算机等级考试”相关的内容

要求：将搜索到的内容以“计算机等级考试.txt”命名保存到自己的文件夹下。

• 任 务 二 •

发送邮件

要求：将搜索到的“计算机等级考试.txt”文档以附件的形式发送到老师的邮箱里，主题为“班级+名字”，邮件内容自定。

相关知识点

Internet 又称为国际互联网，是一个由各种类型不同、规模不等、独立运行和管理的计算机网络组成的世界范围的、巨大的计算机互联网络，是一个全球性的、开放的信息资源网络。Internet 是通过分层结构实现的，它包含了物理网、协议、应用软件、信息四大部分。其中物理网是 Internet 的物质基础，它是由世界上各个地方接入 Internet 中来的大大小小网络软硬件及网络拓扑结构各异的局域网、城域网和广域网通过成千上万的路由器或网关及各种通信线路连接而成的。Internet 互联网络采用的是 TCP/IP 网络协议。Internet 的核心是全球信息共享，包括文本、图形、图像、音频和视频等多媒体信息。Internet 好比一个包罗万象、无比庞大的图书馆，连接到其中的全球任何地方的一台计算机就好比是开启了通往图书馆的一扇大门，不管何时何地任何人都可以进入图书馆汲取养分。

1. 接入 Internet

(1) Internet 连接方式

要想使用 Internet，必须首先使用自己的主机或终端通过某种方式与 Internet 进行连接。所谓 Internet 连接实际上只要与已经在 Internet 上的某一主机进行连接就可以了。一旦完成这种连接过程也就与整个 Internet 接通了，这是 Internet 的优点之一。Internet 的连接方式主要有三种：主机方式、网络方式和仿真终端方式。

(2) 常用 Internet 接入方式

用户连接进入 Internet 通常采用的方式如下：

①拨号上网。拨号上网指的是用户的个人计算机通过电话线连接进入 Internet 的一种上网方式。拨号上网需要一个调制解调器（Modem），一条电话线以及一套拨号上网软件，同时还要到提供拨号上网服务的某个 ISP 申请一个上网账号或者使用公用的上网账号。拨号上网的速度较慢，目前 Modem 的最快速度为 56Kbps。在拨号上网时，用户不能同时使用该电话线打电话、发传真等。

②ISDN 上网。综合服务数字网（Integrated Service Digital Network，ISDN），又称

"一线通",是一种利用电话线同时传输多种信息的上网方式。在用户的个人计算机上安装专用的ISDN适配器与电话线连接,就可以通过电话线上网,并且在上网同时,仍然可以打电话、发传真等,互不影响。其上网的速度也快于普通的拨号上网,可达128Kbps。

③专线上网。专线上网不需要电话线,而是直接用专用电缆或双绞线将用户个人计算机连接到某个Internet主机上,并且自己拥有一个独立的IP地址。使用专线上网用户的计算机上需要安装专用的网卡及其驱动程序,开机即可上网。专线连接上网可以使用Internet上的所有服务,且服务性能好,数据传输速度快,但费用也相对较高。如现在一些大、中城市推出的中国电信宽带网、广电宽带网、城域宽带网等都属于专线上网。

④局域网上网。若用户的个人计算机接入某个已连入Internet的局域网中,则在接入该局域网的同时也具备了接入Internet的能力。通过局域网上网的用户首先要连接到局域网的服务器上,这需要在用户的计算机上安装一块网卡和相应的驱动程序;其次,还需要在用户的计算机上安装TCP/IP,配置相应的网关、IP地址等参数。通过局域网上网的用户拥有自己的固定IP地址,可以访问Internet提供的所有服务。

⑤ADSL上网。非对称数字用户环路技术(Asymmetrical Digital Subscriber Loop,ADSL)也是一种利用电话线上网的方式。其非对称环路指的是这种传输技术的上行与下行数据的传输速度不同,是不对称的。其理论下载速度可以达到1.5~9Mbps,上传速度为64~640Kbps。ADSL上网需要购买专用的ADSL Modem。

⑥无线上网。无线接入使用无线电波将移动端系统和ISP的基站连接起来,基站又通过有线方式连入Internet。目前无线上网可以分为两种,一种是无线局域网,以传统局域网为基础,通过无线AP和无线网卡构建的一种无线上网方式;另一种是无线广域网,通过电信服务商开通数据功能,以计算机通过无线上网卡达到无线上网的接入方式,如CDMA无线上网卡、GPRS无线上网卡、3G无线上网卡等。

目前,Internet接入方式有很多种,按大类分为窄带接入和宽带接入。以上介绍的采用Modem通过电话线拨号上网和采用ISDN通过电话线和ISDN适配器接入属于窄带接入,其他的基本上都属于宽带接入方式。

2. 网络地址

在庞大而复杂的Internet中,不同网络终端间要进行通信和交流,那么就要给每个终端都要分配一个唯一的标识符,以便在网络中能够被识别和找到。网络地址就是一种标识符,用于标记设备在网络中的位置。

(1) IP地址

在任何一个物理网络中,对其内部每台计算机进行寻址所使用的地址称为物理地址。物理地址通常固化在网卡的ROM中,也称为MAC地址。每块网卡都有一个唯一的MAC地址,通常用6个字节来表示。如"52-54-AB-22-40-87"(十六进制),其中包含了厂商代码和产品序号。

在Internet上为每台计算机指定的地址称为IP地址。它是IP提供的一种统一格式的地址。每一个IP地址在Internet上是唯一的,是运行TCP/IP的唯一标识。物理地址对应于实际的信号传输过程,而IP地址是一个逻辑意义上的地址。

在 Windows 10 中，选择“开始”→“运行”命令，打开“运行”对话框，输入命令“cmd”按 Enter 键，打开 Windows 的命令行窗口，在命令行窗口内键盘输入“ipconfig/all”命令后按 Enter 键，可以查看当前计算机上网卡的状态，包括它的物理地址和 IP 地址，如图6－31所示。

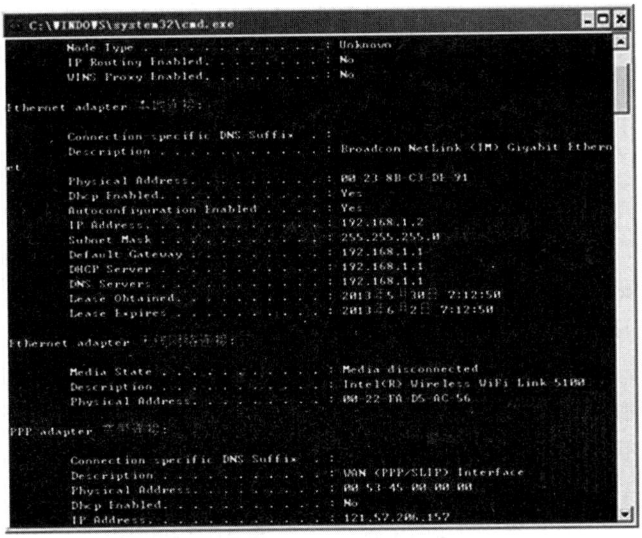

图 6－31　查看当前计算机网卡状态

（2）IP 地址的格式

TCP/IP 规定：IP 地址（IPv4）由 32 位二进制数组成，每 8 位二进制数（1B）为一段，共分四段（4B），每段对应一个 0～255 的十进制数，各段之间用点号分隔。IP 地址格式为：×××.×××.×××.×××。例如，192.168.15.109，这种格式的地址被称为点分十进制地址。

（3）IP 地址的类型

IP 地址采用分层结构，由“网络地址＋主机地址”组成。根据网络规模的大小分为 A、B、C、D、E 五种类型，如图 6－32 所示。其中 A 类、B 类和 C 类地址为基本地址。

①A 类 IP 地址：一个 A 类 IP 地址是指在 IP 地址的四段号码中，第一段号码为网络号码，剩下的三段号码为本地计算机的号码。如果用二进制表示 IP 地址的话，A 类 IP 地址就由 1 字节的网络地址和 3 字节主机地址组成，网络地址的最高位必须是“0”。A 类 IP 地址中网络的标识长度为 7 位，主机标识的长度为 24 位。第一字节对应的十进制范围是 0～127，由于地址 0 和 127 有特殊的用途，因此有效地址范围是 1～126，即有 126 个 A 类网络。A 类网络地址数量较少，可以用于主机数达 1 600 多万台的大型网络。

②B 类 IP 地址：一个 B 类 IP 地址是指在 IP 地址的四段号码中，前两段号码为网络号码，后两段号码为本地计算机的号码。如果用二进制表示 IP 地址的话，B 类 IP 地址就由 2 字节的网络地址和 2 字节的主机地址组成，网络地址的最高两位必须是“10”。B 类 IP 地址中网络的标识长度为 14 位，主机标识的长度为 16 位，第一字节地址范围在 128～191 之

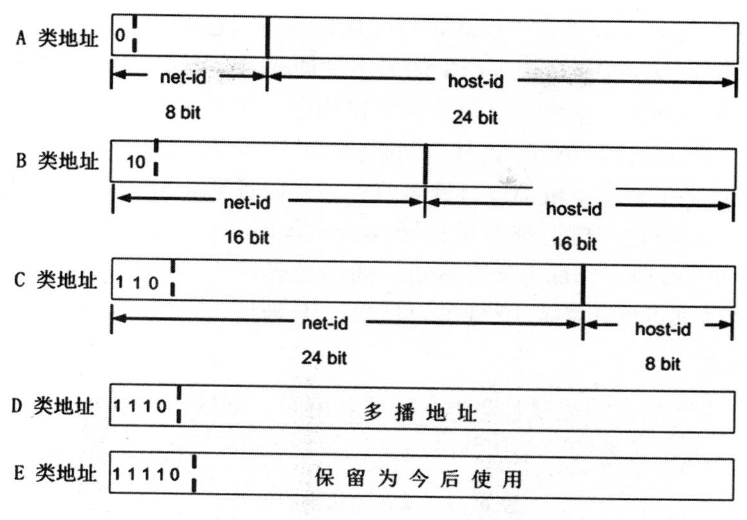

图 6-32 各类 IP 地址的结构

间，B类网络地址适用于中等规模的网络，每个网络所能容纳的计算机数为 6 万多台。

③C 类 IP 地址：一个 C 类 IP 地址是指在 IP 地址的四段号码中，前三段号码为网络号码，剩下的一段号码为本地计算机的号码。如果用二进制表示 IP 地址的话，C 类 IP 地址就由 3 字节的网络地址和 1 字节的主机地址组成，网络地址的最高 3 位必须是“110”。C 类 IP 地址中网络的标识长度为 21 位，主机标识的长度为 8 位，第一字节地址范围在 192～223 之间。C 类网络地址数量较多，适用于小规模的局域网络，每个网络最多只能包含 254 台计算机。

(4) 子网掩码

子网掩码（subnet mask）又称网络掩码、地址掩码、子网络遮罩，它是一种用来指明一个 IP 地址的哪些位标识的是主机所在的子网以及哪些位标识的是主机的位掩码，也是一个 32 位的模式。子网掩码不能单独存在，它必须结合 IP 地址一起使用。子网掩码的作用是识别子网和判别主机属于哪一个网络，其设置规则是：IP 地址中表示网络地址部分中的那些位，子网掩码的对应位设置为 1，对应主机地址部分的那些位设置为 0。

例如，锡林郭勒职业学院的地址 61.138.102.206，属于 C 类，它默认的子网掩码是 255.255.255.0。同理，A 类地址的默认子网掩码是 255.0.0.0，B 类地址的默认子网掩码是 255.255.0.0。

3. 域名系统

IP 地址对计算机等机器设备来说很容易识别和理解，但对于人来说就变得很困难。为了解决这一问题，Internet 引入了一种字符型的主机命名机制——域名地址系统，用来标记主机。

(1) 域名系统

域名系统由域名空间划分、域名管理、地址转换三部分组成。TCP/IP 采用分层次结构方法命名域名，将名字分成若干层次，每个层次只管自己的内容。

一个命名系统，以及按命名规则产生的名字管理和名字与 IP 地址的对应方法称为域名系统。典型的域名结构为：主机名．单位名．机构名．国家名。例如，oa. xlglvc. edu. cn 域名表示中国（cn）教育机构（edu）锡林郭勒职业（xlglvc）校园网上的一台主机（oa）。

Internet 上几乎每一个子域都设有域名服务器，服务器中包含有该子域的全体域名和地址信息。Internet 每台主机上都有地址转换请求程序，负责域名与 IP 地址的转换。域名和 IP 地址之间的转换工作称为域名解析。通过域名解析（DNS）系统，凡是在域名空间中有定义的域名都可以转换成 IP 地址，反之，IP 地址也可以转换成域名。

（2）顶级域名

顶级域名分为区域名和类型名两类。区域名用两个字母表示世界上的国家和地区，如 cn 表示中国，hk 表示香港等。常用顶级类型域名如表 6－1 所示。

表 6－1 常用顶级类型域名

域名	含义	域名	含义
com	商业机构	mil	军事机构
net	网络服务机构	org	非营利机构
edu	教育机构	web	以 WWW 活动为主的单位
gov	政府机构	info	提供信息服务的单位
int	国际组织	arpa	ARPANET 机构

（3）中国互联网域名体系

中国互联网络正式注册并运行的顶级域名是 CN。在顶级域名之下，我国的二级域名又分为类型域名和行政区域名两类。类型域名共 6 个，见表 6－2。行政区域名有 34 个，分别对应于我国各省、自治区和直辖市，一般采用两个字符的汉语拼音表示。例如，bj（北京市）、sh（上海市）、sd（山东省）、hk（香港特别行政区）等。

表 6－2 中国互联网类型域名

域名	含义	域名	含义
as	科研机构	gov	政府部门
com	工商金融企业	net	互联网络信息中心和运行中心
edu	教育机构	org	非营利组织

4. WWW 概述

WWW 是 Word Wide Web 的缩写，译为“万维网”或“全球信息网”，简称 Web。万维网是 Interent 最重要的一种应用，人们通过 Web 进行信息浏览和查询。人们常常把万维网和 Interent 混为一谈，其实并非如此。有人形象地把 Interent 比作纵横交错的公路网，而万维网则是成千上万在公路上跑的汽车。Web 中有无数的多媒体文件供用户访问，人们使用 Interent 的最主要目的是访问这些文件。这些文件是用超文本标记语言（Hyper Text Makeup Language，HTML）写成的，称为超文本文件。超文本文件是一种含有文本、图形、图像、声音视频的多媒体文件，并能实现与其他文件的非顺序网状链接，这种链接称为超链接（hyperlink）。Web 中信息的传输基于超文本传输协议（HTTP）。WWW 的超文本服务的运作机制比较复杂，但它提供给用户的使用界面是简单而统一的。无论我们访问哪一类 Internet 资源，只要使用 WWW 浏览器就可以以超文本的形式选择链接，轻松自由地在全世界所有连接到 Internet 的计算机上随意浏览、查询自己需要的信息。

下面简单介绍与 WWW 相关的名词：

①超文本标记语言（HTML），它是一种专门用于编写超文本文件的编程语言。超文本文件由文本、格式代码以及指向其他文件的超链接组成。超文本文件的扩展名通常为 .html 或 .htm。

②网络站点（Web site）又称为 Web 网点。一个 Web 网点就是一个 Web 服务器，负责管理由各种信息组成的各个超文本文件，随时准备响应远程 Web 浏览器发来的浏览请求，为用户提供所需要的超文本文件。

③网页（Web page）又称 Web 页。Web 服务器上的每一个超文本文件就是一个 Web 页。

④主页（Home page）又称 Web 首页。每个 Web 服务器都有一个用于展示自己的风貌，介绍自己能够提供的信息服务，具有自己独特风格的超文本文件。该文件通常是其所在 Web 服务器的入口网页，故称为主页或首页。

⑤统一资源定位器（Uniform Resource Locator，URL）。为了唯一地确定 WWW 上的每个 Web 页面的位置，采用了一种称为统一资源定位器的 URL 地址。每个 Web 页面有一个唯一的 URL 地址，也就是网页地址。URL 由 3 部分组成：传输协议：//主机 IP 地址或者域名地址/资源所在路径和文件名。如锡林郭勒职业学院 Web 服务器中有关学院概况的网页 URL 地址为：

http：//www. xlglvc. cn/sdfi/sdfi _ intro. php 其中的“http：//”表示以超文本传输协议进行数据传输；“www. xlglvc. cn”为锡林郭勒职业学院 Web 服务器的主机域名；“/sdfi/sdfi _ intro. php”为介绍学院概况的超文本文件所在的路径及其文件名。

5. 网络浏览器

网络浏览器的主要功能是解释统一资源定位器和超文本文件，并为用户提供一个友好的界面。无论用户所需的信息在什么地方，只要浏览器为用户找到后，就可以将这些信息（文字、图片、动画、声音等）“提取”到用户的计算机屏幕上。由于 Web 采用了超文本链接，只需轻轻单击鼠标，就可以很方便地从一个信息页转到另一个信息页。WWW 环境中曾经使用最多的网页浏览器主要是美国 Microsoft（微软）公司的 Internet Explorer，在 2022 年 5 月 16 日，微软官方发布公告，称 IE 浏览器于 2022 年 6 月 16 日正式退役，此后其功能将由 Edge 浏览器接棒，Microsoft Edge 是由微软开发的基于 Chromium 开源项目及其他开源软件的网页浏览器，简洁的风格和便捷的操作远胜微软之前的 IE 浏览器。

以 Microsoft Edge 为例说明网络浏览器的使用。首先，双击电脑桌面上的“Microsoft Edge”图标，或者单击“开始”按钮，在“开始”菜单中选择“Microsoft Edge”图标，启动浏览器。其次，在 Edge 浏览器窗口的地址栏里输入要访问的网页地址。这里如果是通用的 HTTP 协议和 WWW 服务的话，可以直接输入后面的部分，如访问锡林郭勒职业学院的主页可以直接在地址栏里输入 www. xlglvc. cn，而不用输入前缀 https://。

利用浏览器可将网页下载到本地机上。下载的网页是静态格式，可以使用网页编辑器进行编辑。例如，要下载和保存锡林郭勒职业学院主页，方法如下：

①使用浏览器打开锡林郭勒职业学院的主页（www. xlglvc. cn），如图 6 - 33 所示。

图 6 - 33　锡林郭勒职业学院主页

②单击“设置及其他”→“更多工具”选项，选择“将页面另存为”选项，如图 6 - 34 所示。

图 6 - 34　保存网页

③ 在弹出的“另存为”对话框中选择保存路径，如“D:\娜仁”，如图 6-35 所示。

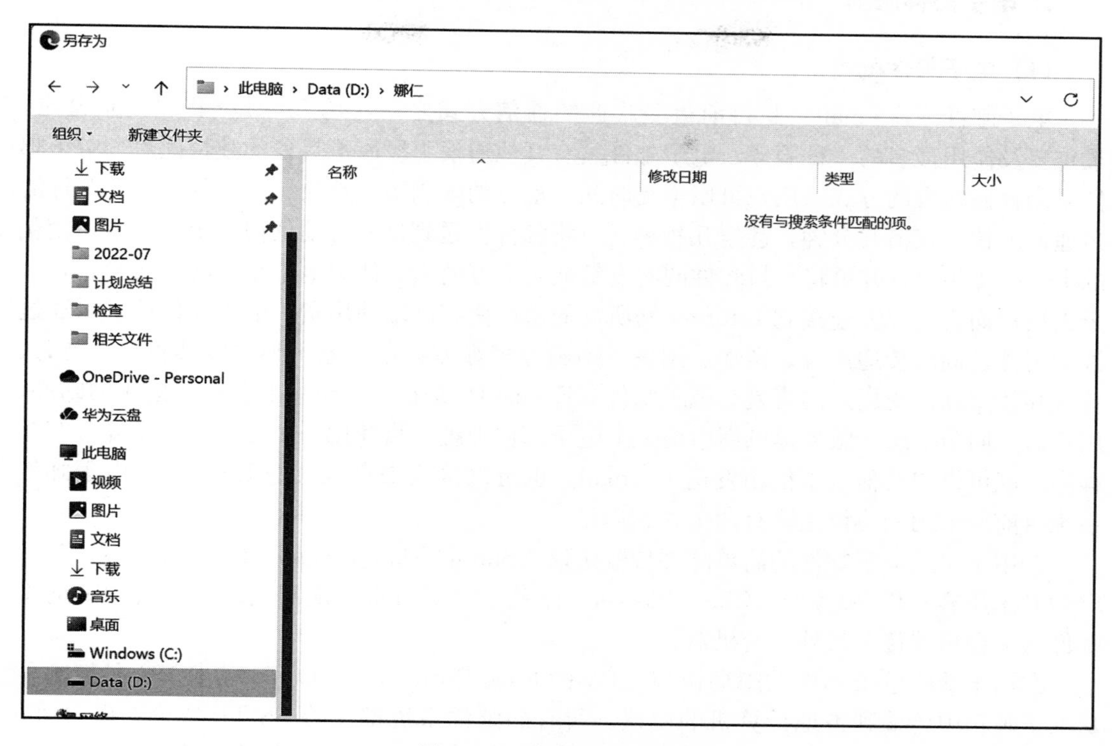

图 6-35 保存网页对话框

6. 信息搜索

信息搜索网站的搜索引擎是 Internet 上的一个 WWW 服务器，它使用户在数百万计的网站中实现快速查找信息成为可能。目前，Interent 上的搜索引擎很多，都可以进行如下工作：

①能主动搜索 Interent 中其他 WWW 服务器的信息，并收集到搜索引擎服务器中。

②能对收集的信息分类整理，自动索引并建立大型搜索引擎数据库。

③能以浏览器界面的方式为用户进行信息查询。

以“百度搜索”为例，进行信息搜索的方法如下：

①打开 Microsoft Edge 浏览器，在地址栏里输入“百度”网址 http://www.baidu.com。

②在搜索框内输入需要查询的内容，按 Enter 键，或者单击搜索框右侧的百度搜索按钮，就可以得到最符合查询需求的网页内容。

注意：输入多个词语搜索（不同字词之间用一个空格隔开），可以获得更精确的搜索结果。

7. 电子邮件服务

(1) 电子邮件概述

电子邮件（E-mail）是目前最受欢迎的通信方式之一，是Internet提供的最基本、最重要及使用最多的一种服务。电子邮件具有其他通信手段所不具备的独特优点。电子邮件采用存储转发的方式，用户可以不受时间、地点的限制随意地收、发邮件。电子邮件的传递速度快，仅需几分钟，甚至几秒钟就可将邮件发送到世界各地任何一个拥有电子信箱的Internet用户，并可将一封邮件同时发给成千上万的人。使用电子邮件的价格便宜，对个人用户而言，仅需连接到Internet网所需的市话费和网络使用费。电子邮件还可以通过添加附件，同时传递声音、图形、图像、动画等多媒体数据。电子邮件以其省时、省力、省钱和效率高而受用户的喜爱。电子邮件（E-mail）是在Internet上发送和接收的邮件。用户需要向Internet服务提供商申请一个电子邮件地址，再使用一个合适的电子邮件客户程序，就可以向其他电子信箱发送E-mail，也可以接收来自他人的E-mail。电子邮件系统目前所采用的协议主要有两个，它们是：

①用于发送电子邮件的简单邮件传输协议（Simple Mail Transfer Protocol，SMTP）。SMTP采用客户机/服务器（Client/Server）结构，主要负责在底层的邮件系统中如何将邮件从一台机器传至另外一台机器。

②用于接收电子邮件的邮局协议（Post Office Protocol 3，POP3）。POP3是把邮件从电子邮箱中传输到本地计算机的协议。所有的邮件系统都支持SMTP协议，而POP3对于某些具有赠送性质的邮件服务器则可能不支持。这些邮件服务器支持实时信息系统，也就是必须在线才可能读到相关的信息。

(2) 电子邮箱地址与账号设置

使用电子邮件的先决条件是必须拥有一个电子邮箱（mail box）。电子邮箱是由Internet服务提供商（Internet Server Provide，ISP）为用户在其邮件服务器上建立的一个E-mail账户。E-mail账户包括用户名（user name）和用户密码（user password）。每一个电子邮箱都有唯一的一个邮箱地址，称为电子邮箱地址（E-mail address）。

完整的电子邮箱地址由两部分组成，其格式为：用户名@电子邮件服务器域名。第一部分为邮箱用户名，第二部分为邮件服务器计算机的网络域名，两部分用“@”分隔。例如，一个标准的电子邮箱为：12345@yahoo.com。

电子邮件信息由ASCII文本组成，主要包括两个部分。第一部分是一个头部（header）相当于信封，包括发送人、接收人的电子邮箱地址，以及内容主题、发送日期等信息。第二部分是正文（body），为要发送的信件的具体内容。电子邮件还可在邮件本身之外携带若干个文件作为附件一起发送给收件人。如图6-36所示，是一封简单邮件的内容和格式。

(3) 免费邮箱的申请

电子邮箱是由用户在提供邮件服务的网站上申请获得的。申请成功后，用户就可以根据自己的电子邮箱的用户名（user name）和密码（password）登录到电子邮箱中，并通

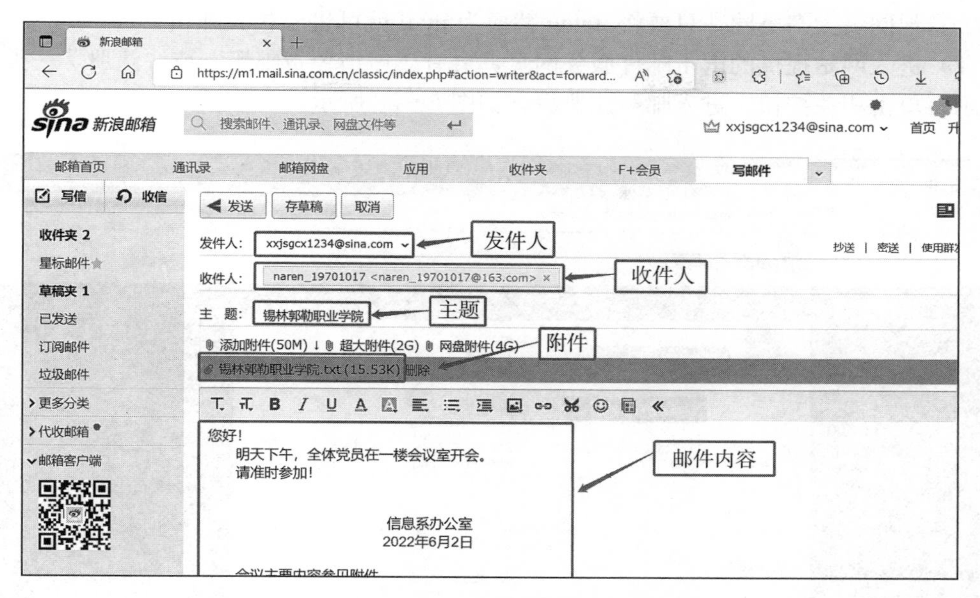

图 6-36　邮件格式实例

过邮件服务器给其他用户发送邮件，也可以接收别人发给自己的邮件。登录免费邮箱页面，如图 6-37 所示。

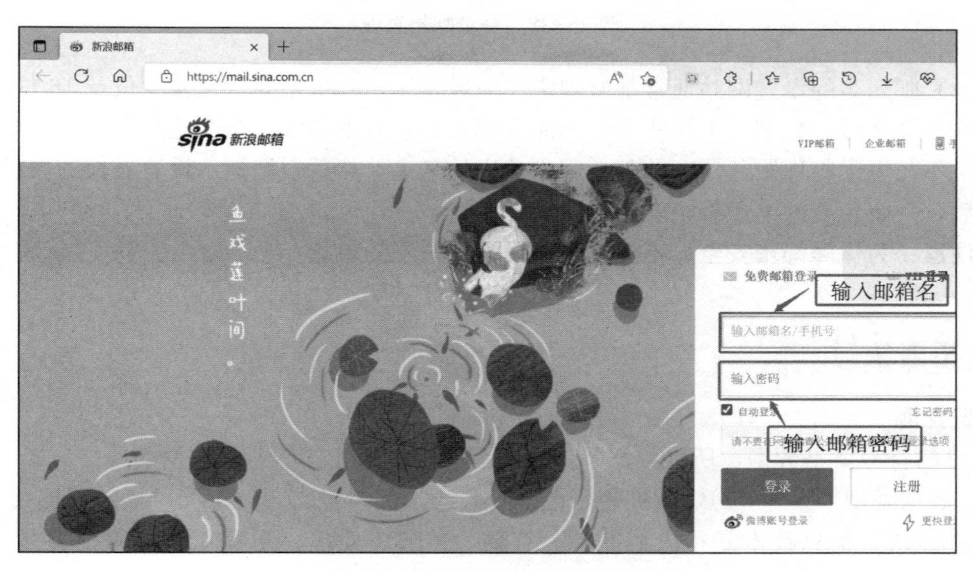

图 6-37　登录邮箱页面

目前很多网站都提供免费电子邮箱服务，如雅虎、新浪、Tom 等。在 WWW 网页上申请电子邮箱的步骤如下：

（1）假如要在新浪网（网址是 www. sina. com）申请一个免费邮箱，只要将网址中的“www”替换为“mail”就可以进入 mail. sina. com，这就是所在网站提供电子邮件服务的网页。其他网页大多类同，只要将 www 替换为 mail 就可进入相关邮箱页。

（2）进入网站提供的电子邮件服务网页，会有“申请免费邮箱”或“注册”一类的文字提示。单击相关按钮，进入邮箱注册页，如图 6－38 所示。

图 6－38　登录邮箱页面

（3）邮箱名的设置网站通常都有规定：一般是 4～16 位之间（包含 4 位及 16 位），使用小写英文字母、数字、下划线等，不能全部是数字或下划线。按照此规定设定一个比较易记且不与电子邮件服务器上的其他用户冲突的名字，然后根据提示设置其他的项目，提交之后，一个免费的电子邮箱就申请成功了。

注意：为保障邮箱安全，不要将密码设置得过于简单。

拓展练习

一、选择题

1. 信息的符号就是数据，所以数据是信息的具体表示形式，信息是数据的（　　）。

   A. 数据类型　　B. 数据表示范围　　C. 逻辑意义　　D. 编码形式

2. 简单地讲，信息技术是指人们获取、存储、传递、处理、开发和利用的相关（　　）技术。

   A. 多媒体数据　　B. 信息资源　　C. 网络资源　　D. 科学知识

3. IP 地址是一串难以记忆的数字，人们用域名来代替它，完成 IP 地址和域名之间转换工作的是（　　）服务器。

   A. DNS　　B. URL　　C. UNIX　　D. ISP

4. 下列关于 IP 的说法错误的是（　　）。

A. IP 地址在 Internet 上是唯一的
B. IP 地址由 32 位十进制数组成
C. IP 地址是 Internet 上主机的数字标识
D. IP 地址指出了该计算机连接到哪个网络上

5. 我国政府部门要建立 www 网站，其域名的后缀应该是（　　）。
A. com. au　　B. gov. au　　C. gov. cn　　D. net. cn

6. 域名服务器上存放着 INTERNET 主机的（　　）。
A. 域名　　B. IP 地址
C. 电子邮件地址　　D. 域名和 IP 地址的对照表

7. www. people. com. cn 表示一个网站的（　　）。
A. IP 地址　　B. 电子邮箱　　C. 域名　　D. 网络协议

8. 在 Internet 的域名中，代表计算机所在国家或地区的符号“. cn”是指（　　）。
A. 中国　　B. 美国　　C. 俄罗斯　　D. 加拿大

9. 网站的计算机域名地址是 www163. net，其相应的地址是 202. 108. 255. 203，以下说法正确的是（　　）。
A. 域名地址和 IP 地址没有任何联系
B. 域名地址和 IP 地址是等价，域名地址便于记忆
C. 上网浏览时只有键入 www. 163. net，才可登录 163. net 网站
D. 上网浏览只有键入 202. 108. 255. 203，才可登录 163. net 网站

10. 在 Internet 服务中，用于远程登录的是（　　）。
A. FTP　　B. E－mail　　C. HTTP　　D. Telnet

11. 超文本又称为超媒体，其原因是超文本中（　　）。
A. 包含文本信息　　B. 包含图像、声音等多媒体信息
C. 包含二进制字符　　D. 有链接到其他文本的链接点

12. Internet 访问资源是采用了（　　）。
A. 客户/服务器　　B. 浏览器/服务器
C. 移动/服务器　　D. 以上都不对

13. 客户端从服务器接收电子邮件所采用的协议是（　　）。
A. HTTP　　B. SMTP　　C. SNMP　　D. POP3

14. 下列属于 OSI 参考模型第三层的是（　　）。
A. 传输层　　B. 会话层　　C. 网络层　　D. 数据链路层

15. TCP/IP 指的是（　　）。
A. 文件传输协议　　B. 网际协议
C. 超文本传输协议　　D. 一组协议的总称

二、判断题

1. 信息是自然界、人类社会和人类思维活动中普遍存在的一切物质和事务的属性。（　　）
A. 正确　　B. 错误

2. 所谓计算机文化，就是以计算机为核心，集网络文化、信息文化、多媒体文化于一体，

并对社会生活和人类行为产生广泛影响的新型文化。（ ）

A. 正确 B. 错误

3. 计算机文化是伴随着计算机的出现而出现的。（ ）

A. 正确 B. 错误

4. HTTP 的中文名称是网络传输协议。（ ）

A. 正确 B. 错误

5. 信息的符号化就是数据。（ ）

A. 正确 B. 错误

6. 根据 TCP/IP 的规定，IP 地址由 4 组 8 进制数字构成。（ ）

A. 正确 B. 错误

7. Internet 域名中的域类型“com”代表单位的性质一般是商业。（ ）

A. 正确 B. 错误

模块七
新一代信息技术

科技创新改变生活，新一代信息技术包括云计算、物联网和大数据技术。云计算是一种分布式并行计算，由通过各种联网技术相连接的虚拟计算资源组成，通过一定的服务获取协议，以动态计算资源的形式来提供各种服务；物联网是一个基于互联网、传统电信网等的信息承载体，它让所有能够被独立寻址的普通物理对象形成互联互通的网络；大数据是需要新处理模式才能具有更强的决策力、洞察发现力和流程优化能力来适应海量、高增长率和多样化的信息资产。

项目一　云计算技术

任务目标

- 了解云计算的基本概述
- 了解云计算的特征
- 了解云计算的分类
- 了解云计算的架构

任　务

浏览云计算的相关资料

要求：查找云计算的相关资料（网络、书籍）。

相关知识点

“云”实质上就是一个网络，狭义上讲，云计算就是一种提供资源的网络，使用者可以随时获取“云”上的资源，按需求量使用，并且可以看成是无限扩展的，只要按使用量付费就可以。从广义上说，云计算是与信息技术、软件、互联网相关的一种服务，这种计算资源共享池称为“云”，云计算把许多计算资源集合起来，通过软件实现自动化管理，只需要很少的人参与，就能让资源被快速提供。

总之，云计算不是一种全新的网络技术，而是一种全新的网络应用概念，云计算的核心概念就是以互联网为中心，在网站上提供快速且安全的云计算服务与数据存储，让每一个使用互联网的人都可以使用网络上的庞大计算资源与数据中心。

1. 云计算的特征

通过分析云计算的定义，可以看出云计算的特征主要有以下四点：

①硬件和软件都是资源，通过互联网以服务的方式提供给用户。在云计算中，资源已经不限定在诸如处理器、网络宽带等物理范畴，而是扩展到了软件平台、Web 服务和应用程序的软件范畴。

②这些资源都可以根据需要进行动态扩展和配置。

③这些资源在物理上以分布式的共享方式存在，但最终在逻辑上以单一整体的形式呈现。对于分布式的理解有两个方面：一方面，计算密集型的应用需要并行计算来提高运算效率；另一方面，指地域上的分布式。云计算中的分布式资源向用户隐藏了实现细节，并最终以单一整体的形式呈现给用户。

④用户按需使用云中的资源，按实际使用量付费，而不需要管理它们。

2. 云计算的分类

（1）云计算可以按服务类型分类，所谓服务类型，就是指为其用户提供什么样的服务；通过这样的服务，用户可以获得什么样的资源。目前业界普遍认为可以分为三类：

①基础设施云（infrastructure cloud）。这种云为用户提供的是底层的、接近于直接操作硬件资源的服务接口。通过调用这些接口，用户可以直接获得计算和存储能力，而且非常自由灵活，几乎不受逻辑上的限制。但是用户需要进行大量的工作来设计和实现自己的应用，因为基础设施云除了为用户提供计算和存储等基础功能外，不进一步做任何应用类型的假设。

②平台云（platform cloud）。这种云为用户提供一个托管平台，用户可以将他们所开发和运营的应用托管到云平台中。但是，这个应用的开发部署必须遵守该平台特定的规则和限制，如语言、编程框架、数据存储模型等。

③ 应用云（application cloud）。这种云为用户提供可以为其直接所用的应用，这些应用一般是基于浏览器的，针对某一项特定的功能。但是，它们也是灵活性最低的，因为一种应用云只针对一种特定的功能，无法提供其他功能的应用。

（2）云计算也可以按服务方式分类，业界按照云计算提供者与使用者的所属关系为划分标准，将云计算分为以下三类：

①公有云（public cloud）。公有云是由若干企业和用户共享使用的云环境。在公有云中，用户所需的服务由一个独立的、第三方云提供商提供。该云提供商也同时为其他用户服务，这些用户共享这个云提供商所拥有的环境。

②私有云（private cloud）。私有云是指为企业或组织所专有的云计算环境。在私有云中，用户是这个企业或组织的内部成员，这些成员共享着该云计算环境所提供的所有资源，公司或组织以外的用户无法访问这个云计算环境提供的服务。

③企业云（enterprise cloud）。企业云是专门应用在商业领域的商业云系统，专门设计客户管理软件、数据库软件等企业内部系统给商业公司使用的云系统。

一般中小型企业和创业公司将选择公有云，而金融机构、政府机关和大型企业则更倾向于选择私有云或混合云。

3. 云架构的基本层次

云计算中的云按服务方式分类其实已经包含了云架构（cloud architecture）的基本层次。云架构通过虚拟化、标准化和自动化的方式有机地整合了云中的硬件和软件资源，并通过网络将云中的服务交付给用户。云架构分为以下三个基本层次。

①基础设施（infrastructure）层。它是经过虚拟化后的硬件资源和相关管理功能的集合。云的硬件资源包括计算、存储和网络等资源。该层通过虚拟化技术抽象物理资源，实现了内部流程自动化和资源管理优化。从而向外部提供动态、灵活的基础设施层服务。

②平台（platform）层。它处于中间位置，是具有通用性和可复用性的软件资源的集合，为云应用提供了开发、运行、管理和监控的环境。能够更好地满足云的应用在可伸缩性、可用性和安全性等方面的要求。

③应用（application）层。它是云上面应用软件的集合，这些应用构建在基础设施层提供的资源和平台层提供的环境之上，通过网络交付给用户。云应用既可以是广大群体的标准应用，也可以是定制的服务应用，或者是用户开发的多元应用。

4. 云计算的关键技术

云计算是一种新兴的计算模式，其发展离不开自身独特的技术和所涉及的一系列其他传统技术的支持。

①快速部署（rapid deployment）。自数据中心诞生以来，快速部署就是一项重要的功能需求。数据中心管理员和用户一直在追求更快、更高效、更灵活的部署方案。云计算环境对快速部署的要求将会更高。首先，在云环境中资源和应用不仅变化范围大而且动态性高，用户所需的服务主要采用按需部署方式。其次，不同层次云计算环境中服务的部署模式是不一样的。另外，部署过程所支持的软件系统形式多样，系统结构各不相同，部署工具应能适应被部署对象的变化。

②资源调度（resouce despatching）。资源调度指在特定环境下，根据一定的资源使用规则，在不同资源使用者之间进行资源调整的过程。这些资源使用者对应着不同的计算任务，每个计算任务在操作系统中对应于一个或者多个进程。虚拟机的出现使得所有的计算任务都被封装在一个虚拟机内部。虚拟机的核心技术是虚拟机监控程序，它在虚拟机和底层硬件之间建立一个抽象层，把操作系统对硬件的调用拦截下来，并为该操作系统提供虚拟的内存和 CPU 等资源。目前 Vmware ESX 和 Citrix XenServer 可以直接运行在硬件上。由于虚拟机具有隔离性，可以采用虚拟机的动态迁移技术来完成计算任务的迁移。

③大规模数据处理（massive data processing）。以互联网为计算平台的云计算，将会更广泛地涉及大规模数据处理任务。由于大规模数据处理操作非常频繁，很多研究者在从事支持大规模数据处理的编程模型方面的研究。当今世界最流行的大规模数据处理的编程模型是 MapReduce 编程模型。MapRduce 编程模型是将一个任务分成很多更细粒度的子任务，这些子任务能够在空闲的处理节点之间调度，使得处理速度越快的节点处理越多的任务，从而避免处理速度慢的节点延长整个任务的完成时间。

④大规模消息通信（massive message communication）。云计算的一个核心理念就是资源和软件功能都是以服务的形式发布的，不同服务之间经常需要进行消息通信协作，因此，可靠、安全、高性能的通信基础设施对于云计算的成功至关重要。异步消息通信机制可以使得云计算每个层次中的内部组件之间及各个层次之间解耦合，并且保证云计算服务的高可用性。目前，云计算环境中的大规模数据通信技术仍在发展阶段。

⑤大规模分布式存储（massive distributed storage）。分布式存储要求存储资源能够被抽象表示和统一管理，并且能够保证数据读写操作的安全性、可靠性等各方面要求。分布式文件系统允许用户像访问本地文件系统一样访问远程服务器的文件系统，用户可以将自己的数据存储在多个远程服务器上，分布式文件系统基本上都有冗余备份机制和容错机制来保证数据读写的正确性。

5. 云计算的应用

云计算的应用领域有金融云、制造云、教育云、医疗云、云游戏、云会议、云社交、云存储、云安全、云交通等。

①金融云。金融云是利用云计算的模型构成原理，将金融产品、信息、服务分散到庞大分支机构所构成的云网络当中，提高金融机构迅速发现并解决问题的能力，提升整体工作效率，改善流程，降低运营成本。

②制造云。制造云是云计算向制造业信息化领域延伸与发展后的落地与实现，用户通过网络和终端就能随时按需获取制造资源与能力服务，进而智慧地完成其制造全生命周期的各类活动。

③教育云。教育云是“云计算技术”的迁移在教育领域中的应用，包括了教育信息化所必需的一切硬件计算资源，这些资源经虚拟化后，向教育机构、从业人员和学习者提供一个良好的云服务平台。

④医疗云。医疗云是指在医疗卫生领域采用云计算、物联网、大数据、4G 通信、移动技术以及多媒体等新技术基础上，结合医疗技术，使用“云计算”的理念来构建医疗健康服务云平台。

⑤云游戏。云游戏是以云计算为基础的游戏方式，在云游戏的运行模式下，所有游戏都在服务器端运行，并将渲染完毕后的游戏画面压缩后通过网络传送给用户。

⑥云会议。云会议是基于云计算技术的一种高效、便捷、低成本的会议形式。使用者只需要通过互联网界面进行简单易用的操作，便可快速高效地与全球各地团队及客户同步分享语音、数据文件及视频。

⑦云社交。云社交是一种物联网、云计算和移动互联网交互应用的虚拟社交应用模式，以建立著名的“资源分享关系图谱”为目的，进而开展网络社交。

⑧云存储。云存储是指通过集群应用、网格技术或分布式文件系统等功能，将网络中大量各种不同类型的存储设备通过应用软件集合起来协同工作，共同对外提供数据存储和业务访问功能的一个系统。

⑨云安全。云安全通过网状的大量客户端对网络中软件行为的异常监测，获取互联网中木马、恶意程序的新信息，推送到 Server 端进行自动分析和处理，再把病毒和木马的

解决方案分发到每一个客户端。

⑩ 云交通。云交通是指在云计算之中整合现有资源，并能够针对未来的交通行业发展整合将来所需求的各种硬件、软件、数据。

项目二　物联网技术

任务目标

- 了解物联网的基本概述
- 了解物联网的发展
- 了解物联网的特征
- 了解物联网的体系架构

任　务

浏览物联网技术的相关资料

要求：浏览物联网技术的相关资料（网络、书籍）。

相关知识点

物联网（Internet of Things，IoT）是指通过各种信息传感器、射频识别技术、全球定位系统、红外感应器、激光扫描器等各种装置与技术，实时采集任何需要监控、连接、互动的物体或过程，采集其声、光、热、电、力学、化学、生物、位置等各种需要的信息，通过各类可能的网络接入，实现物与物、物与人的泛在连接，实现对物品和过程的智能化感知、识别和管理。物联网是一个基于互联网、传统电信网等的信息承载体，它让所有能够被独立寻址的普通物理对象形成互联互通的网络。物联网是互联网基础上的延伸和扩展的网络，将各种信息传感设备与网络结合起来而形成的一个巨大网络，实现任何时间、任何地点，人、机、物的互联互通。

1. 物联网的特征

物联网的基本特征从通信对象和过程来看，物与物、人与物之间的信息交互是物联网的核心。

物联网的基本特征可概括为整体感知、可靠传输和智能处理。

①整体感知。可以利用射频识别、二维码、智能传感器等感知设备感知获取物体的各类信息。

②可靠传输。通过对互联网、无线网络的融合，将物体的信息实时、准确地传送，以方便信息的交流、分享。

③智能处理。使用各种智能技术对感知和传送到的数据、信息进行分析处理，实现监

测与控制的智能化。根据物联网的以上特征，结合信息科学的观点，围绕信息的流动过程，可以归纳出物联网处理信息的功能即获取信息的功能、传送信息的功能、处理信息的功能和施效信息的功能。

2. 物联网的体系架构

物联网大致可以分为以下四个层面，即感知识别层、网络构建层、平台管理层及综合应用层。

①感知识别层。感知层是物联网整体架构的基础，是物理世界和信息世界融合的重要一环。在感知层，我们可以通过传感器感知物体本身以及周围的信息，让物体也具备了“开口说话，发布信息”的能力，比如声音传感器、压力传感器、光强传感器等。感知层负责为物联网采集和获取信息。

②网络构建层。网络层在整个物联网架构中起到承上启下的作用，它负责向上层传输感知信息和向下层传输命令。网络层把感知层采集而来的信息传输给物联云平台，也负责把物联云平台下达的指令传输给应用层，具有纽带作用。网络层主要是通过物联网、互联网以及移动通信网络等传输海量信息。

③平台管理层。平台层是物联网整体架构的核心，它主要解决数据如何存储、如何检索、如何使用以及数据安全与隐私保护等问题。平台管理层负责把感知层收集到的信息通过大数据、云计算等技术进行有效地整合和利用，为我们应用到具体领域提供科学有效的指导。

④综合应用层。物联网最终是要应用到各个行业中去，物体传输的信息在物联云平台处理后，我们会把挖掘出来的有价值的信息应用到实际生活和工作中，比如智慧物流、智慧医疗、食品安全、智慧园区等。物联网应用现阶段正处在快速增长期，随着技术的突破和需求的增加，物联网应用的领域会越来越多。

3. 物联网的关键技术

物联网的关键技术主要包括以下几个。

①射频识别技术。谈到物联网，就不得不提到物联网发展中备受关注的射频识别技术（Radio Frequency Identification，RFID）。RFID 是一种简单的无线系统，由一个询问器（或阅读器）和很多应答器（或标签）组成。标签由耦合元件及芯片组成，每个标签具有扩展词条唯一的电子编码，附着在物体上标识目标对象，它通过天线将射频信息传递给阅读器，阅读器就是读取信息的设备。RFID 技术让物品能够“开口说话”。这就赋予了物联网一个特性即可跟踪性，就是说人们可以随时掌握物品的准确位置及其周边环境。

②传感网。微机电系统（Micro - Electro - Mechanical Systems，MEMS）是由微传感器、微执行器、信号处理和控制电路、通信接口和电源等部件组成的一体化的微型器件系统。其目标是把信息的获取、处理和执行集成在一起，组成具有多功能的微型系统，集成于大尺寸系统中，从而大幅度地提高系统的自动化、智能化和可靠性水平。MEMS 是比较通用的传感器，因为它赋予了普通物体新的生命，它们有了属于自己的数据传输通路、存储功能、操作系统和专门的应用程序，从而形成一个庞大的传感网。这让物联网能

够通过物品来实现对人的监控与保护。

③M2M 系统框架。M2M 是 Machine－to－Machine/Man 的简称，是一种以机器终端智能交互为核心的、网络化的应用与服务。它将使对象实现智能化的控制。M2M 技术涉及 5 个重要的技术部分：机器、M2M 硬件、通信网络、中间件、应用。基于云计算平台和智能网络，可以依据传感器网络获取的数据进行决策，改变对象的行为进行控制和反馈。

④云计算。云计算旨在通过网络把多个成本相对较低的计算实体整合成一个具有强大计算能力的完美系统，并借助先进的商业模式让终端用户可以得到这些强大计算能力的服务。云计算的一个核心理念就是通过不断提高"云"的处理能力，不断减少用户终端的处理负担，最终使其简化成一个单纯的输入输出设备，并能按需享受"云"强大的计算处理能力。物联网感知层获取大量数据信息，在经过网络层传输以后，放到一个标准平台上，再利用高性能的云计算对其进行处理，赋予这些数据智能，才能最终转换成对终端用户有用的信息。

4. 物联网的应用

物联网的应用领域涉及方方面面，在工业、农业、环境、交通、物流、安保等基础设施领域的应用，有效地推动了这些方面的智能化发展，使得有限的资源使用分配更加合理，从而提高了行业的效率、效益。在家居、医疗健康、教育、金融、服务业及旅游业等与生活息息相关的领域的应用，从服务范围、服务方式到服务的质量等方面都有了极大的改进，大大地提高了人们的生活质量。

①智能交通。物联网技术在道路交通方面的应用比较成熟。随着社会车辆越来越普及，交通拥堵甚至瘫痪已成为城市的一大问题。对道路交通状况实时监控并将信息及时传递给驾驶人，让驾驶人及时做出出行调整，有效缓解了交通压力；高速路口设置道路自动收费系统（简称 ETC），免去进出口取卡、还卡的时间，提升车辆的通行效率；公交车上安装定位系统，能及时了解公交车行驶路线及到站时间，乘客可以根据搭乘路线确定出行，免去不必要的时间浪费。

②智能家居。智能家居就是物联网在家庭中的基础应用，随着宽带业务的普及，智能家居产品涉及方方面面。家中无人，可利用手机等产品客户端远程操作智能空调，调节室温，甚者还可以学习用户的使用习惯，从而实现全自动的温控操作，使用户在炎炎夏季回家就能享受到冰爽带来的惬意；通过客户端可实现智能灯泡的开与关、调控灯泡的亮度和颜色等；插座内置 WIFI，可实现遥控插座定时通断电流，甚至可以监测设备用电情况，生成用电图表，对用电情况一目了然，安排资源使用及开支预算；使用智能体重秤监测运动效果。内置可以监测血压、脂肪量的先进传感器，内定程序根据身体状态提出健康建议；智能牙刷与客户端相连，供刷牙时间、刷牙位置提醒，可根据刷牙的数据生产图表，了解口腔的健康状况；智能摄像头、窗户传感器、智能门铃、烟雾探测器、智能报警器等都是家庭不可缺少的安全监控设备，即使出门在外，也可以在任意时间、任何地方查看家中任何一角的实时状况及任何安全隐患。看似烦琐的种种家居生活因为物联网变得更加轻松、美好。

③公共安全。近年来全球气候异常情况频发，灾害的突发性和危害性进一步加大，互

联网可以实时监测环境的不安全性情况，提前预防、实时预警，及时采取应对措施，降低灾害对人类生命财产的威胁。

项目三 大数据技术

任务目标

- 了解大数据的基本概述
- 了解大数据处理技术
- 了解大数据的应用
- 了解大数据的挑战

任 务

浏览大数据技术的相关资料

要求：浏览大数据技术的相关资料（网络、书籍）。

相关知识点

大数据技术作为决策辅助，日益在社会治理和企业管理中起到不容忽视的作用。百度、亚马逊等巨型企业已经把大数据技术视为生命线以及未来发展的关键筹码。

1. 大数据的定义

大数据是需要新处理模式才能具有更强的决策力、洞察发现力和流程优化能力来适应海量、高增长率和多样化的信息资产。

大数据技术的战略意义不在于掌握庞大的数据信息，而在于对这些含有意义的数据进行专业化处理。换而言之，如果把大数据比作一种产业，那么这种产业实现盈利的关键，在于提高对数据的“加工能力”，通过“加工”实现数据的“增值”。

从技术上看，大数据与云计算的关系就像一枚硬币的正反面一样密不可分。大数据必然无法用单台的计算机进行处理，必须采用分布式架构。它的特色在于对海量数据进行分布式数据挖掘。但它必须依托云计算的分布式处理、分布式数据库和云存储、虚拟化技术。

随着云时代的来临，大数据（big data）也吸引了越来越多的关注。分析师团队认为，大数据通常用来形容一个公司创造的大量非结构化数据和半结构化数据，这些数据在下载到关系型数据库用于分析时会花费过多时间和金钱。大数据分析常和云计算联系到一起，因为实时的大型数据集分析需要像 MapReduce 一样的框架来向数十、数百甚至数千的计算机分配工作。

大数据需要特殊的技术，以有效地处理大量的容忍经过时间内的数据。适用于大数据的技术，包括大规模并行处理（MPP）数据库、数据挖掘、分布式文件系统、分布式数据库、云计算平台、互联网和可扩展的存储系统。

简而言之，从大数据中提取大价值的挖掘技术。专业的说，就是根据特定目标，进行数据收集与存储、数据筛选、算法分析与预测、数据分析结果展示，以辅助做出最正确的抉择，其数据级别通常在PB以上，复杂程度前所未有。

2. 大数据的处理技术

①分布式文件存储系统。数据以块的形式分布在集群的不同节点。在使用HDFS时，无须关心数据是存储在哪个节点上，或者是从哪个节点获取的，只需像使用本地文件系统一样管理和存储文件系统中的数据。

②分布式计算框架。分布式计算框架将复杂的数据集分发给不同的节点去操作，每个节点会周期性地返回它所完成的工作和最新的状态。

计算机要对输入的单词进行计数，如果采用集中式计算方式，我们要先算出一个单词如Deer出现了多少次，再算另一个单词出现了多少次，直到所有单词统计完毕，将浪费大量的时间和资源。如果采用分布式计算方式，计算将变得高效。我们将数据随机分配给3个节点，由节点去分别统计各自处理的数据中单词出现的次数，再将相同的单词进行聚合，输出最后的结果。

③资源调度器。相当于计算机的任务管理器，对资源进行管理和调度。

④分布式数据库。分布式数据库是非关系型数据库，在某些业务场景下，数据存储查询在分布式数据库的使用效率更高。

⑤数据仓库。数据仓库是基于Hadoop的一个数据仓库工具，可以用SQL语言转化成MapReduce任务对hdfs数据的查询分析。数据仓库的好处在于，使用者无须写MapReduce任务，只需要掌握SQL即可完成查询分析工作。

⑥大数据计算引擎。大数据计算引擎是专为大规模数据处理而设计的快速通用的计算引擎。

⑦机器学习挖掘库。机器学习挖掘库是一个可扩展的机器学习和数据挖掘库。

3. 大数据的应用

根据大数据的特点，大数据在以下领域有突出的应用，下面详细介绍：

①电商领域。电商领域是大数据应用的最广泛的领域之一，比如精准广告推送、个性化推荐、大数据杀熟等都是大数据应用的例子，其中大数据杀熟已经被明令禁止。

②传媒领域。传媒领域得益于大数据的应用，可以做到精准营销，直达目标客户群体。不仅如此，传媒领域在猜你喜欢、交互推荐方面也因为大数据的应用而更加准确。

③金融领域。金融领域也是大数据应用的重要领域，如信用评估，利用的就是客户的行为大数据，根据客户的行为大数据综合评估出客户端信用。

除此之外，金融领域里面的风险管控、客户细分、精细化营销也都是大数据应用的典型例子。

④交通领域。交通领域应用大数据是与我们息息相关的，比如道路拥堵预测，可以根

据司机位置大数据准确判断哪里是拥堵的，进而给出优化出行路线。

还比如智能红绿灯、导航最优规划，这些都是交通领域应用大数据的体现。

⑤电信领域。电信领域也有大数据应用的身影，如电信基站选址优化，就是利用了电信用户位置的大数据，还比如舆情监控、客户用户画像等，都是电信领域应用大数据的结果。

⑥安防领域。大数据应用也可以应用到安防领域，比如犯罪预防，通过大量犯罪细节的数据进行分析、总结，从而得出犯罪特征，进而进行犯罪预防；天网监控等也是大数据应用的具体案例。

⑦医疗领域。医疗领域应用大数据主要体现在智慧医疗，如通过某种典型病例的大数据，可以得出该病例的最优疗法等。

除此之外，医疗领域大数据应用还体现在疾病预防、病源追踪等方面。

拓展练习

简答题

1. 什么是云计算？
2. 什么是物联网？
3. 什么是大数据？
4. 云计算的分类与架构是什么？
5. 云计算的关键技术是什么？
6. 云计算的应用都有哪些？
7. 物联网的发展与特点都是什么？
8. 物联网的体系架构、关键技术和应用分别是什么？
9. 大数据的处理技术是什么？
10. 大数据的应用和挑战都有哪些？

参 考 文 献

甘志祥，2010. 物联网的起源和发展背景的研究 [J]. 现代经济信息 (1)：157 - 158.

顾明远，1988. 教育大辞典 [M]. 上海：上海教育出版社.

黄长清，2012. 智慧武汉 [M]. 武汉：长江出版社.

刘陈，景兴红，董钢，2011. 浅谈物联网的技术特点及其广泛应用 [J]. 科学咨询 (9)：86.

罗晓慧，2019. 浅谈云计算的发展 [J]. 电子世界 (8)：104.

王雄，2019. 云计算的历史和优势 [J]. 计算机与网络，45 (2)：44.

许子明，田杨锋，2018. 云计算的发展历史及其应用 [J]. 信息记录材料，19 (8)：66 - 67.

韵力宇，2017. 物联网及应用探讨 [J]. 信息与电脑，14 (3)：184 - 186.

图书在版编目（CIP）数据

信息技术：基础模块 / 哈立原，娜仁高娃主编. —北京：中国农业出版社，2022.8（2023.8 重印）
高等职业教育农业农村部“十三五”规划教材
ISBN 978-7-109-29880-4

Ⅰ.①信… Ⅱ.①哈… ②娜… Ⅲ.①电子计算机—高等职业教育—教材 Ⅳ.①TP3

中国版本图书馆 CIP 数据核字（2022）第 150023 号

中国农业出版社出版
地址：北京市朝阳区麦子店街 18 号楼
邮编：100125
责任编辑：许艳玲　　文字编辑：刘金华
版式设计：李文强　　责任校对：吴丽婷
印刷：中农印务有限公司
版次：2022 年 8 月第 1 版
印次：2023 年 8 月北京第 2 次印刷
发行：新华书店北京发行所
开本：787mm×1092mm　1/16
印张：21.25
字数：490 千字
定价：52.00 元